内 容 简 介

本书是普通高等教育农业部"十二五"规划教材、全国高等农林院校"十二五"规划教材。全书按内容分为三个部分共 11 章。第一部分介绍实验化学基础知识、基本操作和基本技能；第二部分选编了 74 个化学实验，内容包括物质的分离和提纯，物理量及化学常数的测定，物质的化学性质，物质的定量分析，有机物合成，综合性、研究性及设计性实验等；第三部分为附录，包括实验仪器简介和实验化学常用数据。

本书可作为高等农、林、水产院校和其他院校相关专业实验化学课程的教材，也可作为化学工作者及相关科研人员的参考书。

普通高等教育农业农村部"十三五"规划教材
全国高等农林院校"十三五"规划教材

实验化学

张 鑫 主编

中国农业出版社

图书在版编目（CIP）数据

实验化学／张鑫主编．—北京：中国农业出版社，2014.7（2024.8重印）

普通高等教育农业部"十二五"规划教材　全国高等农林院校"十二五"规划教材

ISBN 978-7-109-19093-1

Ⅰ.①实…　Ⅱ.①张…　Ⅲ.①化学实验-高等学校-教材　Ⅳ.①O6-3

中国版本图书馆CIP数据核字（2014）第075648号

中国农业出版社出版
（北京市朝阳区麦子店街18号楼）
（邮政编码 100125）
责任编辑　曾丹霞
文字编辑　曾丹霞

北京通州皇家印刷厂印刷　新华书店北京发行所发行
2014年7月第1版　2024年8月北京第9次印刷

开本：787mm×1092mm　1/16　印张：19.25
字数：458千字
定价：35.00元

（凡本版图书出现印刷、装订错误，请向出版社发行部调换）

主　编 张　鑫

副主编 王文保　丁　霞　陈君华　陈培荣

编　者（以姓名笔画为序）

　　　　丁　霞　王文保　田　超　李　瑛

　　　　李子荣　张　鑫　陈君华　陈俊明

　　　　陈培荣　褚明杰　艾　琼　梅　玉

主　审 何建波

前　言

本教材是面向高等农、林、水产院校相关专业编写的实验化学教材。

本教材分为基础知识、实验内容和附录三大部分。基础知识部分包括实验化学基础知识、实验化学基本操作和实验化学基本技能等；实验内容部分包括物质的分离和提纯，物理量及化学常数的测定，物质的化学性质，物质的定量分析，有机物合成，综合性、研究性及设计性实验等；附录部分包含了实验仪器简介和实验化学常用数据。本教材选编实验74个，使用学校可以根据具体条件选开其中的部分内容。

实验化学是一门独立的基础化学实验课程，以介绍化学实验原理、实验方法、实验手段及实验操作技能为主要内容。课程内容编排上打破原无机化学、分析化学、有机化学和物理化学四门化学实验课程的界限，在化学一级学科层面上进行实验内容的整合和贯通，删除重复的实验内容，减少验证性实验内容，增加综合性、研究性实验内容，对技能训练进行科学组合，让学生循序渐进、由浅入深、由简到繁、逐步提高，克服了四门化学实验技能简单交叉重复的缺点。

本教材试图通过对课程体系的调整和实验内容的精选来强化对学生实验技能、创新精神及环保意识等方面的培养。在实验内容更新方面，我们引入了一些与实际应用相联系的实验，这些实验不仅能激发学生的学习兴趣，而且也非常具有实际应用价值。我们还特别注意到实验过程中的环境污染与保护问题，因此本教材不仅在基础知识部分专门进行了较全面的阐述，而且在实验项目的选择上尽可能体现绿色化学的理念，使学生在耳濡目染中树立环境保护意识。本教材还使用较大篇幅介绍了实验数据的计算机处理方法。在这个计算机被广泛应用于实验数据的采集、储存、传输和处理的时代，计算机数据处理是学生必须掌握的基本技能之一。

本教材由安徽农业大学、南京农业大学和安徽科技学院共同组织编写，安徽农业大学张鑫担任主编。参加编写的有安徽农业大学张鑫、王文保、田超、陈培荣、褚明杰、艾琼、梅玉，南京农业大学丁霞、李瑛，安徽科技学院陈君华、陈俊明、李子荣。

本教材编写时参阅了部分参编学校的实验教学资料及部分兄弟院校已出版的

相关教材,借鉴和吸取了有益的内容。编写中得到了参编院校教务处的大力支持,也得到了参编单位院、系及相关同事的帮助和关心,在此一并表示衷心的感谢。

合肥工业大学何建波教授在百忙中审阅了全部书稿,并对该书内容的修改、补充、完善提出了宝贵的建议,在此谨表谢意。

由于编者水平有限,错误和不妥之处在所难免,恳请有关专家和读者批评指正。

编 者
2014 年 3 月

注:本教材于 2017 年 12 月被列入普通高等教育农业部(现更名为农业农村部)"十三五"规划教材〔农科(教育)函〔2017〕第 379 号〕。

目　　录

前言

绪论 ··· 1
  0.1 实验化学的教学目的和任务 ··· 1
  0.2 实验化学的学习方法 ·· 1
  0.3 实验化学的课程内容 ·· 2

第一章　实验化学基础知识 ·· 4
  1.1 化学实验室规则 ·· 4
  1.2 化学实验室安全知识 ·· 4
      1.2.1 安全规则 ··· 5
      1.2.2 化学实验室意外事故的预防与处理 ··· 5
      1.2.3 实验室常备急救器材 ·· 6
  1.3 实验室污染预防与环境保护知识 ··· 7
      1.3.1 污染物的状态 ··· 7
      1.3.2 污染物的种类 ··· 8
      1.3.3 化学实验室废弃物的处理 ··· 8
      1.3.4 化学实验室环境污染的防治 ··· 9
  1.4 实验室常用玻璃仪器 ··· 10
      1.4.1 化学实验室常用玻璃仪器介绍 ·· 10
      1.4.2 化学实验室标准磨口玻璃仪器介绍 ··· 15
      1.4.3 微型化学实验仪器简介 ·· 17
  1.5 化学试剂的相关知识 ··· 18
      1.5.1 化学试剂的分类 ··· 18
      1.5.2 化学试剂的选用 ··· 18
      1.5.3 试剂的储存 ·· 18
  1.6 化学实验用纯水的要求及基本知识 ··· 19
      1.6.1 纯水的规格 ·· 19
      1.6.2 纯水的制备 ·· 19
      1.6.3 纯水的检验和合理选用 ·· 20
  1.7 基准物质和标准溶液 ··· 20
      1.7.1 基准物质 ·· 20
      1.7.2 标准溶液 ·· 20

1.7.3 标准溶液浓度的表示方法 ·· 20

第二章 实验化学基本操作 ·· 22

2.1 玻璃仪器的洗涤和干燥 ·· 22
2.1.1 玻璃仪器的洗涤 ·· 22
2.1.2 玻璃仪器的干燥 ·· 23

2.2 化学试剂的取用 ·· 24
2.2.1 固体试剂的取用 ·· 24
2.2.2 液体试剂的取用 ·· 24
2.2.3 特种试剂的取用 ·· 25

2.3 加热与冷却 ·· 25
2.3.1 常见加热器具简介 ·· 25
2.3.2 液体的加热 ·· 26
2.3.3 固体的加热 ·· 28
2.3.4 冷却 ·· 29

2.4 分离与提纯技术 ·· 30
2.4.1 固液分离 ·· 30
2.4.2 重结晶 ·· 34
2.4.3 升华 ·· 36
2.4.4 液液分离 ·· 37
2.4.5 萃取 ·· 44
2.4.6 干燥与干燥剂 ·· 46
2.4.7 色谱分离 ·· 49

2.5 分析天平的使用 ·· 53
2.5.1 分析天平的构造 ·· 53
2.5.2 分析天平的灵敏度 ·· 54
2.5.3 分析天平的称量步骤 ·· 55
2.5.4 分析天平的称量方式 ·· 55
2.5.5 分析天平的使用规则 ·· 56
2.5.6 其他分析天平 ·· 56

2.6 玻璃量器的使用 ·· 56

2.7 分析试样的预处理 ·· 58
2.7.1 溶解法 ·· 58
2.7.2 熔融法 ·· 59

2.8 重量分析基本操作 ·· 60

第三章 实验化学基本技能 ·· 63

3.1 误差和数据处理 ·· 63
3.1.1 误差的分类 ·· 63

    3.1.2 误差的表示 ……………………………………………………………………… 64
    3.1.3 数据的处理 ……………………………………………………………………… 66
  3.2 有效数字 ……………………………………………………………………………… 66
    3.2.1 有效数字的采集 …………………………………………………………………… 66
    3.2.2 有效数字的运算及修约规则 ……………………………………………………… 67
  3.3 实验数据记录及处理 ………………………………………………………………… 67
    3.3.1 实验数据记录 ……………………………………………………………………… 67
    3.3.2 实验数据处理 ……………………………………………………………………… 68
  3.4 实验数据计算机处理法 ……………………………………………………………… 70
    3.4.1 Microsoft Excel …………………………………………………………………… 70
    3.4.2 Origin ……………………………………………………………………………… 76
    3.4.3 ChemOffice ……………………………………………………………………… 82
  3.5 实验报告 ……………………………………………………………………………… 83
    3.5.1 实验报告的内容 …………………………………………………………………… 83
    3.5.2 实验报告的基本格式 ……………………………………………………………… 83
  3.6 实验化学的文献数据查询 …………………………………………………………… 85

第四章 物质的分离和提纯 ………………………………………………………………… 86
  4.1 实验一 粗食盐的提纯 ……………………………………………………………… 86
  4.2 实验二 苯甲酸的重结晶 …………………………………………………………… 88
  4.3 实验三 工业乙醇的蒸馏与分馏 …………………………………………………… 89
  4.4 实验四 茶叶中咖啡因的提取 ……………………………………………………… 91
  4.5 实验五 硝酸钾的制备和提纯 ……………………………………………………… 92
  4.6 实验六 五水硫酸铜的制备和提纯 ………………………………………………… 94

第五章 物理量及化学常数的测定 ………………………………………………………… 97
  5.1 实验七 物质熔点的测定 …………………………………………………………… 97
  5.2 实验八 物质沸点的测定 …………………………………………………………… 101
  5.3 实验九 中和热的测定 ……………………………………………………………… 102
  5.4 实验十 旋光物质旋光度的测定 …………………………………………………… 105
  5.5 实验十一 物质折射率的测定 ……………………………………………………… 106
  5.6 实验十二 pH 计法测定 HAc 离解度和离解常数 ……………………………… 108
  5.7 实验十三 电导法测定 HAc 离解度和离解常数 ………………………………… 110
  5.8 实验十四 $PbCl_2$ 溶度积的测定 ………………………………………………… 114
  5.9 实验十五 硫酸钙溶度积常数的测定 ……………………………………………… 116
  5.10 实验十六 化学反应速率的测定 …………………………………………………… 118
  5.11 实验十七 电导法测定乙酸乙酯皂化反应级数和速率常数 ……………………… 120
  5.12 实验十八 蔗糖转化反应速率常数的测定 ………………………………………… 123
  5.13 实验十九 原电池电动势的测定 …………………………………………………… 126

- 5.14 实验二十　电导法测定难溶盐的溶解度和溶度积 …… 128
- 5.15 实验二十一　电导滴定法测定盐酸溶液和乙酸溶液的浓度 …… 131
- 5.16 实验二十二　黏度法测定高分子化合物的相对分子质量 …… 132
- 5.17 实验二十三　液体饱和蒸气压的测定 …… 135
- 5.18 实验二十四　双液系的气液平衡相图 …… 139
- 5.19 实验二十五　燃烧热的测定 …… 142
- 5.20 实验二十六　凝固点降低法测定摩尔质量和渗透压 …… 146
- 5.21 实验二十七　溶液表面张力的测定 …… 149

第六章　物质的化学性质 …… 154

- 6.1 实验二十八　电解质溶液 …… 154
- 6.2 实验二十九　氧化还原反应 …… 157
- 6.3 实验三十　配位化合物的性质 …… 160
- 6.4 实验三十一　糖和蛋白质的性质 …… 163
- 6.5 实验三十二　农业上常见离子的基本反应和鉴定 …… 166
- 6.6 实验三十三　有机化合物官能团的性质实验 …… 172

第七章　物质的定量分析 …… 177

- 7.1 实验三十四　酸碱溶液的配制和标定 …… 177
- 7.2 实验三十五　铵盐中含氮量的测定 …… 180
- 7.3 实验三十六　氨水中氨含量的测定 …… 181
- 7.4 实验三十七　混合碱的组成及其含量的测定 …… 182
- 7.5 实验三十八　食醋中总酸量的测定 …… 185
- 7.6 实验三十九　$KMnO_4$ 标准溶液的配制和标定 …… 186
- 7.7 实验四十　$KMnO_4$ 法测钙含量 …… 187
- 7.8 实验四十一　$KMnO_4$ 法测定双氧水中 H_2O_2 含量 …… 189
- 7.9 实验四十二　水体中化学耗氧量的测定 …… 190
- 7.10 实验四十三　$K_2Cr_2O_7$ 法测定亚铁盐中 Fe 的含量 …… 192
- 7.11 实验四十四　$Na_2S_2O_3$ 标准溶液的配制和标定 …… 193
- 7.12 实验四十五　含碘食盐中碘含量的测定 …… 195
- 7.13 实验四十六　水的硬度测定 …… 196
- 7.14 实验四十七　土壤中可溶性 SO_4^{2-} 的测定 …… 199
- 7.15 实验四十八　邻菲罗啉分光光度法测铁 …… 200
- 7.16 实验四十九　分光光度法测磷 …… 202
- 7.17 实验五十　离子选择性电极法测定饮用水及饲料中的游离氟 …… 204
- 7.18 实验五十一　水中氯离子的测定 …… 207

第八章　有机物合成 …… 210

- 8.1 实验五十二　乙酸乙酯的合成 …… 210

- 8.2 实验五十三　乙酰苯胺的合成 …… 212
- 8.3 实验五十四　正溴丁烷的合成 …… 214
- 8.4 实验五十五　乙酸异戊酯的合成(微型实验) …… 216
- 8.5 实验五十六　乙酰水杨酸的合成 …… 218
- 8.6 实验五十七　环己烯的制备 …… 219
- 8.7 实验五十八　苯甲醇和苯甲酸的同步合成 …… 221
- 8.8 实验五十九　抗氧化剂双酚 A 的合成 …… 223
- 8.9 实验六十　1-氯-3-溴-5-碘苯的合成 …… 225

第九章　综合性、研究性及设计性实验 …… 229
- 9.1 实验六十一　硫酸亚铁铵的制备及纯度分析 …… 229
- 9.2 实验六十二　缓冲溶液的配制和 pH 的测定 …… 231
- 9.3 实验六十三　烟草中烟碱的提取及烟碱的性质 …… 231
- 9.4 实验六十四　邻菲罗啉铁(Ⅱ)配合物组成及稳定常数的测定 …… 233
- 9.5 实验六十五　$CuSO_4 \cdot 5H_2O$ 的提纯及含量测定 …… 235
- 9.6 实验六十六　碘酸铜的制备及其溶度积的测定 …… 238
- 9.7 实验六十七　磺基水杨酸铜配合物组成和稳定常数的测定 …… 240
- 9.8 实验六十八　从黄连中提取黄连素 …… 243
- 9.9 实验六十九　氢氧化铁溶胶的制备和电泳 …… 244
- 9.10 实验七十　溶胶-凝胶法制备钛酸钡纳米粉 …… 247
- 9.11 实验七十一　红辣椒中红色素的提取 …… 249
- 9.12 实验七十二　碳酸钠的制备和氯化铵的回收 …… 251
- 9.13 实验七十三　离子鉴定和未知物的鉴别 …… 253
- 9.14 实验七十四　醇、酚、醛、酮、羧酸未知液的分析 …… 254

第十章　实验仪器简介 …… 256
- 10.1 酸度计 …… 256
- 10.2 旋光仪 …… 258
- 10.3 阿贝折射仪 …… 260
- 10.4 可见分光光度计 …… 262
- 10.5 电导仪 …… 264
- 10.6 双踪通用示波器 …… 267
- 10.7 电离平衡综合测定仪 …… 269
- 10.8 SDC 数字电位差综合测试仪 …… 271
- 10.9 SWC-Ⅱ精密数字贝克曼温度计 …… 273
- 10.10 高压钢瓶 …… 274

第十一章　实验化学常用数据 …… 276
- 11.1 相对原子质量 …… 276

11.2	化合物的相对分子质量	277
11.3	常用酸、碱的浓度(293.2 K)	278
11.4	常见弱酸的离解常数(298.2 K)	279
11.5	常见弱碱的离解常数(298.2 K)	280
11.6	常见难溶电解质的溶度积 $K_{sp}^{\ominus}$(298.2 K)	280
11.7	常见离子和化合物的颜色	281
11.8	不同温度下水的饱和蒸汽压($\times 10^2$ Pa,0~50 ℃)	283
11.9	常用试剂的配制	285
11.10	常用指示剂的制备	287
11.11	常用缓冲溶液及洗涤剂	291
11.12	滴定分析常用的基准物质	292

主要参考文献 293

绪 论

0.1 实验化学的教学目的和任务

实验化学是高等院校相关专业必修的一门基础课,课程主要介绍化学实验原理、实验方法、实验手段和实验操作技能。

实验化学课程以培养高等学校本科学生的科学素质、知识能力和创新精神为教学目的,使学生获得相关化学实验的基本理论、基本知识和基本操作技能。通过实验化学课程的学习,学生不仅可以通过实验验证所学的化学理论知识,更重要的是通过本课程的教学活动可以训练学生科学的实验方法和实验技能。

实验化学课程的教学任务是:开拓学生智能,培养严谨的科学态度和优良的实验素养,提高学生的动手能力和独立解决问题的能力,为相关后续课程和将来从事的专业学习和研究工作奠定坚实的基础。通过本课程的学习,使学生经过提出问题、查阅资料、设计方案、动手实验、观察现象、测定数据、处理数据等实验过程和环节的训练,提高分析问题和解决问题的能力。同时,通过对本课程的学习和实验的训练,能够培养学生团结协作、谦虚好学、勤奋不懈、求真务实、开拓创新等科学品德和精神,以及整洁、节约、准确和有条不紊的良好实验习惯。

通过实验化学课程教学,学生应了解和掌握部分无机化合物和有机化合物的一般制备、分离和提纯方法;通过实验进一步学习和理解热力学基本知识在化学反应的能量变化、化学反应方向和程度判断及化学平衡移动的应用;学习和理解化学动力学基本知识在化学反应历程和影响化学反应速率方面的应用;掌握常用化学试剂的使用、常用定量分析方法和指示剂的使用;对定量分析中量的概念有明确的认识并学会运用误差理论正确处理实验数据;初步了解提取天然有机物的一般方法;掌握部分化学分析仪器的基本原理及使用方法。

0.2 实验化学的学习方法

实验化学是一门实践课程。由于实践课程教学的特殊性,在学习实验化学课程时,不仅需要学生有一个正确的学习态度,而且还需要有一个正确的学习方法。

(1)实验预习 实验预习是做好实验的前提和保证。预习一般要做到以下几项:

① 认真阅读本教材有关章节,做到明确实验目的,理解实验原理,熟悉实验内容、主要操作步骤及数据处理方法,确定实验方案并合理安排实验时间。

② 查阅附录及相关手册,列出实验所需的物理化学数据,了解相关实验仪器的结构及使用方法。

③ 认真写好预习报告。

(2)课前讨论 实验前以提问的方式进行实验讨论,通过师生的共同讨论进一步掌握本实验的原理、操作要点及注意事项。也可通过教师的示范操作使实验的基本操作更规范化。运用理论知识对预期实验结果(如产率)的影响因素进行讨论。

(3)实验过程

① 严格按照拟订的实验步骤独立操作,做到胆大、心细。

② 仔细观察实验现象,认真测定实验数据。实验现象和实验数据应及时、准确、如实地记录在实验记录本或实验预习本上,不允许随便记在草稿纸或小纸片上。不得随意删改实验数据,更不允许杜撰原始数据。原始数据不得涂改或用橡皮擦拭,如有记录错误可在原始数据上画一横杠,然后在旁边写上正确值。

③ 实验时要边实验边思考,遇到问题力争自己独立解决。遇到难以解决的困难时,举手示意,寻求教师帮助。

④ 对实验现象或结果有怀疑时,在分析查明原因的同时,可以进行对照实验、空白实验,直到问题得以解决。

⑤ 如果实验失败,要认真检查原因,经教师同意后重做实验。

(4)实验结束 做完实验只是完成实验的一半,余下的是对实验现象的分析、实验数据的整理工作。要认真核对实验数据并对数据进行计算、图解及误差处理。要对实验现象进行分析并给出合理的解释,写出相应的化学反应式。要分析实验中误差产生的原因,对实验结果进行讨论。对实验提出改进的意见和建议。

(5)实验报告 实验报告是总结实验情况、分析实验中出现的问题、整理归纳实验结果必不可少的重要环节。实验报告要求按一定格式书写,字迹端正,叙述简明扼要。实验数据处理使用表格形式,作图图形准确规范。实验报告的书写格式应根据实验内容的不同而有所差异,但基本内容应包括实验目的、实验原理、实验装置、实验步骤、原始实验数据、实验现象、实验结果(包括数据处理、误差分析)、结果讨论等。实验报告的具体格式及书写要求见本教材3.5节。

0.3 实验化学的课程内容

实验化学课程的内容丰富多彩。按照实验内容在化学理论课程中的归属来分类,可分为无机化学实验、分析化学实验、有机化学实验和物理化学实验等;按照化学实验课程体系的构成来分类,可分为实验化学基础知识、实验化学基本操作、实验化学基本技能、物质的分离和提纯、物理量及化学常数的测定、物质的化学性质、物质的定量分析、有机物合成等。实验化学中既有一般性的验证实验,也有综合性、研究性和设计性实验;既有围绕学习化学基本原理开设的实验,也有与生产实践相联系的物质制备、分离、提纯和性质测试实验;既有以化学玻璃器皿为主要仪器的实验,也有仪器分析等采用先进联机测试设备的实验。

理论与实践是密切联系不可分离的,化学实验的基本原理是与有关化学理论课程相贯通的,在学习实验化学课程的同时,必须学好相关的化学理论课程,才能对化学实验现象和结果既知其然又知其所以然,才能根据具体实验的目的来独立设计适宜的实验方案。实验化学课程的内容也是学习农、林、水产、生物、食品及环境保护等专业知识必备的化学基础,这些专业的研究对象都是某种特定的物质体系,其中包含着各种类型的化学变化。

通过实验化学课程的学习我们可以认识到,一切科技新成果、新产品,都是在实验的基础上,运用先进的科学实验方法和实验手段获得的。学习和掌握了实验化学的基本知识、基础理论和基本操作,就是把握了揭开物质世界奥秘和创造新物质的一把钥匙,就具备了将来从事专业技术工作的基本化学素质。

第一章

实验化学基础知识

1.1 化学实验室规则

(1) 进入实验室前应认真预习并写好预习报告,明确实验目的,了解实验的基本原理、方法、步骤以及有关的基本操作和注意事项。

(2) 遵守纪律,不迟到,不早退,不在实验室大声喧哗,保持室内安静。

(3) 实验前,先清点所用仪器,如发现破损,立即向指导教师声明补领。如在实验过程中损坏仪器,应立即报告,并填写仪器破损报告单,经指导教师签字后交实验室工作人员处理。

(4) 实验过程中不做与实验无关的事情,认真听从教师的指导,严格按操作规程正确操作,仔细观察,积极思考,并随时将实验现象和数据如实记录在报告本上。

(5) 使用精密仪器时,必须熟练掌握仪器操作规程并严格按章操作,避免损坏仪器,如开机前后发现仪器有故障,应报告指导教师,及时排除故障。

(6) 公用仪器和试剂瓶等用毕应立即放回原处,不得随意放置。试剂瓶中试剂不足或变质时,应报告指导教师及时补充或更换。

(7) 实验进行中应注重保持桌面和实验室清洁。废液应及时倒入指定的废液缸,用后的试纸、滤纸、火柴梗等应投入固体废弃物收集桶,严禁将废液或固体废弃物倒入及投放至水槽中,以免腐蚀和堵塞水槽和下水管道。

(8) 实验中严格遵守水、电、煤气及易爆、易燃、有毒药品的安全规则。注意节约水、电和试剂。

(9) 实验完毕后将桌面、仪器和药品架整理干净。值日生负责实验室的清洁工作,并关好水电开关以及门窗等,实验室一切物品不得擅自带出实验室。

(10) 实验中记录的数据应实事求是,严禁伪造、篡改数据。实验后,根据原始记录,联系理论知识,认真做好数据分析,按要求格式写出实验报告,及时交给指导教师批阅。

1.2 化学实验室安全知识

在化学实验中,由于经常会接触或使用水、电、煤气,接触较多的易燃、易爆、腐蚀性强、有毒有害的各种气体、化学药品、试剂和各种电器仪器仪表等,稍有不慎就会导致实验失败,而且还可能对自身、他人和环境带来很大的危害,因此实验室安全极为重要。近年来公安部门及高校科研院所都十分重视化学实验室及化学药品的安全管理,作为每位参加化学实验的师生,熟悉这方面的知识,掌握一般性事故防范与处理的措施十分重要。

1.2.1 安全规则

(1)实验前检查仪器是否完整无损，装置是否正确；了解实验室安全用具的放置位置，熟悉灭火器、沙桶、急救箱等各种安全用具的使用方法。

(2)实验进行时不得擅自离开岗位。水、电、煤气、酒精灯等使用完毕应立即关闭。

(3)绝不允许任意混合各种化学药品，以免发生意外。

(4)浓酸、浓碱等具有强腐蚀性的药品，切勿溅在皮肤或衣服上，尤其注意防止溅入眼中。

(5)极易挥发和易燃的有机溶剂，如乙醚、乙醛、丙酮、苯等，使用时必须远离明火，用后立即盖紧瓶塞并及时放归原处。

(6)加热时，要严格遵从操作规程。实验中涉及有毒、刺激性、恶臭的气体时，必须在通风橱内进行并注意室内通风换气。

(7)实验室任何药品不得品尝或随意摆放、丢弃，更不能带出实验室，使用有有毒标记的有毒药品时更应慎重。有毒废液不得倒入水槽以防止污染环境，同时应增强自身的安全与环保意识。

(8)对高危害或危险性实验，实验前应做好充分的准备工作，实验进行时应穿好防护衣，戴上眼镜和手套等，实验结束应及时做好相关物品的处理工作。

(9)注意用电安全，不得用湿手触摸或随意拆卸电源插座、开关及其他电器设施。在电器设备使用前应检查设备功率是否会造成电源线路过载，自身是否漏电，是否有安全接地等防护。

(10)不允许在实验室内饮食、吸烟、打闹，实验结束时必须洗净双手方可离开实验室。

1.2.2 化学实验室意外事故的预防与处理

(1)**防火灾** 化学实验中的有机试剂大多数是易燃品，因此，意外着火是有机化学实验中最常见的事故。为防止着火事故的发生，应注意以下几个方面：

① 易燃试剂应存放在阴凉且通风换气较好的专用试剂柜中，要远离明火。

② 实验室中不得存放大量的易燃物，禁止将各类易燃品随意混放，工业酒精应存放在指定的安全地点，易燃物的取放应规范有序。

③ 对于易燃性实验，实验前应认真检查实验装置的气密性，实验过程中要严格按照操作规程进行并注意实验时的通风换气，在蒸馏、分馏及回流时应预先加入止爆剂。

(2)**救火与灭火** 实验室火情常见有化学试剂、化学溶剂、化学燃料及用电设施等的着火。一旦发生火灾，应先切断电源和关闭电闸，然后迅速将附近的易燃物移开。如果是少量溶剂着火，也可以用沙子、石棉布或湿布盖熄。有机溶剂着火，大多数情况下不能用水浇，以防止火焰蔓延开来。大火则要根据着火情况不同，选用二氧化碳灭火器、干粉灭火器、泡沫灭火器等灭火器材来扑救，无论使用何种灭火器，都应从周围开始向中心扑灭，并及时拨打119向当地火警部门报警。

(3)**防爆炸** 易燃或易爆的化学品，沸点往往较低，当它们的蒸气与空气的混合物达到某一临界点时，极易发生燃烧、爆炸，因此使用有机溶剂和易爆气体如乙炔、氢气等时，应经常保持室内空气流通。

常压操作应在通风环境下进行，过氧化物、多硝基化合物、硝酸酯类等的取放、使用及实验都应避免振动、敲击并与明火隔离，以免引起爆炸。某些危险性较大的实验应在防护设施齐全的条件下，严格按操作规程进行，实验人员也必须穿好各种防护衣，戴好面罩等。

(4) 防中毒　由于有毒的化学品对人、畜及环境具有高危害性，因此对有毒物品不能随意存放，要建立妥善的保管机制，应有严格的申请、领用、保管和后处理等记录。使用或反应中产生 Cl_2、Br_2、HX、NO 等有毒气体或液体的实验，应在通风橱内进行并附加对有毒气体的吸收装置。使用某些剧毒药品(如氰化钾)时应戴橡皮手套，防止沾染到皮肤和衣物上，实验完毕，有毒残渣应做好无害性处理工作，实验环境应及时冲洗干净，洗净双手后方可离开实验室。

(5) 防电击　使用电器时不要用湿手去接触电线插头。各种电器设备要严格按操作规程进行，要建立定期性的用电设施的检修机制，用电设备的金属外壳应有接地装置。实验完毕，应切断电源，拔下插头。

(6) 玻璃割伤的处理　一般的割伤，应及时挤出污血，取出玻璃和固体物，然后用蒸馏水洗净伤口，涂上红药水，用绷带扎住；如果割伤较严重，应立即用绷带扎紧伤口上部以防大出血，然后送医疗单位治疗。

(7) 烧伤和烫伤的处理　轻度烧伤应在伤口处涂以苦味酸或硼酸油膏，重度烧伤应急送医疗单位治疗。轻烫伤涂以玉树油油膏，重烫伤则先涂烫伤膏后急送医疗单位治疗。

(8) 试剂灼伤的处理

① 酸灼伤：立即用大量水冲洗，再用 3%～5% $NaHCO_3$ 溶液洗，最后用水冲洗。

② 碱灼伤：立即用大量水冲洗，再用 2% HAc 洗，最后用水冲洗。

③ 溴灼伤：立即用大量水冲洗，再用酒精擦至无溴液存在为止，然后涂以甘油，用力按摩，并将伤处包好。

(9) 试剂溅入眼中的事故处理

① 酸溅入眼中：抹去溅在眼睛外面的酸，立即用水冲洗，再用 1% $NaHCO_3$ 溶液洗后，送医疗单位医治。

② 碱溅入眼中：抹去溅在眼睛外面的碱液，立即用大量水冲洗，再用 1% 硼酸溶液洗后送医疗单位治疗。

③ 溴溅入眼中：先用大量水冲洗，再用 1% $NaHCO_3$ 溶液洗，急送医疗单位医治。

(10) 一般中毒性事故的预处理　溅入口中而尚未咽下的毒物应立即吐出来，用大量水冲洗口腔；如已吞下，应根据毒物的性质施以解毒剂，并立即送医疗单位治疗。

① 腐蚀性毒物：对于强酸，先饮大量水，再服以氢氧化铝膏、鸡蛋白；对于强碱，先饮用大量水，然后服以醋、酸果汁、鸡蛋白。无论酸碱中毒，都需灌注牛奶，不要吃呕吐剂。

② 刺激性及神经性中毒：先服以牛奶或鸡蛋白使之冲淡缓和，再服以硫酸镁溶液(约 30 g 溶于一杯水中)催吐，也可用手指伸入喉部按压舌根催吐后，急送医疗单位治疗。

③ 吸入气体中毒：将中毒者搬到室外，解开衣领保持呼吸畅通。吸入少量氯气或溴气者，可用碳酸氢钠溶液漱口。严重者急送医疗单位治疗。

1.2.3　实验室常备急救器材

(1) 消防器材　泡沫灭火器、干粉灭火器、二氧化碳灭火器、沙子、石棉布、毛毡等。

(2)急救药箱　箱内应备有绷带、纱布、胶布、消毒棉花、磺胺药粉、红汞、龙胆紫、碘酒、双氧水、70%酒精、玉树油、烫伤膏、氢氧化铝膏、凡士林、1%硼酸溶液、2%醋酸溶液、3%碳酸氢钠溶液、医用镊子、剪刀等。

1.3　实验室污染预防与环境保护知识

化学实验工作要用到大量的各类化学药品，在实验过程中产生的有害气体、废液及残渣等会对实验室室内空气、水质以及实验室外部的环境造成污染。同学们也许有过这样的经历，当你们走向化学实验室的时候，人未到而先闻其味。实验室的环境质量问题关乎着学生和教师的身体健康，所以对于我们刚学基础课的同学来说，掌握一些基本的实验室污染物预防与环境保护的知识是非常必要的。

实验室的污染源大致有两种主要的划分方法：一种是按照污染物的状态，可以分为固体污染物、液体污染物和气体污染物；第二种是按照污染物的种类，可以分为无机物的污染和有机物的污染。

1.3.1　污染物的状态

(1)固体污染物　化学实验室在实验过程中产生的固体废弃物包括残留固体试剂、沉淀絮凝所产生的沉淀残渣、消耗或破损的实验用品(如玻璃器皿、纱布)、残留或失效的化学试剂以及在气体和液体过滤中留下的残渣等。另外，还有纸张等办公耗材和实验室常用滤纸等。这些固体废物成分复杂，尤其是不少过期失效的化学试剂(有毒试剂、重金属试剂)被随手扔到垃圾桶，这些有害物质会随垃圾一起被深埋，造成当地土壤和水质的严重污染。例如汞、亚汞、铅等释放到水和土壤中，人畜长期饮用含有此种离子的水就会造成神经性的损害，严重的还可能导致神经错乱甚至死亡。

(2)液体污染物　在化学实验室中，学生实验、科研人员和教师搞科研工作要用到大量的化学试剂，其中有很多试剂有很大的毒性，如亚硝酸盐、巴比妥等能引起人体产生癌变；一些有机溶剂如吡啶、二甲苯、氯仿等能破坏人体免疫系统，造成人体机能失调；有一些化学试剂具有很强的腐蚀性，如浓酸、浓碱等。如果做完实验以后，对这些化学试剂不经处理就随手倒在水池内，将会对实验室和周边环境产生污染。例如，浓硫酸、浓盐酸、冰醋酸、甲酸等沿下水道流走，会对管道产生腐蚀。这些物质与管道发生化学反应会使铁管内部斑驳脱落，或者导致局部点蚀，使管道经受不住水的压力而断裂，造成不应有的经济损失。同时，由于铁离子溶于水中改变了水的成分，饮用此水会造成腹泻。过浓的酸又使水质呈酸性，不经处理直接排放的水用作浇灌农田，会影响农业生产。用此水进行淡水养殖，会引起鱼苗死亡，影响养殖业。因此，我们要高度重视实验室中废液对水质的污染，养成良好的实验习惯，避免不良操作，不随便倾倒废液，尽可能减少对水的污染。

(3)气体污染物　在化学实验室中放置的一些挥发性试剂，如乙醇、冰乙酸、甲酸、丙酮等，气味会透过包装自动挥发出来。此外，化学反应过程中也会释放出有害气体，如硫化氢、二氧化硫、溴蒸气等。每次实验由于产生气体的量比较小，所以未引起大家重视，不经吸收处理就直接排到空气中。如用浓硫酸在沸腾状态下消化含氮样品，产生二氧化碳和二氧化硫气体，一般需在高温条件下反应几个小时，产生的二氧化硫具有浓烈的刺鼻气味，对呼吸系统有很强的刺激性和损伤性。如果实验室缺乏通风条件而直接在敞开大气中进行样品消化将严重污染室内空气。即使在通风橱中进行，如果不对二氧化硫进行回收处理，也只是把二氧化硫排放到实验室外的空气中，仍会造成一定程度的空气污染。

1.3.2 污染物的种类

（1）无机污染物　重金属如钡、汞、镉、铅、铬、银等，此外还有砷。砷虽不是重金属，但毒性与重金属相似。有毒的阴离子如 CN^- 和 F^-。氰化物毒性很强，在水中以 CN^- 存在，若遇酸性介质，则 CN^- 能生成毒性极强的挥发性氢氰酸（HCN）。同样还有 HF、大量的含酸和碱废水、氮氧化合物（N_xO_y）、二氧化硫（SO_2）、一氧化碳（CO）、二氧化碳（CO_2），以及一些低毒的金属离子、低毒的阴离子和氧化性的酸根离子。

（2）有机污染物　有机的溶剂如苯、醇和四氯化碳等。一些有机试剂和有机产品，例如烃类、酯类和醚类。其他诸如碳氢化合物、脂肪、蛋白质、合成洗涤剂、多氯联苯和苯并[a]芘等。

（3）生物性污染　生物污染包括生物废弃物污染和生物细菌毒素污染。生物废弃物有实验室检验的标本，如血液、尿、粪便、痰液和呕吐物等；检验用品，如实验器材、细菌培养基和细菌阳性标本等。开展生物性实验的实验室会产生大量高浓度含有害微生物的培养液、培养基，如未经适当的灭菌处理而直接外排，则会造成严重后果。生物实验室的通风设备设计不完善或实验过程个人安全保护有漏洞，会使生物细菌毒素扩散传播，造成污染，甚至带来严重的不良后果。

（4）放射性污染　放射性污染是由放射性物质废弃物如放射性标记物、放射性标准溶液等引起的。

1.3.3 化学实验室废弃物的处理

在化学实验中产生的废液不能随意倒入水池，而应倒入指定的容器内，待实验结束后统一处理。为使处理过程简便可行，应将各种废液按化学组成特点分类收集，切不可随意混合导致处理难以进行，甚至引起意想不到的危险。

（1）含酸碱废液　对含稀酸或含稀碱的废液可相互中和，达到以废治废的效果。当溶液 pH 达 6~8 时即可排放。

（2）含 Cr(Ⅵ)废液　对含 Cr(Ⅵ)废液，可以在酸性条件下先用还原剂 $FeSO_4$ 或用硫酸加铁屑还原至 Cr(Ⅲ)后，再转化为氢氧化物沉淀而分离。具体操作：在酸性含 Cr(Ⅵ)的废液中，加入约10%的硫酸亚铁溶液，使Cr(Ⅵ)还原为 Cr(Ⅲ)。再向此溶液中加入适量的消石灰，将溶液的 pH 调至6~8，加热至80℃左右后静置，待溶液的颜色由黄色转变为绿色后，将 $Cr(OH)_3$ 沉淀分离，便可排放废液。

$$H_2Cr_2O_7 + 6FeSO_4 + 6H_2SO_4 = Cr_2(SO_4)_3 + 3Fe_2(SO_4)_3 + 7H_2O$$
$$Cr_2(SO_4)_3 + 3Ca(OH)_2 = 2Cr(OH)_3\downarrow + 3CaSO_4$$

（3）含有铅的废液　在含铅的废液中加入消石灰，将其 pH 调至 11，使废液中的铅生成 $Pb(OH)_2$ 沉淀，然后加入 $Al_2(SO_4)_3$ 沉淀剂，并将 pH 调至 7~8，即产生 $Al(OH)_3$ 和 $Pb(OH)_2$ 共同沉淀，静置后，分离沉淀，便可排放废液。另外也可以用石灰乳做沉淀剂，使 Pb^{2+} 生成 $Pb(OH)_2$，$Pb(OH)_2$ 在吸收空气中的 CO_2 气体后变为溶解度更小的 $PbCO_3$ 沉淀。

$$Pb^{2+} + Ca(OH)_2 = Pb(OH)_2 + Ca^{2+}$$
$$Pb(OH)_2 + CO_2 = PbCO_3\downarrow + H_2O$$

(4)**含锌、锰、镉、汞等重金属离子的废液** 对含有锌、锰、镉、汞等重金属离子的废液可以采用氢氧化物共沉淀法、硫化物共沉淀法、碳酸盐沉淀法、吸附法、沉淀法、氧化还原法、中和法、氧化分解法,使这些金属离子转变为氢氧化物或碳酸盐沉淀,再将沉淀与液体分离。

$$Cd^{2+} + Ca(OH)_2 = Cd(OH)_2\downarrow + Ca^{2+}$$
$$Cd^{2+} + S^{2-} = CdS\downarrow$$

(5)**含氰废液** 氰化物毒性极大,可加入硫酸亚铁,使 CN^- 生成毒性很小的配位化合物六氰合铁(Ⅱ)酸铁。

$$6CN^- + 3FeSO_4 = Fe_2[Fe(CN)_6] + 3SO_4^{2-}$$

(6)**银氨溶液** 银氨溶液放久后会变成氮化银而引起爆炸,用剩的银氨溶液必须酸化后回收。

$$[Ag(NH_3)_2]^+ + 2H^+ = Ag^+ + 2NH_4^+$$

(7)**废气** 化学实验产生的废气一般为 H_2S、SO_2、NO、NO_2、CO、CO_2、Cl_2、Br_2、NH_3 等气体,其中一些气体有恶臭味、刺激性气味、毒害性,如果处理不好将严重影响环境,以致危害人的健康。因此应尽量采用封闭式的实验操作方法,尽量减少废气的产生量,然后再将废气进行有效的处理。例如化学实验中所产生的有害气体一般为酸性气体,根据这一特点,可用水进行吸收,以达到不向空间扩散的目的。如 CO_2、SO_2、NO_2 等气体,可用导管将气体导入水中,使其生成相应的水溶液。有的气体可用碱溶液进行吸收。

(8)**其他废弃物** 实验中所产生的废纸、火柴梗、破烂玻璃仪器等杂物,不应随便丢放,而应在指定的地方收集,统一倒掉。实验中的生成物需要回收的,要根据回收物的化学特性,回收后统一处理。对一些用量较大的有机溶剂残渣和实验过程中浸有有害物质的滤纸、包药纸等废弃物,焚烧之后做深埋处理。

1.3.4 化学实验室环境污染的防治

环境保护是我们的基本国策。我们必须清醒地意识到减少化学实验污染以及对污染物进行治理的紧迫性。按照绿色化学的思想,通过改进实验项目的内容,可从源头上减少有害化学试剂的使用,同时减少废物的产生,具有减轻污染和节约资源的双重意义。按照这样的要求,逐步实现真正的"绿色化学",我们主要从以下几个方面来进行预防和治理。

(1)**通风换气** 通风换气是排出化学实验室空气污染,改善室内小气候的最有效措施之一,利用自然通风是既经济又有效的方法。做化学实验时,经常开窗和打开换气扇或者开动通风橱换气,化学实验室污染物很容易被排出室外。

(2)**合理采光** 利用自然光线,不仅可以增加化学实验室照明度,同时也可以净化化学实验室空气。

(3)**湿式除尘** 做化学实验时,必须打扫卫生和要用湿拖布擦地,防止地面尘土飞扬。这对净化空气更有益处。

(4)**开展微型化学实验** 微型实验是在微型的仪器装置中进行的化学实验,通常使用的药剂量仅为常规实验的十分之一或者更少,排放的污染物也就更少。

(5)循环使用化学药品

(6)回收利用实验产物

(7)改进化学实验设计　很多化学实验是沿用多年以前的设计方案,设计时没有把环境因素考虑进去,有必要重新设计、改进实验过程。

(8)利用电化教学手段　在化学实验教学中,一些毒性较大、污染严重、成功率低、危险性大的常规实验,可以用微机模拟,或者制成录像片,教学时组织学生观看。

(9)加强实验室的管理　要正确进行实验,做好购买、使用、取用、配制和保存药品的常规管理工作,以减少不必要的浪费和污染。

1.4　实验室常用玻璃仪器

1.4.1　化学实验室常用玻璃仪器介绍

化学实验室常用玻璃仪器见表1-1。

表1-1　化学实验室常用仪器

仪　器	规　格	主要用途	注意事项
试管　离心试管	分硬质试管、软质试管、普通试管和离心试管　普通试管以试管口外径(mm)×长度(mm)表示,离心试管以其容积(mL)表示	普通试管用作少量试剂的反应器,便于操作和观察　离心试管还用于定性的沉淀分离	可以加热至高温(硬质的),但不能骤冷,加热时管口不能对人,且要不断移动试管,使其受热均匀。盛反应液体不能超过其容积的1/2
点滴板	瓷质,分白色、黑色、十二凹穴、九凹穴、六凹穴等	用于点滴反应,尤其是显色反应	白色沉淀用黑色板,有色沉淀或者溶液用白色板
烧杯	玻璃和塑料的,以容积(mL)表示,如1 000、400、250、100、50等	常温或加热条件下用作反应物量大时的反应容器,反应物易混合均匀,也可用来配制溶液	加热时将壁擦干并放置在石棉网上,使受热均匀,可以加热至高温
试剂瓶	有无色、棕色之分,以容积(mL)表示,如60、30等	用于盛少量液体试剂或溶液	见光易分解的或不太稳定的试剂用棕色试剂瓶盛装,碱性试剂要用带橡皮塞的滴瓶,但不能长期盛放浓碱液

（续）

仪　器	规　格	主　要　用　途	注　意　事　项
广口瓶　细口瓶	玻璃和塑料的，有无色和棕色的、磨口和不磨口。以容积(mL)表示，如 1 000、500、250、125 等	细口瓶盛装液体试剂，广口瓶盛装固体试剂	不能加热，取用试剂时，瓶盖倒放在桌上，不能弄脏、弄乱。碱性物质要用橡皮塞，稳定性差的物质用棕色瓶
洗瓶	分塑料和玻璃的，以容积(mL)表示	用蒸馏水洗涤沉淀和容器时使用 塑料洗瓶使用方便、卫生，故广泛使用	洗瓶不能加热
量筒　量杯	以其最大容积(mL)表示，量筒如 100、10、5 等，量杯如 20、10 等	量取一定体积的液体	不能直接加热
称量瓶	分扁形和高形，以外径(mm)×高(mm)表示，如高形25×40，扁形50×30	扁形用作测定水分或干燥基准物质；高形用于称量基准物质或样品	不可盖紧磨口塞烘烤，磨口塞要配套，不得互换
移液管　吸量管	以其最大容积(mL)表示，吸量管：如10、5、2、1 等；移液管：如 50、25、20、10 等	准确量取一定体积的液体	为了减小测量误差，每次都应从最上面刻度起往下放出所需体积

(续)

仪 器	规 格	主要用途	注意事项
容量瓶	以刻度线以下的容积(mL)表示大小，如1 000、500、250、100、50、25等	用来配制准确浓度的溶液	不能受热，不得储存溶液，不能在其中溶解固体，瓶塞与瓶是配套的，不能互换
酸式和碱式滴定管	滴定管分碱式(左)和酸式(右)、无色和棕色。以容积(mL)表示，如50、25等	滴定或量取准确体积的溶液时使用。滴定管架用于夹持滴定管	碱式滴定管盛碱性溶液或还原性溶液，酸式滴定管盛酸性溶液或氧化性溶液。碱式滴定管不能盛放氧化剂。见光易分解的滴定液宜用棕色滴定管
研钵	以铁、瓷、玻璃、玛瑙制作，以口径大小表示	用于研磨固体物质。大块物质不能敲，只能压碎	不能用于加热，按固体的性质和硬度选用不同的研钵。放入量不宜超过容积的1/3
锥形瓶	以容积(mL)表示，如500、250、150等	反应容器，振荡方便，适用于滴定操作或做接受器	盛液体不能太多，加热时应放置在石棉网上
吸滤瓶和布氏漏斗	布氏漏斗瓷质，以直径(cm)表示，如8、6等。吸滤瓶为玻璃制品，以容积(mL)表示，如500、250等。两者配套使用	用于减压过滤	不能直接加热，滤纸要略小于漏斗的内径。使用时先开抽气泵，后过滤；过滤完毕，先拔掉抽滤瓶接管，后关抽气泵
表面皿	以口径(mm)大小表示，如90、75、65、45等	盖在烧杯上防止液体迸溅或做其他用途	不能用火直接加热，直径要略大于所盖容器

（续）

仪 器	规 格	主要用途	注意事项
干燥器	以外径(mm)表示大小。分普通干燥器和真空干燥器，内放干燥剂	保持物品干燥	防止盖子滑动打碎，热的物品待稍冷后才能放入。盖的磨口处涂适量的凡士林，干燥剂要及时更换
漏斗	以口径(mm)大小表示，分60、40、30等	用于过滤操作	不能用火加热
漏斗架	木制，有螺丝可固定于支架上。可移动位置，调节高度	过滤时放置漏斗用	固定漏斗板时，不要把它倒放
锥形分液漏斗　圆形分液漏斗　滴液漏斗	以容积(mL)和形状（球形、梨形）表示	用于分离互不相溶的液体，或用作发生气体装置中的加液漏斗	不得加热，漏斗塞子、活塞不得互换
热水漏斗	由普通玻璃漏斗和金属外套组成，以口径(mm)大小表示，分60、40、30等	用于热过滤操作	加水不超过其容积的2/3

(续)

仪器	规格	主要用途	注意事项
蒸发皿	有瓷、铂、石英等制品，分有柄和无柄，以容积(mL)表示，如125、100、35等	蒸发液体用，还可以作为反应器用	可耐高温，可直接加热，但高温时不能骤冷。随液体性质不同可选用不同质地的蒸发皿
水浴锅	铜或铝制品	用于间接加热，也可以用于粗略控制温度实验	所选择的圈环正好使加热器皿浸入锅中2/3。不要让锅里的水烧干，用完后应将锅擦干保存
熔点测定管(b形管)	以口径(mm)大小表示	用于测定固体化合物的熔点	所装溶液的液面应高于上支管处
坩埚	材质有瓷、石英、铁、镍、铂等，以容积(mL)表示	用于灼烧试剂	一般忌骤冷、骤热，依试剂性质选用不同材质的坩埚
泥三角	有大小之分	支撑灼烧坩埚或蒸发皿	
石棉网	有大小之分	支撑受热器皿	不能与水接触

1.4.2 化学实验室标准磨口玻璃仪器介绍

(1)常见标准磨口玻璃仪器介绍 化学实验中除了一些常用玻璃仪器外,还经常用到由硬质玻璃或钢化玻璃制成的标准磨口玻璃仪器。根据玻璃仪器的大小和用途,标准磨口的大小也不同,通常应用的标准磨口系列有10、14、19、24、29、34、40、50等,它们表示锥形磨口的最大口径(单位 mm)。有些磨口仪器的口径也常用两个数字表示磨口大小,如24/30,表示此磨口最大口径为24 mm,磨口长度为30 mm。同类规格的标准磨口器件均可根据需要选配和组装成成套仪器。常用标准磨口玻璃仪器见图1-1。

实 验 化 学

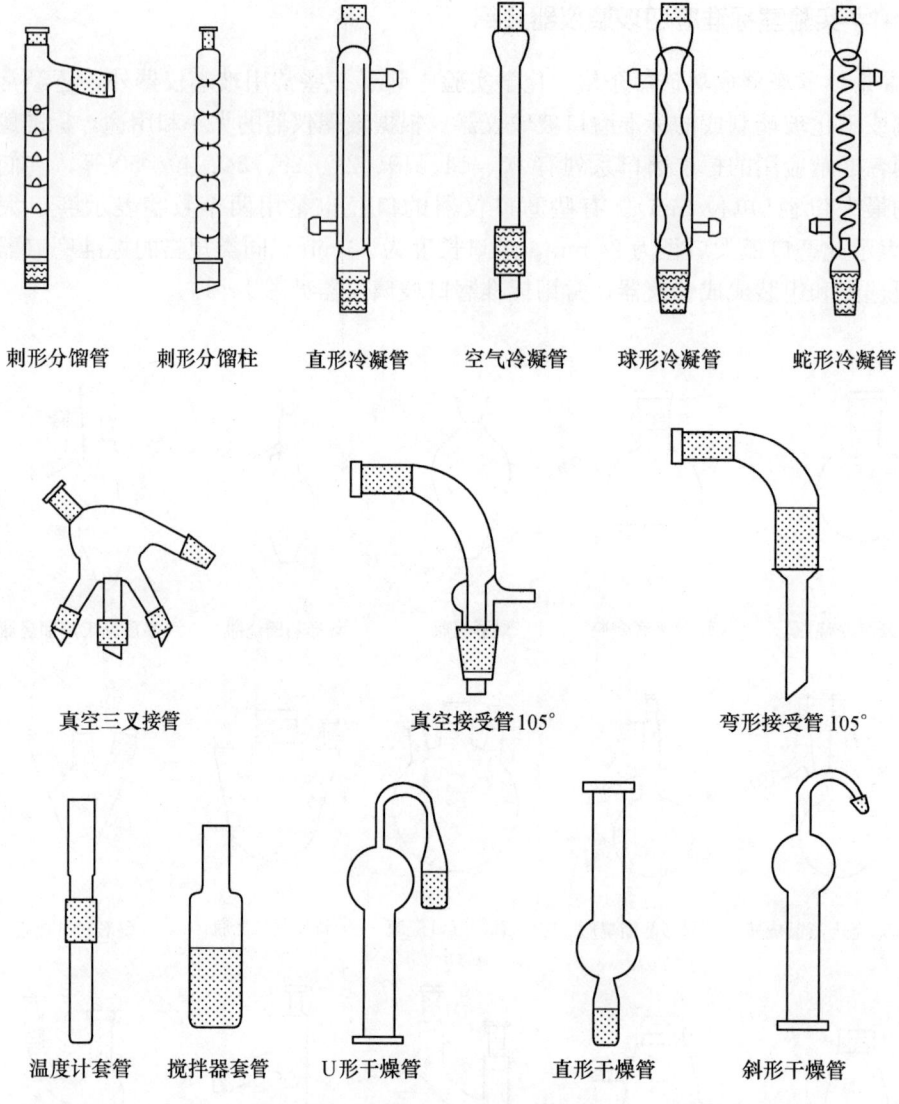

图1-1 常用标准磨口玻璃仪器

(2)使用标准磨口玻璃仪器的注意事项

① 组装仪器之前,应检查磨口口径是否匹配,磨口接头部分应先用洗涤剂清洗干净,注意洗涤时尽量避免使用去污粉等固体去污物,再用纸巾或软布擦干,以防止磨口对接不紧导致漏气。

② 组装仪器时,应将各部分分别夹持好并排列整齐,角度及高度调整适当后再进行组装,以免磨口连接处受力不均匀而折断。

③ 仪器使用后,应立即清洗干净并擦干,以免因磨口接头的黏接造成拆卸困难,特别对于带活塞、塞子之类的磨口仪器,彼此之间应垫上纸片配套存放,不能随意调换。

④ 常压下使用磨口仪器,一般不涂润滑剂,以防对反应体系造成污染,但用于强碱反应时,则需进行处理,以免磨口处受碱蚀而黏结在一起。使用时如偶尔有磨口玻璃接头黏结

难以拆开时，可用木棒或在木桌边缘轻轻敲击连接处使其慢慢松开。

1.4.3 微型化学实验仪器简介

微型化学实验是 20 世纪 80 年代兴起的一种实验方法。实验所用试剂量为常量法的十分之一至千分之一，这不仅大大降低了实验的成本，而且省时节能环保。再者仪器的体积小，更便于储放、携带，因此越来越受化学工作者的重视。常见的微型化学实验玻璃仪器见图 1-2。

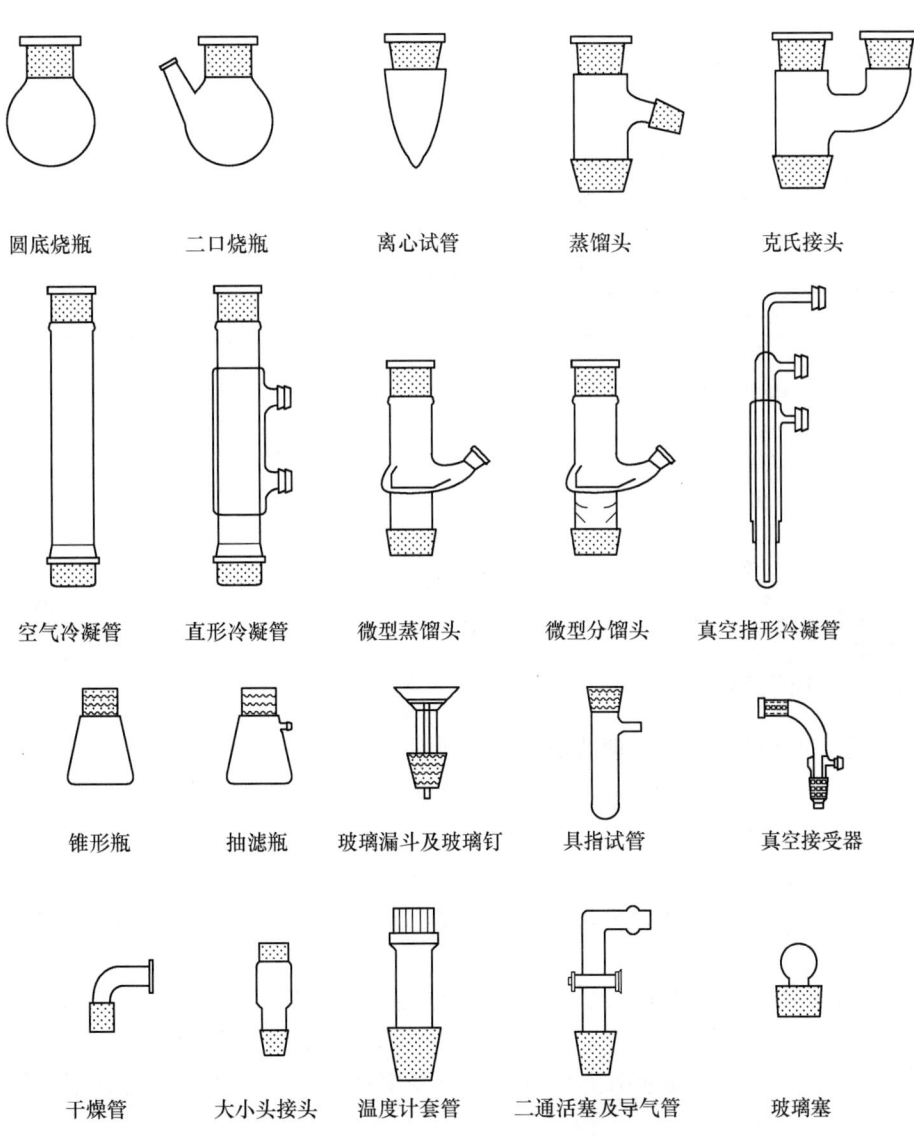

图 1-2 常见的微型化学实验玻璃仪器

国产的成套微型仪器，有些是常规磨口仪器的微型化，如锥形瓶、圆底烧瓶、试管、空气冷凝管、球形冷凝管等，有些则与常规仪器在外形上有较大差别，如微型分馏头、微型蒸馏头、真空指形冷凝器等，但基本功能则是一致的。微型玻璃仪器可以根据实验的基本要求选配、组装，使用也较方便。目前微型化学实验玻璃仪器在化学教学及科研领域正处于不断改进与推广阶段。

1.5 化学试剂的相关知识

化学试剂的门类很多，世界各国对化学试剂的分类和分级的标准不尽相同，各国都有自己的国家标准及其他标准（行业标准、学会标准）。我国化学试剂产品有国家标准（GB）、部颁标准（HG）及企业标准（QB）三级。

1.5.1 化学试剂的分类

化学试剂一般可分为标准试剂、一般试剂、高纯试剂、专用试剂四类。我们着重介绍实验室常用的一般试剂，它是实验室最普遍使用的试剂，常分为四个等级和生化试剂等。一般试剂的级别、名称、适用范围及标签颜色列于表1-2中。

表1-2 一般试剂的分类

级别	中文名称	英文符号	适用范围	标签颜色
一级	优级纯（保证试剂）	GR	精密分析实验	绿色
二级	分析纯（分析试剂）	AR	一般分析实验	红色
三级	化学纯	CP	一般化学实验	蓝色
四级	实验试剂	LR	一般化学实验辅助试剂	棕色或其他颜色
生化试剂	生化试剂 生物染色剂	BR	生物化学及医用化学实验	咖啡色 染色剂（玫瑰色）

1.5.2 化学试剂的选用

要根据实验的具体要求，合理选用相应级别的试剂，由于高级试剂和基准试剂的价格要比一般试剂的价格高得多，因此，在满足实验要求的前提下，选择试剂的级别就低不就高，注意节约。试剂的选用主要考虑以下几点：

(1) 滴定实验中常用标准溶液应选用分析纯试剂配制、工作基准试剂标定。某些要求不高的分析实验也可用优级纯或分析纯试剂来标定。滴定分析中所用的其他试剂一般为分析纯试剂。

(2) 如所做实验要求杂质含量低，应选用优级纯试剂，若只对主体含量要求高，则应选用分析纯试剂。

(3) 仪器分析实验中一般选用优级纯试剂或专用试剂，测定微量成分时应选用高纯试剂。

1.5.3 试剂的储存

化学试剂的储存和保管是化学实验室非常重要的工作。一般化学试剂应储存在通风良好、干净、干燥的房间，要远离火源，并防止水分、灰尘和其他物质的污染。同时，根据试剂性质应有不同的储存和保管方法。

(1) 固体试剂应装在广口瓶中，液体试剂盛放在细口瓶或滴瓶中；见光分解的试剂应盛放在棕色瓶中；与玻璃作用而影响试剂纯度的化学试剂应盛放于塑料瓶中；装碱的瓶子应用橡皮塞，不能用磨口玻璃塞，以防止瓶口被碱溶结而无法打开。

(2) 强吸水性的试剂应严格用蜡密封，取用后应迅速封盖。

(3) 特殊试剂应采取特殊的储存方法。如受热易分解的试剂，必须存放于冰箱中；易吸湿或易被氧化的试剂应储存于干燥器中；活泼金属如钠则应浸入煤油中；白磷要浸入水中等。

(4) 剧毒试剂应专人保管，并存放于专用保险柜中，取用时要按一定手续进行，以免发生事故。

所有试剂瓶外面都应贴有标签，标明试剂的名称、规格、浓度、生产或配制时间等。标签应粘贴牢固，最好涂上石蜡保护，以防试剂侵蚀标签。

1.6 化学实验用纯水的要求及基本知识

在化学实验中，经常需要用纯水来洗涤仪器、溶解试样和配制溶液。根据实验要求的不同，需要合理地选用不同规格的纯水。

1.6.1 纯水的规格

根据制备方法的不同，纯水所含的杂质情况不同。我国已有的实验室用水规格的国家标准 GB 6682—92，规定了实验室用水的技术指标、制备方法与检验方法等。表1-3 为实验室用水的级别及主要指标。

表1-3 实验室用水的级别及主要指标

指 标 名 称	一级	二级	三级
pH 范围(25 ℃)	—	—	5.0~7.55
电导率(25 ℃)/(mS·m^{-1})	≤0.01	≤0.10	≤0.50
吸光度(254 nm，1 cm 光程)	≤0.001	≤0.01	—
可溶性硅(以 SiO$_2$ 计)/(mg·L^{-1})	≤0.02	≤0.05	—

1.6.2 纯水的制备

蒸馏法：目前使用的蒸馏水器有玻璃、铜及石英材质等。此法只能除去水中的非挥发性的杂质，并不能完全除去可溶性的气体杂质。此方法设备便宜、操作简单，但能耗高。

离子交换法：主要采用阴、阳离子交换树脂的混合装置来制备。所制得的纯水称为去离子水。此方法的效果较好、成本低，但设备操作复杂，且不能除去水中非离子型杂质和有机杂质。

电渗析法：此方法是在离子交换技术的基础上发展起来的一种方法。在直流电场的作用下，利用阴、阳离子交换膜对溶液中离子的选择性透过而除去离子型杂质。但此方法不能除去非离子型杂质，仅适用于要求不高的分析工作。

1.6.3 纯水的检验和合理选用

纯水的检验方法一般有物理方法和化学方法两类。检验的项目一般包括：电导率，pH，硅酸盐，氯化物以及 Cu^{2+}、Pb^{2+}、Zn^{2+}、Fe^{3+}、Ca^{2+}、Mg^{2+} 等金属离子。

纯水的制备不易，也难以保存。应根据实验要求选用不同级别的纯水，并在保证实验要求的前提下，注意尽量节约用水，养成良好的实验习惯。

1.7 基准物质和标准溶液

1.7.1 基准物质

在分析化学中离不开标准溶液，能用于直接配制标准溶液的物质称为基准物质。基准物质应符合下列要求：

(1)纯度高(质量分数99.9%以上)。
(2)组成恒定，试剂的实际组成与化学式完全相符。
(3)性质稳定，不易与空气中的 O_2 及 CO_2 反应，亦不吸收空气中的水分。
(4)具有较大的摩尔质量，以降低称量的相对误差。

1.7.2 标准溶液

标准溶液的配制方法有直接法和标定法两种。

(1)**直接法** 凡符合基准物质条件的试剂，均可用直接法进行配制。步骤：准确称取一定量基准物质，溶解后转入一定体积的容量瓶中定容，然后根据基准物质的质量和溶液的体积，计算出该标准溶液的准确浓度(应保留四位有效数字)。

(2)**标定法** 又称间接法。不符合基准物质要求的试剂，就不能用直接法配制标准溶液，可采用标定法。步骤：先配制成近似于所需浓度的溶液，然后用基准物质(或用基准物质标定过的标准溶液)通过滴定来确定其准确浓度。

注意：标准溶液配好后，视标准溶液的性质在细口玻璃瓶或聚乙烯塑料瓶中保存，防止水分蒸发或灰尘落入。

1.7.3 标准溶液浓度的表示方法

(1)**物质的量浓度[$c(B)$]** B的物质的量浓度 $c(B)$，是指溶液中所含溶质B的物质的量 n，除以溶液的体积 V。表达式如下：

$$c(B)=n(B)/V$$

$c(B)$ 的常用单位为 $mol \cdot L^{-1}$。

注意：表示物质的量浓度时，必须指明其基本单元。基本单元的选择通常根据化学反应的计量关系来确定。如 $c(H_2SO_4)=1\ mol \cdot L^{-1}$，则 $c\left(\frac{1}{2}H_2SO_4\right)=2\ mol \cdot L^{-1}$，$c(2H_2SO_4)=0.5\ mol \cdot L^{-1}$。

(2)**滴定度(T)** 在生产单位的例行分析中，常用滴定度(T)表示标准溶液的浓度。滴定度表示每毫升的滴定剂相当于被测物质的质量或质量分数。例如，用 $K_2Cr_2O_7$ 标准溶液滴定

Fe^{2+},其 $T(Fe/K_2Cr_2O_7)=0.01000\ g \cdot mL^{-1}$,表示每消耗 1 mL 的 $K_2Cr_2O_7$ 标准溶液恰好能与 $0.01000\ g\ Fe^{2+}$ 完全反应。$T[w(Fe/K_2Cr_2O_7)]=1.00\% \cdot mL^{-1}$,表示每消耗 1 mL 的 $K_2Cr_2O_7$ 标准溶液相当于固体试样中铁的质量分数为 1.00%。

(3)质量浓度[$\rho(B)$] 在微量或痕量组分分析中,常用质量浓度表示标准溶液的浓度。$\rho(B)$是指溶质 B 的质量除以溶液的体积。表达式如下:

$$\rho(B)=m(B)/V$$

$\rho(B)$的单位通常为 $g \cdot L^{-1}$,也可用 $kg \cdot L^{-1}$、$mg \cdot L^{-1}$、$\mu g \cdot L^{-1}$ 等表示。例如,$\rho(Cu^{2+})=0.2000\ g \cdot L^{-1}$,表示每升铜标准溶液中含有 0.2000 g 的 Cu^{2+}。

第二章

实验化学基本操作

2.1 玻璃仪器的洗涤和干燥

2.1.1 玻璃仪器的洗涤

化学实验中经常使用各种玻璃仪器(也包括瓷器),这些仪器干净与否将直接影响到实验结果的正确性和准确性,所以应保证仪器的洁净。

洗涤玻璃仪器的方法很多,应根据实验的具体要求、污物的特性和沾污的程度选择合适的方法。通常情况下,仪器上的污物有可溶性物质、尘土、不溶性物质、有机物和油垢等。应针对这些具体情况,选择适当的洗涤剂和洗涤方法。

(1) 用自来水刷洗 用自来水和长柄毛刷刷洗可以除去仪器上的尘土、不溶性物质和可溶性物质。此方法适用于黏附有易去除污物的简单玻璃仪器,如试管、烧杯等。

(2) 用去污粉或肥皂、合成洗涤剂刷洗 当器皿上黏附油垢和有机物时,用水湿润仪器后,用试管刷蘸取去污粉或合成洗涤剂刷洗,最后再用自来水清洗。有时去污粉的微小粒子会黏附在玻璃器皿壁上,不易被水冲走,此时可用2%盐酸摇洗一次,再用自来水清洗。若仍洗不干净,可用热的去污粉、合成洗涤剂溶液或碱液浸泡一段时间后再洗。

(3) 用浓硫酸-重铬酸钾洗液洗 对于用上述方法不能洗净的重垢仪器,还有一些容量精确、结构复杂不能用毛刷刷洗的仪器,如坩埚、称量瓶、洗瓶、容量瓶、移液管、滴定管等,可以用铬酸洗液(即浓硫酸-重铬酸钾洗液)浸洗。铬酸洗液具有很强的氧化能力和去污能力,并且很少腐蚀玻璃仪器。

铬酸洗液的配制:将50 g 重铬酸钾固体粉末溶解于1 000 mL 温热的浓硫酸中,注意边加边搅拌,冷却后储存在细口玻璃瓶中备用。

用洗液洗涤仪器时,要先把仪器内的水倒尽,再装入少量洗液(约为仪器容量的1/5),将仪器倾斜转动,使仪器内壁全部被洗液湿润。必要时可把洗液先加热,并浸泡一段时间,这样效果会更好。

使用洗液时应注意:洗液具有强腐蚀性,千万不要用毛刷蘸取洗刷仪器,以免灼伤皮肤、破坏物品;如不慎把洗液洒在皮肤、衣物或桌面上,应立即用水冲洗;洗液用完后应倒回原瓶内,可反复使用;变绿的洗液[重铬酸钾被还原为硫酸铬(Ⅲ)的颜色]已无氧化性,不能继续使用;铬(Ⅵ)的毒性较强,要尽量少用;清洗残留在仪器上的洗液时,第一、二遍的洗涤水不要倒入下水道,应回收处理。

玻璃仪器上常见污物处理方法见表2-1。

用以上各种处理方法洗涤后的仪器还要经自来水多次冲洗,再用蒸馏水或去离子水洗涤。用蒸馏水洗涤时,应按"少量多次"的原则,一般洗涤2~3次,每次用水5~10 mL。

已洗净的仪器应该清洁透明,把仪器倒置时,器壁上只留下一层既薄又均匀的水膜而不挂水珠。已洗净的仪器,不能用布或纸擦拭,以免布或纸上的纤维及污物再次沾污仪器。

表 2-1 常见污物处理方法

污 物	处 理 方 法
可溶于水的污物、灰尘等	自来水清洗
不溶于水的污物	肥皂、合成洗涤剂
氧化性污物(如 MnO_2、铁锈等)	浓盐酸、草酸洗液
油污、有机物	碱性洗液(Na_2CO_3、NaOH 等)、有机溶剂、铬酸洗液、碱性高锰酸钾洗涤液
残留的 Na_2SO_4、$NaHSO_4$ 固体	用沸水使其溶解后趁热倒掉
高锰酸钾污垢	酸性草酸溶液
黏附的硫黄	用煮沸的石灰水处理
瓷研钵内的污迹	用少量食盐研磨后倒掉,再用水洗
被有机物染色的比色皿	用体积比为 1:2 的盐酸-酒精液处理
银迹、铜迹	硝酸
碘迹	用 KI 溶液浸泡,温热的稀 NaOH 或 $Na_2S_2O_3$ 溶液处理

2.1.2 玻璃仪器的干燥

洗净的玻璃仪器有时还需要干燥。根据不同情况,可选用下列方法对仪器进行干燥。

(1)晾干 对不急于使用且干燥要求不高的仪器,可将洗净的仪器倒置在干净的实验柜内仪器架上一段时间,自然晾干即可。

(2)吹干 对于急需使用的仪器,可用电吹风吹干。吹干时应先用热风吹干仪器内部,再用冷风冷却仪器。

(3)烤干 对于一些构造简单、均匀质硬的玻璃器皿,如果急需使用,可用小火烤干。例如,烧杯或蒸发皿可以放在石棉网上用小火烤干。试管可以直接用小火烤干,操作时,试管管口向下略为倾斜(防止冷凝水倒流而使试管炸裂),并不时地来回移动试管(防止试管局部过热),待水珠完全消失后,将试管管口向上,使水汽逸出,冷却。

(4)烘干 对于有些干燥要求较高且能耐高温的仪器,可以放在电热干燥箱(烘箱)内烘干。仪器放进烘箱前应尽量把水倒净,放置时应使仪器口朝下(倒置后不稳的仪器则应平放)。在烘箱的最下层放一个搪瓷盘以接受从仪器上滴下的水珠,以防水滴到电炉丝上损坏电炉丝。烘箱控温在 105~110 ℃,保持 1~2 h。

(5)有机溶剂干燥 较大的仪器或在洗涤后立即使用的仪器,为了节省时间,可将仪器中的水先沥干后,加入少量易挥发且与水可混溶的有机溶剂(常用的是乙醇或丙酮),倾斜并转动仪器,使器壁上的水与有机溶剂混合,然后倾出,晾干。

需要注意的是,某些带有刻度的计量仪器不能用加热方法干燥,否则会影响仪器的精度。如需干燥,可用晾干、冷风吹干或有机溶剂干燥等方法。

(6)干燥器的使用 对于一些易吸潮的固体、灼烧干燥后的坩埚或需较长时间干燥保存的实验样品、仪器等应放在干燥器内,以防吸收空气中的水分。干燥器是由厚质玻璃制成,其盖口为磨口,磨口上涂有一薄层凡士林,起密闭作用。干燥器底部盛放变色硅胶等干燥剂,中下部放置一块带孔的瓷板,用于承载物品。使用干燥器时,应用左手按住干燥器主体,右手按住盖的圆柄,向左前方推开盖子,放入被干燥物品后,用同样的方法将盖子推合。如果被干燥物温度较高,推合盖子时应留一条很小的缝隙,冷却后再盖严。

2.2 化学试剂的取用

取用化学试剂时,一般按如下要求进行:首先,检查所用试剂的名称和规格是否符合,避免错用试剂。第二,取用试剂过程中,不要沾污试剂,不能与手接触。在打开试剂瓶塞后,应将其倒置于桌面,取用试剂后应及时盖上瓶塞,并将试剂瓶瓶签朝外放至原处,绝不允许张冠李戴。第三,注意节约,用多少取多少,取出的试剂不能倒回原瓶,以免影响原试剂的纯度。第四,有毒的试剂要在教师的指导下处理。

2.2.1 固体试剂的取用

(1)取用固体试剂一般用药匙。药匙的两端为大小两个匙,分别取用大量固体和少量固体。使用的药匙必须干净,并专匙专用,用后必须立即洗净和擦干。

(2)取用大块或坚硬的固体试剂时,应将容器倾斜,让试剂沿器壁滑至底部,以免击破容器。对于固体粉末试剂,可用药匙将试剂直接送入容器底部,避免容器壁粘上试剂。如果是小口容器,可借助纸条将试剂送入容器底部。

(3)取用一定质量的固体试剂时,一般的固体试剂可以放在干净的纸或表面皿上,按精度要求用台秤或分析天平称量。有腐蚀性、强氧化性或易潮解的固体试剂则应放在玻璃容器内称量。

2.2.2 液体试剂的取用

液体试剂可用滴管吸取或用量筒、移液管或吸量管等量取。

(1)从滴瓶中取液体试剂时,应用滴瓶中的滴管。先用手指紧捏滴管上部的橡皮乳头,赶走其中的空气,然后松开手指,吸入试液。滴加液体时,管尖不能接触容器内壁,更不能伸入容器中,以免发生沾污,滴管应保持垂直,在容器口上方将试剂滴入(图2-1)。从试剂瓶中取用液体试剂时,需专管专用。装有试剂的滴管不得横置或滴管口向上斜放,以免液体倒流入滴管的胶皮帽中发生反应,引起试剂变质。

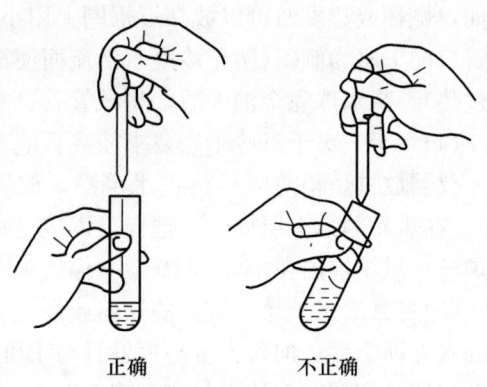

图 2-1 用滴管加试剂

在试管里进行某些不需要准确体积的实验时,可以估计取出液体的量,不需要使用其他量器。例如用滴管取用液体时,1 mL 大约相当于20滴。

(2)从试剂瓶中定量取用液体试剂时,可用量筒。量筒有5、10、50、100和1000 mL

等规格,可根据需要选用。取用液体试剂时,如图2-2所示,先将试剂瓶瓶塞取下,仰放在桌面上,一手拿量筒,一手拿试剂瓶(瓶上贴标签的一面不能朝下),逐渐倾斜试剂瓶,让试剂沿着量筒内壁流下或沿着洁净的玻璃棒引入量筒中,取出所需量后,将试剂瓶口在容器上靠一下,再逐渐竖起瓶子,以免残留在瓶口的液体滴流到试剂瓶的外壁。观测量筒内液体的体积时,注意应使视线与量筒内液体凹液面最低处保持水平。

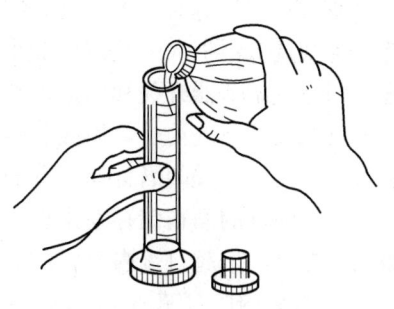

图2-2 用量筒量取液体

量筒只能粗略量度一定体积的液体,不够精确。若要准确量取,则需选用更适当的量器,如移液管(吸量管)或滴定管等,它们的使用方法见2.6节。

2.2.3 特种试剂的取用

取用有剧毒、强腐蚀性、易燃、易爆等试剂时,必须注意安全、小心谨慎,应采用不同的方法处理,请参考有关书籍。

2.3 加热与冷却

2.3.1 常见加热器具简介

(1)酒精灯 酒精灯是实验室中最常用的加热器具。它由灯罩、灯芯、灯壶三部分组成。酒精灯的加热温度一般为400~500 ℃,适用于温度不需太高的实验,酒精灯火焰的不同区域温度是不同的(图2-3)。酒精易挥发、易燃,使用时必须注意安全。酒精灯点燃前,必须检查其是否完好。酒精应用火柴点燃,绝不能用燃着的另一酒精灯点燃。熄灭灯焰时,用灯罩将火焰熄灭,绝不能吹灭。灯壶中的酒精必须占灯壶容积的1/2~2/3,向灯壶中添加酒精时,必须先将火焰熄灭,再用小漏斗加入。万一洒出的酒精在灯外燃烧,可用湿抹布或石棉布扑灭。

(2)酒精喷灯 常见的酒精喷灯有座式和挂式两种(图2-4和图2-5)。酒精喷灯的火焰温度最高可达1 000 ℃左右,因此常用于高温加热。

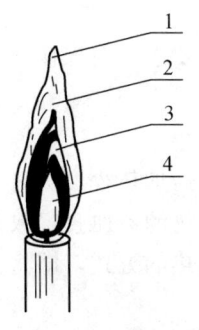

图2-3 正常火焰
1.氧化焰 2.最高温区
3.还原焰 4.焰心

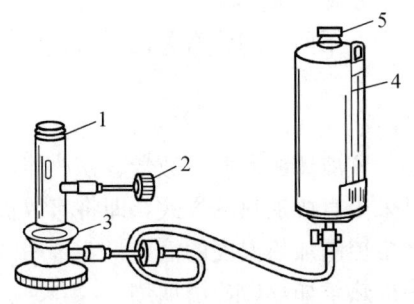

图2-4 挂式酒精喷灯
1.灯管 2.空气调节器 3.预热盒
4.酒精储罐 5.盖子

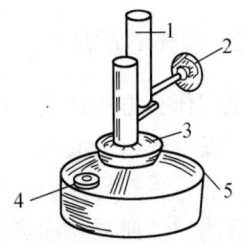

图2-5 座式酒精喷灯
1.灯管 2.空气调节器
3 预热盒 4.铜帽 5.酒精壶

使用挂式喷灯时,先将已装满酒精的储罐悬挂于高处,在预热盘中注入酒精(此时要先转动空气调节器把入气孔调到最小),点燃加热铜质灯管,待盘中酒精将近燃完时,开启灯管上的空气调节器开关和储罐下的活栓(逆时针转),来自储罐的酒精在灯管内受热汽化,并与来自气孔的空气混合,用火点燃管口气体,就会产生高温火焰。调节空气调节器,控制火焰大小。用毕,关闭酒精储罐下的活栓和空气调节器使灯焰熄灭。

座式喷灯的酒精储存在预热盘下方的酒精壶内,使用时先旋开壶上铜盖,酒精通过漏斗加入,总量不可超过壶内容积的80%。加完酒精后将盖旋紧,避免漏气,然后把灯身倾斜70°,使灯管内的灯芯沾湿,以免灯芯烧焦。在预热盘中注入酒精,点燃,加热灯管,待盘中酒精将近燃完时,壶中的酒精受热汽化,与来自气孔的空气混合燃烧,调节空气调节器,控制火焰大小。加热完毕,用石棉板或废木板盖住管口使灯焰熄灭,同时用湿抹布覆盖在灯上,使其降温。

使用喷灯还应注意以下几点:①用前检查:如发现罐底凸起、喷口堵塞、酒精溢出等现象应停止使用,待查明原因排除故障后再使用。②在开启开关、点燃管口气体前必须充分灼热灯管,否则酒精不能全部汽化,会有液态酒精由管口喷出,可能形成"火雨"(尤其是挂式喷灯),甚至引起火灾。③当罐内酒精耗剩20 mL左右时,应停止使用,如需继续工作,要把喷灯熄灭后再增添酒精,不能在喷灯燃着时向罐内加注酒精,以免引燃罐内的酒精蒸气。一般座式喷灯连续工作不超过半小时,挂式喷灯连续工作不超过2 h。

(3)电加热设备 电加热设备是指一类用电热丝等将电能转化为热能的装置。常用的电加热设备有电炉、电加热套、管式炉、马福炉等,见图2-6。

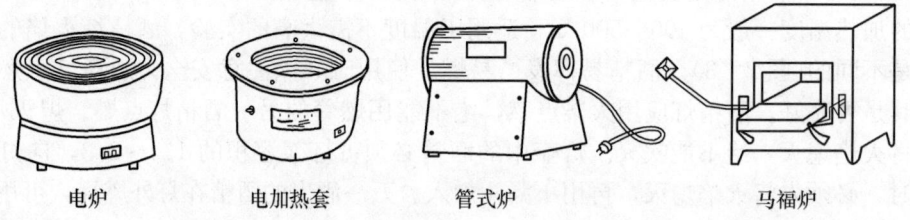

电炉　　　电加热套　　　管式炉　　　　马福炉

图2-6　常用电加热设备

电炉和电加热套的加热温度最高可达450~500 ℃,它们可用于代替酒精灯加热。电加热套还可取代油浴、沙浴,对圆底容器加热较方便。管式炉和马福炉属于高温电炉,最高加热温度可达1 000 ℃以上,并能自动调温和控温。

使用电加热设备时应注意安全,用前要阅读有关说明书,按其有关要求进行操作使用。

2.3.2　液体的加热

采用什么方式加热液体取决于该液体的性质、数量、盛放器皿及所需加热程度。对于高温下不发生分解的液体,一般可采用直接加热的方式,即将盛放被加热物的器皿直接放在热源中加热。受热易分解或需要严格控制加热温度的液体只能采用间接加热的方式,即将盛放被加热物的器皿放在加热介质中加热,如热(水)浴加热。

(1)直接加热　直接加热的方法适用于较高温度下不分解的液体。一般是将装有液体的容器用酒精灯、煤气灯、电炉或电加热套进行加热。

在烧杯、烧瓶中加热液体时,液体的量不能超过烧杯容积的1/2、烧瓶容积的1/3。加热时,应在烧杯或烧瓶下放上石棉网[图2-7(a)],以使加热均匀。此外,烧杯加热过程中要不断搅拌,烧瓶在加热前要放入几粒沸石,以防暴沸。

试管中液体可直接放在火焰上加热[图2-7(b)]。在试管中加热液体时,液体的量不能超过试管容积的1/3。加热时,用试管夹夹住试管的中上部,稍稍倾斜,管口向上,并且管口不应对着别人和自己,以免液体喷出烫伤。加热应从液体中上部开始,后加热底部,并上下移动,使液体受热均匀。

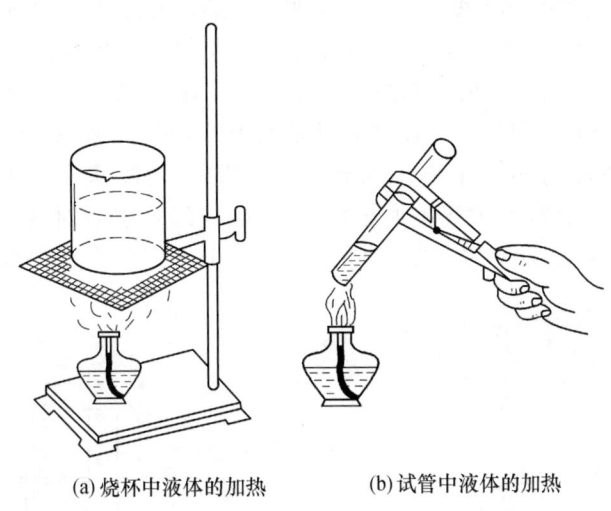

(a) 烧杯中液体的加热　　　　(b) 试管中液体的加热

图2-7　液体的加热

(2) 间接加热　常用的间接加热方法有水浴、油浴、沙浴、空气浴等。

① 水浴加热:水浴加热在水浴锅上进行,水浴锅有时也用大烧杯代替(图2-8)。水浴锅盖由一组口径大小不同的铜圈组成,可根据要加热器皿的大小来选择,它的作用是使加热器皿稳定悬置在水中,使其受热面增大、均匀。水浴加热可控制液体温度在95℃左右。

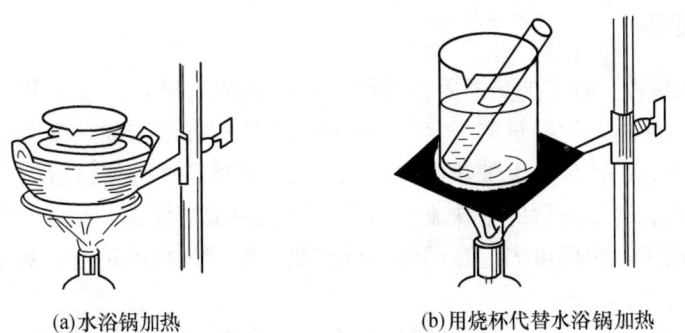

(a) 水浴锅加热　　　　(b) 用烧杯代替水浴锅加热

图2-8　水浴加热

实验室还常用可控温的电热恒温水浴锅,与一般水浴锅不同的是,它使用电热丝加热锅中水体。使用时要注意安全,按说明书进行操作。

使用水浴锅时要注意,锅内的水量要保持其容积的2/3,切忌干烧。

② 油浴加热:用油代替水在油浴锅中加热称为油浴,它适用的加热温度范围为100～250℃。这些油类物质应在较高温度下保持稳定,如石蜡油可加热至200℃,甘油和植物油

可加热至220 ℃，硅油和真空泵油可加热至250 ℃等。油浴锅一般由生铁铸成。

油浴加热时应在锅内插入一支温度计控制温度。操作过程中，不要将水溅入油浴锅内，如出现严重冒烟情况应立即停止加热。如遇油浴着火，应立即去除火源，用石棉网等盖灭火焰，切勿用水浇。为安全起见，油浴加热最好使用带套电热丝，实现非明火控温加热。

③ 沙浴加热：如果需要加热的温度超过油浴所能提供的温度范围，应用沙浴加热法。沙浴中的细沙在使用前需加热熔烧处理，以去掉沙中的有机质。在铁制器皿中铺装一层均匀的细沙后，将需加热的器皿部分埋入沙中，用明火加热，如图2-9所示。加热温度在80 ℃以上都可采用此法，其缺点是传热慢、温度上下不够均匀、温度不易控制等。

④ 空气浴加热：空气浴加热法原则上可用于沸点在80 ℃以上的液体。简单的空气浴装置如图2-10所示，将一铁罐上口剪光，罐底打几个小孔，将直径略小的圆形石棉片放入罐中盖住小孔，铁罐的四周用石棉布包裹。另取一块略大于罐口的石棉板（厚3～4 cm），中间打一个孔（孔径略大于被加热容器颈部直径），然后对切为两部分，加热时用其盖住罐口。使用时将此装置放在铁三角架等支架上，用明火加热即可。注意被加热的器皿不要触及罐底。

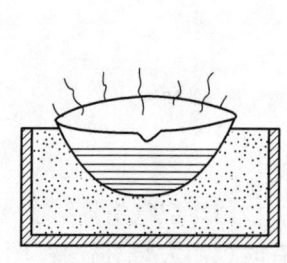

图2-9 沙浴加热

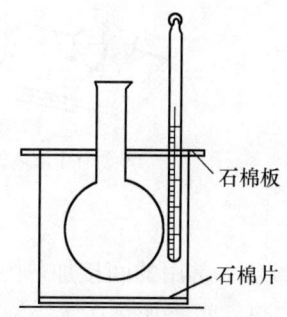

图2-10 空气浴加热

间接加热方法还有盐浴、硫酸浴等，因不常用，在此不做介绍。

2.3.3 固体的加热

(1) 在试管中加热　将需加热的固体研细，把固体放入试管的底端并尽量使其平铺，管中所装固体量不得超过试管容量的1/3。在试管中加热的方法与加热液体时相同，有时也可将盛固体的试管固定在铁架台上加热（图2-11）。加热时需注意使试管口稍微向下倾斜，以免加热时释放的水蒸气冷凝后的水珠流至灼热的管底使试管炸裂。加热开始时，应先用火焰来回将整个试管预热，然后再固定在固体部分加热。随着加热的进行，火焰应从试管内固体的前部慢慢移向后部。

(2) 在蒸发皿中加热　在需加热的固体较多时，可把固体放在蒸发皿中进行加热。加热时需不断搅拌使固体均匀受热。

(3) 在坩埚中加热（灼烧）　高温灼烧或熔融固体可在坩埚中进行。加热前，应根据被加热物质性质选择不同材料的坩埚，如瓷坩埚、氧化铝坩埚、金属坩埚等，其中瓷坩埚最常用。在火焰上加热时，应将坩埚放在泥三角上，用氧化焰先小火后大火、均匀加热灼烧坩埚（图2-12）。灼烧完毕，停止加热，稍微冷却后，用坩埚钳将坩埚放入干燥器内。

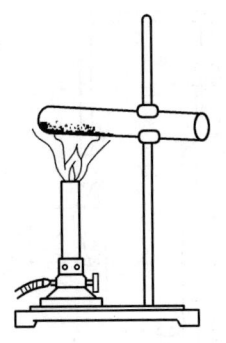
图 2-11 加热试管中固体

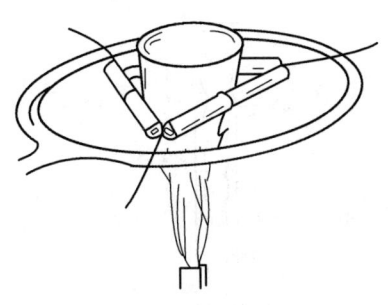
图 2-12 灼烧坩埚

当所需加热温度更高、且为不挥发的腐蚀性固体时可在高温电炉(如马弗炉)中进行。马弗炉的温度最高可达 1 300 ℃,使用前应详细阅读其说明书,注意安全。

在夹取高温下的坩埚时,如马弗炉中的坩埚,必须用干净且已在火焰上预热过的坩埚钳,并注意防止灼伤。为保持坩埚钳夹嘴的洁净,使用后即将夹嘴朝上,平放在石棉网上。

2.3.4 冷却

化学实验中还常常使用冷却技术,如一些化学反应、物质的分离和提纯等都需要在低温下进行。根据不同要求,可选择合适的冷却方法。

(1) 自然冷却 将需要冷却的物体在空气中放置一段时间,让其自然冷却到室温。

(2) 吹风冷却和流水冷却 将待冷却的物体放在容器中,用冷水流冲淋或用冷风机吹风冷却。此法快于自然冷却。

(3) 冷冻剂冷却 当需要将物体温度降至室温或更低时,可用冷冻剂冷却。冰或冰水可使物体冷却至室温以下。冰盐冷冻剂可冷却至 0 ℃ 以下。其他冷冻剂的冷却温度更低。常用冷冻剂及冷却温度见表 2-2。

表 2-2 常用冷冻剂及冷却温度

冷 冻 剂	$t/℃$	冷 冻 剂	$t/℃$
30 份 NH_4Cl + 100 份水	-3	5 份 $CaCl_2·6H_2O$+4 份冰块	-55
4 份 $CaCl_2·6H_2O$+100 份碎冰	-9	干冰+二氯乙烯	-60
100 份 NH_4NO_3+3 份冰水	-12	干冰+乙醇	-72
1 份 NaCl+3 份冰水	-20	干冰+丙酮	-78
125 份 $CaCl_2·6H_2O$+100 份碎冰	-40	液态氮	-190

(4) 回流冷凝 许多有机化学反应需要反应体系在较长时间内保持沸腾以保证反应的完成,而反应中常常有反应物蒸气逸出,造成反应失败。使用回流冷凝装置(图 2-13)可使其蒸气不断在冷凝管中冷凝为液体,回流至反应器中。为防止湿空气进入反应器同时吸收反应中释放的毒气,在冷凝管上口连接干燥剂或毒气吸收装置。一般冷凝管的套内应充满冷却水,冷却水应从下面的入口通入,并控制水流速度,达到充分冷却的效果。

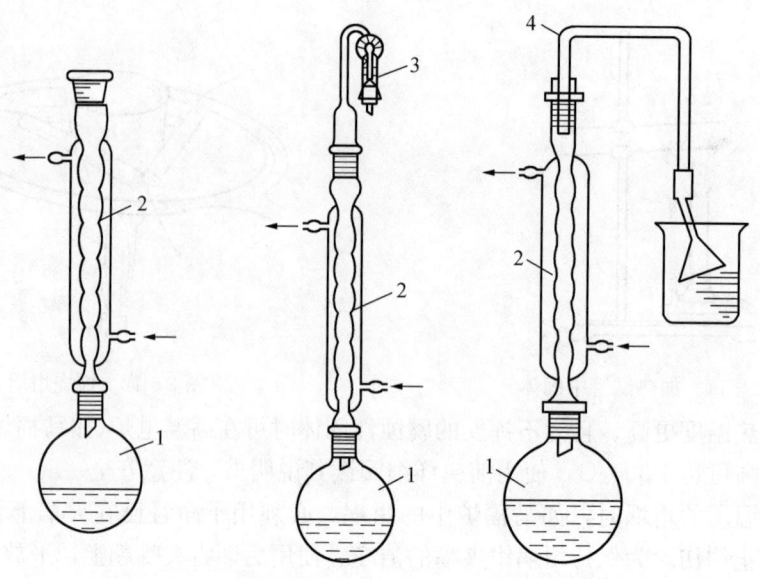

图 2-13 回流冷凝装置
1. 圆底烧瓶 2. 冷凝管 3. 干燥管 4. 导气管

2.4 分离与提纯技术

2.4.1 固液分离

固液分离技术是物质分离与提纯中最常用的分离提纯手段之一,最常用的固液分离技术有倾注法、过滤法和离心法。

(1)**倾注法** 当溶液中结晶的颗粒较大或沉淀物的密度较大,静置后沉降至容器的底部时,可用倾注法分离出固体物质并进行洗涤。倾注的操作与转移溶液的操作有些相似,就是将沉淀上面的溶液沿玻璃棒倾入另一容器内即达分离目的(图 2-14)。如果要求洗涤固体沉淀物,可向盛装固体沉淀的容器内加入少量洗涤剂(常用的有蒸馏水、酒精等),充分搅拌后静置,沉降,再倾注出洗涤液,如此重复操作几次,即可洗净固体物质。倾注法分离固体和液体操作简便,但不能实现完全分离,特别是欲得到纯的固体物质时,必须使用过滤或离心分离。

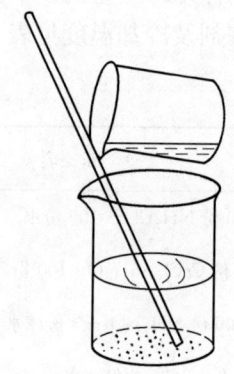

图 2-14 倾注分离法

(2)**过滤法** 过滤分离是最常用的分离方法之一。当溶液和沉淀(结晶)的混合物通过过滤器时,沉淀(结晶)就留在过滤器上,溶液则通过过滤器滤入容器中,固液两相得以分离。过滤得到的溶液称为滤液。溶液的温度、黏度、过滤时的压力、过滤器的孔隙大小和固体物质的状态都会影响过滤速度。热的溶液比冷的溶液容易过滤。黏度小的溶液比黏度大的溶液容易过滤。减压过滤要比常压过滤快。过滤器的孔隙要选用合适,孔隙太大会透过沉淀,不能实现固液分离;孔隙太小则易被沉淀堵塞,使过滤难以进行。由于胶体能透过过滤器,因此,沉淀若呈胶状时,必须用加热的办法破坏胶体,让其形成较大的沉淀颗粒。总之,要根据不同情况和各方面因素选用不同的过滤方法。

常用的过滤方法有三种：常压过滤、减压过滤和热过滤。

① 常压过滤：使用滤纸进行常压过滤是化学实验室最常用的分离方法之一。化学分析中常用的滤纸有定量分析滤纸和定性分析滤纸，根据其过滤速度的不同又可分为快速、中速和慢速三类。定量滤纸又称为"无灰"滤纸，一般在灼烧后每张滤纸的灰分不超过 0.1 mg。在滤纸的选用上应根据沉淀的性质来决定，如 $BaSO_4$、$CaC_2O_4 \cdot 2H_2O$ 等细晶形沉淀，应选用慢速滤纸过滤，而 $Fe_2O_3 \cdot nH_2O$ 等胶体沉淀，必须选用快速滤纸过滤。滤纸的大小应根据沉淀量多少来选择，沉淀一般不超过滤纸圆锥高度的 1/3，最多不得超过 1/2。

过滤前，先将手洗净、揩干，按图 2-15 所示将滤纸整齐对折两次，折叠成四层。为了保证滤纸和漏斗密合，第二次对折时暂不要压实折边，在一层与另三层之间打开，展成圆锥形，放入洁净干燥的漏斗中，如果上边缘与漏斗边沿不能密合，可以稍稍改变滤纸折叠的角度，直到滤纸与漏斗密合为止。用手轻按滤纸，将第二次的折边压实，然后取出滤纸，将三层厚的紧贴漏斗的外层撕下一角，保存于干燥的表面皿上，备用。

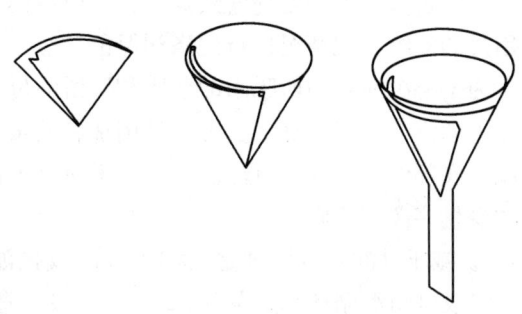

图 2-15　滤纸的折叠和安放

将折叠好的滤纸放入漏斗中，三层的一边应放在漏斗出口短的一边，用食指按住三层的一边，把滤纸紧贴在漏斗壁上，滤纸的边缘应略低于漏斗边缘 0.5～1.0 cm。用洗瓶吹入少量水将滤纸润湿，轻压滤纸，赶走气泡，使滤纸与漏斗内壁吻合，这时漏斗颈内应充满水，形成水柱。液柱的重力可起抽滤作用，使过滤速度加快，否则，漏斗颈内的气泡会阻碍液体在漏斗颈内流动而减缓过滤速度。若漏斗颈内未能形成完整水柱，可用手堵住漏斗下口，稍稍掀起滤纸三层的一边，用洗瓶向滤纸和漏斗间的空隙加水，直到漏斗颈和锥体的大部分被水充满，并且颈内气泡完全排除。再按紧滤纸边，放开堵住下出口的手指，水柱即可形成。

过滤时，漏斗一定要放在漏斗架上，漏斗的出口要靠在接受容器的内壁上。过滤操作一般分为三个阶段，第一阶段是采用倾注法过滤清液，第二阶段是将沉淀转移到漏斗中，第三阶段是清洗烧杯和洗涤漏斗滤纸上的沉淀。

用倾注法首先过滤清液是为了避免沉淀堵塞滤纸上的空隙，影响过滤速度。操作时，待烧杯中沉淀下沉后，用玻璃棒引流将清液引入漏斗中，不是一开始就将沉淀和溶液搅混后再引入漏斗中进行过滤。玻璃棒引流时，下端要对着滤纸三层的那一边，尽可能接近滤纸，但不能接触滤纸，以免弄破滤纸。倾入的溶液不要超过滤纸容量的 2/3。暂停转移溶液时，烧杯不可离开玻璃棒，应沿玻璃棒使烧杯嘴向上提起，至烧杯直立，然后离开玻璃棒，以免使烧杯嘴上的液滴流失。玻璃棒离开烧杯后，应将玻璃棒放回烧杯中。玻璃棒尽量远离烧杯嘴，避免玻璃棒沾上沉淀造成损失。

如果需要洗涤沉淀，待溶液转移完毕后，向盛装有沉淀的容器中加入少量溶剂，充分搅拌后静置，待沉淀下沉后将溶液转移至漏斗，如此反复操作 2～3 遍，最后加少量溶剂于烧杯中，搅动沉淀使之均匀，立即将沉淀和溶液通过玻璃棒转移至漏斗上。同样操作几次，使大部分沉淀转移至漏斗中。黏附在烧杯壁的沉淀可用吹洗的方法吹洗至漏斗中。具体操作如图 2-16 所示，用左手握烧杯和玻璃棒，玻璃棒横在烧杯口上，玻璃棒伸出烧杯口 2~3 cm，玻璃棒下端靠近滤纸三层一边用来引流。用右手控制洗瓶吹洗整个烧杯内壁，使洗涤液和沉淀沿玻璃棒流入漏斗中。对牢固地黏附在杯壁的沉淀，可用前面折叠滤纸时撕下的滤纸角擦拭玻璃棒和烧杯内壁，将擦拭过的滤纸角放入漏斗中的沉淀上。

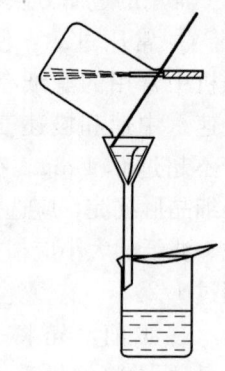

过滤时要随时观察滤液的透明状况，如果发现不透明，说明有穿滤情况，此时应更换洁净烧杯承接滤液，在原漏斗上将穿滤的滤液进行第二次过滤。如果发现滤纸穿孔，则应更换滤纸重新过滤。而第一次用过的滤纸应视情况进行洗涤和保留。

图 2-16 沉淀的吹洗

为了将沉淀表面所吸附的杂质和残留的母液除去，可以对转移至漏斗内的沉淀进行洗涤。其方法是用洗瓶的水流从三层边开始螺旋形地往下移动，最后在三层滤纸底部停止。这样可使沉淀洗得干净且可以将沉淀集中到滤纸的底部。洗涤沉淀时要遵循"少量多次"原则。

② 减压过滤：减压过滤也称为吸滤或抽滤，其装置如图 2-17 所示，由金属水泵(图 2-18)或电动水循环真空泵(图 2-19)、安全瓶、吸滤瓶(也称抽滤瓶)和布氏漏斗组成。利用水循环真空泵抽出吸滤瓶的空气，使吸滤瓶内压力减小，这样在布氏漏斗的液面与吸滤瓶内形成一定的压力差，从而提高了过滤速度。减压过滤对胶状沉淀和颗粒太细的沉淀不太适用，因为前者更易堵塞滤孔或在滤纸上形成密实的沉淀阻碍溶液的透过；后者在负压下更易透过滤纸，达不到分离的目的。

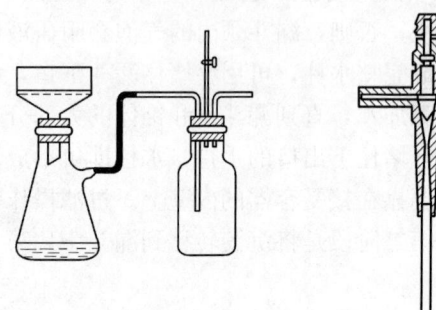 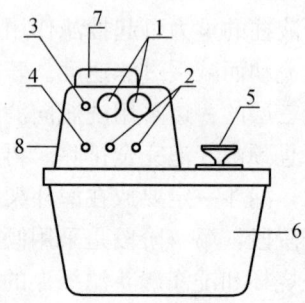

图 2-17　减压过滤装置图　　图 2-18　金属水泵　　图 2-19　SHB型循环水真空泵
1. 真空表　2. 抽气嘴　3. 电源指示　4. 电源开关
5. 水箱盖　6. 水箱　7. 电机风罩　8. 上帽

布氏漏斗通过橡皮塞与吸滤瓶相连接，橡皮塞与瓶口间必须紧密不漏气。停止抽滤或需要用溶剂洗涤沉淀时，先将安全瓶与大气相通的活塞打开，再关闭水泵，以免水倒流入吸滤瓶内。布氏漏斗的下端斜口应正对吸滤瓶的抽气侧管口。滤纸要比布氏漏斗内径略小，但必须全部覆盖漏斗的小孔；滤纸也不能太大，否则边缘会贴在漏斗壁上，使部分溶液不经过过滤而沿漏斗壁直接漏入吸滤瓶中。抽滤前应先用溶剂将滤纸润湿，然后打开水泵，使滤纸贴紧漏斗不留孔隙。

过滤时,先将上部澄清溶液沿玻璃棒注入漏斗中,然后再将沉淀转移至漏斗中。过滤中间不能停止水泵。洗涤沉淀时,应暂时停止抽气,加入溶剂使沉淀充分润湿后再打开水泵将沉淀抽干,重复操作至达到要求为止。

凡是烘干后即可称量的沉淀可用微孔玻璃漏斗(或微孔玻璃坩埚)过滤。微孔玻璃漏斗和微孔玻璃坩埚如图 2-20、图 2-21 所示。微孔玻璃漏斗和微孔玻璃坩埚的滤板是用玻璃粉末在高温熔结而成。按照微孔的孔径,由大到小分为六级,即 G1~G6(或称为 1 号至 6 号)。1 号孔径最大(80~120 μm),6 号孔径最小(2 μm 以下)。化学分析中,一般用 G3~G5 规格过滤细晶形沉淀。由于这种过滤器容易吸附沉淀物和杂质,使用前必须用 HCl(或 HNO$_3$)处理,洗净、烘干至恒重。微孔玻璃漏斗和微孔玻璃坩埚过滤器均使用减压装置过滤,具体操作与布氏漏斗减压过滤相同。

图 2-20 微孔玻璃漏斗

图 2-21 微孔玻璃坩埚

微孔玻璃漏斗和微孔玻璃坩埚过滤器不能用于过滤强碱性溶液,因为强碱会损坏漏斗或坩埚的微孔。

一些浓的强酸、强碱或强氧化剂的溶液过滤时不能用滤纸,因为它们会与滤纸作用而破坏滤纸,此时应用相应的滤布代替滤纸。

③ 热过滤:如果溶液中溶质的溶解度随温度变化明显,在温度下降时很容易析出大量结晶,为了不使大量结晶存留在滤纸上,就必须趁热进行过滤。过滤时,把玻璃漏斗放在铜质的热漏斗内,热漏斗内装有热水,并用酒精灯在加热侧管处加热以维持溶液的温度。热过滤装置如图 2-22 所示。对少量热溶液的过滤,可选用一个颈短的玻璃漏斗放入烘箱中预热,趁热快速过滤。此法简单易行。热过滤时漏斗的颈部越短越好。热过滤中滤纸一般采用菊花形折叠方法,就是将滤纸折成半圆形后,以圆心为中心点,似折扇般反复折叠,稍压紧后形如折扇,使用时将折好的滤纸打开后翻转,放入漏斗。操作中应先做好各种准备,动作要求准确、迅速。

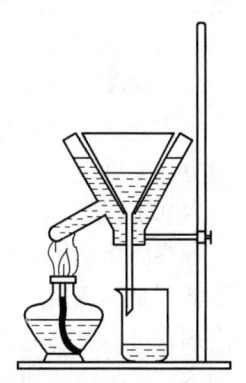
图 2-22 热过滤装置

(3)**离心法** 少量溶液和沉淀的分离常用离心分离法。实验室使用电动离心机,操作简单、迅速。将盛有沉淀的离心试管放入离心机的试管套内,在与之对称的另外一试管套内也要装入一支盛水的质量与溶液相近的试管,以使离心机的两臂平衡。开动离心机,让其逐渐加速,一段时间后关闭电源让其自然减速至停止。在任何情况下,都不可突然加速离心机,或在未停止旋转前用手按住离心机旋转部位,强制离心机停止。错误的操作不仅很容易损坏离心机,而且非常容易发生危险。

离心时间和转速是由沉淀的性质来决定的。结晶形的紧密沉淀,转速 1 000 r·min^{-1},旋转 1~2 min;无定形的疏松沉淀,转速 2 000 r·min^{-1},旋转 3~5 min。由于离心作用,沉淀紧密聚集在离心管底部的尖端，溶液变为澄清。清液可用毛细吸管（或滴管）吸出。如果需要洗涤，可向沉淀中加入少量溶剂，充分搅拌后再离心分离。重复操作两三遍即可。

2.4.2 重结晶

（1）基本原理　重结晶是提纯固体化合物最简单、最有效和最常用的方法之一。此法适用于提纯杂质含量在5％以下、固体化合物与杂质溶解性差别较大的体系。

固体化合物在溶剂中的溶解度随温度的变化而变化。一般情况下，温度升高溶解度增大，反之溶解度减小。如果把固体化合物溶解在热的溶剂中制成饱和溶液，然后冷却至室温或室温以下，则溶解度下降，溶液变成过饱和溶液而析出结晶。利用溶剂对被提纯物质和杂质的溶解度的不同，使提纯物质从饱和溶液中析出，而杂质在热过滤时被滤除或在冷却后留在母液中与结晶分离，从而达到提纯的目的。

如果固体化合物杂质含量过多，会影响提纯效果，须经多次重结晶才能达到纯度要求。因此，在进行重结晶提纯操作前，常用其他方法，如萃取、水蒸气蒸馏等将产品进行初步纯化。

（2）溶剂的选择　正确地选择溶剂是重结晶操作的关键。根据"相似相溶"原理，通常极性化合物易溶于极性溶剂，非极性化合物易溶于非极性溶剂。优良的溶剂应具备以下条件：

① 不与被提纯的物质起化学反应。
② 被提纯物质在该溶剂中的溶解度受温度影响较大。
③ 对杂质的溶解度很小（通过热过滤除去）或很大（留在母液中将其分离）。
④ 溶剂的沸点不易太高，应较易挥发，以便与晶体分离。但沸点也不能太低，沸点太低则升温有限，会使被提纯物质的溶解度变化较小，且不易操作。
⑤ 能形成较好的结晶体。
⑥ 价格低，毒性小，易回收，操作安全。

很多化学工具书都可以查阅常用化合物在溶剂中的溶解度。如果缺乏充足的资料，可用实验方法来确定。

取0.1g固体物质于试管中，用滴管逐滴加入溶剂，并不断振荡，待加入溶剂约为1 mL时，观察固体是否溶解。若完全溶解或间接加热至沸腾完全溶解，但冷却后无结晶析出，表明该溶剂是不适用的；若固体物质完全溶于1 mL沸腾的溶剂中，冷却后析出大量结晶，这种溶剂很可能是合适的；如果固体物质不溶于或不完全溶于1 mL沸腾的溶剂中，则可逐步添加溶剂，每次约加0.5 mL，并继续加热至沸腾，当溶剂总量达到4 mL，加热后固体物质仍然未全部溶解（注意未溶固体也可能是杂质），表明此溶剂不适用；当然，固体物质能溶于4 mL以内的热溶剂中，但冷却后晶体不能析出（防止出现过饱和现象），此溶剂也是不适用的。

当难以选择出一种合适的溶剂时，可以使用混合溶剂。混合溶剂一般由两种彼此可以互溶的溶剂组成，其中一种对被提纯物质溶解度较大，另一种则较小。常用的混合溶剂有乙醇-水、乙醇-乙醚、乙醇-丙酮、乙醚-石油醚、苯-石油醚等。

混合溶剂的配比在现成数据可以借用的基础上，可以进行试配。将待提纯的物质溶解于适当的易溶溶剂中，趁热过滤以除去不溶性杂质，然后将此溶液在沸点附近滴加热的难溶溶剂，直到溶液变混浊不再消失为止，再加入少量易溶溶剂使之恰好透明。此热溶液慢慢冷却即有结晶析出。

经过反复实验、比较，一般都可以选择出较为理想的重结晶溶剂。表2-3列出了较为常用的几种重结晶溶剂。

表2-3 常用的重结晶溶剂

溶剂	沸点/℃	凝固点/℃	相对密度	与水的混溶性①	易燃性②
水	100	0	1.0		O
甲醇	64.96	<0	0.79	+	+
95%乙醇	78.1	<0	0.804	+	++
冰乙酸	117.9	16.7	1.05	+	+
丙酮	56.2	<0	0.79	+	+++
乙醚	34.51	<0	0.71	−	++++
石油醚	30～60	<0	0.64	−	++++
乙酸乙酯	77.06	<0	0.90	−	++
苯	80.1	5	0.88	−	++++
氯仿	61.7	<0	1.48	−	O
四氯化碳	76.54	<0	1.59	−	O

注：①"+"表示与水混溶，"−"表示与水不混溶或难混溶。
②"+"表示易燃，"O"表示不燃。

(3) 操作步骤 重结晶的操作一般分以下步骤进行。

① 热溶液的制备：将称量好的样品放于烧杯或锥形瓶内，先加入比预期量少些的溶剂，加热至沸腾，观察样品溶解情况。若未完全溶解，可分批添加溶剂，每次均应加热煮沸，直到样品溶解。如果是易燃溶剂，一定要熄火后方能添加。对于低沸点的有机溶剂，可能需要安装回流装置。为了避免溶剂挥发和热过滤时因温度降低使结晶过早地在滤纸上析出而造成损失，一般要再加入15%～20%的过量溶剂。溶剂不能太多，太多会造成结晶析出太少或根本无法析出结晶，此时可以用蒸发溶剂的方法加以补救。

② 脱色：溶液含有带色杂质时，可以加入适量的活性炭脱色。加活性炭时一定要在待提纯物质加热完全溶解的情况下进行。切勿在溶液沸腾或接近沸腾的情况下加入活性炭，一定要让热溶液稍冷后才加入，以免引起暴沸。活性炭加入后要搅拌并继续加热至沸腾，保持微沸5～10 min。加入活性炭的量视杂质多少而定，一般为样品质量的1%～5%，过多的活性炭会吸附待提纯样品，减少产率。

除用活性炭脱色外，还可以使用层析柱来脱色，如氧化铝吸附色谱等。

③ 热过滤：热过滤可除去不溶性的杂质及活性炭。热过滤动作要快，以免因冷却使晶体过早在漏斗中析出，若晶体的确在漏斗中有析出，应用少量热溶液洗涤，使晶体溶解到滤液中。

④ 结晶的析出：将热滤液静置，自然冷却，结晶慢慢析出。结晶晶粒的大小与冷却温度有关，一般迅速冷却并加搅拌，则析出的晶粒细小，表面积大，表面吸附杂质较多。如将热滤液慢慢冷却，析出的结晶晶粒就较大，但往往有母液和杂质包在结晶内部。因此要得到纯度高、结晶晶粒适中的产品，还要摸索优化结晶析出条件。大多数情况下只要让热滤液静置至室温即可。有时会遇到冷却后仍无结晶析出的情况，此时可用玻璃棒在液面下摩擦器壁

或投入该化合物的结晶作为晶种,促使晶体较快析出。

⑤ 结晶的收集和洗涤:减压过滤,使结晶与母液分离,用少量溶剂洗涤几次,除去晶体表面吸附的杂质。

⑥ 干燥、称量、测熔点:抽滤后的晶体置于干燥的表面皿上,因晶体表面含有少量的溶剂,为保证晶体纯度,必须对晶体进行干燥。应根据晶体的性质选用不同的干燥方法,如自然晾干、红外灯烘干、烘箱干燥和真空恒温干燥等。

充分干燥后的结晶应接着进行称量、熔点测定、产率计算等实验过程。如果纯度不符合要求,可重复上述重结晶操作,直到符合要求为止。

2.4.3 升华

升华是提纯固体化合物的又一种方法。将具有较高蒸气压的固体物质在熔点以下加热,不经过液态而直接变成蒸气,这种过程称为升华。利用升华可以除去不挥发性杂质,或分离不同挥发度的固体混合物。一般由升华提纯得到的固体物质纯度较高,但该操作费时间且产率较低,因此升华操作通常只限于实验室少量物质的精制。

(1)基本原理 物质的气、液、固三态在一定的温度和压力下是可以相互转化的。如果以温度作为横坐标,压力作为纵坐标,可以绘出物质的三相平衡图。图2-23是某物质的三相平衡的示意图。图中有三个面,分别代表气相、液相和固相,面上的任意一点都是单相的。图中的三条线称为两相平衡线,线上的任意一点都是两相平衡点,是两相共存的。图中的交叉点称为三相点,这一点的温度和压力是固定的,此时物质的气、液、固三相处于平衡状态。从图中可以看出,压力低于三相点压力时,物质只有气、固两相。当体系压力低于三相点的压力时,若升高温度,固态物质将会不经过液态而直接变成蒸气。同理,此时物质的蒸气在降低温度时也不经过液态而直接变成固态。因此,凡是在三相点温度以下具有较高蒸气压的物

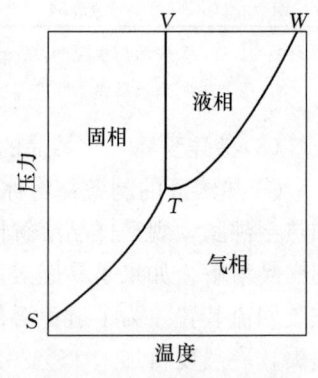

图 2-23 物质的三相平衡示意图

质都可以利用升华来进行提纯。例如,樟脑的三相点温度是179 ℃,蒸气压为49.33 kPa。将樟脑加热到160 ℃时,蒸气压为29.17 kPa,已具有相当高的蒸气压,此蒸气遇冷却即凝华为固体。

升华一般用于对称性较高、三相点时具有较高蒸气压的固体物质的提纯。有些化合物在三相点时的平衡蒸气压较低,常压升华往往得不到满意的结果。为了提高效率,可在减压下进行升华。也可以将化合物加热至熔点以上,使其具有较高的蒸气压,同时通入空气或惰性气体带出蒸气,加快蒸发速度。

(2)操作方法

① 常压升华:较常用的几种常压升华装置如图2-24所示。

图2-24(a)中,将预先粉碎好的待升华物质均匀地铺放于蒸发皿中,上面覆盖一张扎有许多小孔的滤纸,然后将与蒸发皿口径相近的玻璃漏斗倒扣在滤纸上,漏斗颈口塞一些疏松的小脱脂棉球或玻璃棉以减少蒸气外逸造成产品损失。用石棉网或热浴(油浴、沙浴)加热蒸发皿,控制温度低于被升华物质的熔点,使其慢慢升华。蒸气通过滤纸孔上升,冷却后凝

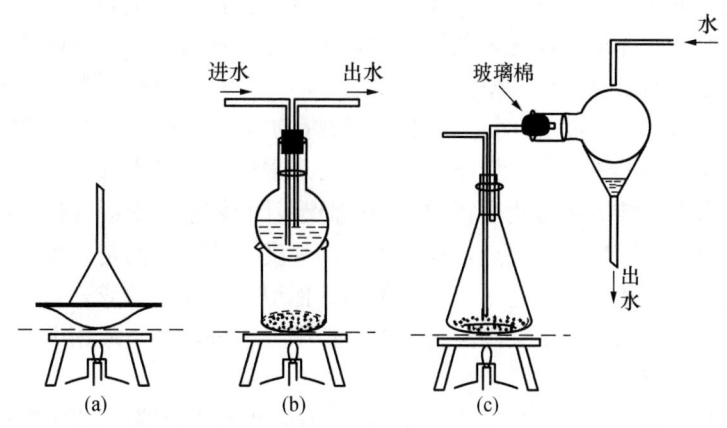

图 2-24 常压升华装置

结在滤纸上和漏斗壁上。必要时可用湿布冷却漏斗外壁。升华完毕，用刮刀将产品从滤纸及漏斗上轻轻刮下，保存。

当升华量较大时，可在烧杯中进行。烧杯上放置一个通冷水的烧瓶，使升华的蒸气在烧瓶底部凝结成晶体，附着在烧瓶底部，如图 2-24(b)所示。

图 2-24(c)为在空气或惰性气体流中进行升华的装置。锥形瓶中放入待升华物质，当物质开始升华时，通入空气或惰性气体，带出升华物质，蒸气进入圆底烧瓶后冷却，凝结于烧瓶内壁。

② 减压升华：图 2-25 为减压升华装置。在吸滤管中放入待升华物质，将装有指形冷凝管的橡皮塞塞住吸滤管口，用水泵或循环水真空泵减压。接通冷凝水，将吸滤管浸在热浴中加热，进行升华。升华结束后，慢慢使体系与大气相通，以免空气或惰性气体流突然冲入而把指形冷凝管外壁上的晶体吹落。取出指形冷凝管，收集升华产品。

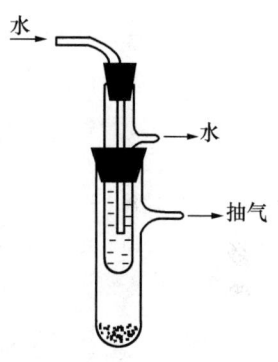

图 2-25 减压升华装置

2.4.4 液液分离

蒸馏和分馏是分离和提纯液体物质的最常用的方法。

蒸馏就是将液体加热至沸腾形成蒸气，再将蒸气重新冷凝，并在另一容器中收集冷凝物的过程。这一方法不仅可以分离挥发性物质与难挥发性物质，还可以分离沸点不同的液体混合物。根据操作方法的不同，蒸馏操作一般分为常压蒸馏（简称蒸馏）、减压蒸馏和水蒸气蒸馏。

分馏是采用分馏柱分离和提纯液态物质的操作。蒸馏只能对沸点差异较大的混合物进行有效分离，而分馏则可以将沸点相近的混合物进行分离和提纯。简单地说，分馏就是多级蒸馏过程。

2.4.4.1 常压蒸馏

在常压下进行的蒸馏操作称为常压蒸馏，简称蒸馏。

(1)实验原理　纯液态物质在一定的压力下具有一定的沸点，物质不同，沸点也不同。

蒸馏操作就是利用不同物质的沸点差异对液体混合物进行分离和提纯。当液体混合物受热时，由于低沸点物质易挥发，首先被大量蒸发，而高沸点物质因不挥发或挥发出的少量气体易被冷凝而滞留在蒸馏瓶中，从而使混合物得以分离。但是，只有当混合物液体各组分的沸点相差较大(至少相差30 ℃以上)时，蒸馏才有较好的效果。而对于那些沸点相差不大的液体混合物来说，简单蒸馏难以将它们分离，此时必须采用分馏的方法。

在一定的压力下，纯的液态化合物的沸程(沸点范围)较小，而混合物的沸程较大，因此蒸馏操作还可以用于测定物质的沸点，检验物质的纯度。要指出的是，具有恒定沸点的物质不一定都是纯物质。这是因为某些化合物常常和其他组分形成二元或三元共沸混合物，共沸混合物也具有固定的沸点。由于共沸混合物在气相中各组分含量与液相中的一样，所以不能用蒸馏的方法进行分离。

(2)实验操作　蒸馏装置主要由蒸馏烧瓶、冷凝管和接受器三部分组成，如图2-26所示。

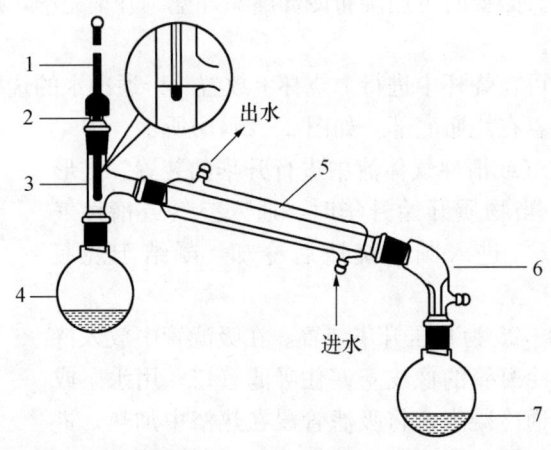

图2-26　蒸馏装置
1.温度计　2.温度计套管　3.蒸馏头　4.蒸馏烧瓶　5.冷凝管　6.接受管　7.接受瓶

蒸馏烧瓶是蒸馏操作中最常用的容器，液体在烧瓶内受热汽化，蒸气经支管进入冷凝管。蒸馏烧瓶的大小应根据待蒸馏液体的体积进行选择，通常蒸馏烧瓶内液体的体积应占其容量的1/3～2/3。蒸馏烧瓶上装蒸馏头，蒸馏头上口装温度计，侧口与冷凝管相连接。温度计安装时应将温度计的水银球上端与蒸馏头侧管的下限处于同一水平线上，见图2-26。冷凝管使蒸气冷凝成液体。实验室常用水作为冷凝管的冷却剂，冷凝水从冷凝管套管的下端流进，上端流出，上端出水口应向上，以保证套管中充满水。当蒸馏出的液体沸点高于140 ℃时，应换空气冷凝管。接受器包括接受管和接受瓶，二者之间在常压蒸馏中与外界大气相通，减压蒸馏时与真空系统相连接。接受管与接受瓶之间不能用塞子堵住，否则，蒸馏系统就成为密封系统，可能导致爆炸。

安装蒸馏装置的顺序一般先从热源开始，自下而上，从左到右。首先根据要求选择合适热源，若用水浴或油浴加热，烧瓶底应距水浴或油浴锅底1～2 cm；若用电加热套加热，则蒸馏烧瓶应稳妥地放入加热套中；当选用酒精灯加热时，要在铁架台上固定好铁圈，其高度是放上石棉网后烧瓶瓶底与石棉网有1～2 mm的间隙，不要把烧瓶架在石棉网上。蒸馏烧瓶用铁夹夹住瓶颈，固定于铁架上。装上蒸馏头和温度计(注意温度计水银球位置)。在另一铁架台上固定冷凝管,调整冷凝管上下高度和倾斜角度,使之与蒸馏头上的支管同轴,并沿此轴线方向将冷凝管和蒸馏头紧密连接起来。最后装上接受管和接受瓶。整个装置要求端正,无论从正面或侧面观察,装置中各仪器的轴线都要成一直线。除接受管和接受瓶之间外,整个装置中各部分都应装配紧密,防止蒸气漏出而造成产品损失或其他危险。

蒸馏装置装好后,取下温度计,将待蒸馏液体通过长颈漏斗加入蒸馏瓶中(避免液体流入冷凝管,部分实验也可以在装置前先装好样品),加入2~3粒沸石,装好温度计,检查装置各部分是否密封完好。缓慢接通冷却水,然后开始加热。开始时可以用大火快速加热,沸腾后适当调节火焰大小,当蒸气顶端上升到温度计水银球部位时,温度计读数急剧上升,此时要保证温度计水银球上始终附有液滴,以保持气、液两相平衡,此时的温度就是馏出液的沸点。控制蒸馏速度为每秒1~2滴,记录下从蒸馏头侧管滴下第一滴馏出液时的温度,并收集沸点较低的前馏分。当温度升高到所需沸点范围并恒定时,用另一接受瓶收集产品,并记录所收集馏分的沸点范围。馏分的沸点范围越窄,馏分的纯度就越高。一般收集馏分的温度变化范围在1~2 ℃,也可以按规定的温度范围收集产品。

当温度上升到超过所需范围,或烧瓶中仅残留少量液体时(不可蒸干),停止蒸馏。先移走热源,待温度降低后关闭冷却水,然后拆卸仪器。仪器的拆卸顺序与安装顺序相反。

实验室微型蒸馏装置在型号和规格上都没有完全标准化,但微型蒸馏装置基本上由微型蒸馏头和圆底烧瓶组成,图2-27为微型蒸馏装置示意图。其中微型蒸馏头集冷凝管、接受管、接受瓶(也叫承接阱)等功能于一体,减少了器壁的黏附损失。承接阱一次可以容纳4~6 mL馏出液。当要收集某温度下的馏分时,可把温度计装入蒸馏头内,使水银球上端与蒸馏头支管的下缘平齐。

微型蒸馏操作与前面常压蒸馏操作基本相同,只是在收集馏出液时应使用吸管从蒸馏支管处吸出馏分。

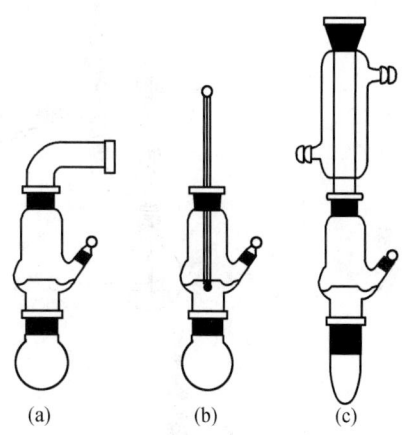

图2-27 微型蒸馏装置

2.4.4.2 减压蒸馏

在低于大气压下进行蒸馏的操作过程称为减压蒸馏。减压蒸馏适用于在常压下沸点较高,以及常压下蒸馏时易发生分解、氧化或聚合等有机化合物的分离提纯。

(1)**实验原理** 液体的沸点是指其蒸气压与外界压力平衡时的温度,因此,液体的沸点会随着外界压力的降低而降低。根据克劳修斯-克拉贝龙方程可知,若外界压力降低,液体的沸点随之降低。一般高沸点(250~300 ℃)的有机化合物,当压力降低到2.7 kPa时,大多数有机化合物的沸点比常压(101.3 kPa)下低100~120 ℃。例如,苯甲醛在常压下的沸点为179 ℃,当压力降至2.7 kPa时,沸点约为75 ℃。

减压蒸馏时,可根据图2-28所示的沸点-压力的关系曲线推算出不同化合物在不同压力下的沸点。具体操作是,先在B线上找出该有机化合物在常压下的沸点,再从C线中找出减压蒸馏时系统的压力值,将这两点连成一直线,将此线延长与A线相交,其交点所示的温度就是该有机化合物在指定压力下的沸点。

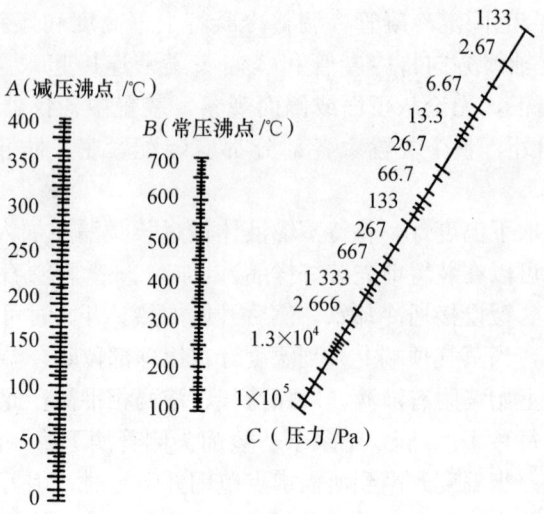

图 2-28 液体有机化合物沸点-压力近似关系图

(2)实验装置 减压蒸馏装置由蒸馏装置、真空装置、保护及测压装置等部分组成。图 2-29 为减压蒸馏装置示意图。

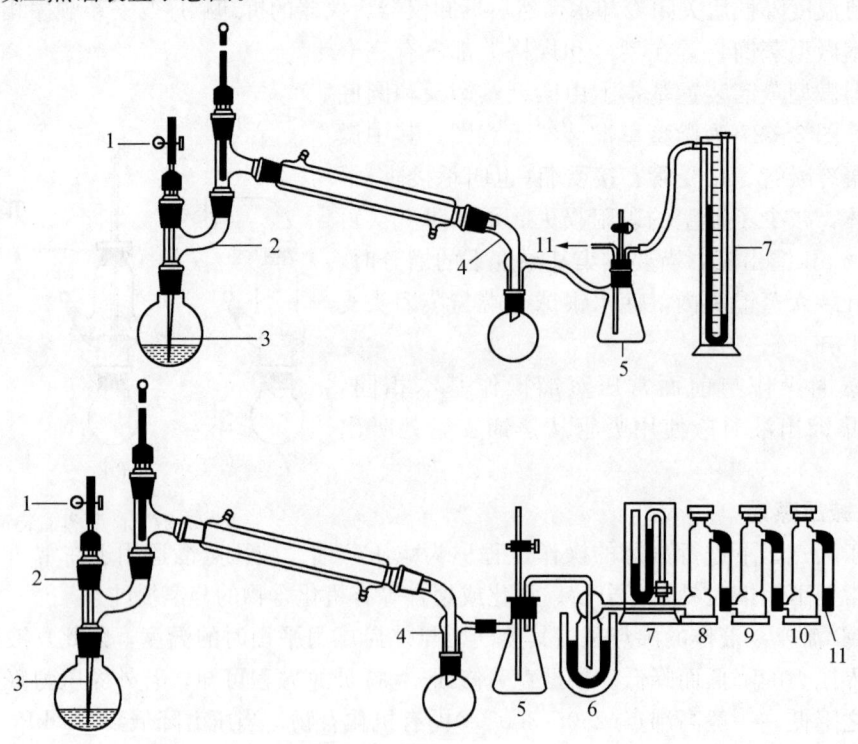

图 2-29 减压蒸馏装置
1. 螺旋夹 2. 克氏蒸馏头 3. 毛细管 4. 真空接受管 5. 安全瓶
6. 冷却阱 7. 压力计 8. 氯化钙 9. 氢氧化钠 10. 石蜡片 11. 接抽气泵

蒸馏装置由圆底烧瓶、克氏蒸馏头、冷凝管、接受管和接受器组成。在克氏蒸馏头的上口插一根末端拉成毛细管的厚壁玻璃管,毛细管下端距离蒸馏烧瓶底 1~2 mm 处,毛细管上端连接一段带螺旋夹的橡皮管,在减压蒸馏时,调节螺旋夹,使极少量的空气经毛细管进入蒸馏烧瓶液体中,冒出小气泡,形成沸腾中心,这不仅可以防止液体暴沸,同时还起到搅拌作用。在克氏蒸馏头带支管一侧的上口插温度计,温度计水银球位置与常压蒸馏时相同。

在蒸馏装置中,接受管一定要带有支管,该支管与抽气系统相连接。蒸馏时若要收集不同沸程的馏分,可使用多头接受管(图2-30)。蒸馏时根据馏程范围转动多头接受管收集不同馏分。接受器可用圆底烧瓶、吸滤瓶等耐压器皿。

真空装置常用的是水泵和油泵。若所需的压力不是太低,可以使用一般玻璃或金属水泵,也可以使用循环水真空泵。质量好的水泵可以把压力降低到 $1.0 \sim 3.0$ kPa,可以满足一般减压蒸馏的要求。若所需压力较低,可以使用油泵。油泵一般能把压力降低到 $267 \sim 533$ Pa,好的油泵甚至能降低到 13.3 Pa。使用油泵时应注意防护和保养,不可使有机物、水分或酸性气体等进入油泵,否则不仅会降低油泵效率,而且会腐蚀损坏油泵。

图2-30 多头接受管

保护及测压装置主要由安全瓶、压力计及冷却阱和几种吸收塔组成。安全瓶上带有双通活塞,用于调整系统压力,防止油泵中的油发生倒吸。对于那些被抽出来的沸点较低的组分,可根据情况将冷却阱浸入盛有液氮、干冰、冰-水、冰-盐等冷却剂的广口保温瓶中进行冷却。吸收塔一般设 2~3 个,主要有无水 $CaCl_2$(或硅胶)吸收塔、颗粒状 NaOH 吸收塔和片状固体石蜡吸收塔,用以吸收水分、酸性气体及烃类气体。压力计常用的有 U 形水银压力计和真空压力计。

(3)实验操作 如果待蒸馏物中含有低沸点物质,应先进行常压蒸馏,然后用水泵减压蒸馏除去低沸点物质,最后再用油泵进行减压蒸馏。

减压蒸馏前检查系统的气密性非常重要。装置装好后,先旋紧毛细管上的螺旋夹,打开安全瓶上的双通活塞让安全瓶与大气相通,然后开泵抽气,逐渐关闭双通活塞,从压力计上观察系统的真空度。若系统压力达到所需真空度且保持不变,说明系统气密性好。如有漏气,可检查各部位活塞、磨口或橡皮管连接处是否紧密,必要时可在磨口、接口处涂少量真空脂密封。系统气密性检查结束后,慢慢打开安全瓶双通活塞,使系统压力与大气压平衡。

在蒸馏瓶中加入待蒸馏物,体积不可超过蒸馏烧瓶容积的 1/2,开泵抽气,慢慢关闭安全瓶上的活塞,通过螺旋夹调节毛细管导入空气,使液体中有连续平衡的小气泡冒出。通过安全瓶上的双通活塞调节系统的真空度,当系统压力达到要求并且平衡后,开启冷凝水,选择合适的热源加热蒸馏。加热时,控制热源的强度,使蒸馏速度为每秒 1~2 滴。当达到蒸馏物质沸点时,可转动多头接受管的位置,使馏出液流入不同的接受器中。在整个蒸馏过程中,要密切注意温度计和压力计的读数,如果有变化应及时调节,实验中应及时记录压力、沸点等相关数据。

蒸馏结束,先撤去热源,待冷却后,慢慢打开毛细管上的螺旋夹,打开安全瓶上的双通活塞,使体系内外压力平衡,最后关闭油泵。

2.4.4.3 水蒸气蒸馏

水蒸气蒸馏是将水蒸气通入不溶或难溶于水,但有一定蒸气压的有机物中,使有机物随水蒸气一起蒸馏出来,从而达到分离提纯的目的。水蒸气蒸馏常用于下列几种情况物质的分离:

① 体系中含有大量树脂状或不挥发性杂质，采用普通蒸馏或萃取等方法难以分离的混合物。
② 在常压下蒸馏易发生分解的高沸点物质。
③ 从较多固体混合物中分离出被吸附的液体。
④ 从某些天然物中提取有效成分。

(1) 实验原理 在物质微溶或不溶于水的情况下，通入水蒸气，则组成该混合物的各组分都具有一定的蒸气压。根据道尔顿分压定律，整个体系的蒸气压 $p_{总}$ 等于水的蒸气压 $p_{水}$ 与待蒸馏物质蒸气压 p_A 之和。即

$$p_{总} = p_{水} + p_A$$

当混合物的总蒸气压与外界大气压相等时，混合物开始沸腾，此时的温度即为该混合物的沸点。显然，混合物的沸点低于混合物中任意一组分的沸点。因此，常压下应用水蒸气蒸馏能在低于 100 ℃ 的温度下将高沸点组分与水一起蒸馏出来。

例如，在标准压力(101.3 kPa)下，水的沸点是 100 ℃，苯胺的沸点是 184.4 ℃，当二者进行水蒸气蒸馏时，混合物沸点为 98.4 ℃。在此温度下，水的蒸气压为 95.7 kPa，苯胺的蒸气压为 5.6 kPa。利用水蒸气蒸馏可以将苯胺随水蒸气一起蒸馏出来，从而达到分离的目的。

水蒸气蒸馏要求被分离的有机化合物具备下列条件：
① 不溶或难溶于水。
② 长时间与水共沸不发生化学反应。
③ 在 100 ℃ 左右具有一定的蒸气压，一般不小于 1.33 kPa。

(2) 实验操作 水蒸气蒸馏装置如图 2-31 所示。主要由蒸气发生器、蒸馏部分、冷凝部分和接受部分组成。

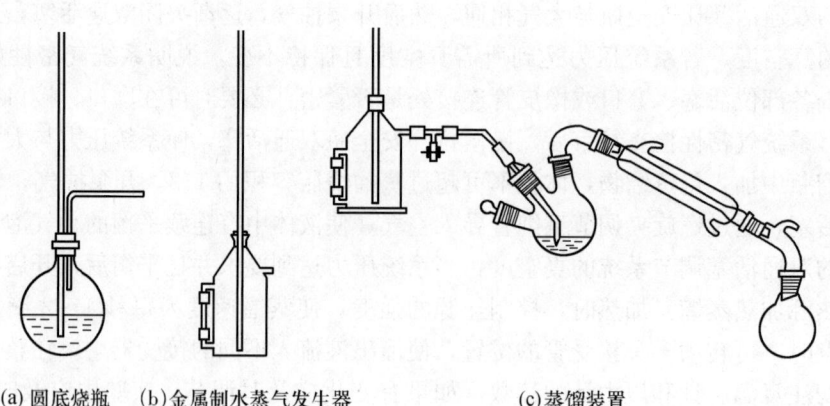

(a) 圆底烧瓶　(b) 金属制水蒸气发生器　　　　(c) 蒸馏装置

图 2-31 水蒸气蒸馏装置

水蒸气发生器常用金属制成，也可以用大圆底烧瓶代替，一般盛水量为其容积的 2/3 为宜。瓶口配双孔橡皮塞，一孔插入长玻璃管作为安全管。安全管要插到接近瓶底，如果体系内压力增大，水会沿玻璃管上升，起到调节压力作用。如果体系发生阻塞，水会从安全管的上口喷出，这时应停止蒸馏，查找原因。另一孔插入导气管，导气管与一 T 形管相连，T 形管的支管上套一根带有螺旋夹的橡皮管，用于除去水蒸气中冷凝水，并在操作出现意外时

使水蒸气发生器与大气相通。T形管的另一端与导管相连通往蒸馏烧瓶。

蒸馏部分通常使用长颈圆底烧瓶，烧瓶内液体不得超过其容积的1/3，烧瓶应向水蒸气发生器方向倾斜45°放置，以免蒸馏时液体的剧烈沸腾引起液体从导管冲出，沾染馏出液。

蒸馏瓶口配双孔橡皮塞。一孔插水蒸气导入管，此管口下端要正对烧瓶底部，距离瓶底1 cm左右；另一孔插蒸气导出管，蒸气导出管与直形冷凝管相连。

装置装好后，应检查体系各接口是否漏气，打开T形管上的螺旋夹，加热至沸腾。当有大量蒸气产生时，旋紧螺旋夹，水蒸气便进入蒸馏烧瓶，开始蒸馏。在蒸馏中，蒸馏烧瓶内的液体可能会有积累，当超过烧瓶容量的2/3时，或明显感觉蒸馏速度较慢时，可在蒸馏烧瓶下加一石棉网，用小火加热，但应控制加热速度，要保证蒸气能在冷凝管中全部冷凝下来。在蒸馏固体物质时，它们有时会在冷凝管中凝结为固体，此时可暂停甚至放掉冷却水，如果无效应立即停止蒸馏，用长玻璃棒清除，也可用吹风机的热风将固体熔化。当馏出液澄清不含油滴时，蒸馏结束。

蒸馏中要时常观察安全瓶和安全管的水位变化，防止倒吸现象发生。中途停止蒸馏和结束蒸馏时，应先打开T形管下方的螺旋夹，然后停止加热，以防蒸馏瓶中的液体倒吸入水蒸气发生器中。

2.4.4.4 分馏

分馏是利用分馏柱分离沸点差别不大的液体混合物的有效方法，但分馏不能分离共沸混合物。

(1)实验原理　分馏装置如图2-32所示，图中(a)、(b)、(c)为微型分馏装置。分馏装置与简单蒸馏装置不同的是在蒸馏瓶与蒸馏头之间加了一根分馏柱。实验室常用填充式分馏柱和刺形分馏柱。填充式分馏柱是在柱内填充一些各种形状的惰性材料，如螺旋形、马鞍形、网状等的金属片或丝、陶瓷环、玻璃珠、玻璃管等，目的是增加表面积。刺形分馏柱结构简单，就是在分馏柱内壁上形成了许多刺状突起物，借以扩大柱内蒸气交换面积。刺形分馏柱较填充式分馏柱黏附的液体少，分馏效率较低，但它操作简便，易于清洗，在实验室应用最为普遍。

利用分馏柱进行分馏，实际上是在分馏柱内使混合物进行多次汽化和冷凝的过程。当混合物蒸气沿分馏柱上升时，由于柱外空气冷却作用，混合蒸气中易被冷凝的高沸点成分被冷凝为液体滴回蒸馏烧瓶中，而低沸点成分除少量被冷凝外，大部分继续以蒸气的形式上升。当上升蒸气与下降的冷凝液相遇时，部分蒸气的冷凝会放出热量，这部分热量又使下降中的部分液体汽化，两者间发生了热交换。其结果是，上升蒸气中的低沸点组分增加，而下降的冷凝液体中高沸点的组分增加。因此，在分馏的过程中实现了多次气-液平衡，从而达到多次蒸馏的效果。这样，在靠近分馏柱的顶端低沸点的组分含量高，而在蒸馏瓶中高沸点组分的含量高。

(2)实验操作　分馏操作与常压蒸馏操作基本相似，先将待分馏混合物装入圆底蒸馏烧瓶，加入2～3粒沸石，然后安装好仪器。缓慢通入冷却水，开始加热。温度上升不能太快，要让蒸气进入分馏柱后缓慢上升，当蒸气到达柱顶后，调节加热速度，使馏出液的馏出速度保持每2～3 s 1滴。如果馏出液馏出速度太快，往往使产品纯度下降达不到分离效果；而馏出速度太慢，上升的蒸气会断断续续，使分馏的温度上下波动。当室温较低或待分馏液体沸点较高时，为减少柱内热量散失，可用玻璃棉等保温材料将分馏柱包裹起来。总之，要达到好的分馏效果，应控制蒸馏速度，使一定的冷凝液自分馏柱回流到烧瓶中，即控制一定的回流比(蒸出液体的量与冷凝流回烧瓶的量之比)。

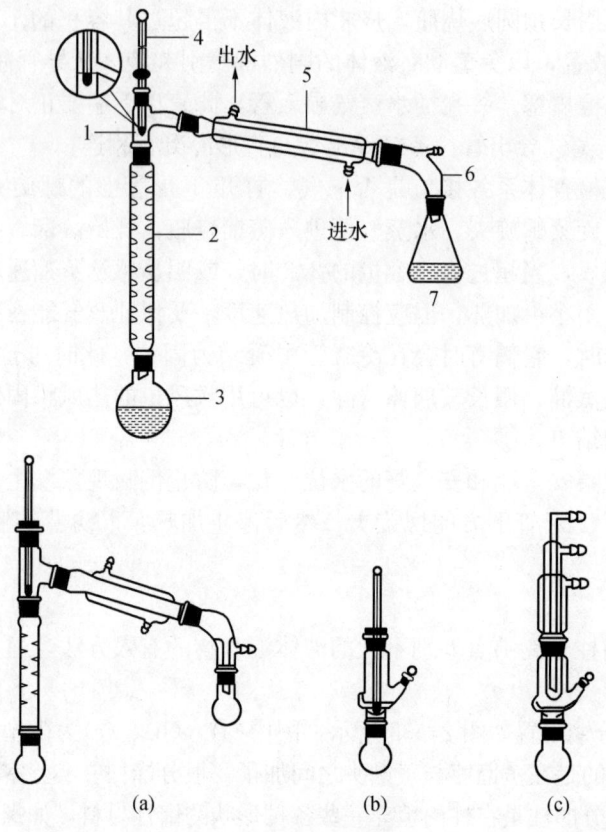

图 2-32 分馏装置
1. 蒸馏头 2. 刺形分馏柱 3. 蒸馏烧瓶 4. 温度计 5. 冷凝管 6. 单股接受管 7. 接受瓶

记录第一滴馏出液的温度,然后根据实验要求分段收集馏分,并记录各馏分的沸点范围。

2.4.5 萃取

使用适当的溶剂从固体或液体混合物中提取某一特定的物质,这一操作过程称为萃取。萃取是实验室常用的分离提纯的方法之一,可用来提取和纯化有机物质,也可以用于除去混合物中的少量杂质。

(1)实验原理 萃取是利用待萃取物在两种互不相溶的溶剂中的溶解度或分配比的不同,使其从一种溶剂转移到另一种溶剂中从而达到分离与提纯的目的。萃取的实验原理是建立在分配定律基础上。在一定温度、一定压力下,某种物质在两种互不相溶的溶剂 A 和溶剂 B 中的分配浓度之比(即分配系数)是一个常数 K。

$$K = \frac{c_A}{c_B} = 常数$$

式中:c_A 和 c_B 分别为待萃取物在 A、B 两种溶剂中的浓度。应用分配定律可以计算经过 n 次萃取后被萃取物在原溶液中的剩余量,即

$$W_n = W_0 \left(\frac{KV}{KV+V_s}\right)^n$$

式中：W_n 为经 n 次萃取后被萃取物在原溶液中的剩余量；W_0 为萃取前被萃取物的总量；K 为分配系数；V 为原溶液的体积；V_s 为每次萃取所用萃取溶剂的体积。

由此可见，用相同量的溶剂分 n 次萃取比一次萃取好，即"少量多次"的萃取效率高。但连续萃取的次数不是无限的，一般以萃取三次为宜。

萃取的效率与萃取溶剂的选择也有很大关系。对萃取溶剂的基本要求是纯度高、沸点低、毒性小，对被萃取物的溶解度大，且与原溶剂不相溶。

除液-液萃取外，还有液-固萃取。液-固萃取用于从固相中提取物质，它利用溶剂对样品中待提取物和杂质溶解度的不同来达到分离提纯目的。

(2) 实验操作

① 液-液萃取：液-液萃取通常在分液漏斗中进行。选择漏斗时，其容积一般要比整个萃取溶液体积大 1~2 倍。分液漏斗下端活塞上涂少许凡士林，转动活塞使其均匀透明。关闭下端活塞，装入适量水，检查上口玻璃塞和活塞是否严密。实验时，将分液漏斗放在固定好的铁环中，关闭活塞，装入待萃取液和溶剂，盖好玻璃塞，振荡漏斗，使待萃取液与溶剂充分接触。振荡时，先将分液漏斗倾斜，使其上口略朝下，漏斗下口向上倾斜并朝向无人处，右手捏住上口瓶颈部，并用食指压紧玻璃塞，左手握住活塞(图 2-33)。由于振荡时溶剂挥发或反应产生气体，漏斗内的压力增大。因此，振荡后继续将漏斗保持倾斜状态，旋开活塞放出气体，使内外压力平衡。若不及时放气，漏斗内的压力过大时，就会顶开玻璃塞出现喷液。放气时，应注意不要将分液漏斗下口对着人，也不能对着明火。

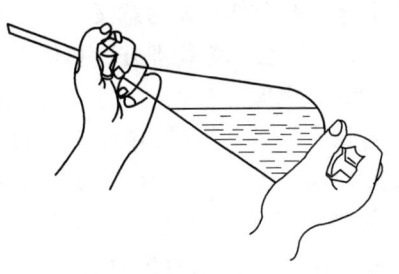

图 2-33 分液漏斗的振荡方法

经过几次振荡放气后，将分液漏斗静置于铁环上，使溶液分层。打开漏斗上口玻璃塞，缓缓打开活塞，下层液体从活塞流出，上层液体则应由上口倒出。注意，上层液体不可从活塞放出，以免被漏斗活塞部分所附着的下层残液所污染。

在萃取时，上下两层液体都应该保留到实验完毕，以防止中间操作发生错误无法补救。实验中如果一时分不清有机相和无机相，可以选取你认为可能是无机相的液体 2 mL，加两滴水，如果溶解了，说明此溶液就是无机相，否则是有机相。

分液漏斗若与 NaOH 或 Na_2CO_3 等碱性溶液接触后，必须冲洗干净，若较长时间不用，玻璃塞和活塞需要用薄纸包好再塞入，否则易粘在漏斗上而无法打开。

② 液-固萃取：实验室中常用索氏提取器进行液-固萃取。索氏提取器由圆底烧瓶、抽提筒、球形冷凝管三个部分组成，如图 2-34 所示。

索氏提取器是利用溶剂的回流及虹吸原理，使固体物质连续不断地被纯的热溶剂所萃取，减少了溶剂用量，缩短了提取时间，效率较高。萃取前先将固体物质粉碎或研细，将其装入滤纸筒内，再

图 2-34 索氏提取器

放入抽提筒中。如果没有现成的滤纸筒，可以取适当大小的滤纸一张，卷成直径略小于抽提筒内径的圆筒状，装入待提取固体物质，两端封好后用线扎紧，放入抽提筒中。烧瓶内装入溶剂，连接上抽提筒，抽提筒上端接冷凝管。加热烧瓶，溶剂沸腾，其蒸气沿抽提筒侧管上升至冷凝管，冷凝为液体，滴入抽提筒的滤纸筒上，并浸泡筒内样品。当液面超过虹吸管最高处时，溶液即被虹吸流回烧瓶，从而萃取出溶于溶剂的物质。如此不断重复进行，要提取的物质将富集于烧瓶中。提取液经浓缩除去溶剂后即得产品，必要时可进行进一步纯化。

2.4.6 干燥与干燥剂

干燥是指用于除去固体、液体或气体中的少量水分或少量溶剂的方法。

许多有机化学反应实验需要在无水条件下进行，所有原料和溶剂都要进行无水处理，在反应过程中还要防止潮气侵入。有机化合物在蒸馏前必须进行干燥，以防止加热使某些化合物发生水解，或与水形成共沸混合物。测定化合物的物理常数，对化合物进行定性、定量分析，利用色谱、紫外光谱、红外光谱、核磁共振、质谱等方法对化合物进行结构分析和测定都必须使化合物完全处于干燥状态才能得到正确的结果。因此，在化学实验中，试剂和产品的干燥具有十分重要的意义。

干燥方法分为物理方法和化学方法。

属于物理方法的有加热、冷冻、吸附、分馏、共沸蒸馏等。物理方法中，利用物理吸附除水是近年来应用最广泛的方法。如用离子交换树脂、分子筛进行脱水干燥。离子交换树脂是不溶于水、酸、碱和有机化合物的高分子聚合物。离子交换树脂内有许多空隙，可以吸附类似水这样的小分子，使用后将其加热至 150 ℃ 以上，被吸附的水又释放出来，可以重复使用。分子筛是多水硅铝酸盐晶体，把它加热到一定温度，水被脱去，晶体内部就形成许多大小均匀的孔道和占自身体积一半左右的空穴，小分子可以进入空穴，从而可以将不同大小的分子"筛分"。因此分子筛是一种理想的干燥剂，吸附了水分子或其他小分子溶剂的分子筛可以通过加热进行解吸，解吸后的分子筛可以重复使用。

化学干燥的方法是利用干燥剂去水，按照去水作用分为两类：一类干燥剂与水可逆地结合生成水合物，如 Na_2SO_4、$MgSO_4$、$CaCl_2$ 等；另一类干燥剂与水反应生成新的化合物，是不可逆的，如金属 Na、P_2O_5 等。利用干燥剂去水时并非加入的量越多越好，过量地加入干燥剂会吸附产品，影响效率。另外干燥剂在吸附水形成水合物时有一个平衡过程，因此加入干燥剂后一定要放置一段时间。

（1）固体化合物的干燥　固体化合物时常带有水分或挥发性溶剂，根据物质和溶剂的性质，可选用不同的方法进行干燥。

① 自然干燥（晾干）：自然干燥适用于在空气中稳定、不分解、不吸潮的固体。干燥时，把待干燥的物质放在表面皿或其他器皿上，均匀铺开，上面盖一张滤纸以防灰尘污染，将其放在空气中慢慢晾干。

② 加热干燥：对于热稳定性好的固体物质的干燥，可以将待干燥的物质置于表面皿中，用恒温烘箱或红外灯烘干。要注意的是，含有溶剂的固体可能在低于其熔点温度下熔化，所以应控制好加热温度。

③ 干燥器干燥：对于易吸潮或高温干燥易分解的物质，可以用干燥器干燥。干燥器内所使用的干燥剂应根据被干燥物质及所含溶剂的性质来选择。干燥器内常用的干燥剂见表 2-4。

表 2-4　干燥器内常用的干燥剂

干燥剂	吸收的溶剂或其他杂质
硅胶	水
CaO	水、HCl 及其他酸
$CaCl_2$	水、醇
NaOH	水、酚、醇、HCl 及其他酸
H_2SO_4	水、酸、醇
P_2O_5	水、醇
石蜡片	醇、醚、苯、甲苯、氯苯、四氯化碳

干燥器有普通干燥器、真空干燥器和真空恒温干燥器。

普通干燥器干燥效率不高，且所需时间较长，一般用于保存易吸潮的药品。

真空干燥器如图 2-35 所示，干燥器盖上有一玻璃活塞，用来抽真空，活塞下端的玻璃管呈弯钩状，口向上，防止通大气时，由于空气流入太快而冲散固体。使用时真空度不用太高，一般水泵或循环水真空泵抽气即可。开启真空干燥器时，必须首先缓缓打开活塞，使空气慢慢进入，然后和普通干燥器一样开启。真空干燥器干燥效果比普通干燥器要好。

真空恒温干燥器只能用于少量物质的干燥，原理是在有机溶剂回流恒温的环境下进行真空干燥。现在实验室一般都配备有真空恒温干燥箱，不仅使用方便，而且安全。

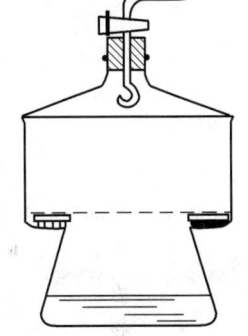

图 2-35　真空干燥器

(2) 液体有机化合物的干燥

① 利用蒸馏或形成共沸混合物去水：对于不与水生成共沸混合物的液体物质，如果沸点相差较大，用蒸馏或分馏的方法就可以将它们分离。有些有机化合物与水形成共沸混合物，其沸点低于该有机化合物沸点，如苯、甲苯、四氯化碳等，可以通过蒸馏把水除去。也可以在被干燥的有机化合物中加入此类上述有机物，蒸馏时利用此有机物与水形成共沸混合物将水带出来。苯、乙醇和水形成三元共沸混合物，在 95% 乙醇中加入适量苯，进行共沸蒸馏，前面的馏分为三元共沸混合物，水蒸馏完后是乙醇与苯的二元共沸混合物，再进行蒸馏，即可得到无水乙醇。

② 使用干燥剂脱水：液体有机化合物的干燥一般是将干燥剂直接放入被干燥的液体中，因此用干燥剂对液体有机物进行干燥要注意两方面问题，即干燥剂的选择和干燥剂的用量。

在干燥剂的选择上首先要求干燥剂与被干燥的液体有机化合物不发生化学反应，也不能溶解在该液体中。酸性化合物不能用碱性干燥剂，碱性化合物不能用酸性干燥剂。强碱性干燥剂(CaO、NaOH 等)能催化某些醛、酮发生缩合反应、自氧化反应，也可以使酯、酰胺发生水解反应。有些干燥剂与某些化合物形成配合物，如 $CaCl_2$ 易与醇类、胺类配合，因而不能用于这些化合物的干燥。NaOH、KOH 易溶于低级醇中，因此不能用于干燥低级醇类物质。其次，选择干燥剂时还要考虑干燥剂的吸水容量和干燥效能。吸水容量是指单位质量干燥剂所吸收的水量，干燥效能是指达到平衡时液体被干燥的程度。对形成水合物的无机盐干燥剂，常用吸水后结晶水的蒸气压表示。例如，$MgSO_4$ 能形成 10 个结晶水的水合物，其吸水容量为 1.25，25 ℃时水蒸气压力为 0.26 kPa。$CaCl_2$ 最多能形成 6 个结晶的水合物，吸水容量为 0.97，25 ℃时水蒸气压力为 0.03 kPa。因此，$MgSO_4$ 的吸水量大，但干燥效能弱，$CaCl_2$ 吸水量较小但干燥效能强。所以在干燥含水量较多而又不易干燥的化合物时，常常先用吸水量较大的干燥剂除去大部分水分，然后用干燥效能强的干燥剂干燥。常用干燥剂的性能和应用范围见表 2-5。

表 2-5　常用干燥剂的性能和应用范围

干燥剂	吸水作用	吸水容量	干燥效能	干燥速度	应用范围
氯化钙	$CaCl_2 \cdot nH_2O$ $n=1$、2、4、6	0.97 按 $CaCl_2 \cdot 6H_2O$ 计	中等	较快，但吸水后表面为薄层液体所覆盖，故放置时间要长些	能与醇、酚、酰胺及某些醛、酮形成配合物，因而不能用于干燥这些化合物。工业品中可能含有 $Ca(OH)_2$、CaO 等碱性杂质，故不能用于干燥酸类物质
硫酸镁	$MgSO_4 \cdot nH_2O$ $n=1$、2、4、5、6、7	1.05 按 $MgSO_4 \cdot 7H_2O$ 计	较弱	较快	中性，应用范围广，可代替 $CaCl_2$，并可用于干燥酯、醛、腈、酰胺等不能用 $CaCl_2$ 干燥的化合物
硫酸钠	$Na_2SO_4 \cdot 10H_2O$	1.25	弱	缓慢	中性，一般用于有机液体的初步干燥
硫酸钙	$2CaSO_4 \cdot H_2O$	0.06	强	快	中性，常与 $MgSO_4$ 或 Na_2SO_4 配合，做最后干燥之用
碳酸钾	$K_2CO_3 \cdot 1/2H_2O$	0.2	较弱	慢	弱碱性，用于干燥醇、酮、酯、胺及杂环等碱性化合物，不适用于酸、酚及其他酸性化合物
氢氧化(钾)钠	溶于水	—	中等	快	强碱性，用于干燥胺、杂环等碱性化合物，不能用于干燥醇、酯、醛、酮、酸、酚等
金属钠	$Na+H_2O \rightarrow$ $NaOH+1/2H_2$	—	强	快	限于干燥醚、烃类中痕量水分。用时切小块或压成钠丝
氧化钙	$CaO+H_2O \rightarrow$ $Ca(OH)_2$	—	强	较快	适用于干燥低级醇类
五氧化二磷	$P_2O_5+3H_2O \rightarrow$ $2H_3PO_4$	—	强	快，但吸水后表面为黏浆液覆盖，操作不便	适用于干燥醚、烃、卤代烃、腈等中的痕量水分。不适用于醇、酸、胺、酮等
分子筛	物理吸附	约 0.25	强	快	适用于大多数有机化合物的干燥

干燥剂的用量与所干燥的液体化合物的含水量、干燥剂的吸水容量等多种因素有关。水在不同的液体有机化合物中溶解度不同，一般说来极性化合物，特别是含有亲水基团（如醇、胺等）的化合物，水在其中的溶解度都相对较大，干燥这些化合物时，干燥剂的用量应该多些。通常情况下，干燥剂用量为每 10 mL 液体需要 0.5～1 g，但要根据具体情况而定。

用干燥剂干燥液体有机化合物前，要尽量除净待干燥液体中的水，不应有任何可见的水层或絮状物。将液体置于干燥的锥形瓶中，加适量颗粒大小适中的干燥剂，塞紧瓶口，振荡片刻。如果发现干燥剂全部附着瓶底并粘在一起，说明用量不够，需要补充一些新的干燥剂，直到出现没有吸水的、松动的干燥剂颗粒为止。干燥时间至少在 30 min 以上，最好过夜。已干燥好的液体可直接滤入干燥的蒸馏瓶中进行蒸馏。

（3）气体的干燥　实验室制备的气体常带有酸雾和水汽，需要净化和干燥。通常酸雾可用水和玻璃棉除去，水汽可根据气体的性质选用浓 H_2SO_4、无水 $CaCl_2$、固体 NaOH 或硅胶等干燥剂除去。净化和干燥气体常用的仪器有各种洗瓶（装液体干燥剂）、干燥管、干燥塔、U 形管等。常用的气体干燥剂见表 2-6。

表 2-6　常用的气体干燥剂

干　燥　剂	可干燥气体
CaO、碱石灰、NaOH、KOH	NH_3 类
无水 $CaCl_2$	H_2、HCl、CO_2、CO、SO_2、N_2、O_2、低级烷烃、醚、烯烃、卤代烃
P_2O_5	H_2、CO_2、SO_2、N_2、O_2、烷烃、乙烯
浓 H_2SO_4	H_2、CO_2、Cl_2、N_2、HCl、烷烃
$CaBr_2$、$ZnBr_2$	HBr

2.4.7　色谱分离

1903 年，人们将色素溶液流经装有吸附剂的柱子，结果在柱子的不同高度显出各种色带，而使色素混合物得以分离，色谱一词由此而来。现在，由于显色方法的引入，色谱分离方法已广泛应用于有色和无色化合物的分离和鉴定。色谱法是分离、提纯和鉴定化合物的重要方法之一。

色谱法是一种物理分离方法，其基本原理是利用混合物各组分在某一物质中的吸附或溶解性能（即分配）的不同或其亲和性能的差异，使混合物的各组分随着流动的液体或气体（称流动相）通过另一种固定不动的固体或液体（称固定相）进行反复的吸附或分配作用，从而使各组分分离。根据其分离原理，色谱法可分为分配色谱、吸附色谱、离子交换色谱和排阻色谱等；根据操作条件的不同，又可分为柱色谱、薄层色谱、纸色谱、气相色谱及高效液相色谱等，本教材只介绍前三种，后两种将在仪器分析中介绍。

2.4.7.1　柱色谱

柱色谱是将固定相填装在玻璃柱中进行分离的一种色谱分析方法。常用的有吸附柱色谱和分配柱色谱两种。固定相以氧化铝或硅胶作为吸附剂的为吸附柱色谱；以硅胶、硅藻土或纤维素作为支持剂，支持剂中吸附的大量液体作为固定相的为分配柱色谱。本节重点介绍吸附柱色谱。

吸附柱色谱是在色谱柱内装入固体吸附剂（固定相），将被分离样品的溶液从柱顶加入，当溶液流经吸附柱时首先被柱顶的吸附剂吸附，然后从柱顶部加入洗脱剂（流动相）。由于吸附剂对样品各组分的吸附能力不同，各组分以不同的速度随洗脱剂向下移动，经过反复的吸附、解吸过程，各组分在色谱柱中按照吸附作用的大小依次形成不同的"色带"。如果样品组分有颜色，则可以直接观察到色带。每个色带的溶液从柱底部流出，分别收集，则可以得到样品各组分的溶液。对柱上不显色的化合物进行分离时，可用紫外或荧光检测法进行检测。柱色谱的装置如图 2-36 所示。

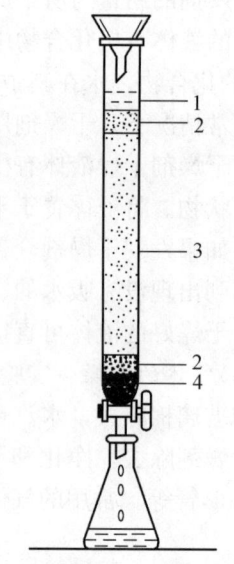

图 2-36 柱色谱装置图
1. 溶剂　2. 石英砂
3. 氧化铝　4. 玻璃棉

（1）吸附剂　常用的吸附剂有氧化铝、硅胶、氧化镁、碳酸钙、活性炭等。选择吸附剂最基本的原则是其不能与待分离的物质及洗脱剂发生化学作用。粒度选择上应恰当，粒度小，表面积大，吸附能力强，分散效果好，但溶剂流速慢，因此应根据具体情况进行选择。柱色谱中应用最广泛的吸附剂是氧化铝，它是一种高活性和强吸附的极性物质。氧化铝分为酸性、中性和碱性三种，酸性氧化铝适用于分离酸性有机物质；碱性氧化铝适用于分离碱性有机物质，如生物碱等；中性氧化铝应用最广泛，适用于中性物质如醛、酮、醌、酯等有机物质的分离。柱色谱的分离效果与色谱柱大小和吸附剂的用量也有关系。一般柱色谱中吸附剂的用量为被分离样品的 30～40 倍，最高可增至 100 倍。柱高与直径之比为 10∶1～4∶1。实验室常用的色谱柱直径为 0.5～10 cm。

（2）溶剂与洗脱剂　溶剂的选择通常是从待分离的样品中各种成分的极性、溶解度和吸附剂的活性等因素来考虑，溶剂选择合适与否，将直接影响到色谱的分离效果。溶解样品的溶剂极性应比样品极性小，溶剂极性太大，样品不容易被吸附剂吸附。洗脱剂的选择也是根据被分离物质的极性大小选择的。非极性化合物通常选用非极性溶剂洗脱，而极性较大的化合物则需要选用极性溶剂洗脱。也可以先用极性较小的溶剂将极性较小的组分洗脱，再用极性较大的溶剂洗脱极性较大的化合物。

常用洗脱剂的洗脱能力依下列次序递增：

己烷和石油醚＜环己烷＜四氯化碳＜三氯乙烯＜二硫化碳＜甲苯＜苯＜二氯甲烷＜氯仿＜乙醚＜乙酸乙酯＜丙酮＜1-丙醇＜乙醇＜甲醇＜水＜吡啶＜乙酸

（3）实验步骤　色谱柱的大小要根据样品量和吸附剂的性质而定。

① 装柱：装柱前，先将空柱洗净，干燥，柱底铺一层玻璃棉或脱脂棉，再铺一层 0.5～1 cm 厚的石英砂，接下来可以采用干法和湿法装入吸附剂。

干法是在柱中先加入柱高 3/4 的溶剂，再在柱的上端放一漏斗，将吸附剂不间断地均匀装入柱内，同时打开下面活塞，使溶剂慢慢流出，轻敲柱管，使之填充均匀。湿法是先将溶剂倒入柱内约为柱高的 1/4，然后再将一定量的溶剂和吸附剂调成糊状，慢慢倒入柱内，同时打开柱下活塞，使溶剂流出（控制流速为每秒 1 滴），吸附剂逐渐下沉，轻敲柱管，使其装填均匀、紧密。当装至柱的 3/4 处时，再在吸附剂上面加一层 0.5 cm 厚的石英砂，让吸附剂表面平整，使之不受加入样品溶液或洗脱剂的影响。

无论使用哪种方法装柱,都必须填充均匀,完全排除空气。

② 加样与洗脱:打开色谱柱活塞,当溶剂刚流至上层石英砂面时关闭活塞,用移液管或长滴管沿柱壁加入样品溶液,再打开活塞,小心放出一些溶剂,使溶液流至石英砂面再关闭活塞。用少量溶剂仔细将柱内壁黏附的样品冲洗干净,再将溶液面放至上层石英砂面处。加入洗脱剂,打开下面活塞进行洗脱,控制流速每秒1~2滴,分别收集不同组分。

2.4.7.2 薄层色谱

薄层色谱分为吸附色谱和分配色谱两类,它是将吸附剂均匀涂在玻璃板或塑料片上形成一薄层,并在此薄层上进行的色谱分离技术。薄层色谱是一种微量、快速、简便的分析分离方法,它不仅适用于小量(1~100 μg,甚至 0.01 μg)样品的分离,也适用于较大量(可达 500 mg)样品的精制,特别适用于挥发性较小或在较高温度下容易发生变化而又不能用气相色谱分离的化合物。

(1) 实验原理　薄层色谱是利用被分离的混合物对吸附剂(固定相)和展开剂(流动相)相对亲和力的大小差异进行分离的。当展开剂沿薄板上升时,混合样品中易被固定相吸附的组分移动较慢,而较难被固定相吸附的组分移动较快。利用各组分在展开剂中溶解能力和被吸附能力的不同,最终将各组分分开。

(2) 吸附剂　薄层色谱中吸附剂常用氧化铝和硅胶。

硅胶是无定形多孔物质,其表面含有硅醇基团,略具有酸性,适用于分离酸性和中性化合物。由于硅醇基团能吸附水生成水合硅醇基,使硅胶的活性降低,故含水量越多,其吸附能力越差,活性越低。薄层色谱用硅胶分为:硅胶 H——不含黏合剂;硅胶 G——含煅石膏黏合剂($2CaSO_4 \cdot 2H_2O$);硅胶 HF_{254}——含荧光物质,可在波长 254 nm 紫外光下观察荧光;硅胶 GF_{254}——既含黏合剂又含荧光物质。黏合剂除煅石膏外,还可用淀粉、羧甲基纤维素。有时也将加黏合剂的薄层板称为硬板,不加黏合剂的薄层板称为软板。

氧化铝是活性大、吸附力强的极性化合物,也可以按含黏合剂及荧光剂分为氧化铝 G、氧化铝 GF_{254}、氧化铝 HF_{254} 等。与硅胶相同,氧化铝的活性也取决于它的含水量。

吸附剂按其表面含水量多少分为五个活性等级,Ⅰ级活性最高,Ⅴ级活性最低。表2-7列出了吸附剂含水量与其活性的关系。

表2-7　吸附剂含水量与吸附活性的关系

活　　性	氧化铝/水	硅胶/水
Ⅰ	0	0
Ⅱ	3%	5%
Ⅲ	6%	15%
Ⅳ	10%	25%
Ⅴ	15%	33%

(3) 薄层板的制备与活化　薄层板制备得好坏直接影响色谱分离的效果。制备薄层板所用玻璃板必须平整,用前洗净、晾干。薄层要铺均匀、厚度一致(0.25~1 mm),否则展开剂前沿不整齐,分析结果难以重复。

薄层板分为干板与湿板两种。实验室一般常用湿法制板。制湿板前先要制备吸附剂浆料,一般在小烧杯中放入 3 g 硅胶,加 7 mL 蒸馏水或 0.5%的羧甲基纤维素水溶液,立即用搅棒调成糊状(调糊时间不能太长,否则硅胶凝结),备用。根据铺层的方法不同湿法制板可分为平铺法、倾注法和浸涂法三种。平铺法可使用薄层涂布器(图2-37)来完成,涂布器为上下开口的长方形有机玻璃槽,其正面一块板的底部有一狭缝(狭缝高度为要涂布薄层的厚度),在涂布槽中倒入调好的糊状吸附剂,移动涂布器,即可将糊状物均匀地涂布于玻璃板上。倾

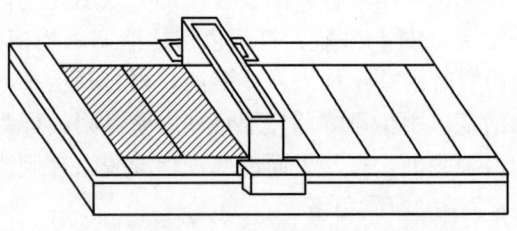

图2-37 薄层涂布器

注法是将调好的糊状物倒在玻璃板上,用玻璃棒涂布在整块玻璃上,然后用手拿玻璃板一端在桌边轻轻振敲,使吸附剂均匀地涂在玻璃板上。浸涂法是将两块干净的玻璃板对齐紧贴在一起,浸入糊状物中,使玻璃板上涂上一层均匀的吸附剂,取出分开,晾干。

由于薄层板的活性与含水量有关,所以涂好的薄层板在室温晾干后必须加热活化。硅胶板一般放在烘箱中慢慢升温至105～110 ℃后活化0.5 h。氧化铝板在200 ℃时活化4 h。活化好的薄层板应保存于干燥器中备用。

(4) 点样 在薄层板一端1 cm处,用铅笔轻轻画一条线作为起始线,用直径小于1 mm的管口平整的毛细管吸取样品溶液(一般为1%的稀溶液)在起始线上点样。点样时,应使毛细管口轻轻接触板面后立即移开,以防溶液扩散造成斑点直径太大,斑点直径一般不超过2 mm。样品的用量对物质的分离有很大的影响,若样品量太小,有的成分不易显出;若量太多展开后斑点太大,易出现相互交叉和拖尾现象,不能很好地分离。同一板上可点多个样,但点样点之间距离应以1～1.5 cm为宜。

(5) 展开 薄层板展开时,吸附剂对样品、溶剂对样品会发生无数次吸附、解析过程。展开在展开槽或展开缸内进行,展开槽或展开缸应密封,并提前加入展开剂,使展开槽或展开缸内展开剂的蒸气达到饱和。若在大展开缸内展开大薄层板,可在展开缸内沿内壁衬一张滤纸,使蒸气迅速达到饱和。展开方式分为垂直上升法、倾斜上行法、下降法和双向展开等。

① 垂直上升法:将薄板垂直放于盛有展开剂的展开槽中,应注意展开剂高度能超过0.5 cm,当展开剂上升到距薄板上沿1 cm时,迅速拿出,并立即记下展开剂前沿的位置,放通风橱中晾干。垂直上升法适用于黏合剂的硬板。

② 倾斜上行法:倾斜上行法与垂直上升法不同的是将薄板倾斜一定的角度放置。无黏合剂的软板应倾斜15°,含有黏合剂的硬板可以倾斜45°～60°。

③ 下降法:放在圆底烧瓶中的展开剂通过滤纸或纱布吸在薄层板上端,使展开剂下行至板下端,并流入展开槽中,此方法是一种连续展开的过程。

④ 双向展开:双向展开用于成分复杂、不易分离的样品,使用方形玻璃板制板。将样品点在角上,向一个方向展开,然后转动90°,再换另一种展开剂展开。

(6) 显色 样品经薄层展开后,若本身有颜色,可直接观察到斑点,若样品本身无色,可在溶剂挥发后用显色剂显色。含有荧光的薄层板可在紫外光下观察。斑点显色后,应及时标记斑点位置。

(7) 比移值(R_f) 在固定的条件下,不同化合物在薄层板上依不同的速度移动,所以各个化合物的位置也各不相同,通常用展开的距离表示移动的位置(图2-38)。比移值的计算公式为

$$R_f = \frac{溶质最高浓度中心至原点中心的距离}{溶剂展开前沿至原点中心的距离}$$

R_f 值受被分离物质的结构、固定相和流动相的性质、温度以及薄层板本身性质等因素的影响。当温度、薄层板等实验条件固定时，R_f 就是一个特有的常数，可作为定性分析的依据。但由于影响 R_f 值的因素很多，实验数据往往与文献记载不完全一致，因此在鉴定时常采用标准样品作对照。

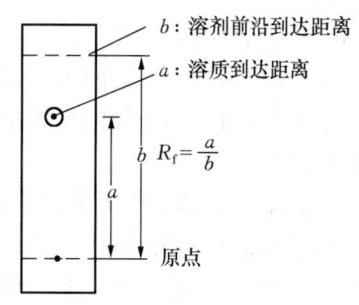

图 2-38 薄层色谱展开图

2.4.7.3 纸色谱

纸色谱属于分配色谱，它以滤纸作为惰性载体，以吸附在滤纸上的水或有机溶剂作为固定相，流动相是被饱和过的有机溶剂（展开剂）。利用样品中各组分在两相中分配系数的不同达到分离的目的。

纸色谱和薄层色谱一样，主要用于分离和鉴定有机化合物。常用于多官能团或高极性化合物如糖、氨基酸等的分离。

展开剂的选择对纸色谱的分离非常重要，应根据待分离物质的不同，选用合适的展开剂。展开剂应对待分离物质有一定的溶解度。溶解度太大，待分离物质会随展开剂跑到前沿；溶解度太小，则会留在原点附近，使分离效果不好。选择展开剂应注意以下几点：

(1) 能溶于水的化合物，以吸附在滤纸上的水作为固定相，以与水能混合的有机溶剂作展开剂。

(2) 难溶于水的极性化合物，以非水极性溶剂（如甲酰胺、N,N-二甲基甲酰胺等）作固定相，以不能与固定相结合的非极性溶剂（如环己烷、苯、四氯化碳、氯仿等）作展开剂。

(3) 难溶于水的非极性化合物，以非极性溶剂（如液体石蜡）作固定相，以极性溶剂（如水、饱和的正丁醇水溶液、正丁醇-乙酸-水溶液）作展开剂。

纸色谱的操作过程与薄层色谱一样，不同的是薄层色谱需要吸附剂作为固定相，而纸色谱只用一张滤纸或在滤纸上吸附相应的溶剂作为固定相。纸色谱应选用厚薄均匀、无折痕、纤维松紧适宜的滤纸。操作在展开缸中进行。具体操作步骤参见薄层色谱。

2.5 分析天平的使用

分析天平是定量分析化学实验中常用的重要仪器之一。分析天平的种类和型号较多，这些天平在构造和使用方法上虽然有些不同，但原理基本上是相似的。如机械类的 TG-328B 半自动电光分析天平、TG-328A 全自动电光分析天平、单盘天平等。此外还有电子天平。

2.5.1 分析天平的构造

机械类分析天平的原理为杠杆原理。现以 TG-328B 半自动电光分析天平为例来介绍分析天平的一般结构。

图 2-39 为 TG-328B 半自动电光分析天平正面图，它的主要部件是铝合金制成的横梁 5，横梁上有三个三棱柱形的玛瑙，其中一个装在横梁中间，尖部向下，称为中刀，相当于杠杆的支点，另外两个则放在横梁两端，尖部朝上，称为边刀。这些刀的刀口锋利程度直接影响着分析天平的灵敏度。使用时刀口不得损坏。横梁两端分别悬挂两个吊耳 3，吊耳的上

钩挂有天平盘 12,下钩挂有空气阻尼器 1。空气阻尼器是由两个相互不接触铝制的圆形套筒组成,外筒固定在天平柱 6 上,口朝上,内筒则悬挂在吊耳的下钩上,口朝下。这样在称量时由于阻尼器内空气的阻力,天平很快就会停止摆动。为了观察称量时天平的倾斜程度,在横梁中间装有一根细长的金属指针 10,并在指针下端装有微分标尺(可显示 0~10 mg)。横梁两侧装有平衡螺丝 4,用以调节天平的零点。横梁背后还装有调节天平重心的螺丝(重心锤),重心锤下移,则天平的重心下移,天平的稳定性增大,但灵敏度降低。为了保护分析天平,应减少周围温度、气流、震动等对天平的影响,所以分析天平的主要部件均安装在木制的天平框内。称量时左右门可以打开,前门不要打开(供维修用)。在天平框下面还有一个升降钮 15,轻轻顺时针旋转升降钮到底时(中刀被放下),才可以比较左右的轻重,进行称量,逆时针旋转时(中刀被提起),则不可以进行称量。在称量过程中会反复多次使用升降钮。在天平框外面的右上角装有内外指数盘,内外指数盘可分别相对独立进行旋转。外指数盘指示质量范围为 100~900 mg,内指数盘指示质量范围为 10~90 mg。其质量均通过环码 8 加入。称量时 1 g 或 1 g 以上的质量通过砝码盒中的砝码加入,10~990 mg 的质量则通过内外指数盘加入,而 10 mg 以下的质量则通过指针下端的微分标尺经放大以后在投影屏 11 上读出。砝码、内外指数盘、微分标尺显示的三者质量之和即为被称物的质量。

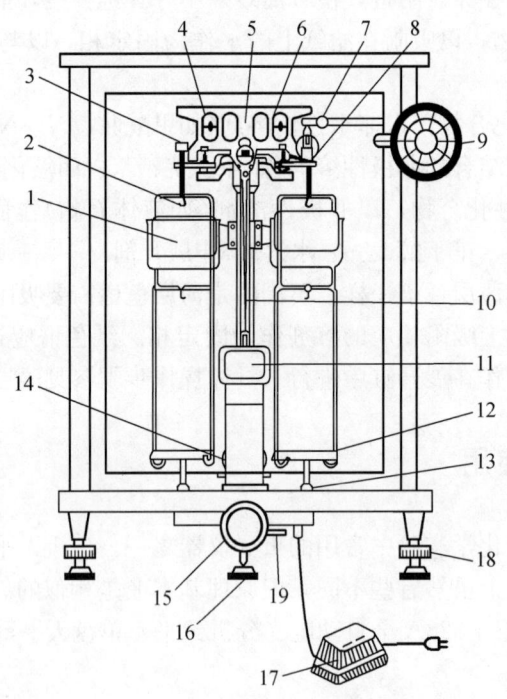

图 2-39 TG-328B 半自动电光分析天平的正面图
1. 空气阻尼器 2. 挂钩 3. 吊耳 4. 平衡螺丝 5. 横梁 6. 天平柱
7. 环码钩 8. 环码 9. 指数盘 10. 指针 11. 投影屏 12. 天平盘
13. 盘托 14. 光源 15. 升降钮 16. 底垫 17. 变压器 18. 螺旋脚 19. 调零杆

2.5.2 分析天平的灵敏度

灵敏度是分析天平的基本性能之一,它通常是指在天平的一个盘上增加 1 mg 质量所引起指针偏斜的程度。指针偏斜的程度越大，则灵敏度越高。灵敏度 E 的单位为"小格·mg^{-1}"，在实际使用中也常用灵敏度的倒数 S 来表示，即

$$S=\frac{1}{E}$$

S 称为感量或分度值，单位为"mg·小格$^{-1}$"。例如，某型号分析天平微分标尺上每小格表示 0.1 mg，即 $S=0.1$(mg·小格$^{-1}$)，则灵敏度 $E=\frac{1}{S}=\frac{1}{0.1}=10$(小格·$mg^{-1}$)，即增加 10 mg 的质量可以引起指针偏移 100 小格。这类分析天平称为万分之一天平。对分析天平灵敏度的一般要求是增加 10 mg 质量时指针偏移的小格数在 100 ± 2 内。否则应该用重心锤调节天平的重心以调节分析天平的灵敏度。天平的灵敏度太低，则称量的准确度达不到要求，灵敏度太高，则稳定性差，影响天平称量的精密度。天平载重时，由于横梁重心下移，故载重后天平的灵敏度有所降低。

2.5.3 分析天平的称量步骤

(1) 检查 查看天平部件是否完整。掀起天平罩，叠成小方块，置于天平上方。将砝码盒放在自己位置的右侧。

(2) 调水平 通过旋转左右螺旋脚 18，使水平气泡(在天平的后上方)位于圆圈中央，天平即处于水平状态。

(3) 调零点 在空载时，轻轻顺时针旋转升降钮 15，投影屏 11 上会出现放大了的微分标尺(0~10 mg)，当投影屏上的刻度线正好与微分标尺上"0"重合时，零点调节完毕。如果不重合，逆时针旋转升降钮(托起横梁)。然后通过细调和粗调来完成。若微分标尺上"0"位于刻度线右侧时，表示天平右盘重，此时首先使用调零杆 19 进行细调，再顺时针旋转升降钮，观察是否重合。如仍然不能重合，逆时针旋转升降钮(托起横梁)，再使用横梁左侧的平衡螺丝 4，将其轻轻向左移动，直至投影屏上的刻度线正好与微分标尺上"0"重合。当微分标尺上"0"位于刻度线左侧时，表示天平左盘重，同理进行调节。

(4) 粗称(可省略) 将被称物在托盘天平上进行粗称，得出近似质量。

(5) 准确称量 将被称物放入天平左盘，砝码放入天平右盘，关闭左右门。旋转外指数盘于 500 mg 处，轻轻顺时针旋转升降钮到底，观察投影屏上刻度线在微分标尺中的位置。如果刻度线在 0~10 mg，则称量完毕，可以进行准确读数，被称物的质量等于砝码质量、内外指数盘质量和投影屏质量三者之和。如果投影屏上刻度线不在 0~10 mg，则需要改变内外指数盘的质量(或者砝码的质量)，直至可以进行读数。砝码加入的原则是由大到小，内外指数盘质量加入的原则是"折半加入"。

2.5.4 分析天平的称量方式

称量方式分为直接法和间接法。

(1) 直接法 此法用于称取不易吸水，在空气中性质稳定的物质。首先调零点，然后将试样置于天平盘的表面皿或称量纸上直接称取。

(2) 间接法 间接法又称差减法。此法用于称取粉末状或容易吸水、被氧化、与 CO_2 反应的物质。试样一般放在称量瓶中。称量瓶应放在干燥器中，称量瓶不能用手直接拿取，应

用硬质的纸条套在称量瓶上夹取或戴上薄手套拿取。

差减法称量时,把装有试样的称量瓶(含盖)在分析天平上准确称量至 0.1 mg,然后用称量瓶盖的侧面轻轻敲击称量瓶口,同时慢慢倾斜瓶身,保证样品全部落入烧杯内,当倾出的样品接近所需质量时,将剩余的样品和称量瓶(含盖)在分析天平上再准确称量至 0.1 mg,前后两者质量之差即为倾出样品的质量。

2.5.5 分析天平的使用规则

分析天平是一种精密仪器,使用时必须严格遵守下列规则:
(1)称量前应进行天平的外观检查。
(2)热的物体不能放在分析天平上称量,因为天平盘受热的上升气流的影响,将使称量结果不准确。因此需将热的物体冷却至室温后再进行称量。
(3)对于有腐蚀性或吸湿性的物体,必须将它们放在密闭容器内称量。
(4)在天平盘上放入或取下物品、砝码时,都必须先把天平横梁托起(即逆时针旋转升降钮,此时灯泡不亮),否则容易使刀口损坏。
(5)旋转升降钮时应轻、缓。旋转指数盘时同样应该轻、缓,否则容易导致环码脱落。
(6)使用砝码时需用镊子或戴上手套拿取,不可用手直接拿取。
(7)称量完毕,应将砝码放回砝码盒内,用毛刷将天平内掉落的称量物清除,指数盘恢复零位,然后用罩布将天平罩好,使天平复原,并按要求做好相应的使用记录。

2.5.6 其他分析天平

定量分析中,除用上述电光分析天平外,现在越来越多地使用电子天平。电子天平的使用方法比较简单,具体参见电子天平的使用说明书。

2.6 玻璃量器的使用

分析化学实验中,经常使用各种玻璃量器,正确掌握各种玻璃量器的操作是分析化学实验的基本目的之一。下面介绍几种常用的量取液体体积的玻璃量器。

(1)量筒 量筒是常用的量取液体体积的玻璃仪器。读数时应使眼睛的视线与量筒内液体凹液面的最低点相切(图 2-40),否则读数不够准确。量筒的规格有 10、25、50、100、500 mL 等。

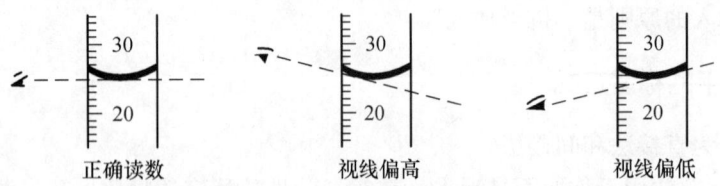

图 2-40 观看量筒内液体的容积

(2)滴定管 滴定管是在滴定过程中,用于准确测定滴定溶液体积的常用玻璃仪器,规格一般有 50 mL 和 25 mL 等,管上的刻度线由上至下从"0"开始递增至规格体积。滴定管分为酸式滴定管和碱式滴定管两种,如图 2-41 所示。酸式滴定管通过玻璃活塞控制滴定溶液的流速,适用于盛装酸性和氧化性的溶液;碱式滴定管通过乳胶管和玻璃珠控制滴定溶液的流速,专门适用于盛装碱性溶液。酸式滴定管和碱式滴定管在滴定时均用左手控制其流速,右手握住锥形瓶的瓶颈并不断振荡。酸式滴定管在使用前需要在玻璃活塞内涂抹凡士林,使活塞旋转自由且溶液不渗漏。涂抹凡士林的方法如下:取下活塞,用软纸将活塞和活塞槽擦干,然后分别在活塞的大头和活塞槽的小头内壁涂上一层薄薄的凡士林(注意不要将活塞中间的小孔堵上),插入活塞,单方向旋转活塞,直到凡士林全部透明为止,用橡皮筋固定好活塞。如果使用聚四氟乙烯活塞,则无须涂抹凡士林。滴定管在使用前均需进行洗涤,其步骤是自来水洗涤、纯水润洗、待盛液润洗。具体为每次加入少量(5 mL 以下)洗涤液,边旋转滴定管,边持平滴定管,使其内壁完全被洗涤液润湿。最后方可正式装入滴定溶液,溶液一般先装至高于"0"刻度线,检查滴定管下端尖嘴是否有气泡,若有气泡,应放液将气泡赶尽。然后调整溶液凹液面的最低点在"0"刻度处。读数时眼睛应平管内溶液凹液面的最低点再读取其所在位置的刻度,并按有效数字要求读至小数点后两位。

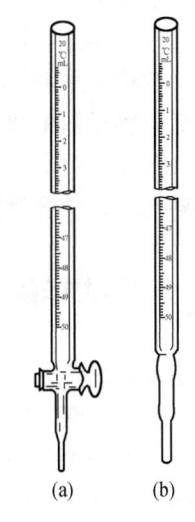

图 2-41 酸式滴定管(a)和碱式滴定管(b)

(3) 移液管和吸量管　移液管和吸量管也是用来准确量取一定体积的仪器,如图 2-42 所示,两者的区别仅在体积范围上,移液管只能准确量取一个体积,而吸量管可以准确量取小于或等于满刻度的任何体积。在使用方法上两者完全一样。首先用自来水洗涤,再用纯水洗涤,然后用吸水纸将管外壁水分擦净,将其插入试剂瓶中。取液时,右手拇指及中指拿住管的上端,左手握洗耳球吸取(不得用嘴吸)少量待取溶液润洗,然后再用洗耳球正式吸取溶液至略高于预定体积的刻度线,移去洗耳球立即用右手食指封住管口,小心松动食指缓慢放少量空气进入管内,使管内溶液的凹液面缓慢下移,当液面最低点恰好与指定刻度相切时(眼睛平视),立即用力封死管口,平稳地将移液管(或吸量管)从试剂瓶移入已预先准备好的洁净容器中,保持移液管垂直,管尖靠着容器内壁,左手握容器使之倾斜 30°,松开右手食指让溶液自然流出。待溶液流尽后,约等 15 s,将管尖从容器内壁移开,移液结束。因毛细作用,最后在管尖处会残留少许液体,不必用外力使之放出,因为在标定毛细管时亦未将其放出。

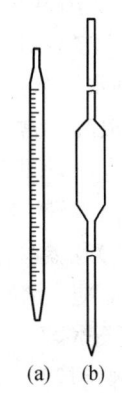

图 2-42 吸量管(a)和移液管(b)

(4) 容量瓶　容量瓶(图 2-43)主要用来把准确称量的物质配制成准确体积的溶液或将准确浓度较大的溶液稀释成准确浓度较小的溶液,这种过程称为定容。容量瓶使用前应检查瓶塞与瓶口是否密合,并进行洗涤,自来水洗涤、纯水润洗即可,绝不可用待盛液润洗。容量瓶上只有一个刻度,规格有 500、250、100、50 mL 等多种。如果将准确质量的固

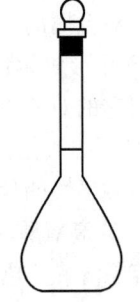

图 2-43 容量瓶

体配制成准确浓度的溶液,首先在分析天平上准确称量,然后将固体在烧杯中用纯水溶解,然后定量地转移至容量瓶中。转移时用玻璃棒引入,玻璃棒紧靠烧杯口,玻璃棒下端插入容量瓶内。转移完毕,用少量纯水(5 mL左右)洗涤烧杯3~4次,每次洗涤液均转入容量瓶内。然后向容量瓶中加入纯水,当液面距容量瓶刻度线约1 cm时,改用胶头滴管加入纯水,直至溶液凹液面的最低点与刻度线相切。塞上瓶塞,一只手握住瓶塞,另一只手托住瓶底,反复倒转几次,使容量瓶内溶液混合均匀。

2.7 分析试样的预处理

分析试样的预处理就是采用一定的方法,将待测样品转化为适当的形式和状态,以便于进一步进行分析测定的过程。由于样品成分复杂,存在形式及状态多样,因此样品的前处理是样品分析中一个重要的组成部分。下面简要介绍常用处理样品的一般方法。

根据样品的性质不同,应采用不同的处理方法。最常用的方法就是溶解法和熔融法。

2.7.1 溶解法

溶解法通常是指用水、酸、混合酸、碱等作为溶剂分解试样的方法。

(1) 水溶 对可溶性无机盐如碱金属盐、铵盐、硝酸盐、大多数碱土金属盐和卤化物等,可以用纯水为溶剂直接溶解,以制备试液供分析测定用。

(2) 酸溶 常用的酸溶剂有盐酸、硫酸、硝酸、磷酸、高氯酸、氢氟酸等。

① 盐酸:HCl 是分解无机物样品常用的溶剂之一,主要用于分解电位序在氢以前的金属、合金、碱性氧化物及弱酸盐,尤其适用于分解赤铁矿(Fe_2O_3)、辉锑矿(Sb_2S_3)、软锰矿(MnO_2)及碳酸盐等试样。

② 硫酸:热的浓 H_2SO_4 具有强氧化性和脱水性,常用于分解独居石(Ce、La、Th)PO_4、萤石(CaF_2)、砷化物及锑、钛、铀等矿物,分解和破坏土壤等样品中的有机物等。H_2SO_4 沸点较高(338 ℃),当 HCl、HNO_3、HF、$HClO_4$ 等低沸点酸的阴离子对测定有干扰时,常加入 H_2SO_4 并蒸发至冒 SO_3 白烟,使低沸点酸挥发除去。

③ 硝酸:几乎所有的硝酸盐都易溶于水,HNO_3 常用于溶解硫化物,HNO_3 具有氧化性,能溶解除金和铂族元素以外的大多数金属。Al、Cr、Ga、In、Th 等金属由于表面有保护性氧化膜而溶解较慢。

④ 磷酸:H_3PO_4 常作为某些合金钢的溶剂。H_3PO_4 在高温时容易形成焦磷酸和聚磷酸,对金属离子有配位作用。W(Ⅵ)、Fe^{3+}、Mo(Ⅵ) 等金属离子在酸性溶液中都能与 H_3PO_4 形成无色配合物。钛铁矿、铬铁矿、铌铁矿等许多难溶性矿石均能被 H_3PO_4 分解。利用它的难挥发性可从盐溶液中蒸发以排出挥发性无机酸,利用它的强脱水性可增强 H_2SO_4 的氧化性。需要注意的是:单独用 H_3PO_4 溶解样品时,加热时间不宜过长,否则会析出微溶性的焦磷酸盐,同时也会腐蚀玻璃,生成聚硅磷酸而黏结于皿底。

⑤ 高氯酸:$HClO_4$ 的沸点为 203 ℃,蒸发至冒白烟时,可除去低沸点酸,且残渣加水后很容易溶解。热浓的 $HClO_4$ 具有强氧化性和脱水性,能把 Cr 氧化为 $Cr_2O_7^{2-}$、钒氧化为 VO_3^-、硫氧化为 SO_4^{2-}。$HClO_4$ 是重量法测定 SiO_2 的良好脱水剂。热浓的 $HClO_4$ 遇有机物会发生爆炸,当处理含有某有机物试样时,应先用浓 HNO_3 蒸发破坏有机物,再加入 $HClO_4$。

⑥ 氢氟酸：HF 是一种配位能力较强的弱酸，常与 HNO_3、H_2SO_4、$HClO_4$ 等混合使用，分解硅铁、硅酸盐、土壤样品及含钨、铌、钛等试样，并使样品中的硅生成挥发性的 SiF_4。分解试样时，应使用聚四氟乙烯或铂金器皿，并在通风良好的情况下进行。

（3）混合酸溶　常用的混合酸有王水、逆王水及其他各种混合的酸。

① 王水：1 体积 HNO_3 和 3 体积 HCl 的混合物称为王水。能溶解 As、Sb、Hg、Pb、Fe、Co、Ni、Bi、Cu、Mo 的硫化物和 Se、Sb 等矿石，是 Pd、Pt、Au、W、Mo 等金属及 U、V、Ga、In、Ni、Cu、Bi 等合金的常用溶剂之一。

② 逆王水：3 体积 HNO_3 和 1 体积 HCl 的混合物称为逆王水。可分解 Mn、Fe、Ge 的硫化物及 Mo、Ag、Hg 等金属。浓 H_2SO_4、浓 HCl 和浓 HNO_3 的混合物称为硫王水，可溶解含硅较多的铝合金及矿物。

③ $HF+HNO_3$：可分解 Nb、Ti、Zr、Cr、Mo、W 等金属及其合金、氧化物、氮化物、硼化物和硅化物等。

④ $HF+H_2SO_4+HClO_4$：按不同的体积比在聚四氟乙烯或铂金器皿中混合，可分解粉煤灰、土壤、钛铁矿和硅酸盐（如石英砂、水泥等）等样品。

⑤ $H_2SO_4+H_2O_2+H_2O$：按 $V(H_2SO_4):V(H_2O_2):V(H_2O)=2:1:3$ 配制的混合溶液，可用于粮食、植物、油料等生物样品的消解。在消解过程中，如加入 $CuSO_4$、K_2SO_4 及硒粉混合催化剂，可使消解完全、快速。

⑥ $HNO_3+H_2SO_4+HClO_4$（少量）：用于分解一些生物样品，例如动植物组织、毛发、尿液、粪便及铬矿石等样品。

（4）碱溶　常用的碱溶剂为 NaOH、KOH、氨水等。例如用 20%～30% 的 NaOH 溶液可分解铝合金、白砷矿（As_2O_3）及酸性氧化物。溶解可在银、铂或聚四氟乙烯器皿中进行，以避免浓碱溶液腐蚀玻璃器皿。

2.7.2　熔融法

将酸性或碱性熔剂与试样在高温下进行复分解反应，从而将试样中的组分全部转化为易溶于酸或水的化合物的方法称为熔融法。该法分解能力强，但由于熔融时所用的大量熔剂（一般为试样重的 6～12 倍），本身离子及夹带的杂质和坩埚等器皿被腐蚀产生的杂质会污染试液，使得分析反应复杂化且有可能干扰微量、痕量元素的测定。根据熔剂的不同，该方法又可分为酸熔、碱熔、烧结三类。

（1）酸熔法　常用的酸性熔剂有 $K_2S_2O_7$（焦硫酸钾）、$KHSO_4$（硫酸氢钾）、KHF_2（氟氢酸钾）、B_2O_3、V_2O_5。用 $K_2S_2O_7$ 或 $KHSO_4$ 与碱性或中性的氧化物试样混合，在瓷坩埚中 300 ℃左右高温下熔解，可分解铝、铁、铬、钛、锆、铌、钽等的氧化物矿石，粉煤灰，硅酸盐，炉渣及镁砂等中性和碱性耐火材料。在铂坩埚中用 KHF_2 与试样低温熔融，可分解钛和稀土化合物及硅酸盐。在铂坩埚中于 580 ℃用 B_2O_3 熔融，可分解硅酸盐和许多金属氧化物。用 V_2O_5 作熔剂熔融，可分解含氮、硫、卤素的有机物。

（2）碱熔法　常用的碱性熔剂有 Na_2CO_3（mp：852 ℃）、K_2CO_3（mp：891 ℃）、KOH（mp：360 ℃）、NaOH（mp：328 ℃）、Na_2O_2（mp：460 ℃）和它们的混合熔剂。多用于分解酸性试样。Na_2CO_3 与 K_2CO_3 按 1:1 形成的混合物，称为 $KNaCO_3$，其熔点为 700 ℃左右，用于分解硫酸盐、硅酸盐等。在 900 ℃左右用碳酸盐熔融时，空气中的 O_2 起氧化作用。在分解砷、铬、

硫的矿物样品时，常采用 Na_2CO_3 加少量的 K_2CO_3 或 $KClO_3$ 作为混合熔剂，其氧化产物为 AsO_4^{3-}、CrO_4^{2-}、SO_4^{2-}。

Na_2CO_3+S 是一种硫化熔剂，用来分解砷、锑、锡矿石，把它转化为可溶性的硫代硫酸盐。

NaOH 和 KOH 都是低熔点强碱性熔剂，用来分解硅酸盐、铝土矿等。

Na_2O_2 是强氧化性、强腐蚀性的碱性熔剂，能分解很多难熔性物质。如硅铁矿、铬铁矿、锡石、黑钨矿（$FeMnWO_4$）、绿柱石 [$Be_3Al_2(SiO_3)_6$]、独居石、辉钼矿（MoS_2）、硅砖等。用 Na_2O_2 作熔剂时，不宜与含有机物的试样混合，否则极易发生爆炸。Na_2O_2 常与 Na_2CO_3 混合使用，以减缓反应的剧烈程度。

$NaOH+Na_2O_2$（少量）或 $KOH+K_2O_2$（少量）或 $NaOH+KNO_3$（少量）属氧化性的碱性熔剂，常用来分解一些难溶性物质。

(3) 烧结法　烧结法又称半熔法。该法是在低于熔点的温度下，让试样与固体试剂发生反应。分解温度较低，不易损坏坩埚，可在瓷坩埚中进行，但加热时间较长。常用的烧结法混合熔剂为：Na_2CO_3+MgO，烧结温度 800 ℃左右，常用于分解矿石、土壤或煤中全硫量的测定；$CaCO_3+NH_4Cl$，烧结温度 750～800 ℃，常用于分解硅酸盐以测定 K^+、Na^+ 等。

熔融法分解试样时，坩埚材质要根据熔剂和试样组成而定。通常，用 Na_2CO_3 或 K_2CO_3 时选用铂坩埚；用 NaOH 或 KOH 时选用银、镍、铁坩埚；用 Na_2O_2 时选用铂或镍坩埚。总之，应保证试样分解完全，又不腐蚀坩埚，使分析结果具有较高的准确度。

2.8　重量分析基本操作

重量分析法属于化学分析法，它是以沉淀反应为基础，首先将被测定组分转变为沉淀形式，然后经过一定的步骤，最后准确称出相应物质的质量，从而计算被测组分的含量。沉淀类型主要分为两类，一类是晶形沉淀，另一类是非晶形沉淀。对晶形沉淀（如 $BaSO_4$）使用的重量分析法，一般过程如下。

(1) 溶解　试样溶解的方法主要分为两种：一是用水或者酸等溶剂溶解，二是高温熔融再进行溶解。最终均配制成溶液。

(2) 沉淀　加入沉淀剂，使之产生沉淀。晶形沉淀的条件是"稀、热、慢、搅、陈"五字原则。沉淀的溶液要适当稀，沉淀剂要逐滴加入，边加入沉淀剂边用玻璃棒搅拌，沉淀时应将溶液加热，沉淀完全后要放置陈化。

(3) 陈化　沉淀完全后，盖上表面皿，放置过夜或在水浴上保温 1 h 左右。陈化的目的是使小晶体长成大晶体，不完整的晶体转变成完整的晶体。

(4) 过滤和洗涤　重量分析法使用的定量滤纸称为无灰滤纸，每张滤纸的灰化质量约为 0.08 mg，称量时可以忽略。

过滤用的玻璃漏斗锥体角度应为 60°，下端内径一般为 3～5 mm，颈长为 15～20 cm。滤纸的大小应与漏斗的大小相适应，应使折叠后滤纸的上缘低于漏斗上沿 0.5～1 cm，绝不能超过漏斗边缘。折叠滤纸时，应将手洗净、揩干。折叠的方法是首先将滤纸对折，然后再对折，这时不要将两角对齐，而是稍微错开一点点，使打开后成为锥角稍大于 60°的圆锥角，这样滤纸的上部可与漏斗紧密，而滤纸下部与漏斗间保留小空隙，便于加速过滤。打开滤纸，一边为三层，一边为一层。在三层滤纸的外层撕下一角，备用。将折叠好的滤纸放入漏斗中轻轻按紧，且三层滤纸的一边应放在漏斗出口短的一边。用少量纯水将滤纸润湿，使滤纸上部与漏斗紧密结合。加入纯水至滤纸边缘，这时漏斗颈部应被水充满，形成水柱。若不形成完整的水柱，可以用手堵住漏斗下口，稍微掀起滤纸三层的一边，向滤纸和漏斗间的空隙处加水，直到漏斗颈部和锥体大部分被水充满，然后按紧滤纸，放开手指，此时水柱即可形成。放好漏斗，使其下端长的一边紧靠烧杯内壁。

过滤一般分为三个阶段。第一阶段采用倾注法，尽可能快地过滤清液。将溶液沿玻璃棒流入漏斗中，玻璃棒靠在烧杯口，玻璃棒下端应对着三层滤纸一边，并尽可能接近滤纸，但不能碰到滤纸，以免弄破滤纸。倾入的溶液一般不要超过滤纸的2/3，以免少量沉淀因毛细现象越过滤纸上缘，造成损失，且不便洗涤。倾注法如一次不能将清液倾注完毕，应待烧杯中沉淀下沉后再次倾注，此时烧杯宜放置在小木块上保持倾斜。第二阶段是洗涤烧杯中沉淀并将沉淀转移至滤纸上。倾注法将清液完全转移后，应对烧杯中沉淀做初步洗涤。洗涤时，用洗瓶每次约10 mL纯水吹洗烧杯四周内壁，使沉淀集中在烧杯底部，同样用倾注法过滤。如此洗涤3~4次。然后再加入少量纯水于烧杯中，搅动沉淀使之混匀，立即将沉淀和洗涤液一起通过玻璃棒转移至漏斗上。如此重复几次，使大部分沉淀转移至漏斗中。然后按图2-16所示的吹洗方法用纯水将沉淀全部转移至漏斗中。即用左手拿住烧杯，同时左手按住玻璃棒，用纯水冲洗烧杯内壁，玻璃棒下端仍靠在三层滤纸一边。如果仍有极少量沉淀牢牢黏附在烧杯内壁而吹洗不下来，则可用沉淀帚(它是一端带橡皮的玻璃棒)在烧杯内壁自上而下、从左至右擦拭，使沉淀集中在底部，再按图2-16所示的方法，将沉淀吹洗入漏斗中。也可用前面折叠滤纸时撕下的滤纸角来擦拭(此滤纸角最后应放在漏斗的沉淀中)。第三阶段是洗涤滤纸上的沉淀。沉淀全部转移到滤纸上后，必须对滤纸上的沉淀进行洗涤，目的是将沉淀表面所吸附的杂质和残留的母液除去，洗涤滤纸上沉淀的方法如图2-44所示。为了提高洗涤效率，应掌握洗涤方法的要领，洗涤时要螺旋自上而下洗涤，要少量多次，每次洗涤沥干后再进行下一次洗涤。如此反复多次。

图2-44 沉淀的洗涤

(5)烘干　滤纸和沉淀的烘干一般在煤气喷灯或酒精喷灯上进行。操作步骤是用玻璃棒将滤纸边挑起，向中间折叠，将沉淀盖住，形成滤纸包。如图2-45所示。然后将滤纸包转移至已经恒重的坩埚中，使它倾斜放置，使多层滤纸部分朝上。坩埚的外壁和盖先用蓝黑墨水或$K_4[Fe(CN)_6]$溶液编号。烘干时盖上坩埚盖，但不要盖严，如图2-46所示。然后用

图2-45 沉淀的包裹

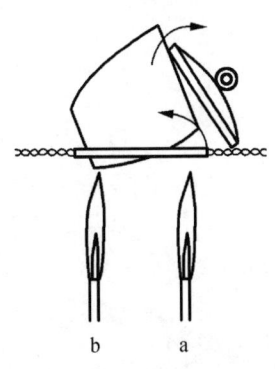

图2-46 沉淀的烘干及滤纸的炭化、灰化

煤气喷灯或酒精喷灯对滤纸和沉淀进行烘干,如图 2-46 中火焰 a 位置。

(6) 炭化和灰化　沉淀滤纸烘干后,将火焰移至坩埚底部(图 2-46 中火焰 b 位置),以小火使滤纸炭化,注意不要让滤纸着火,否则会使沉淀飞散。如果滤纸着火,将灯移开,盖上坩埚盖令其自动熄灭,切勿用嘴吹灭,以免将沉淀吹出。滤纸全部炭化后(滤纸变黑,停止冒烟),逐渐加大火焰,用坩埚钳转动坩埚直至滤纸全部灰化(滤纸由黑变成灰白)。

(7) 灼烧至恒重　滤纸灰化后,将坩埚移至高温炉中(马福炉,一般为 800 ℃,也可根据沉淀的具体性质调节适当温度),盖上坩埚盖,但留有空隙。在马福炉中灼烧 40～45 min(与空坩埚的灼烧操作相同),取出,冷至室温,在干燥器内干燥,一般需在干燥器内干燥 30 min 以上,原则是冷至室温。然后在分析天平上称重,再进行第二次灼烧,冷却、干燥、称量,第三次灼烧直至坩埚质量恒重为止。所谓恒重,是指相邻两次灼烧后的质量差值在 0.2～0.4 mg。一般第二次以后的灼烧 20 min 即可。

第三章 实验化学基本技能

3.1 误差和数据处理

3.1.1 误差的分类

在化学实验过程时，所用仪器、实验方法、条件控制和实验者观察能力等因素的局限，使得测量值偏离真实值，通常用误差表示。误差是客观存在的，任何一种测定结果都必然带有不确定度，所以有必要对测定结果的可靠性及准确程度做出合理的判断和正确的表达。此外，还应了解误差产生的原因及其特点，以便采取相应的措施以尽量减小误差。

根据误差的来源与性质，可将误差分为系统误差和随机误差两大类。

(1) 系统误差　系统误差是由某种固定原因引起的，对分析结果的影响比较固定，具有单向性与重复性，即在同一测定条件下重复测定中，误差的大小及正负可重复显示，它使测定结果系统地偏高或偏低。系统误差在理论上说是可以测量的，可以通过校正的方法加以消除，所以又称可测误差。它主要影响分析结果的准确度，对精密度影响不大。

根据系统误差的性质和产生的原因，可将其分为如下几类：

① 方法误差：由分析方法本身所造成的误差。例如，重量分析中沉淀的溶解损失、滴定分析中反应进行不完全、滴定终点与化学计量点不一致等，都将系统地导致测定结果偏高或偏低。

② 仪器误差：由于仪器本身不够精确所引起的误差。如天平的砝码质量、器皿的刻度不准等，都会给测定结果引进误差。

③ 试剂误差：由于使用的试剂不纯而引起的误差。如试剂纯度不高、蒸馏水中含有干扰物质等。

④ 操作误差：由于分析人员所掌握的操作与正确的分析操作稍有差别，或由于分析人员本身的一些主观因素所引起的误差。例如，在重结晶时未完全冷却；在判断滴定终点的颜色时，有人偏深，有人偏浅；在滴定管读数时，有人偏高，有人偏低等。这些都将引入操作误差。

系统误差可以通过一定的方法加以检验和校正，以提高分析结果的准确度。通常采用以下几种方法：

① 对照试验：在对照试验时，可用已知分析结果的标准试样与被分析试样，或用公认的标准分析方法与所用的分析方法进行对照，或采用标准加入回收法进行对照，即可判断分析结果误差的大小。

② 空白试验：是在不加试样的情况下，按照试样分析同样的操作步骤和同样的条件进行分析，所得结果称为空白值。然后，从试样分析结果中扣除空白值，即得到比较可靠的分析结果。

③ 仪器校正：在实验前，应根据所要求的允许误差对测量仪器，如砝码、滴定管、移

液管、容量瓶等进行校正，以减小误差。

④ 方法校正：例如，在重量分析中要达到沉淀绝对完全是不可能的，但可将仍溶解于滤液中的少量被测组分用其他方法，如比色法进行测定，再将该分析结果加到重量分析的结果中去，以提高分析结果的准确度。

(2) 随机误差　随机误差又称偶然误差，它是由于实验时一些随机的偶然因素造成的，对分析结果的影响不固定，所以又称不定误差。如实验者操作不熟练，对仪器的最小分度值以下的估计难于完全相同；在测定过程中外界条件的改变（如温度、湿度和气压等的变动）；仪器本身某些部件不能完全重复（如电流计中的游丝与指针在同一数值的同一物理量进行重复测定时，这些部分所达到的位置难于完全相同）。这些因素时有时无，时大时小，难以控制，所造成的误差在操作中无法完全避免，也难找到确定的原因，它不仅影响测定结果的准确度，而且明显地影响到分析结果的精密度。即使是一个很有经验的分析人员在同一条件下对同一对象进行多次重复测定时，尽管是很仔细的操作，减小了系统误差，但仍然不能获得完全一致的结果。这类误差不能用校正的方法减小或消除，只有通过增加平行测定次数，采用数理统计方法对测定结果做出正确的表达。

偶然误差的特点是其数值时大时小，时正时负。测量次数较少时，随机误差的产生似乎没有规律性，但如果进行多次测定便会发现数据的分布符合统计规律。在相同条件下对同一物理量重复多次测量，偶然误差的大小和符号完全由概率决定，大误差出现的概率小，小误差出现的概率大。误差分布具有对称性，符合正态分布的规律，即正、负误差出现的概率相等。因此，多次重复测量的算术平均值是被测量的最佳代表值。一般分析实验需平行 4～6 次实验，至少 2～3 次。

除系统误差和随机误差外，由于操作不细心，不按操作规程进行等原因引起的结果差异，如加错试剂、读错刻度、记录和计算错误等，我们通常称其为"错误"或"过失"。在分析工作中，当明确哪些原因是由于过失所引起的，应将其结果舍弃。在实际工作中，只要我们严格遵守操作规程，对工作认真仔细，过失是完全可以避免的。

3.1.2　误差的表示

在同一条件下对同一对象进行平行测定时，设测定次数为 n，测定值分别为 x_1、x_2、……、x_n，则其平均值 $\bar{x}$ 为

$$\bar{x} = \frac{x_1 + x_2 + \cdots + x_n}{n} = \frac{\sum x_i}{n} \tag{3-1}$$

当测量次数无限增多时，所得平均值即为总体平均值 μ：

$$\mu = \lim_{n \to \infty} \frac{\sum x_i}{n} \tag{3-2}$$

若没有系统误差，则总体平均值 μ 就是真实值 x_T，实际常用理论值或标准值代替真实值。

误差可用绝对误差和相对误差来表示。在实验数据的测定中，误差总是客观存在的，所以测量值（x_i）与真实值（x_T）之间总有一定的差值，这个差值称为绝对误差（E）。

$$E = x_i - x_T \tag{3-3}$$

如果进行 n 次平行测定，也可用 n 次测定结果的算术平均值（$\bar{x}$）与真实值的差值表示绝

对误差：

$$E = \bar{x} - x_T \tag{3-4}$$

相对误差(E_r)表示绝对误差在真实值中所占的分数。即

$$E_r = \frac{E}{x_T} \times 100\% \tag{3-5}$$

绝对误差的单位与被测量的物理量的单位是相同的，而相对误差则是无单位的，因此不同物理量的相对误差可以互相比较。由于绝对误差的大小与被测量的大小无关，而相对误差则与被测量的大小及绝对误差的值都有关，故评定测量结果的准确程度采用相对误差更为合理。

误差有正负之分，它反映了准确度的高低。误差越小，表示测量值与真实值越接近，准确度越高；反之，误差越大，准确度越低。当测量值大于真实值时，误差为正值，表示测定结果偏高；反之误差为负值，表示测定结果偏低。也就是说，误差是衡量准确度的，它与系统误差和随机误差都有关。

在相同的条件下平行测定几次，如果几次测量值比较接近，表示精密度高。即精密度表示各次测量值相互接近的程度，它主要与随机误差有关。

在分析实验结果时，常常用精密度的高低来衡量结果的优劣。但要注意，精密度高不一定准确度高，因为这时有可能存在较大的系统误差；若精密度低表示测定结果不可靠，当然其准确度也就不高。所以精密度是保证准确度的先决条件，准确度高一定需要精密度高，但精密度高不一定准确度高。在消除了系统误差后，高的精密度就有高的准确度。

精密度用偏差的大小来衡量，偏差可分为绝对偏差和相对偏差、平均偏差和相对平均偏差、标准偏差和相对标准偏差等。

绝对偏差(d)表示测定值(x_i)与平均值($\bar{x}$)之差，即

$$d = x_i - \bar{x} \tag{3-6}$$

相对偏差(d_r)表示绝对偏差(d)在平均值($\bar{x}$)中所占的分数，即

$$d_r = \frac{d}{\bar{x}} \times 100\% \tag{3-7}$$

对于单次测量而言，所得的一系列绝对偏差和相对偏差均有正、负之分，分别表示各次测定值与平均值间的正、负偏离。若将单次测量的绝对偏差求和，会发生正负偏差抵消，故不能用偏差之和来表示一组分析结果的精密度。

平均偏差($\bar{d}$)为各单次测量绝对偏差的绝对值的平均值，即

$$\bar{d} = \frac{|d_1| + |d_2| + \cdots + |d_n|}{n} = \frac{\sum |d_i|}{n} \tag{3-8}$$

相对平均偏差($\bar{d}_r$)表示平均偏差($\bar{d}$)在平均值($\bar{x}$)中所占的分数，即

$$\bar{d}_r = \frac{\bar{d}}{\bar{x}} \times 100\% \tag{3-9}$$

平均偏差和相对平均偏差没有正负之分，其数值越大，表明这组数据相互偏离越严重，精密度越低。

当测量次数(n)为无穷大时，用总体标准偏差σ来表示各次测量对总体平均值μ的偏离，即

$$\sigma = \sqrt{\frac{\sum (x_i - \mu)^2}{n}} \qquad (3-10)$$

在实际测量中,测定次数 n 是有限的,总体平均值 μ 一般又不知道,这时用样本标准偏差来衡量该组数据的分散程度。样本标准偏差(S)的数学表达式为

$$S = \sqrt{\frac{\sum (x_i - \bar{x})^2}{n-1}} \qquad (3-11)$$

相对标准偏差(S_r)又称变异系数,表示为

$$S_r = \frac{S}{\bar{x}} \times 100\% \qquad (3-12)$$

计算标准偏差时,对单次测量的偏差加以平方,这不仅可避免单次测量偏差相加时正负抵消,更重要的是能突出大的偏差对结果的影响,故能更好地说明数据的分散程度。

当测定次数仅为两次时,也可用相差(D)和相对相差(D_r)来表示精密度:

$$D = |x_1 - x_2| \qquad (3-13)$$

$$D_r = \frac{|x_1 - x_2|}{\bar{x}} \times 100\% \qquad (3-14)$$

3.1.3 数据的处理

在实验结束后,通过计算其误差和偏差(或相差)来说明此次实验的准确度和精密度,对分析结果做出评价。

例如,在测定食醋中总酸量的实验中,取稀释 10 倍后的食醋溶液 25.00 mL,用 0.101 2 mol·L^{-1} NaOH 溶液滴定,平行两次实验,消耗 NaOH 溶液的体积分别为 21.45 mL 和 21.49 mL,若食醋中总酸量的标准值为 52.05 g·L^{-1},则实验数据的记录与处理如表 3-1 所示。

表 3-1 食醋中总酸量的测定的实验数据及处理

测量次数	I	II
V/mL	21.45	21.49
$\bar{V}$/mL	21.47	
$\rho(\text{HAc})/(\text{g}\cdot\text{L}^{-1})$	52.19	
相对相差 D_r	0.2%	
相对误差 E_r	0.27%	

在单次测量次数多于 3 次时,可以通过计算测量结果的相对平均偏差、相对标准偏差和相对误差等对实验结果进行分析、评价。

3.2 有效数字

3.2.1 有效数字的采集

有效数字是实验数据采集及处理中必须注意的问题。所谓有效数字就是实际能测到的数字,它包括所有确定的数字和最后一位不确定数字(也称可疑数字)。例如,用一支 50 mL

滴定管进行滴定操作，滴定管最小刻度0.1 mL，所得滴定体积为25.66 mL。这个数据中，前三位数都是准确可靠的，只有最后一位数因为没有刻度，是估计出来的，属于可疑数字，因而这个数据为四位有效数字。它不仅表示了具体的滴定体积，而且还表示了计量精度为±0.01 mL，表示滴定体积在25.65～25.67 mL。若滴定体积正好是25.70 mL，这时应注意，最后一位"0"应写上不能省略，否则28.7 mL表示计量的精度只有±0.1 mL，显然这样记录数据无形中就降低了测量精度。

当采集实验数据时，也不能任意增加位数。例如，滴定管在滴定前调整溶液的液面处于0.10 mL，在记录时，若写成0.100 mL也是错误的。因为计量所用的仪器没有达到这样高的精度。因此，记录实验数据时，应注意有效数字的位数要与计量的精度相对应。

除此之外，还应注意"0"的作用，有时它不是有效数字。例如，称取某物质的质量为0.087 9 g，这个数据中8前面的两个"0"只起定位作用，与所取的单位有关，若以mg为单位，则为87.9 mg。

3.2.2 有效数字的运算及修约规则

在数据处理过程中应遵循以下规则：

（1）数据处理需按照有效数字的运算规则进行。若测定结果是由几个测量值相加或相减所得，保留有效数字的位数取决于小数点后位数最少的一个；若测定结果是由几个测量值相乘除所得，则保留有效数字的位数取决于有效数字位数最少的一个。例如：

$$\frac{2.432\times(36.21-5.6)}{47.15}=\frac{2.432\times30.6}{47.15}=1.58$$

（2）将多余的数字舍去，所采用的规则一般是"四舍六入五留双"。即当尾数≤4时，弃去，当尾数≥6时，进位，当尾数=5时，若5后面无非零数字，则如进位后得偶数，则进位，如弃去后得偶数，则弃去，若5后面有非零数字，则需进位。例如2.165 5、2.164 5、2.164 501修约成四位时应为2.166、2.164、2.165。

（3）像pH、pM、lg K等对数值，它们的有效数字位数仅取决于小数部分的位数，整数部分只说明该数的方次。例如pH=8.06，只有两位有效数字。对于倍数、常数和自然数，因其不是测量所得，在计算中可视为无穷多位有效数字。凡涉及化学平衡的有关计算，一般保留两位有效数字。对于误差或偏差的表示，一般只取1～2位有效数字。表示含量或浓度一般取四位有效数字。

3.3 实验数据记录及处理

3.3.1 实验数据记录

数据的记录主要有两种方式，一是人工记录，通过计量或测定记录相应的实验数据；另一种是自动记录，一般用于计算机与相应的分析仪器联机上，根据程序设计进行实时采集。人工记录应注意养成及时、准确而清楚地记录所有原始数据及计量、测定的有关条件的良好习惯，要有严谨的科学态度，要实事求是，切忌夹杂主观因素，绝不能随意拼凑和伪造数据。记录数据应有专门的实验记录本，标上页码，不得撕去任何一页，也绝不允许将数据记录在单页纸、小纸片或其他任何地方。

实验过程中涉及的各种特殊仪器的型号和标准溶液浓度等数据,也应及时准确地记录下来。对有些实验,还应记录温度、大气压力、湿度、天气、仪器及其校正情况和所用试剂等。记录实验的测量数据时,还应注意其有效数字的位数,不能任意地多加或少写一位。记录的数据较多时,应列一个合适的表格,将数据记录在表格中,这样更为直观、清楚。例如,要称取3份质量均为0.2~0.3 g的基准物质,可按表3-2记录数据:

表3-2 称量数据记录

称量次数	m/g	$\Delta m/g$
1	26.967 8	—
2	26.686 6	26.967 8−26.686 6=0.281 2
3	26.395 8	26.686 6−26.395 8=0.290 8
4	26.175 8	26.395 8−26.175 8=0.220 0

在数据记录过程中,不能使用铅笔和橡皮擦或涂改液。万一看错刻度或记错读数,允许改正数据,但不能涂改数据。例如,用酸度计测量某溶液酸度时,记录数据是pH=5.66,后来发现数据记错,正确结果应为pH=5.56,这时不能把原来记录的数据中的6涂改为5,可以在原数据上划一杠,旁边写上正确的数据,即按以下方式改正:

$$pH = \frac{5.56}{5.66}$$

3.3.2 实验数据处理

实验所得到的数据往往较多,在这些数据中有些是有用的,有些是无用的,有些则是可疑的。首先要将实验数据进行分析整理,将有明显过失理由的测定值舍去不用。对于可疑的数据,例如在物质组成测定的一组测定数据中,若其中一个测定数据与其他测定数据相差较大又没有明显的过失理由,则应采取可疑数据的取舍方法决定能否舍去。其次,再根据计量或测定的目的要求进行数据处理,最后报告结果或对测定结果进行分析、评价。

实验数据处理有不同的方法,一般有列表法、作图法以及方程式法。通常列表法与作图法配合使用,有时三种方法配合使用。

3.3.2.1 列表法

此方法是将实验数据或实验计算得来的结果列成表格,最常见的是列出自变量 x 和因变量 y 的相应数值,每一表格都应有简明完备的名称。在表的每一行上都应详细地写明名称、数量单位和因次,数字排列要整齐,位数或小数点对齐,要注意有效数字的位数,在排列时,数字最好依次递增或递减。

列表法对于分析和阐明某些实验结果的规律性,比未经整理的杂乱数据要清晰得多,可以一眼看出实验测量了哪些量,结果如何,看起来清楚明了。

3.3.2.2 图解法

图解法是用图形来表示体系性质变化的规律,此法更加形象直观,可以很容易找出数据的变化规律,并能利用图形确定各函数的中间值、最大与最小值或转折点,可以求得斜率、截距、切线,还可以根据图形特点,找到变量间的函数关系,求得拟合方程的待定系数。

(1)图解法的应用

① 内插法：通过图形由某一实验数据求出相应的测定结果的方法称为内插法。

例如，我们已知两个物理量之间的函数关系为 $y=f(x)$，只需多找出几对 (x_1,y_1)，(x_2,y_2)……值，就可以在坐标纸上绘出一条光滑曲线来。在此曲线范围内我们马上可以找出与任何 x 相对应的 y 值来，不需要再做新的计算。这可使我们避免很多麻烦。例如，测土壤总含盐量，可先作出不同浓度土壤的电导率图，则对其他土壤只要测定其电导率值就可由图形直接求出其含盐量了。

② 外推法：图解法可以决定线性方程的常数。例如根据实验数据绘出一直线，设其方程为

$$y=mx+b$$

在直线上任选两点 (x_1,y_1) 和 (x_2,y_2)，则可联立方程求出 m 和 b。如果实验中有 $x=0$ 点，则 y 轴截距为 b，代入原式就可求出 m。当图形与 y 轴相交时，可用外推法将曲线延长，但应注意外推法只能在有理由认为线性关系在实验范围以外仍存在时才能使用，而不能任意地外推到我们还不十分清楚的范围中。

(2) 作图的基本原则

① 坐标的选择：习惯上把自变量作为横坐标，因变量作为纵坐标。

(a) 坐标的分度应符合易读的原则，标明分度所代表的数量。

(b) 纵横坐标不一定从零开始，但选择坐标分度时应尽量使曲线布满全图，不要过宽或过窄。

(c) 纵横坐标每格所代表的数值不一定要相等，但分度要选择合适，否则易使曲线中的某些特殊部分(极大、极小、拐点等)表示不出来。

(d) 遇有指数函数，将其变成线性函数作图较方便。

② 坐标系的表示方法：

(a) 在坐标轴外面应写上坐标分度所代表的数字(不必每条线都标明数字)且应符合实验的准确度。

(b) 注明坐标分度所代表的物理量名称、单位。

(c) 图形外面应写明简要的标题、编号及主要测量条件。

③ 曲线绘制原则：

(a) 在实验误差许可的范围内，尽可能使曲线平滑。

(b) 尽可能接近或穿过实验点。

(c) 曲线无法通过所有实验点时，可在点群中间穿过，但曲线两边的实验点数应差不多，并使所有的点都尽可能靠近曲线。

(d) 一般情况下曲线上不能有断点。

3.3.2.3 方程式法

将实验数据进行整理作图获得的曲线，通过 Excel 或 Origin 软件可得到拟合方程，通过方程式进行函数计算即方程式法。方程式法能将化学实验结果以数学模型的形式表示出来，在这基础上运用计算机实现数据处理智能化。另外，指数函数式可转变成线性方程式。

如在物理化学中常常碰到下面形式的指数函数：

$$y=ae^{\pm bx}$$

这时可以用对数的方法将指数函数式转变为线性函数式：

$$\lg y = \lg a \pm 0.434\,3bx$$

同理，$y=ax^b$ 这类函数也可以变成线性函数：

$$\lg y = \lg a + b\lg x$$

在基础学习阶段，应学会用列表法与作图法来处理实验数据，对某些实验学会用三种方法结合起来表达实验数据。

3.4 实验数据计算机处理法

化学是一门实验性较强的学科，实验测试仪器也多采用计算机控制，实验数据积累居于各门学科的前列。如何对繁多的实验数据或化学信息进行分析处理，并从中得到经验或半经验规律及获得有关体系的知识呢？这里主要介绍以下几种化学上常用的软件及处理方法。

3.4.1 Microsoft Excel

Microsoft Excel 是最常用的简便的作图处理软件，除了应用于作图外，还常用来执行计算、分析信息并管理电子表格或 Web 页中的列表。现以具体实例说明 Microsoft Excel 在作图及数据计算方面的使用方法。

3.4.1.1 作图

例如在最大气泡法测定溶液表面张力的实验中，在某温度下分别测定乙醇质量分数为 5%、10%、15%、20%、25%、30%、35%、40%、50%的溶液表面张力依次为 0.059 6、0.055 3、0.048 8、0.044 3、0.039 0、0.035 8、0.032 7、0.031 6、0.030 7 N·m^{-1}。作图操作步骤如下：

(1)Excel 的打开　在桌面上双击左键或在程序中单击左键 Microsoft Excel 图标，打开 Microsoft Excel，如图 3-1 所示。

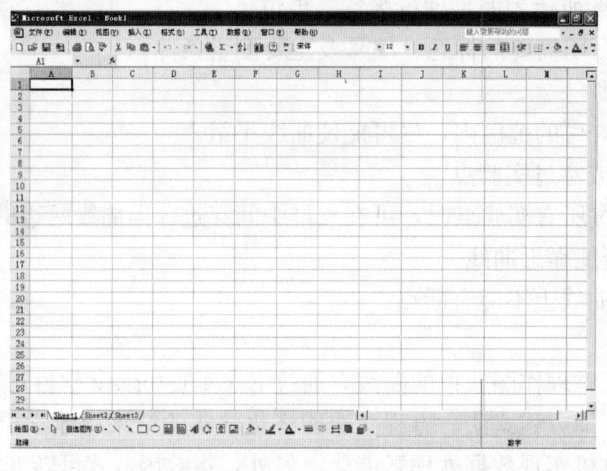

图 3-1　Excel 界面

(2)数据的输入　在工作表中任意两列(如 A、B)中输入数据，见图 3-2。

(3)作图并模拟曲线　选中 A、B 两列(可以按住列首行拖动选择，对分开的列可以按住

Ctrl 键，点击其他列），在菜单"插入"中点击"图表"（图3-3）或直接点击"📊"图标，弹出如图3-4所示窗口。

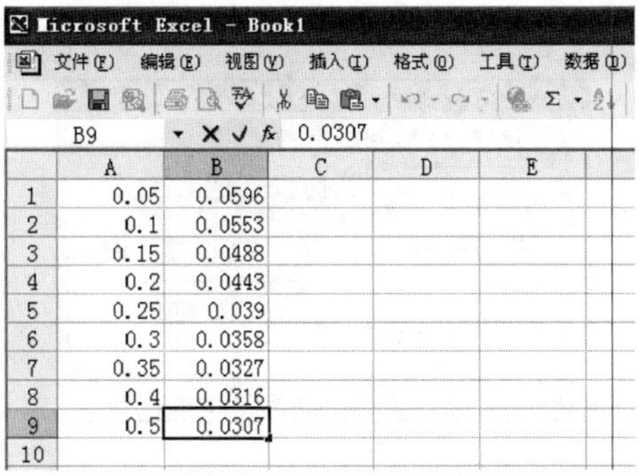

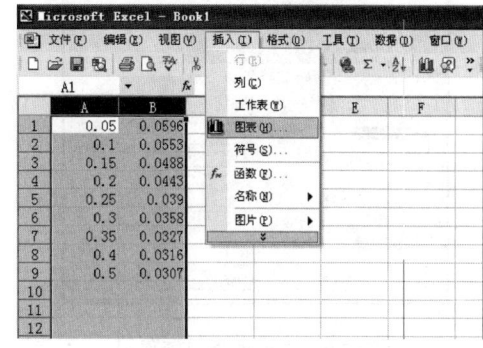

图3-2　数据输入　　　　　　　　图3-3　插入图表操作

图3-4"图表类型"窗口中：在"标准类型"中选择"XY散点图"，可看到五个类型：散点图、平滑线散点图、无数据点平滑线散点图、折线散点图、无数据点折线散点图，选择"散点图"，点击"下一步"，弹出如图3-5所示窗口。

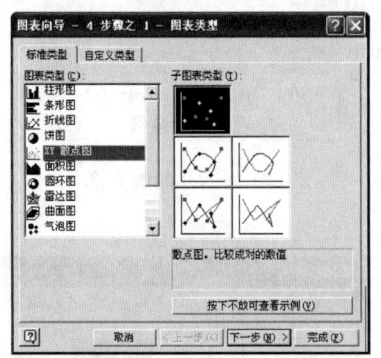
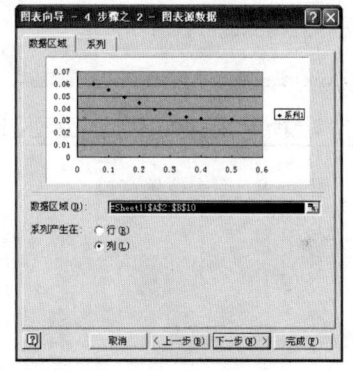

图3-4　图表类型窗口　　　　　　图3-5　图表源数据窗口

在图3-5"图表源数据"窗口中可以更改 x、y 轴。作图时系统默认A列为 x，B列为 y，若要变换横纵坐标，则点击"系列"，如图3-6所示，在"X值(X)"处将A都改成B，在"Y值(Y)"处将B都改成A，则B列为 x，A列为 y。点击"下一步"，弹出如图3-7所示窗口。

图3-7"图表选项"窗口中：在"标题"中输入图表标题、X轴和Y轴的名称，另外还有"坐标轴"、"网格线"、"图例"、"数据标志"四个选项，可根据需要进行选择或设置，点击"下一步"，弹出如图3-8所示窗口。

图3-8"图表位置"窗口中：选择"作为新工作表插入"或"作为其中的对象插入"之后，点击"完成"，得到如图3-9所示的曲线。

拟合曲线：将鼠标移至数据点，单击右键，弹出如图3-10所示的对话框，选择"添加趋势线"，可看到如图3-11所示的窗口，在"类型"中可看到"线性"、"对数"、"多项式"、"乘幂"、"指数"、"移动平均"六个选项，选择"多项式"，并选择所需要的"阶数"；在"选项"中选中"显示公式"和"显示R平方值"（图3-12），点击"确定"，结果如图3-13所示，图上显示拟合的曲线方程和相关系数的平方（R^2）。

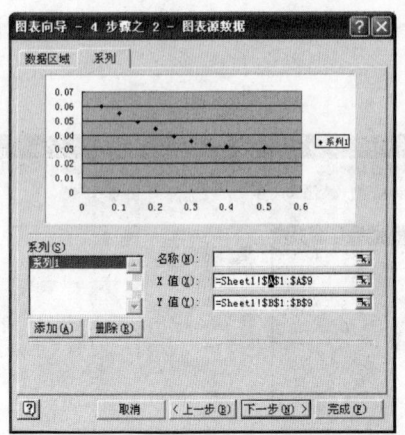

图3-6 变换横纵坐标窗口

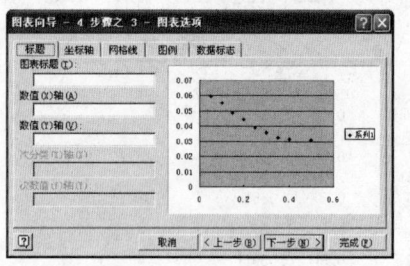

图3-7 图表选项窗口

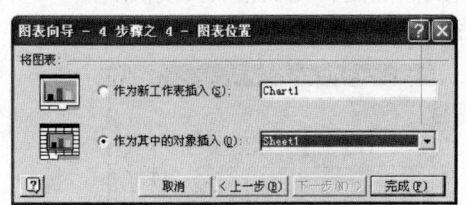

图3-8 图表位置窗口

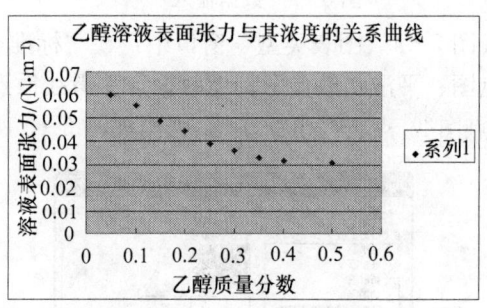

图3-9 曲线点图

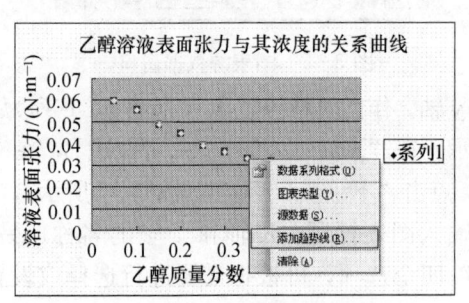

图3-10 添加趋势线操作

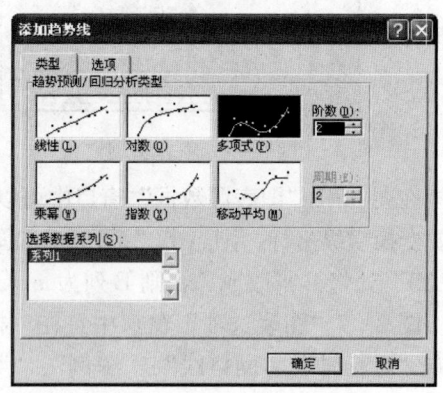

图3-11 添加趋势线类型窗口

(4)设置图表的细节 ①设置坐标轴格式：用鼠标点击坐标轴X(或Y)，则X(或Y)轴被选中(图3-14)，此时双击左键或单击右键选择"坐标轴格式"，弹出如图3-15所示的窗口，可逐个设置"图案"、"刻度"、"字体"、"数字"、"对齐"。②设置数据点及曲线格式：用鼠标点击数据点后，双击左键或单击右键选择"数据系列格式"，弹出如图3-16所示的窗口，可设置数据点的样式、颜色和大小等；用鼠标点击曲线后，双击左键或单击右键选择"趋势线格式"，弹出如图3-17所示的窗口，可设置曲线的样式、颜色和粗细。③网格线和绘

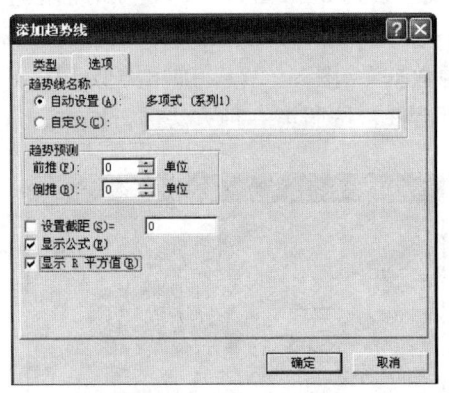

图 3-12 添加趋势线选项窗口

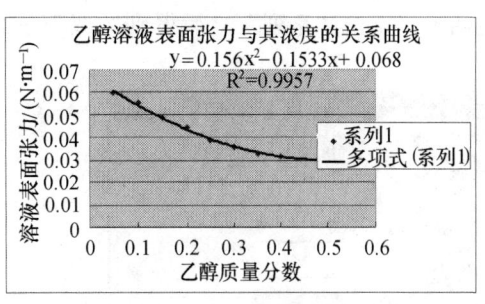

图 3-13 曲线粗略图

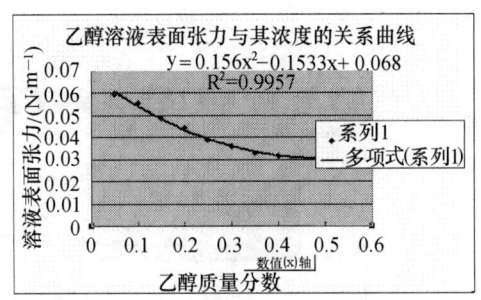

图 3-14 设置坐标轴格式操作

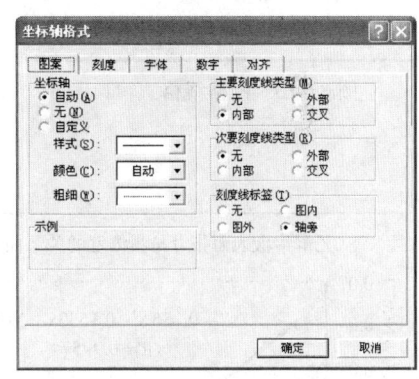

图 3-15 坐标轴格式窗口

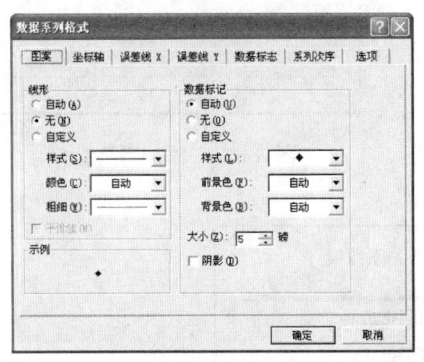

图 3-16 数据系列格式窗口

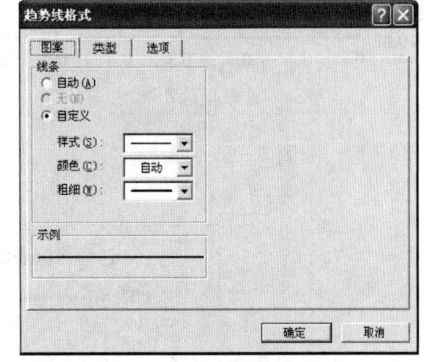

图 3-17 趋势线格式窗口

图区格式：用鼠标点击网格线，双击左键或单击右键选择"网格线格式"（若不需要网格线，则此时选择"清除"），弹出如图 3-18 所示的窗口，可以设置网格线的图案和刻度。将鼠标移至绘图区，双击左键或单击右键选择"绘图区格式"，可看到如图 3-19 所示的窗口，可设置边框的样式、颜色和粗细以及区域的颜色。因只有一条曲线，可将图表中的"系列 1"删除，调整图形比例（选中图形边框，用鼠标拖动）后，得到如图 3-20 所示的曲线图。

若要将几条曲线作在同一坐标轴上，有两种方法，一种是在作图步骤之"图表源数据"

图3-6中,点击"添加",则在"系列(S)"下面出现"系列2"(图3-21),在对话框左边分别输入系列2的名称以及x轴和y轴,点击"下一步"。另一种是在绘成的图(图3-20)中图表区内任一处单击右键,弹出对话框,选择"源数据"(图3-22),弹出类似于图3-7的对话框。点击"系列"之后得到类似于图3-8的对话框,按照第一种方法进行操作。

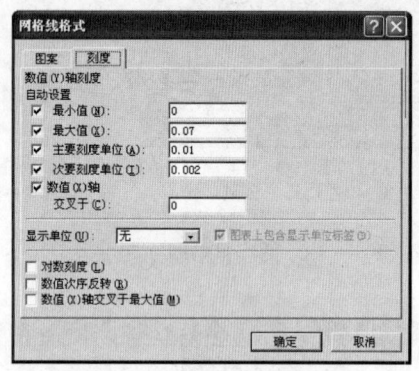

图3-18 网格线格式窗口

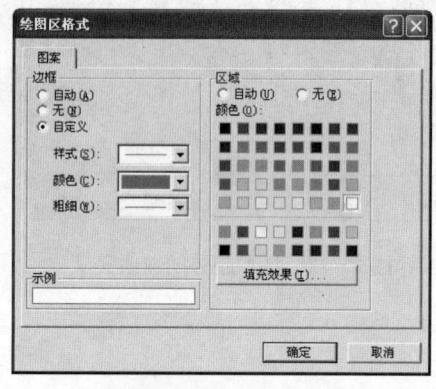

图3-19 绘图区格式窗口

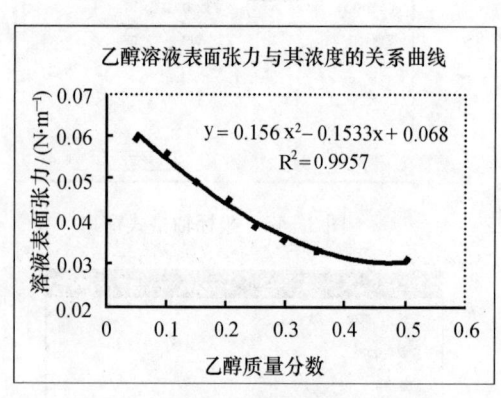

图3-20 曲线图

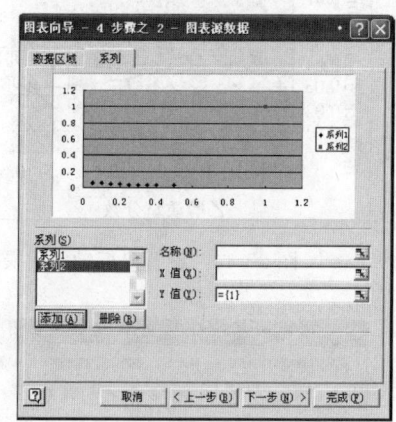

图3-21 添加系列窗口

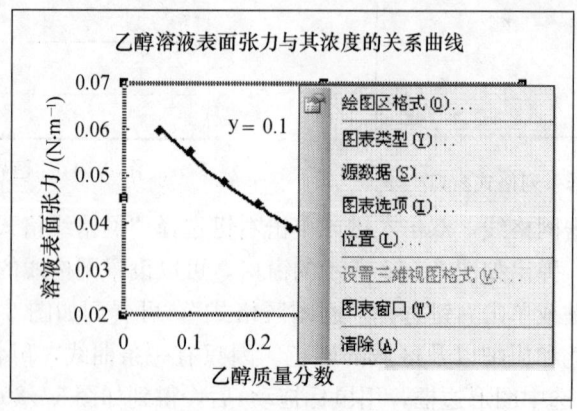

图3-22 添加系列操作

3.4.1.2 数据计算

应用 Excel 可进行数据计算，方法简便且不易出错。例如，若要根据 B 列计算 C 列的值，将鼠标移至 C 列首行，单击左键，选中 C 列后，直接点击上面 "f_x" 图标，或在菜单中点击"插入"，弹出如图 3-23 所示的窗口，选中"函数"后，弹出如图 3-24 所示的窗口。

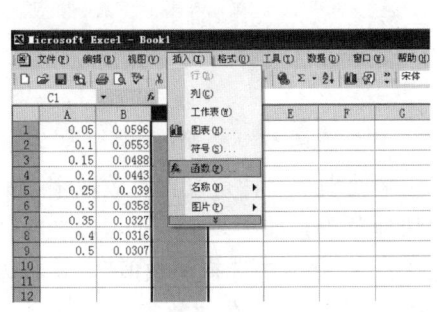
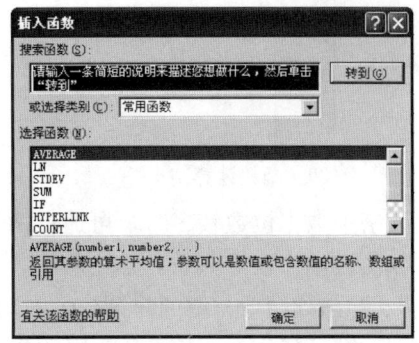

图 3-23　插入函数之操作一　　　　　图 3-24　插入函数的窗口

假设求 B 列的对数值，在窗口的"选择类别"中选择"数学与三角函数"，如图 3-25 所示，然后在"选择函数"中选择"LOG"，见图 3-26，点击"确定"，弹出如图 3-27 所示的窗口，在"Number"中输入取对数的列，如"B1"，在"Base"中输入底数"10"，不输入则默认底数为"10"，窗口中会显示计算结果，点击"确定"（图 3-28），结果如图 3-29 所示。系统只计算"C1"一个数值，若要得到 C 列其他单元格数据，选中已计算的数据，稍移动鼠标至出现"＋"图标后往下拉，或复制已计算的数据，再粘贴到要计算数据的单元格中，结果如图 3-30 所示。

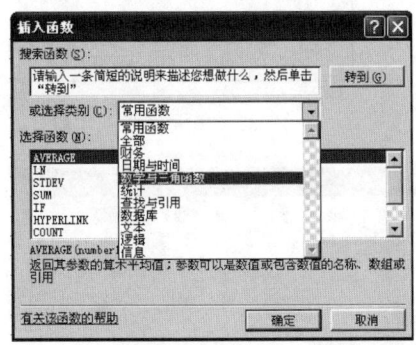
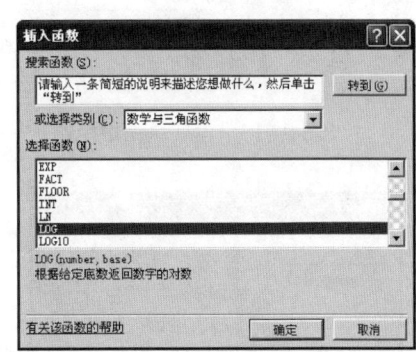

图 3-25　插入函数之操作二　　　　　图 3-26　插入函数之操作三

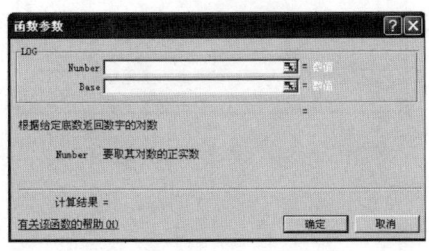
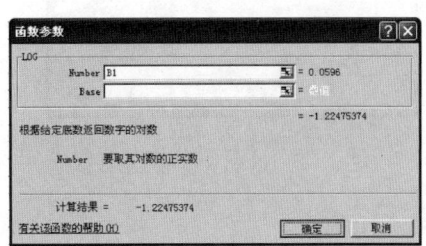

图 3-27　函数参数窗口　　　　　　　图 3-28　函数参数的设置

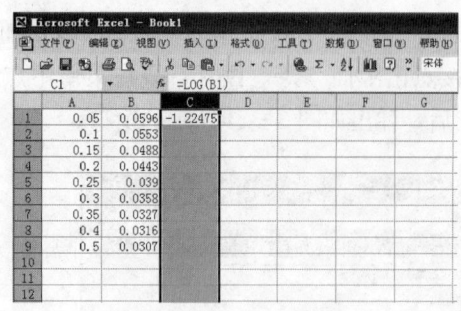
图3-29 函数计算结果一

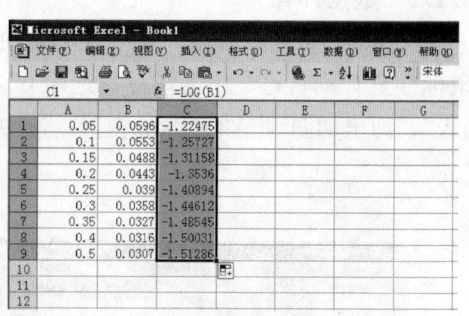
图3-30 函数计算结果二

当单元格中数据位数较多时，可通过两种方法来处理，一种是设置有效数字，另一种是用科学计数法表示。在C列首行点击右键，弹出快捷菜单，如图3-31所示，选择"设置单元格格式"，弹出如图3-32的对话框，在对话框的"数字"中选择"数值"，其右边会出现"小数位数"，默认值为2，表示小数位数为2，见图3-33；若在"数字"中选择"科学记数"，在右边会出现"小数位数"，默认小数位数为2，如图3-34所示，小数位数值都可以根据需要改变。设置好以后，再根据上面介绍的作图方法进行作图。

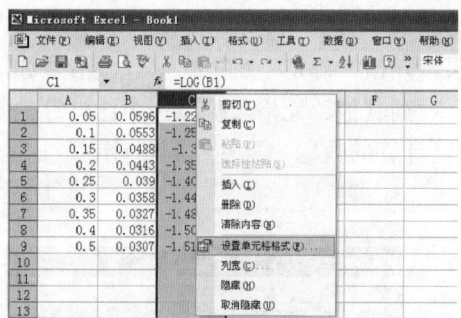
图3-31 设置单元格操作

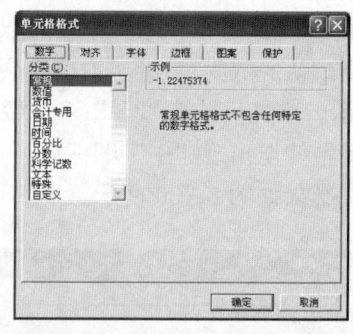
图3-32 单元格格式窗口

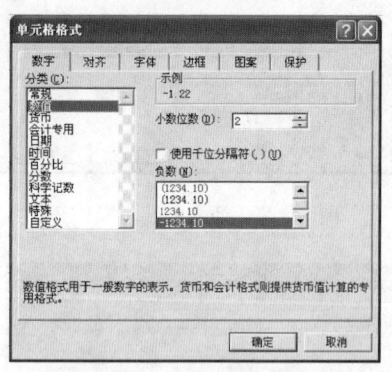
图3-33 设置有效数字窗口

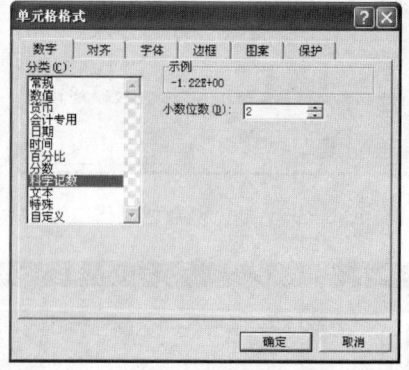
图3-34 设置科学计数窗口

3.4.2 Origin

Origin是一个功能强大又相当易学、易用的数据分析处理及科学绘图软件，可用它来进行数据分析和绘图。数据分析包括数据的排序、调整、计算、统计、频谱变换、曲线拟合等各种完善的数学分析功能。Origin 绘图可以根据提供的几十种二维和三维绘图模板或自己订制模板进行绘图,也可以自定义数学函数、图形样式和绘图模板,或和各种数据库软件、办公软件、图像处理软件等方便地连接绘图。

同样以上面的数据为例说明 Origin 7.0 在作图和数据计算方面的使用。

3.4.2.1 作图

(1) Origin 的打开　桌面上若有图标,将鼠标移至图标上,再双击左键打开,或从开始\程序\Origin7.0\Origin7.0 单击左键打开,打开后见图 3-35。

(2) 数据的输入　在工作表单元格中直接输入数据,见图 3-36。若要增加新的数据列,在工作表空白处右击,弹出快捷菜单,选择"Add New Column",见图 3-37,或点击菜单"Column"中的"Add New Column",再输入要加列数,点击"OK"。增加 1 列后结果如图 3-38 所示。

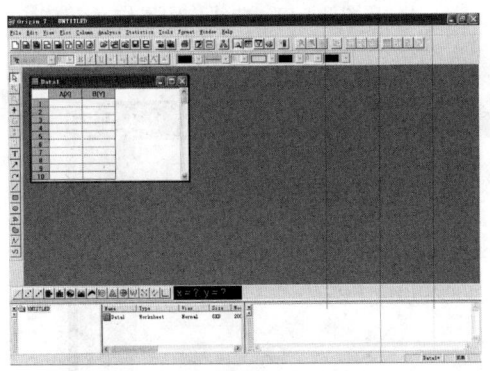

图 3-35　Origin 界面

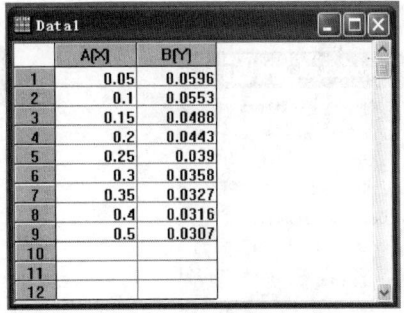

图 3-36　数据输入界面

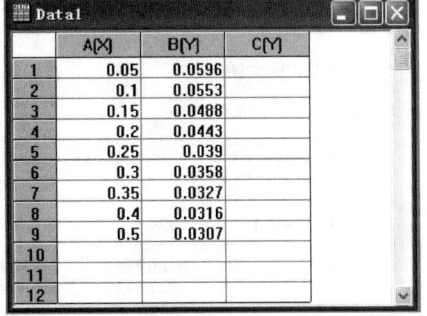

图 3-37　添加列操作　　　　　　　　图 3-38　添加列结果

(3) 设置 x、y 轴作图及拟合曲线　软件默认将 A 列设为 x,B 列设为 y,如果将 A 列设为 y,B 列设为 x,将鼠标移至 A 列首 A(X)或 B 列首 B(Y)处,单击右键,弹出快捷菜单,如图 3-39 所示,选中"Set As"后,选择"Y"或"X"。然后选中 A、B 两列(可以按住列首拖动选择,对分开的列可以按住 Ctrl 键,点击其他列),点击"Tools",弹出如图 3-40 所示的窗口。选择"Polynomial Fit"(根据需要还可选择"Linear Fit"或"Sigmoidal Fit"),弹出的窗口见图 3-41,系统默认曲线方程的最高次为 2 次,若是其他次数,则在

"Order"处选择,点击"Fit",便得如图 3-42 所示的曲线,拟合的曲线为红色。拟合的曲线方程、相关系数等一般在右下角新窗口中可看到,如图 3-43 所示,可知曲线方程为 $y=0.06799-0.15333x+0.156x^2$,与用 Excel 作图得到的曲线方程完全一致。

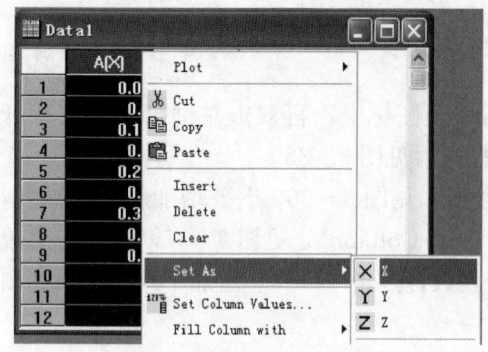

图 3-39 设置横纵轴操作

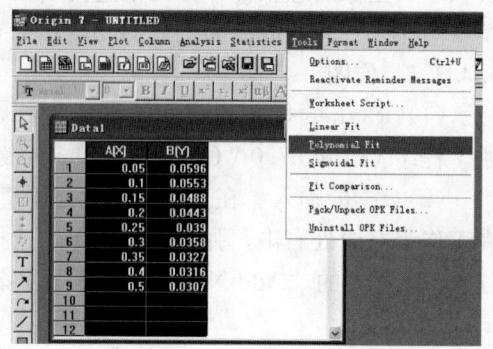

图 3-40 曲线作图操作

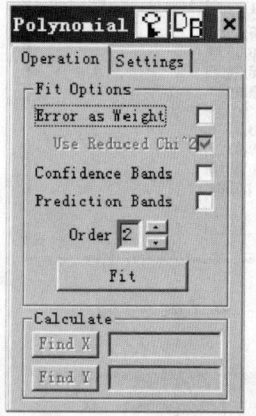

图 3-41 曲线设置窗口

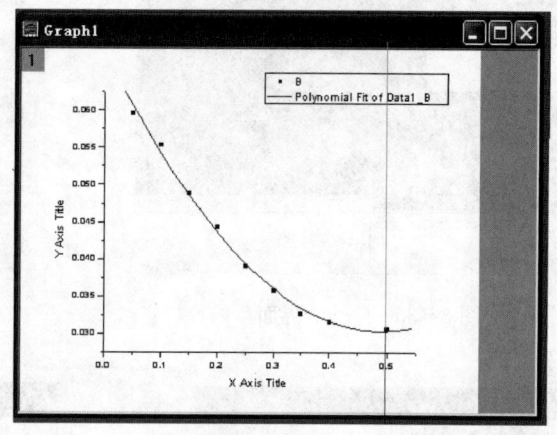

图 3-42 曲线粗略图

图 3-43 曲线方程窗口

(4)设置图表的细节 ①设置坐标轴格式:用鼠标点击坐标轴 X(或 Y),可以看到轴被选中了,见图 3-44,此时双击,弹出 X(或 Y)轴的对话窗口,见图 3-45,可以逐个试着更改。②设置数据点及曲线格式：用鼠标双击数据点或曲线，弹出如图3-46所示的对话窗口，选中左边小窗口中的"Data"可以设置数据点的样式、大小、颜色及连线样式；选中左边小窗口中的"PolyFit"可以设置曲线的连接形式、样式、粗细及颜色，见图3-47。③设

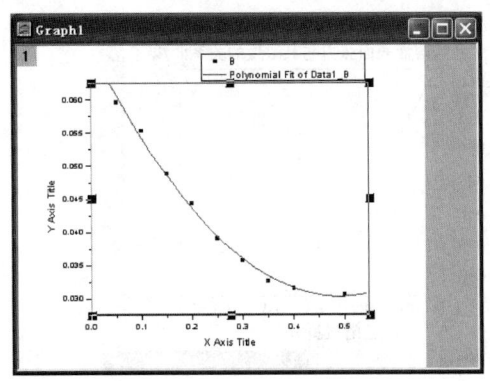

图3-44 设置坐标轴格式操作

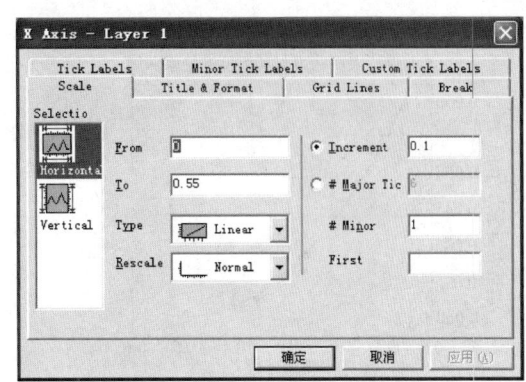

图3-45 坐标轴格式窗口

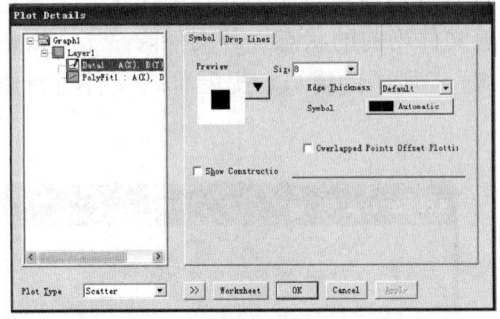

图3-46 数据点格式窗口

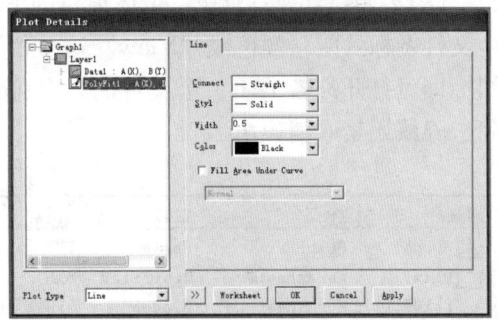

图3-47 曲线格式窗口

置图表标题和横纵轴名称：在图表上面的标题处或横、纵轴名称处点击右键，弹出快捷菜单，见图3-48，选择"Properties"，则弹出如图3-49所示的窗口，可输入标题或名称，选择字体、字形、字号和颜色等。经设置后的图形见图3-50。

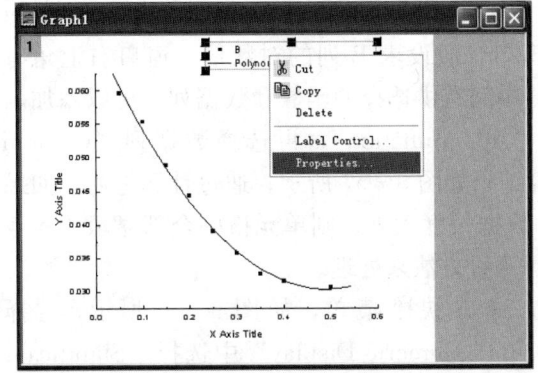

图3-48 设置图表标题操作

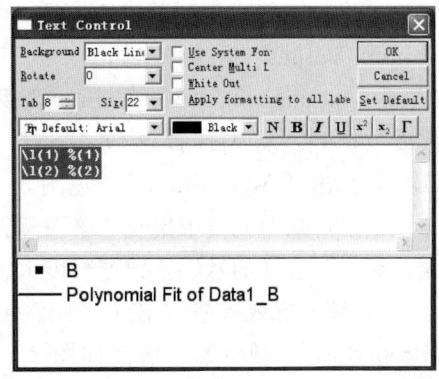

图3-49 图表标题窗口

(5) **读取数据点** 右边一列工具栏，选择"⊞"，然后将光标移到曲线上，对准数据点左击，可看到右下角出现了黑底绿字的小屏幕，显示的为索取数据点的坐标，见图3-51。这个工具只能读取数据点，若要读取其他位置的坐标，选择"✛"这个工具。

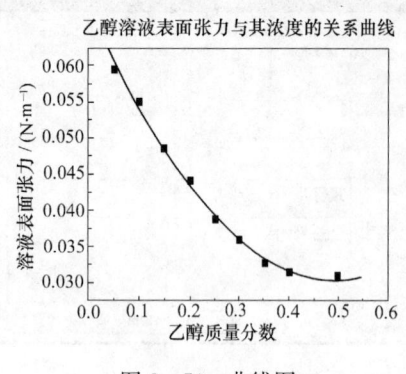

图 3-50 曲线图

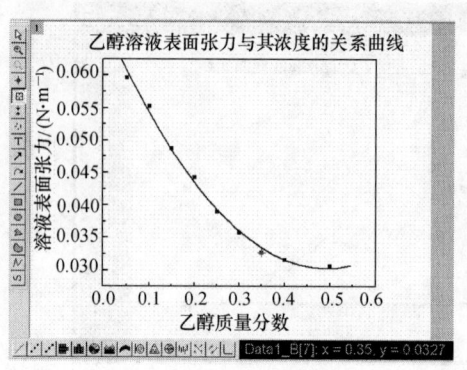

图 3-51 读取数据点操作

(6) **文件的打开与隐藏** 主体窗口的下面有文件管理器窗口，如图3-52所示，从窗口中文件图标的明暗颜色或"View"这一栏可以知道文件当前的状态。若文件隐藏了，双击图标即可打开。若关闭一个文件时，会弹出如图3-53所示的窗口，提醒你对文件进行删除、隐藏还是取消操作。

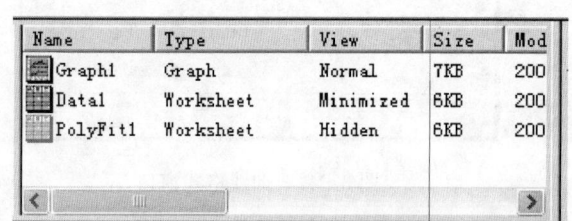

图 3-52 文件管理器窗口

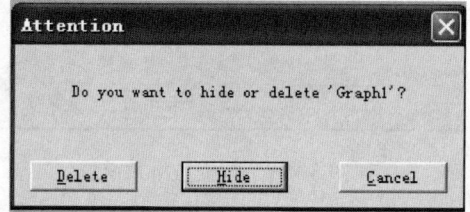

图 3-53 提示窗口

3.4.2.2 数据计算

Origin 与 Excel 一样，也能对数据进行计算。若要根据 B 列数据计算 C 列的值，具体操作为：将鼠标移至 C 列首 C(Y)处，单击右键，弹出快捷菜单，如图3-54所示，选中"Set Column Values"后，弹出如图3-55所示的窗口。假设求 B 列的对数值，窗口右上角有"Add Function"和"Add Column"两个按钮，中间有供选择的函数和数据列，可以添加函数或数据列。首先选择函数"log( )"，点击"Add Function"，再选择数据列"Column (B)"，点击"Add Column"，见图3-56，计算结果如图3-57所示。通过计算之后，如果计算出错，则单元格中出现"—"；若计算后的数据长度太大，则单元格中全部显示"♯♯♯♯♯"这样的号码。数据长度太大，可通过两种方法来处理。

(1) **设置有效数字** 在 C 列首点击右键，弹出快捷菜单，如图3-58所示，选择"Properties"，弹出的对话框如图3-59所示，在"Numeric Display"中选择"Significant Digits＝"，后面会出现一个默认值为6的数字，这就是有效数字位数，可以根据需要改变，如图3-60所示。

(2) 用科学计数法表示　在图 3-59 的对话框中，在"Format"中选择"Scientific：1E3"便可，见图 3-61，它可以配合"设置有效数字"这步设置有效数字位数。

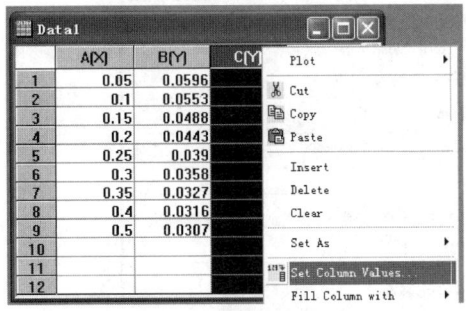

图 3-54　设置函数操作

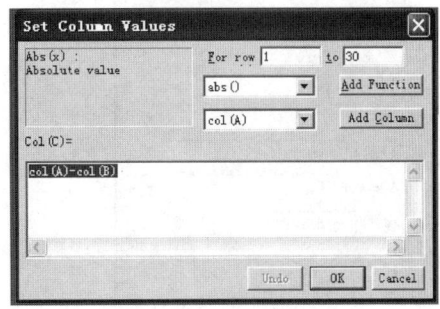

图 3-55　设置函数窗口

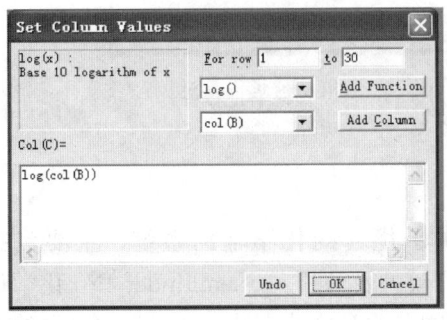

图 3-56　设置函数步骤

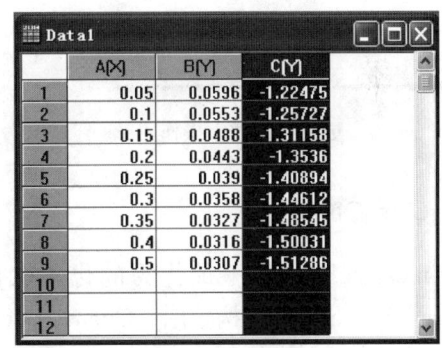

图 3-57　设置函数结果

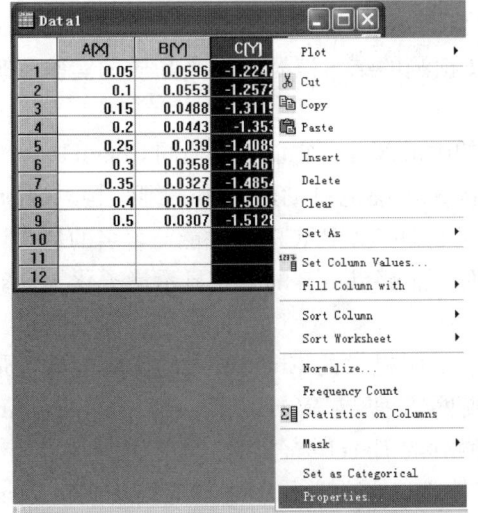

图 3-58　设置数值属性窗口

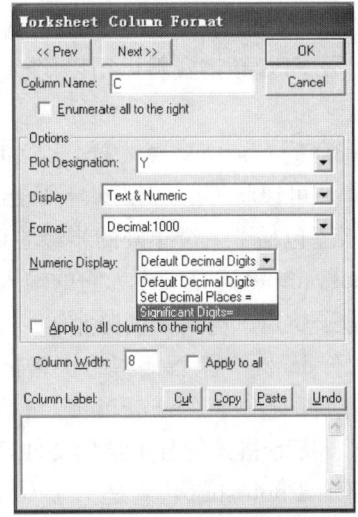

图 3-59　设置有效数字操作

图 3-60 更改有效数字操作

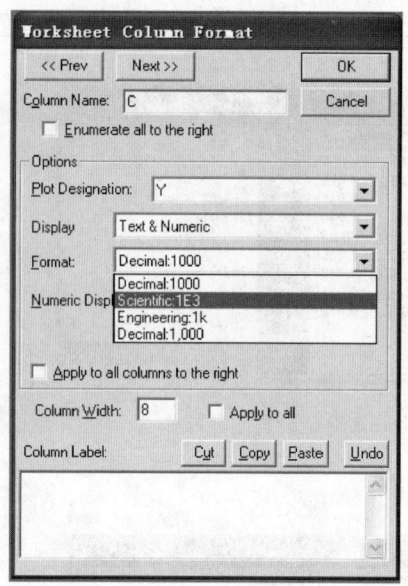

图 3-61 设置科学记数操作

3.4.3 ChemOffice

ChemOffice 是世界上最优秀的化学软件,提供了优秀的化学辅助系统,主要包括 ChemDraw Ultra 化学结构绘图、Chem 3D Ultra 分子模型及仿真、ChemFinder Pro 化学信息搜寻整合系统等一系列完整的软件。它可以将化合物名称直接转为结构图,省去绘图的麻烦,也可以对已知结构的化合物命名,给出正确的化合物名称。

ChemDraw 是 ChemOffice 中使用最为频繁的组件,主要功能有:依照 IUPAC 命名化学结构,预测 ^{13}C 和 ^{1}H 的 NMR 近似光谱,预测 BP、MP、临界温度、临界气压、Gibbs 自由能、lgP、折射率、热结构等性质,输入IUPAC名称后就可自动产生 ChemDraw 结构,输入 JCAMP 及 SPC 频谱资料,用以比较 ChemNMR 预测的结果以及具有高品质的实验室玻璃仪器图库。

Chem 3D 同 ChemDraw 一样,是 ChemOffice 的组成部分,它能很好地同 ChemDraw 一起协同工作,可以将 ChemDraw 上画出的二维结构式正确地自动转换为三维结构。Chem 3D Ultra 版还包括了一个很好的半经验量子化学计算程序 MOPAC97,并能与著名的从头计算程序 Gaussian 98 连接,作为它的输入、输出界面,能够以三维的方式显示量子化学计算结果,如分子轨道、电荷密度分布等。

ChemFinder 是一个智能型的快速化学搜寻引擎,所提供的 ChemInfo 是目前世界上最丰富的数据库之一。ChemFinder 可以从本机或网上搜寻 Word、Excel、Powerpoint、ChemDraw、ISIS 格式的分子结构文件,还可以与微软的 Excel 结合。

另外还有 Photoshop,它是一个专业图像处理软件,在化学作图中的应用较多;Visio 绘制示意图软件,一种可以将构思迅速转换成图形的流程视觉化应用软件,是众多绘图软件中将易用性和专业性结合得最好的一个软件。

3.5 实验报告

做完实验后,应解释实验现象,根据实验数据进行计算,得出结论,完成实验报告后及时交指导老师审阅。

3.5.1 实验报告的内容

实验报告是实验的总结,应该写得简明扼要,结论明确,字迹端正,整齐洁净。实验报告一般应包括下列几个部分:

(1)实验名称、实验日期。若有的实验是几人合作完成,应注明合作者。有的实验还要注明天气、温度、气压等。

(2)实验目的、实验原理及实验步骤。实验原理部分语言要简明扼要,实验步骤要尽量用简图、表格、化学式、符号等表示,不能照抄照搬书上内容。

(3)实验现象或数据记录。包括实验现象、实验数据及遇到的特殊情况等,若记录的现象、数据较多,最好记录在事先设计的表格中。

(4)实验解释、实验结论或实验数据的处理和计算。根据实验的现象进行分析、解释,得出正确的结论,写出有关反应方程式,或根据记录的数据进行计算,并对实验结果进行正确的评价。

(5)实验讨论。对自己在本次实验中出现的问题、遇到的特殊现象进行认真讨论,分析误差的可能来源或实验失败的原因,提出改进意见等,从中得出有益的结论,使自己今后更好地完成实验。

以上各项可根据具体情况取舍。其中实验目的、原理及步骤应在预习时写好。原理中应将方法原理与计算公式,以及公式中所需要的摩尔质量以及相关常数等写明。实验数据的记录与处理部分应根据具体的实验数据确定编写格式。实验数据的记录及计算应符合有效数字的要求。

3.5.2 实验报告的基本格式

大学化学实验大致可分为制备(合成)、定量、性质、定性分析及常数测定实验等。现将这几种类型的实验报告格式介绍如下,以供参考。

(1)化合物制备实验报告　制备实验报告以"$CuSO_4 \cdot 5H_2O$ 的提纯"实验为例:

实验_____ $CuSO_4 \cdot 5H_2O$ 的提纯

班级_____ 姓名_____ 日期_____ 天气_____

(一)实验目的(略)

(二)实验原理(略)

(三)实验步骤(略)

(四)数据及结果

1. 实验现象:

2. 产量:

3. 产率:产率=(实际产量/理论产量)×100%

(五)讨论(略)

(2)定量分析实验报告　定量分析实验报告以"硫酸铵中含 N 量的测定"实验为例：

实验_____　硫酸铵中含 N 量的测定

班级_____　姓名_____　日期_____　天气_____

(一)实验目的(略)
(二)实验原理(略)
(三)实验步骤(略)
(四)实验数据记录与处理

$(NH_4)_2SO_4$ 的质量 m /g				
实验序号		1	2	3
$V(NaOH)$/mL	终读数			
	初读数			
	用量			
$c(NaOH)/(mol·L^{-1})$				
$w(N)$				
相对平均偏差				

(五)讨论(略)

(3)元素、化合物性质及定性分析实验报告　性质实验报告以"电解质溶液"实验为例：

实验_____　电解质溶液

班级_____　姓名_____　日期_____　天气_____

(一)实验目的(略)
(二)实验原理(略)
(三)实验内容及结果

实验内容	实验操作	主要现象	反应方程式	解释或结论
同离子效应	$NH_3·H_2O$ 中滴加酚酞	溶液变紫红色	$NH_3·H_2O \rightleftharpoons NH_4^+ + OH^-$	碱性溶液中滴加酚酞，溶液变红
	在上述溶液中加 NH_4Ac	溶液颜色变浅	同上	加入 NH_4^+ 使反应向左移动，OH^- 浓度减小，故溶液颜色变浅

(四)讨论(略)

(4)常数测定实验报告　该类实验报告以"蔗糖转化反应速率常数的测定"实验为例：

实验_____　蔗糖转化反应速率常数的测定

班级_____　姓名_____　日期_____　天气_____

(一)实验目的(略)
(二)实验原理(略)
(三)实验步骤(略)
(四)实验数据记录与处理
1. 仪器零点：$α_{零点}=$_____，$α_∞=$_____。
2. 比旋光度的测定：$α=$_____，$[α]=$_____。
3. $α_t$ 的测定

实验温度_____℃

t/min	α_t	$(\alpha_t - \alpha_\infty)$	$\ln(\alpha_t - \alpha_\infty)$
5			
10			
15			
20			
25			
30			
40			
50			
60			

4. 作图

作 $\ln(\alpha_t - \alpha_\infty)$-$t$ 图(可用 Excel 或 Origin 作图，图略)，由图可知：
反应速率常数 $k=$_____，反应的半衰期 $t_{1/2}=$_____。

(五)讨论(略)

3.6　实验化学的文献数据查询

在学习化学的过程中，会碰到许多数据，比如物质的物理常数，如分子质量、熔点、溶解度等，或物质的热力学数据，如生成焓、Gibbs 函数、等压热容等。我们要知道这些数据，一种是通过上网查询获得，更多的获取渠道则是通过相关的数据表和各种化学手册获得，如元素周期表、《物理化学手册》、《分析化学手册》、《试剂手册》、《化学分析手册》、《无机化学分析手册》、《简明化学手册》、《化学数据手册》、《Handbook of Chemistry and Physics》、《Stability Constants of Metal‑ion Complexes》、《Lang's Handbook of Chemistry》、《有机化学手册》以及教材后面的附录表等。

第四章

物质的分离和提纯

4.1 实验一 粗食盐的提纯

4.1.1 预习

溶解、沉淀、过滤、蒸发、结晶和烘干等基本操作。

4.1.2 实验目的

1. 熟悉提纯氯化钠的原理和方法。
2. 学会称量、溶解、沉淀、过滤、蒸发、结晶和烘干等基本操作。
3. 了解定性检验产品纯度的方法。

4.1.3 实验原理

粗食盐中常含有泥沙等不溶性杂质和 Ca^{2+}、Mg^{2+}、K^+、SO_4^{2-} 等可溶性杂质离子。较纯的 NaCl 试剂都是以粗食盐为原料进行提纯得到的。

粗食盐中不溶性杂质可通过溶解、过滤等方法除去。可溶性杂质离子需用化学法处理，使可溶性杂质都转化成难溶物，再过滤除去。

用稍过量的 $BaCl_2$ 与食盐中的 SO_4^{2-} 反应转化为难溶的硫酸钡：

$$Ba^{2+} + SO_4^{2-} = BaSO_4 \downarrow$$

在食盐溶液中加入适量 NaOH 和稍过量的 Na_2CO_3 溶液，可除去 Ca^{2+}、Mg^{2+} 和过量的 Ba^{2+}：

$$2Mg^{2+} + 2OH^- + CO_3^{2-} = Mg_2(OH)_2CO_3 \downarrow$$

$$Ca^{2+} + CO_3^{2-} = CaCO_3 \downarrow$$

$$Ba^{2+} + CO_3^{2-} = BaCO_3 \downarrow$$

上述溶液中加入过量的 HCl 可除去剩余的 CO_3^{2-} 和 OH^-：

$$2H^+ + CO_3^{2-} = CO_2 \uparrow + H_2O$$

$$H^+ + OH^- = H_2O$$

用沉淀剂不能除去的其他可溶性杂质（如 K^+），由于含量少且溶解度比氯化钠大，在蒸发浓缩后，仍留在母液中而与已析出的氯化钠晶体分开。少量多余的盐酸在干燥氯化钠时，以氯化氢形式逸出。

4.1.4 实验用品

仪器：托盘天平、普通漏斗、漏斗架、布氏漏斗、吸滤瓶、蒸发皿、表面皿、石棉网、真空泵或水泵、酒精灯、烧杯(250 mL、100 mL)、量筒(100 mL、10 mL)、玻璃棒、滴管等。

试剂：粗食盐、2 mol·L^{-1} HCl、2 mol·L^{-1} NaOH、1 mol·L^{-1} BaCl$_2$、1 mol·L^{-1} Na$_2$CO$_3$、65%酒精、饱和(NH$_4$)$_2$C$_2$O$_4$ 溶液、镁试剂等。

材料：pH 试纸和滤纸等。

4.1.5 实验内容

1. 粗食盐的提纯

(1) 粗食盐的溶解　用烧杯称取 2.0 g 食盐，加纯水 25 mL。加热搅拌使盐溶解，溶液中少量不溶性杂质留待下步过滤时一并滤去。

(2) 除去 SO$_4^{2-}$　将食盐溶液加热至沸，用小火维持微沸，边搅拌边逐滴加入 1 mol·L^{-1} BaCl$_2$ 溶液至 BaSO$_4$ 沉淀完全(约 1 mL)。继续保持微沸 1~2 min 后停止加热，待沉淀下降后，取上层清液，滴加 BaCl$_2$ 溶液，以检查 SO$_4^{2-}$ 是否完全沉淀，如有白色沉淀生成，则需趁热补加 BaCl$_2$ 溶液至不再有沉淀生成。用普通漏斗常压过滤，并用少量纯水洗涤沉淀 2~3 次，收集滤液于烧杯中。

(3) 除去 Ca^{2+}、Mg^{2+} 和 Ba^{2+}　将(2)的滤液加热至沸并保持微沸，边搅拌边逐滴加入 2 mol·L^{-1} NaOH(约 1 mL)和 1 mol·L^{-1} Na$_2$CO$_3$ 溶液(约 2 mL)，静置片刻，按(2)中方法检验 Ca^{2+}、Mg^{2+}、Ba^{2+} 是否完全沉淀。沉淀完全后，进行常压过滤，用蒸发皿收集滤液。

(4) 除去 OH$^-$ 和 CO$_3^{2-}$　滤液中逐滴滴加 2 mol·L^{-1} HCl，搅匀检查，使溶液的 pH 达到 3~4。

(5) 蒸发结晶　将滤液在蒸发皿中加热蒸发，当液面出现晶体时，改用小火，以免溅出。将溶液蒸发至稀糊状，停止加热。冷却后减压过滤，将 NaCl 晶体抽干，用少量 65%酒精洗涤晶体。将晶体转入蒸发皿中，在石棉网上用小火烘炒，并不停地用玻璃棒翻动以防结块。待无水蒸气逸出后，再大火烘炒数分钟，得到的 NaCl 晶体应是洁白和松散的。冷却后称重，计算产率。

$$产率 = \frac{精盐质量(g)}{粗盐质量(g)} \times 100\%$$

2. 产品纯度检验　称取 0.5 g 粗食盐和精食盐各一份，分别溶于 5 mL 纯水中，然后各分成三等份，组成三组、六份试样，对照检验它们的纯度。

(1) SO$_4^{2-}$ 的检验　在第一组试管中各加入 2 滴 1 mol·L^{-1} BaCl$_2$ 溶液，观察并比较其现象。

(2) Ca^{2+} 的检验　在第二组试管中各加入 2 滴饱和(NH$_4$)$_2$C$_2$O$_4$ 溶液，观察并比较其现象。

(3) Mg^{2+} 的检验　在第三组试管中各加入 2~3 滴 2 mol·L^{-1} NaOH 溶液后，再加入 1 滴镁试剂(见有关化学手册)，观察有无蓝色沉淀生成。

4.1.6 思考题

1. 溶解粗盐的水量过多或过少对实验有何影响？
2. 加入沉淀剂的先后次序是否可以任意改变？为什么？
3. 为什么加入沉淀剂时要加热至沸腾？

4.2 实验二 苯甲酸的重结晶

4.2.1 预习

分离与提纯技术,重结晶。

4.2.2 实验目的

1. 学习重结晶的原理和方法。
2. 掌握热过滤、减压过滤等基本操作。
3. 了解重结晶法纯化固体有机化合物实验技术的意义。

4.2.3 实验原理

重结晶的原理见 2.4.2。重结晶是提纯固体化合物有效而简便的方法之一,尤其对有机固体化合物的提纯具有重要意义。

4.2.4 实验用品

仪器:热水漏斗、布氏漏斗、吸滤瓶、普通漏斗、托盘天平、表面皿、真空泵、石棉网、酒精灯、烧杯、量筒、玻璃棒等。

试剂:粗苯甲酸、活性炭。

材料:定性滤纸等。

4.2.5 实验内容

1. 苯甲酸饱和溶液的制备 称取 2 g 粗苯甲酸放入烧杯中,加入 70~80 mL 水和几粒沸石,盖上表面皿,在石棉网上加热至沸,并用玻璃棒不断搅动使固体溶解。如还有未溶固体,可加入少量热水,直到完全溶解(不溶性杂质除外)。停火稍冷后,加入适量活性炭,搅拌后再加热微沸 5~10 min。

2. 热过滤 在事先预热好的热水漏斗中放一折叠好的菊花形滤纸,将上述热溶液分 2~3 次迅速倒入漏斗中。每次倒入的溶液不要太满,也不要等溶液滤完再加。过滤过程中,热水漏斗和待滤溶液都要用小火加热,以防冷却析出晶体,造成产率损失。

3. 结晶、分离和洗涤 过滤完毕后,静置滤液,待其自然冷却结晶,也可在稍冷后用冷水冷却至结晶完全,然后进行减压过滤,使结晶与母液分离,并用玻璃钉或玻璃瓶塞压挤晶体将母液尽量除去。拔下吸滤瓶上的橡皮管,关闭真空(水)泵,用少量冷蒸馏水均匀地洒在布氏漏斗中的滤饼上,浸润晶体后,再抽滤至干,重复洗涤 2 次。

4. 干燥、计算回收率 取出洗净的晶体,放在表面皿上晾干或烘干(注意控温 80 ℃以下),称量后计算回收率。

4.2.6 思考题

1. 重结晶纯化有机物的依据是什么?
2. 某有机化合物重结晶时,理想溶剂应具备哪些性质?

3. 为什么活性炭要在固体完全溶解后加入？为什么活性炭不能在溶液沸腾时加入？
4. 将溶液进行热过滤时，为什么要尽可能减少溶剂挥发？如何减少？

4.3 实验三　工业乙醇的蒸馏与分馏

4.3.1 预习

2.4.4 液液分离及 5.5 物质折射率的测定的有关内容。

4.3.2 实验目的

1. 学习蒸馏及分馏的原理、仪器装置及操作技术。
2. 学习、了解鉴定有机化合物纯度的方法——沸点及折射率的测定。

4.3.3 实验原理

每种纯液态化合物在一定压力下具有固定的沸点，而且沸程很小(0.5~1 ℃)。蒸馏是利用物质的沸点不同，将沸点相差较大的液体化合物从混合溶液中分离开。在蒸馏过程中，蒸气中高沸点组分遇冷易冷凝成液体流回蒸馏瓶中，而低沸点组分遇冷较难冷凝而被大量蒸出。此时，温度在一段时间内变化不大，直到蒸馏瓶中低沸点组分极少时，温度才迅速上升，随后高沸点组分被大量蒸出，而不挥发性杂质始终残留在瓶中。因此，我们收集某一稳定温度范围的蒸馏液就可将混合物初步分开，达到分离纯化的目的。

分馏与蒸馏相似，它是在圆底烧瓶与蒸馏头之间接一根分馏柱，利用分馏柱将多次汽化-冷凝过程在一次操作中完成。一次分馏相当于连续多次蒸馏，因此，分馏能更有效地分离沸点接近的液体混合物。

4.3.4 实验用品

仪器：密度计、圆底烧瓶(100 mL)、温度计(150 ℃)、接液管、蒸馏头、直形冷凝管、折射仪、锥形瓶(100 mL)、韦氏分馏柱、水浴(或电热套)、长玻璃筒。

试剂：工业乙醇(含量约 60%)。

其他：碎瓷片(沸石)。

4.3.5 实验内容

1. 常量实验操作

(1)量取 70 mL 工业 C_2H_5OH 样品倒入测密度的长玻璃筒中，小心放入密度计，待其稳定后(勿使其贴靠筒壁)，读出相对密度 d_1，查表 4-1，记下待蒸馏样品中 C_2H_5OH 的浓度。

(2)取 60 mL 待蒸 C_2H_5OH 样品倒入 100 mL 磨口圆底烧瓶中，加入 2~3 粒碎瓷片(沸石)以防止暴沸。

(3)分别按普通蒸馏和分馏装置安装好仪器。

(4)通入冷凝水。

(5)用水浴加热(或用电热套加热)，注意观察蒸馏瓶中蒸气上升情况及温度计读数的变化。当瓶内液体沸腾时，蒸气逐渐上升，当达到温度计水银球时，温度计读数急剧上升。蒸气进入冷凝管被冷凝为液体落入接受瓶,记录从蒸馏支管落下第一滴蒸馏液时的温度 t_1,然后调节加热速度,控制蒸馏速度为每秒 1～2 滴为宜。待温度恒定(即为该液体的沸点)时,换一个干燥的锥形瓶作接受器,并记录这时的温度 t_2。当温度再上升 1 ℃(t_3)时,即停止蒸馏。t_2～t_3 为 95%乙醇的沸程[1]。

(6)停止蒸馏时,先移动热源,待体系稍冷却后关闭冷凝水,自后向前拆卸装置。

表 4-1　C_2H_5OH 与水的混合溶液的相对密度与 C_2H_5OH 的质量分数

相对密度	质量分数/%	相对密度	质量分数/%
0.934 63	49.9	0.879 9	74
0.934 4	50	0.877 3	75
0.932 5	51	0.874 7	76
0.930 5	52	0.872 1	77
0.928 5	53	0.869 4	78
0.926 4	54	0.866 7	79
0.924 4	55	0.863 9	80
0.922 2	56	0.861 1	81
0.920 1	57	0.858 3	82
0.918 0	58	0.855 4	83
0.915 8	59	0.855 2	84
0.913 6	60	0.849 6	85
0.911 3	61	0.846 5	86
0.910 1	62	0.843 5	87
0.908 6	63	0.840 0	88
0.904 4	64	0.837 2	89
0.902 1	65	0.833 9	90
0.899 7	66	0.830 6	91
0.897 4	67	0.827 6	92
0.894 9	68	0.823 6	93
0.892 5	69	0.819 9	94
0.889 0	70	0.816 1	95
0.887 5	71	0.812 1	96
0.885 0	72	0.807 9	97
0.882 5	73		

(7)取 3～4 滴蒸馏液(C_2H_5OH)测其折射率[2],记录有关折射率(n)数据。然后,将蒸馏结果与分馏结果进行比较。

(8)将其余蒸馏液倒入长玻璃筒中,小心放入密度计,待其稳定后读出其相对密度 d_2,查表 4-1,记录下蒸(分)馏后 C_2H_5OH 的浓度。

(9)量取收集的 95% C_2H_5OH 的体积,计算回收率。

2. 微量实验操作

(1)在公用台上读取蒸馏工业 C_2H_5OH 的相对密度 d_1,查表 4-1 记下此时 C_2H_5OH 浓度。

(2)量取 6.5 mL 待蒸馏 C_2H_5OH 倒入 10 mL 磨口圆底烧瓶中,放入 2 粒碎瓷片,以防暴沸,并按普通蒸馏或分馏装置安装仪器,并调整好温度计的位置。

(3)通过冷凝水后,水浴加热,使之沸腾,调节火力,当温度恒定(即该液体的沸点)时,记下此时温度 t_1。控制蒸馏速度为每秒 1～2 滴,收集 3～4 mL 蒸馏液。

(4)取 3～4 滴蒸馏 C_2H_5OH(或分馏 C_2H_5OH)测量并记录其折射率(n)。

(5)收集全班同学的蒸馏液置于长玻璃筒中,测其相对密度(d_2),并查表 4-1,得出蒸馏后 C_2H_5OH 的质量分数。

4.3.6 思考题

1. 进行蒸馏或分馏操作时,为什么要加入碎瓷片(沸石)?如果蒸馏前忘记加碎瓷片(沸石),液体接近沸点时,将如何处理?

2. 在蒸馏过程中,为什么要控制蒸馏速度为每秒 1～2 滴?蒸馏速度过快对实验结果有何影响?

3. 纯粹的液体化合物在一定压力下有固定沸点,但具有固定沸点的液体是否一定是纯物质?为什么?

4.3.7 注释

[1]因温度计未加校正,可能有不同程度的误差,所以不能统一规定收集馏分的温度。

[2]C_2H_5OH 的物理常数:

	无水 C_2H_5OH	95% C_2H_5OH
沸点/℃	78.5	78.15
折射率	1.361 1(20 ℃)	

4.4 实验四　茶叶中咖啡因的提取

4.4.1 实验目的

1. 掌握从茶叶中提取生物碱的原理和方法。
2. 学习用升华法提纯有机化合物。
3. 巩固和熟悉利用显微熔点测定仪测定纯净物的熔点。

4.4.2 实验原理

茶叶中含有多种嘌呤类衍生物的生物碱,其中主要成分为单宁酸(又称鞣酸,占 11%～12%,易溶于水和乙醇)、咖啡因(又称咖啡碱,占 1%～5%),尚有少量的茶碱、可可豆碱,此外,还有约 0.6% 的色素、纤维素和蛋白质等。咖啡因结构式如下:

咖啡因的学名为 1,3,7-三甲基黄嘌呤,具有弱碱性,无臭,味苦,置露于空气中可以被风化，100 ℃时失去结晶水并开始升华，120 ℃升华加快，170 ℃以上显著升华，可溶于水、丙酮和乙醇，易溶于氯仿，较难溶于乙醚和苯。水溶液对石蕊试纸呈中性反应。

咖啡因可用提取法或合成法获得。本实验是用提取法从茶叶中提取咖啡因。

4.4.3 实验用品

仪器：250 mL 烧杯、丁字形玻璃棒、酒精灯、布氏漏斗、吸滤瓶、短颈漏斗、蒸发皿、滤纸、循环水真空泵、电子天平、显微熔点测定仪等。

试剂：茶叶、CaO（生石灰）、蒸馏水、$CaCO_3$。

4.4.4 实验内容

(1)称取 5 g 茶叶、5 g $CaCO_3$[1] 转入盛有 75 mL 蒸馏水的烧杯中，用小火加热煮沸 30 min（其间加入少量蒸馏水以弥补蒸发了的水分）。趁热过滤，将滤液倒入干净的烧杯中，浓缩至 10 mL 左右，转入蒸发皿中并加入 CaO[2] 2 g，用小火焙干后研细备用（焙干时温度不宜过高，避免升华）。

(2)取一支合适的短颈漏斗，颈部用脱脂棉塞住，罩在隔以刺有许多小孔的滤纸的蒸发皿上，小心加热[3]进行升华（适当控制火焰，尽可能使升华速度放慢，提高结晶纯度），升华结束后冷却至室温，再揭开漏斗和滤纸，仔细观察滤纸上的晶体形状。

(3)收集产品，并测定其熔点。

咖啡因纯品为白色针状晶体，熔点 236～238 ℃。

4.4.5 思考题

1. 提取咖啡因时加入 CaO 和 $CaCO_3$，它们各起什么作用？
2. 在升华的过程中应注意哪些问题？

4.4.6 注释

[1]加入 $CaCO_3$ 可使茶叶中的生物碱在弱碱性体系中充分游离出来，并使鞣酸水解成糖和没食子酸，从而溶解在水中。

没食子酸又叫五倍子酸，其结构如下：

$$HOOC-\underset{}{\underset{}{\bigcirc}}\begin{matrix}OH\\OH\\OH\end{matrix}$$

[2]CaO（生石灰）起吸水和中和作用，用以除去部分杂质。

[3]升华操作是实验成败的关键，在升华的过程中始终都要严格控制加热温度，温度太高，会使被烘物炭化，把一些有色物带出来，导致产物不纯和损失。

4.5 实验五 硝酸钾的制备和提纯

4.5.1 实验目的

1. 学习利用各种易溶盐在不同温度时溶解度的差异来制备易溶盐的原理和方法。

2. 进一步练习掌握固体溶解、加热、蒸发的基本操作。
3. 掌握常压过滤、减压过滤和热过滤的基本操作。

4.5.2 实验原理

碱金属盐类一般易溶于水，因而不能通过沉淀反应来制备，但可利用盐类在不同温度时的溶解度差别来制备碱金属盐类。如工业上常采用转化法制备 KNO_3 晶体，其反应式如下：

$$NaNO_3 + KCl \rightleftharpoons NaCl + KNO_3$$

由于反应是可逆的，无法利用上述反应制取较纯净的 KNO_3 晶体。根据反应物和产物的溶解度随温度变化的不同，可以制备和提纯 KNO_3。因为 $NaCl$ 的溶解度随温度变化不大，而 KCl、$NaNO_3$ 和 KNO_3 的溶解度随温度变化较大或很大(图4-1)，因此，当对 $NaNO_3$ 和 KCl 混合液进行加热浓缩时，随着溶剂的蒸发减少，$NaCl$ 先达到过饱和而析出，从而达到 $NaCl$ 和 KNO_3 分离的目的。当结晶 $NaCl$ 后的溶液逐步冷却时，KNO_3 可结晶析出，这样就可得到 KNO_3 粗产品。

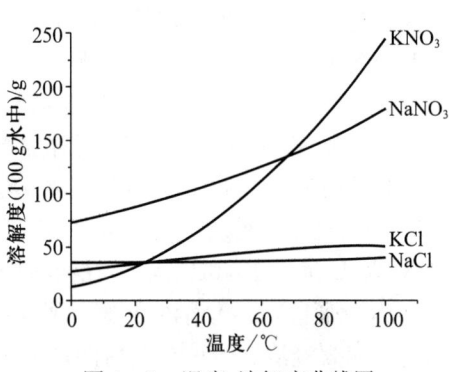

图4-1 温度-溶解度曲线图

在实际生产过程中，将 $NaNO_3$ 和 KCl 的混合液加热到118～120 ℃，这时 KNO_3 溶解度增大很多，达不到饱和状态，不能结晶析出；$NaCl$ 的溶解度增加很少，随浓缩，溶剂水的量减少 $NaCl$ 达到过饱和状态而析出。通过热过滤可除去 $NaCl$，将过滤后的溶液冷却至室温后，KNO_3 因溶解度急剧下降而析出，这样就可得到仅含少量 $NaCl$ 等杂质的 KNO_3 晶体，再经过重结晶提纯可得 KNO_3 纯品。

表4-2 四种盐在不同温度下的溶解度(100 g水中，g)

温度/℃	0	20	40	70	100
KNO_3	13.3	31.6	63.9	138.0	246
KCl	27.6	34.0	40.0	48.3	56.7
$NaNO_3$	73.0	88.0	104.0	136.0	180.0
$NaCl$	35.7	36.0	36.6	37.8	39.8

4.5.3 实验用品

仪器：量筒、烧杯、表面皿、托盘天平、石棉网、三脚架、热滤漏斗、布氏漏斗、吸滤瓶、温度计、循环水泵、蒸发皿、酒精灯、洗瓶、玻璃棒。

试剂：$NaNO_3$ (工业级)、KCl (工业级)、$AgNO_3$ (0.1 mol·L^{-1})、HNO_3 (1 mol·L^{-1})。

材料：火柴、滤纸。

4.5.4 实验内容

1. KNO_3 的制备 在托盘天平上称取 8.5 g $NaNO_3$ 和 7.5 g KCl (取药量可依据反应式

给出的剂量比,也可根据工业品的实际纯度自行折算),放入 50 mL 小烧杯中,加 20 mL 蒸馏水,在烧杯外壁记下小烧杯中液面位置。小火加热,使固体完全溶解,继续小火加热至沸腾,并不断搅拌,使 NaCl 晶体析出。当溶液体积减少到约为原来的 2/3(或热至 118 ℃)时,趁热进行热过滤,滤液盛于小烧杯中有晶体析出。

另取 10 mL 沸水加入滤液,则结晶又复溶解。再次用小火加热,蒸发至原有体积的 2/3,取下烧杯,自然冷却(或在冰-水浴中冷却),使溶液温度逐渐下降到 10~5 ℃,则晶体再次析出(此时析出的晶体形状如何?),用减压过滤法把 KNO_3 晶体尽量抽干,得到 KNO_3 粗产品,称重,计算理论产量与产率。

2. KNO_3 的提纯　除保留少量(0.1~0.2 g)粗产品供纯度检验外,按 m(粗产品):m(水)=2:1 的比例将粗产品溶于蒸馏水中,加热、搅拌,直至晶体全部溶解为止。若溶液沸腾时,晶体还未全部溶解,可再补加极少量蒸馏水使其完全溶解。待溶液冷却到 10~5 ℃后,再减压过滤,晶体用滤纸吸干,放在表面皿上晾干,称重,计算重结晶率。

3. 产品纯度的检验　分别取约 0.1 g 粗产品和一次重结晶得到的产品放入两支试管中,各加入 2 mL 蒸馏水配成溶液。在溶液中分别滴入 1 滴 1 mol·L^{-1} HNO_3 溶液酸化,再各滴入 0.1 mol·L^{-1} $AgNO_3$ 溶液 2 滴,观察现象,进行对比,有无 AgCl 沉淀产生,重结晶后的产品溶液应为澄清。若重结晶后的产品中仍然检验出含氯离子,则产品应再次重结晶。

4.5.5　数据处理

$NaNO_3$ 的质量:_____ g;KCl 的质量:_____ g;
$NaNO_3$ 的摩尔质量:_____ g·mol^{-1};KCl 的摩尔质量:_____ g·mol^{-1};
KNO_3 的摩尔质量:_____ g·mol^{-1};KNO_3 的理论产量:_____ g;
KNO_3 粗产品质量:_____ g;产率:_____%;
KNO_3 纯品质量:_____ g;产率:_____%。

4.5.6　思考题

1. 制备 KNO_3 晶体时,为什么要把溶液进行加热和热过滤?
2. 如所用的 KCl 或 $NaNO_3$ 量超过化学计算量,结果怎样?
3. KNO_3 中混有 KCl 或 $NaNO_3$ 时,应如何提纯?

4.6　实验六　五水硫酸铜的制备和提纯

4.6.1　实验目的

1. 学习制备硫酸铜过程中除铁的原理和方法。
2. 学习重结晶提纯物质的原理和方法。
3. 学习无机制备过程中水浴蒸发、减压过滤、重结晶等基本操作和天平、恒温水浴箱的使用。

4.6.2　实验原理

孔雀石的主要成分是 $Cu(OH)_2·CuCO_3$,其主要杂质为 Fe、Si 等。用稀 H_2SO_4 浸取孔

雀石粉，其中 Cu、Fe 以硫酸盐的形式进入溶液，SiO_2 作为不溶物而与 Cu 分离出来。主要反应为

$$Cu(OH)_2 \cdot CuCO_3 + 2H_2SO_4 = 2CuSO_4 + 3H_2O + CO_2\uparrow$$

常用的除铁方法是用氧化剂将溶液中 Fe^{2+} 氧化为 Fe^{3+}，控制不同的 pH，使 Fe^{3+} 水解以 $Fe(OH)_3$ 沉淀形式析出或生成溶解度小的黄铁矾沉淀而被除去。

在酸性介质中，Fe^{3+} 主要以 $[Fe(H_2O)_6]^{3+}$ 形式存在，随着溶液 pH 的增大，Fe^{3+} 的水解倾向增大。当 pH=1.6～1.8 时，溶液中的 Fe^{3+} 以 $[Fe_2(OH)_2]^{4+}$、$[Fe_2(OH)_4]^{2+}$ 形式存在，它们能与 SO_4^{2-}、K^+（或 Na^+、NH_4^+）结合，生成一种浅黄色的复盐，俗称黄铁矾。此类复盐的溶解度小，颗粒大，沉淀速度快，容易过滤。

$$Fe_2(SO_4)_3 + 2H_2O = 2Fe(OH)SO_4 + H_2SO_4$$
$$2Fe(OH)SO_4 + 2H_2O = Fe_2(OH)_4SO_4 + H_2SO_4$$
$$2Fe(OH)SO_4 + 2Fe_2(OH)_4SO_4 + Na_2SO_4 + 2H_2O = Na_2Fe_6(SO_4)_4(OH)_{12}\downarrow + H_2SO_4$$

当 pH=2～3 时，Fe^{3+} 形成聚合度大于 2 的多聚体，继续提高溶液的 pH，则析出胶状水合三氧化二铁($xFe_2O_3 \cdot yH_2O$)。加热煮沸破坏胶体或加凝聚剂使 $xFe_2O_3 \cdot yH_2O$ 凝聚沉淀，通过过滤便可达到除铁的目的。

溶液中残留的少量 Fe^{3+} 及其他可溶性杂质则可利用 $CuSO_4 \cdot 5H_2O$ 的溶解度随温度升高而增大的性质[1]，通过重结晶的方法除去。重结晶后，杂质留在母液中，从而达到纯化 $CuSO_4 \cdot 5H_2O$ 的目的。

4.6.3 实验用品

仪器：烧杯、布氏漏斗、烘箱、蒸发皿。

试剂：孔雀石粉、稀 H_2SO_4(3 mol·L^{-1})、H_2O_2(3%)、NaOH(2 mol·L^{-1})。

4.6.4 实验内容

1. 浸取 在 100 mL 烧杯中加入 3 mol·L^{-1} 稀 H_2SO_4 12 mL，加热，少量多次加入 5～10 g 孔雀石粉，溶解后加水稀释至 35 mL 左右(溶液的密度约为 1.2 g·mL^{-1})，控制 $CuSO_4$ 溶液的 pH 为 1.5～2.0。

2. 除铁 将盛 $CuSO_4$ 溶液的烧杯水浴加热至 60～70 ℃，滴加约 4 mL 3% H_2O_2，待滴加完后，用 2 mol·L^{-1} NaOH 溶液调节溶液的酸度，控制 pH 为 3.0～3.5，将溶液加热至沸数分钟，然后再在水浴上加热保温陈化 30 min(注意加盖)，趁热过滤。

3. 蒸发结晶 将滤液转入蒸发皿中，蒸汽浴或水浴加热。当溶液加热浓缩至蒸发皿边缘有小颗粒晶体出现时，停止加热，取下蒸发皿，置于冷水中冷却，观察蓝色 $CuSO_4$ 晶体的析出。待充分冷却后，抽滤得 $CuSO_4$ 晶体粗产品。

4. 重结晶 以每克加 0.8 mL 蒸馏水的比例，往步骤 3 所制得的粗产品中加相应体积的蒸馏水，升温使其完全溶解。趁热过滤后让其慢慢冷却，即有晶体析出(若无晶体析出，可加一粒细小的 $CuSO_4$ 晶体作为晶种)。待充分冷却后，尽量抽干。将晶体均匀平铺在垫有一层滤纸的表面皿上，上面再加一层滤纸，吸干晶体表面的水分，放在通风处晾干，称重，计算产率。

4.6.5 思考题

1. 为什么用蒸汽浴或水浴蒸发?
2. 水浴蒸发期间要不要盖表面皿?为什么?
3. 如何确定重结晶时水与粗产品的用量关系?

4.6.6 注释

[1]五水硫酸铜($CuSO_4 \cdot 5H_2O$)在不同温度下的溶解度见表4-3。

表4-3 $CuSO_4 \cdot 5H_2O$ 在不同温度下的溶解度

T/K	273	293	313	333	353	373
s(100 g 水中)/g	23.1	32.0	44.6	61.8	83.8	114.0

第五章

物理量及化学常数的测定

5.1 实验七 物质熔点的测定

5.1.1 毛细管法

5.1.1.1 实验目的
1. 了解熔点测定的意义。
2. 掌握用毛细管法测定熔点的操作。

5.1.1.2 实验原理

物质的熔点是指物质的固液两相在大气压下达成平衡时的温度 T_M。当温度高于 T_M 时，所有的固相将全部转化为液相；当低于 T_M 时，则由液相转变为固相。

纯粹的固态物质通常都有固定的熔点，但在一定压力下，固液两相之间的变化对温度是非常敏感的，从开始熔化(始熔)至完全熔化(全熔)的温度范围(熔程)较小，一般不超过 0.5~1 ℃。若该物质中含有杂质，则其熔点往往较纯粹物质的熔点低，而且熔程也较大。因此，熔点的测定常常可以用来识别和定性地检验物质的纯度。例如，肉桂酸和尿素的熔点均为 133 ℃，若将两者等量混合，然后再测混合物的熔点，则比 133 ℃低得多，而且熔程较大。这种现象叫作混合熔点下降，这种实验叫作混合熔点实验，是用来检验两种熔点相同或相近的有机物质是否为同一种物质的简便的物理方法。

本实验采用简便的毛细管法测定熔点[1]，实际上由此法测得的不是一个温度点，而是熔化范围，所得的结果也常高于真实的熔点，但可以满足一般纯度鉴定的要求。

用毛细管法测定熔点时，温度计上的熔点读数与真实熔点之间常有一定的偏差，原因是多方面的，温度的影响是一个重要因素。如温度计中的毛细管孔径不均匀，有时刻度不精确。温度计刻度有全浸式和半浸式两种。全浸式温度计的刻度是在温度计的汞线全部均匀受热的情况下刻出来的，在使用这类温度计测定熔点时仅有部分汞线受热，因而测出来的温度当然较全部受热时低。另外长期使用的温度计，玻璃也可能发生体积变形使刻度不准。

为了消除上述误差，可选择几种已知熔点的纯粹有机化合物作为标准，以实测的熔点作纵坐标，测得的熔点与应有熔点的差值作横坐标，绘成曲线，从图中曲线上可直接读出温度计的校正值。

5.1.1.3 实验用品

仪器：b 形管、内径 1 mm 的毛细管、酒精灯、铁架台、玻璃棒、玻璃管、表面皿、温度计、缺口软木塞。

试剂：液体石蜡或浓硫酸(H_2SO_4)、萘、苯甲酸、未知样(固体)。

5.1.1.4 实验内容

1. 将毛细管封口 将毛细管呈 45°倾斜角，下端靠在酒精灯火焰边沿处，转动毛细管以使其顶端均匀受热，直到熔化为一光亮小球，说明已经封好。

2. 填装样品 取 0.1～0.2 g 已研成粉末的样品，置于干净的表面皿中，聚成小堆，将毛细管开口一端向粉末堆中插入几次，样品便被挤入管中，再把开口一端向上，将封闭端轻轻地在桌面上敲击，以使粉末落入和填紧管底。或者取一根长 30～40 cm 的中空玻璃管，垂直置于木质台面上，将毛细管从玻璃管上端自由落下，可更好地填实样品。重复操作，直至样品在毛细管中高 2～3 mm 为止。粘于管外的粉末须拭去，以免沾污加热溶液。要测得准确的熔点，样品一定要研得极细，装得结实，使热量的传导迅速均匀。

3. 安装仪器 b 形管又称 Thiele 管、熔点测定管。将 b 形管夹在铁架台上，往其中装入液体石蜡或浓硫酸（H_2SO_4）[2]至高出其上侧管 1 cm 为宜。管口配一缺口单孔软木塞。把毛细管中下部用液体石蜡或浓硫酸润湿后，将其紧附在温度计旁，样品部分应靠在温度计水银球的中部，或用橡皮圈将毛细管紧固在温度计上，要注意使橡皮圈置于距液体石蜡或浓硫酸 1 cm 以上的位置。将附有毛细管的温度计小心地插入 b 形管中，插入的深度以水银球恰在 b 形管两侧管的中部为准。加热时火焰须与 b 形管的倾斜部分接触。如图 5-1 所示。

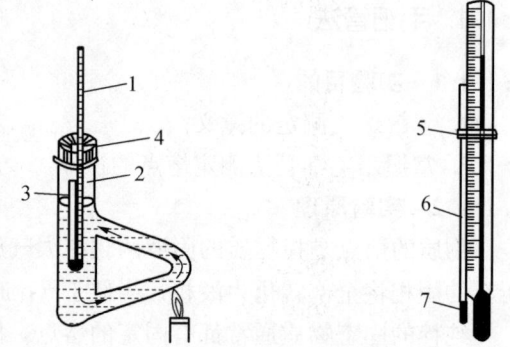

图 5-1 毛细管法熔点测定装置
1. 温度计 2. b 形管 3. 毛细管
4. 缺口单孔软木塞 5. 橡皮圈 6. 毛细管 7. 样品

4. 测定熔点 初始加热时，可按每分钟 3～4 ℃的速度升高温度。当温度升高至与待测样品的熔点相差 10～15 ℃时，减弱加热火焰，使温度缓慢而均匀地以每分钟 1 ℃的速度上升。注意观察毛细管中样品的变化。当毛细管中样品开始塌落和有湿润现象，出现有小滴液体时为始熔，记下温度；当毛细管中样品全部转为液体时为全熔，记下温度计读数。由始熔到全熔的温度范围即为此样品的熔化范围，又称熔程。熔点测定至少要有 2 次的重复数据。每一次测定必须用新的毛细管另装样品，不得将已测过熔点的毛细管冷却，使其中样品固化后再做第二次测定。因为有些化合物经加热后可能会部分分解，也有些化合物会转变为具有不同熔点的其他结晶形式。要注意的是，在再次测定时，须等浴液冷却至低于此样品熔点 20～30 ℃时，才能开始。

本实验先测定萘和苯甲酸的熔点，最后测定未知物的熔点。

测定未知物的熔点时，应先对样品粗测一次。粗测时，加热可以稍快，找出大概熔程后，再认真精测 2 次。

实验完毕，稍冷后取出温度计。若用液体石蜡作热浴时，等温度计自然冷却至接近室温时，用吸水纸擦干液体石蜡即可；若用浓硫酸作热浴，则温度计一定要冷却至室温时先用废纸擦去浓硫酸后才能用水冲洗。

5.1.1.5 思考题

1. 已测得甲、乙两样品的熔点均为 130 ℃，将它们以任何比例混合后测得的熔点仍为 130 ℃，这说明什么？

2. 加热的快慢为什么会影响熔点？在什么情况下加热可以快一些？什么情况下加热则要慢一些？如果样品混合不均匀会产生什么不良结果？

3. 是否可以用第一次熔点测定时已用过的毛细管再做第二次测定呢？为什么？

5.1.1.6 注释

〔1〕毛细管法是实验室中测点熔点较为常用的方法。目前已有更为先进的仪器，如显微熔点测定仪、自动熔点测定仪等，这些仪器的特点是操作方便、读数准确、试剂用量少。

〔2〕用浓硫酸作热浴液时应特别小心，防止灼伤皮肤，不要让杂质、样品或其他有机物接触浓硫酸，否则会使浓硫酸变黑，有碍熔点的观察。可在发黑的浓硫酸中加入少许硝酸钾晶体，加热后可使之脱色。

5.1.2 显微熔点仪法

5.1.2.1 实验目的

1. 通过实验掌握显微熔点测定仪的工作原理。
2. 掌握和熟悉显微熔点测定仪的操作步骤，正确测定物质的熔点。
3. 了解测定物质熔点的意义。

5.1.2.2 实验装置图

显微熔点测定仪装置见图 5-2。

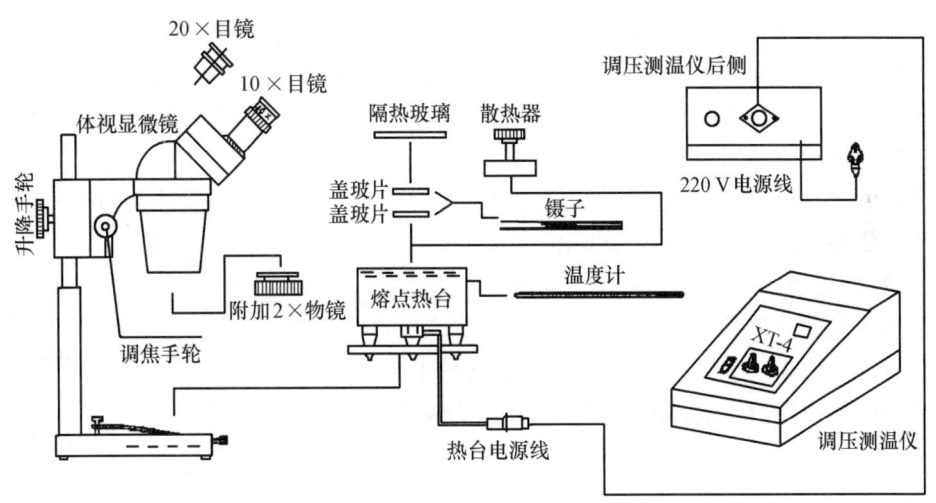

图 5-2 显微熔点测定仪装置示意图

5.1.2.3 实验内容

1. 安装装置 按照图 5-2 正确安装实验装置仪器。

2. 校正仪器 先用熔点标准物品进行测量标定（操作参照具体的测量步骤），求出修正值（修正值＝标准物品的熔点标准值减去该物品的熔点测量值），将其作为测量时的修正值依据。

3. 操作步骤

(1) 将热台的电源线接入调压测温仪后侧的输出端，并将温度计插入热台孔，将调压测温仪的电源线与 AC220 V 电源相连。

(2)取两片盖玻片,用蘸有乙醚(或乙醚与酒精混合液)的脱脂棉擦拭干净。晾干后,取适量待测物品(不大于 0.1 mg)放在一片盖玻片上并使物品分布薄而均匀,盖上另一片盖玻片,轻轻压实,然后放置在热台中心,盖上隔热玻璃。

(3)松开显微镜的升降手轮,参考显微镜的工作距离(88 mm 或 33 mm),上下调整显微镜,直到从目镜中能看到熔点热台中央的待测物品轮廓时锁紧该手轮,然后调节调焦手轮,直到能清晰地看到待测物品的影像为止。

(4)打开调压测温仪的电源开关。根据被测熔点样品的温度值,控制调温手钮 1 或 2(1 表示升温电压宽量调整,2 表示升温电压窄量调整),以期达到在测物质熔点过程中,前段升温迅速,中段升温渐慢,后段升温平缓的效果。具体方法如下:先将两调温手钮顺时针调到最大位置,使热台快速升温。当温度接近待测物体熔点温度以下 40 ℃左右时(中段),将调温手钮逆时针调节至适当位置,使升温速度减慢。在被测物熔点值以下 10 ℃左右时(后段),调整调温手钮控制升温速度每分钟 1 ℃左右。(注意:尤其是后段升温的控制对测量精度影响较大,在待测物熔点值以下 10 ℃左右,一定要将升温速度控制在大约每分钟 1 ℃)

(5)观察被测物品的熔化过程,记录初熔和全熔时的温度值,用镊子取下隔热玻璃和盖玻片,即完成一次测试。如需重复测试,只需将散热器放在热台上,电压调为零或切断电源,使温度降至熔点值以下 40 ℃即可。

(6)对已知熔点的物质,可根据所测物质的熔点值及测温过程[参照(4)]适当调节调温旋钮,实现测量;对未知熔点物质,可先用中、较高电压快速粗测一次,找到物质熔点的大约值,再根据该值适当调整和精细控制测量过程[参照(4)],最后实现较精确测量。精密测试时,对实测值进行修正,并多次测试,计算平均值。

(7)测试完毕应及时切断电源,待热台冷却后,方可将仪器按规定装入包装。用过的盖玻片可用乙醚擦拭干净,以备下次使用。

5.1.2.4 数据处理

样品熔点值的计算:

一次测试: $$T = X + A$$

式中:T 为被测样品熔点值;X 为测量值;A 为修正值。

多次测试: $$T = \frac{\sum_{i=1}^{n}(X_i + A)}{n}$$

式中:T 为被测样品熔点值;X_i 为第 i 次测量值;A 为修正值;n 为测量次数。

5.1.2.5 注意事项

1. 仪器应置于阴凉、干燥无尘的地方使用与存放。

2. 透镜表面有污秽时,可用脱脂棉蘸少许乙醚和乙醇混合液轻轻擦拭,遇有灰尘,可用洗耳球(吹球)吹去。

3. 非专业人员请勿自行拆卸仪器,以免影响仪器性能。

4. 测试操作过程中,熔点热台属高温部件,一定要使用镊子夹持放入或取出熔点品。严禁用手触摸,以免烫伤!

5.2 实验八 物质沸点的测定

5.2.1 预习

2.3.2 液体的加热,2.4.4 液液分离(蒸馏),常量法及微量法测定沸点的原理和方法。

5.2.2 实验目的

1. 掌握蒸馏的原理和操作方法。
2. 掌握常量法及微量法测定沸点的原理、方法及其意义。

5.2.3 实验原理

当液体受热变成蒸气时,其蒸气对液面施加的压力称为蒸气压。液体蒸气压只与温度有关,即液体在一定温度下具有一定的蒸气压。将液体加热,其蒸气压随温度升高而增大,当蒸气压与外界施加在液面的总压力(通常为大气压)相等时,就有大量气泡从液体内部逸出,即液体沸腾。此时的温度称为液体的沸点。显然,液体的沸点与外界压力大小有关。通常所说的正常沸点是指在 101.325 kPa 压力下液体的沸腾温度。

将液体加热沸腾变成蒸气后,再使蒸气经过冷凝变成液体的过程称为蒸馏。显然,蒸馏可以测定化合物的沸点,并能将不同沸点的液体混合物进行分离和提纯。蒸馏时从第一滴馏出液馏出开始至蒸发完全时的温度范围称沸程。纯的液体有机化合物具有固定沸点,但具有固定沸点的液体不一定都是纯的液体有机化合物,因为某些有机化合物常和其他组分形成二元或三元共沸混合物,它们也有一定的沸点。

总之,测定液体沸点就是测定液体的蒸气压达到与外界施加在液面的总压力相等时所对应的温度。通常有两种测定方法:常量法(蒸馏法)和微量法。

5.2.4 实验用品

仪器:蒸馏烧瓶(60 mL)、直形冷凝管、温度计(150 ℃、200 ℃)、尾接管、蒸馏头、锥形瓶(100 mL)、量筒(50 mL)、接受瓶、烧杯(400 mL)、长颈漏斗、铁架台、b 形管等。

试剂:乙酸乙酯($CH_3COOC_2H_5$)、四氯化碳(CCl_4)。

材料:毛细管、橡皮管、沸石等。

5.2.5 实验内容

1. 常量法(蒸馏法)

(1)实验装置　按图 2-26 安装实验装置。

(2)加料　将 40 mL 乙酸乙酯用长颈漏斗小心地加入蒸馏瓶中,注意不要使乙酸乙酯液体流入支管,加入 2~3 粒沸石。检查装置是否稳妥与严密。

(3)加热　打开冷凝水,缓缓通入冷水,然后开始加热。当液体开始沸腾,蒸气逐渐上升至水银球时,温度计读数会急剧上升,此时调节热源,使冷凝管馏出液馏出速度以每秒 1~2 滴为宜。

(4)观察记录　观察并记录第一滴馏出液馏出时温度计的读数 t_1,继续加热,观察温度变化，当温度计读数稳定时，此时的温度即为该液体的沸点 t_2，待样品大部分蒸出（残留 0.5～1 mL）时，记录此时温度计读数 t_3，停止加热。t_1～t_3 为该样品的沸程。重复 2 次。

2. 微量法

(1) **实验装置**　按图 5-3 安装微量法测定沸点实验装置。

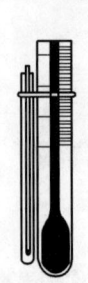 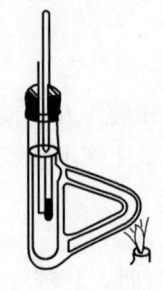

(a) 沸点管附着在温度计上的位置　　(b) b形管测沸点装置

图 5-3　微量法测定沸点实验装置

沸点管分内外两管，内管为一根上端封闭、长 7～8 cm、内径约 1 mm 的毛细管，外管为一根长 6～8 cm、内径 2～4 mm 的玻璃管。b 形管中加入浴液（水或液体石蜡），其中温度计水银球的位置应调至上下两叉管的中间，注意加热 b 形管时火焰的位置（图 5-3）。

(2) **加料**　在外管中加入 CCl_4 样品 3～4 滴，将一根一端已用火烧结封闭的内管开口端向下插入外管中。

(3) **加热**　将沸点管用橡皮筋固定于温度计上（注意其位置，如图 5-3 所示），插入 b 形管的浴液中加热。

(4) **观察记录**　在加热时，沸点管的内管中的气体受热膨胀而缓缓逸出小气泡，当温度上升至略高于 CCl_4 沸点时，将有一连串的小气泡快速逸出。此时可停止加热，使浴温自行下降，气泡逸出的速度即渐渐减慢。当气泡不再冒出而液体刚要进入内管的瞬间（即最后一个气泡刚欲缩回至内管中时），表明毛细管内的蒸气压与外界压力相等，记录此刻温度，即为该液体的沸点。重复测定 2～3 次，所得数据相差应小于 1 ℃。

微量法测定时应注意：加热不要太快，样品加入的不要太少（以防全部汽化），内管的空气要尽量赶干净，观察记录要及时、仔细、准确。

5.2.6　思考题

1. 什么叫沸点？常量法（蒸馏法）和微量法测定中是怎样确定沸点温度的？
2. 蒸馏时加入沸石的作用是什么？如果蒸馏前忘记加沸石，能否立即将沸石加至将近沸腾的液体中？当重新蒸馏时，用过的沸石能否继续使用？
3. 为什么蒸馏时最好控制馏出液的速度为每秒 1～2 滴为宜？

5.3　实验九　中和热的测定

5.3.1　预习

反应热测定原理和计算方法。

5.3.2 实验目的

1. 掌握中和热测定的原理,加深理解反应热理论。
2. 掌握测定中和热的简易方法。

5.3.3 实验原理

一定温度和压力下,1 mol H^+(aq)和 1 mol OH^-(aq)完全反应生成 1 mol H_2O(l)时的反应热称为中和热。强酸和强碱中和反应的实质是

$$H^+(aq) + OH^-(aq) = H_2O(l)$$

$$\Delta_r H_m^{\ominus}(298.15 \text{ K}) = -57.2 \text{ kJ} \cdot \text{mol}^{-1}(理论值)$$

各种强酸和强碱中和反应热是相同的,但对于弱酸和弱碱反应来说,反应热是不同的,因为弱酸和弱碱在发生中和反应(放热反应)的同时,还发生了解离反应(吸热反应),所以其反应热应是中和反应热与解离反应热之和(不在本实验研究范围)。

本实验用简易热量计测定一元强酸(盐酸)和一元强碱(氢氧化钠)的中和热。

在热量计中进行的放热反应,其放出的热量除了使反应液体升温外,还将使热量计的温度升高。因此,反应产生的总热量 Q 表达为

$$Q = (c_p + c_p')\Delta T$$

式中:c_p 为热量计的定压热容($J \cdot K^{-1}$),即热量计温度升高 1 K 所需要吸收的热量;c_p' 为反应溶液的定压热容($J \cdot K^{-1}$);ΔT 为体系温度变化(K)。

若反应中生成 n mol 的 H_2O(l),则中和热为

$$\Delta_r H_m^{\ominus} = -\frac{Q}{n} = -\frac{(c_p + c_p')\Delta T}{n}$$

热量计定压热容 c_p 的测定:

将质量为 m、温度为 T_1 的冷水放入热量计中,再加入质量为 m、温度为 T_2 的热水,冷、热水混合后测得的温度为 T_3,根据能量守恒,有

$$热水失热 = mc(T_2 - T_3)$$
$$冷水得热 = mc(T_3 - T_1)$$
$$热量计得热 = mc(T_2 - T_3) - mc(T_3 - T_1) = mc(T_1 + T_2 - 2T_3)$$

则热量计定压热容

$$c_p = \frac{mc(T_1 + T_2 - 2T_3)}{T_3 - T_1}$$

反应溶液的定压热容

$$c_p' = V\rho c$$

式中:V 为反应溶液的体积(mL);ρ 为反应溶液的密度($g \cdot mL^{-1}$),对水或稀水溶液 $\rho = 1.0 \text{ g} \cdot mL^{-1}$;$c$ 为反应溶液的比热容($J \cdot g^{-1} \cdot K^{-1}$),对水或稀水溶液 $c = 4.18 \text{ J} \cdot g^{-1} \cdot K^{-1}$。

5.3.4 实验用品

仪器:简易热量计、小烧杯(100 mL)、温度计(1/10 ℃)、量筒(50 mL)、酒精灯、三角架、石棉网等。

试剂:1 mol·L^{-1} HCl(浓度要求准确三位有效数字)、1 mol·L^{-1} NaOH(浓度要略高于 HCl)。

5.3.5 实验内容

1. 热量计定压热容 c_p 的测定

(1) 实验装置　按图 5-4 安装好简易热量计装置。

(2) 热量计定压热容 c_p 的测定　用量筒量取 50.0 mL 纯水倒入热量计中,盖好杯盖,轻轻搅拌,直至热量计内部达到热平衡(即温度不变),测定并记下此时温度 T_1。另在一洁净烧杯中加入 50.0 mL 纯水,用酒精灯加热(也可用热水调节)。当水温高于 T_1 约 20 ℃时,停止加热,摇匀后用精密温度计迅速测定热水温度 T_2。取出精密温度计用冷水冲凉,同时尽快将热水完全倒入热量计中,盖好杯盖,迅速将精密温度计插入热量计中。用环形搅拌棒上下移动进行搅拌,及时观测温度变化,准确记录最高温度 T_3。

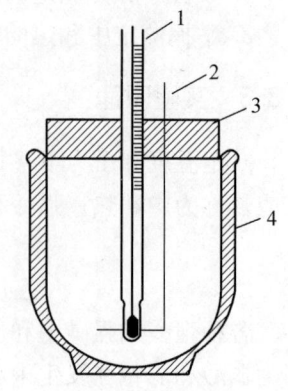

图 5-4　简易热量计装置示意图
1. 温度计　2. 环形搅拌棒
3. 塞子　4. 保温杯

2. NaOH 和 HCl 反应中和热的测定　将热量计内的水倒尽,待热量计冷却至室温后,用量筒量取 50.0 mL 1.0 mol·L^{-1} 的 HCl 溶液于热量计中,加盖并搅拌,达热平衡时记下此时温度 T_4。取出温度计,用水冲净残留的酸。用量筒量取 50.0 mL 1.0 mol·L^{-1} 的 NaOH 溶液,并测量 NaOH 溶液的温度,使其温度与酸相同。若温度不等,可用手温热烧杯或用自来水水浴冷却,使之相同。然后小心迅速地将碱液倒入热量计内,加盖并搅拌,及时观测温度变化,准确记录最高温度 T_5。

5.3.6 数据处理

1. 热量计定压热容 c_p 的计算

冷水温度 T_1	_____	K
热水温度 T_2	_____	K
冷热水混合后温度 T_3	_____	K
冷水质量(热水质量)m	_____	g
水的比热容 c	4.18	J·g^{-1}·K^{-1}
热量计定压热容 c_p	_____	J·K^{-1}

2. 中和热的计算

起始温度 T_4	_____	K
反应后温度 T_5	_____	K
$\Delta T = T_5 - T_4$	_____	K
溶液体积 V	_____	mL
溶液密度 ρ	_____	g·mL^{-1}
溶液比热容 c	4.18	J·g^{-1}·K^{-1}
反应溶液的定压热容 $c_p' = V\rho c$	_____	J·K^{-1}
反应放出的总热量 Q	_____	kJ
生成水的物质的量 n	_____	mol
中和热 $\Delta_r H_m^\ominus$	_____	kJ·mol^{-1}

$$误差 = \frac{\Delta_r H_m^{\ominus}(实验) - \Delta_r H_m^{\ominus}(理论)}{\Delta_r H_m^{\ominus}(理论)} \times 100\% \qquad \underline{\hspace{4cm}}\%$$

5.3.7 思考题

1. 实验中产生误差的主要来源有哪些？怎样减小误差？
2. 任意酸碱反应的中和热都相同吗？为什么？
3. 实验中温度达到最高点后往往逐渐下降，为什么？如何可以获得准确的 T_3 和 T_5？

5.4 实验十 旋光物质旋光度的测定

5.4.1 实验目的

1. 了解旋光仪的构造及使用方法。
2. 掌握有机化合物旋光度的测定原理及方法。

5.4.2 实验原理

旋光活性物质使偏振光振动平面偏转的角度称为旋光度，物质的旋光度除与物质的本性有关外，还与溶液的浓度、溶剂、温度、旋光管长度及所用的光源波长等因素有关。因此，需要测得一定条件的旋光度作为基准。一定条件下测得的旋光度就叫作比旋光度或分子旋光度。旋光度和比旋光度的关系表示如下：

纯液体的比旋光度：$[\alpha]_\lambda^t = \dfrac{\alpha}{l \cdot \rho}$

溶液的比旋光度：$[\alpha]_\lambda^t = \dfrac{\alpha}{l \cdot c}$

式中：$[\alpha]_\lambda^t$ 为旋光性物质在温度 t，光源波长为 λ 时的比旋光度；t 为测定时的温度；λ 为光源的波长；α 为旋光仪测得的旋光度；l 为旋光管的长度(dm)；c 为溶液的浓度(g·mL^{-1})；ρ 为溶液密度(g·mL^{-1})。

比旋光度是物质特性常数之一，对于某一物质，比旋光度是一个定值。因此可以通过测定旋光度来检定旋光性物质的纯度和含量。测定旋光度的仪器叫旋光仪，其结构、原理及使用方法见 10.2 旋光仪。

5.4.3 实验用品

仪器：WZX-4 光学度盘旋光仪。
试剂：蒸馏水、10%葡萄糖、15%葡萄糖、未知浓度的葡萄糖。

5.4.4 实验内容

1. 准备工作

(1) 先把待测溶液配好，并加以稳定和沉淀。
(2) 把待测溶液装入旋光管。取下旋光管一端的螺旋帽和帽内的护玻片(放置妥当，不要遗失)，先后用纯水和待测液洗净旋光管，再将待测液装入管内。当液面接近上端口时，将旋光管垂直载固于台面上，继续添加溶液至液面凸出管口，将护玻片快速压向凸曲面以封住管口(这样做可避免带入气泡至管内),然后将螺旋帽旋紧。应注意旋光管两端的螺旋帽都不能旋得太紧(不漏液即可),以免护玻片产生应力而引起视场亮度变化,影响测定准确度。用擦镜纸将两端护玻片外侧的残液揩净。若管内留有较大的气泡要重新添液,而对很小的气泡,可将其赶至旋光管的膨出部分,不至影响光线的通过。

2. 测定工作

(1) 预热　开始测量前,必须将电源开关推到"开"的位置,预热 5~10 min,直至钠光灯已充分受热。

(2) 旋光仪零点的校正　在测定样品前,必须先用没有旋光性的溶剂(如蒸馏水)来校正旋光仪的零点。将已装好蒸馏水的旋光管擦干,放入旋光仪空腔内,关上盖子。旋转粗动手轮将标尺盘的刻度调到零点,观察目镜内的三分视场,继续调节手轮(主要是微动手轮)至某一敏感位置,使视场三部分的明暗恰好达到一致,记下此时刻度盘上的读数。这时若使微动手轮稍有偏离,三分视场立即变得不均匀。重复操作至少 3 次,取其平均值,即为旋光仪真正的零点。

旋光仪采用光学游标跳线对准的读数装置,并采用左右两刻度盘对称读数,取平均值消除度盘偏心差。度盘每小格为 1°,游标分 20 格,等于度盘 19 格,用游标直接读数到 0.05°(图 5-5)。度盘和检偏镜结为一体,借助手轮的转动调节视场亮度。游标窗前方装有两块 4 倍的放大镜供读数时用,图 5-5 中游标尺读数为:$9°+0.05°×6=9.30°$。

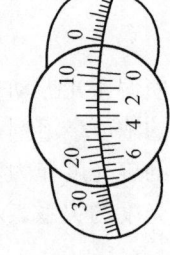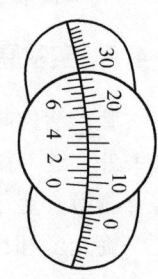

图 5-5　游标尺读数示意图

(3) 光学活性溶液旋光度的测定

① 取已准确配制的已知浓度葡萄糖溶液按上法测定其旋光度(测定前须用蒸馏水洗净旋光管,并用所测溶液少量洗涤几次),这时所得的读数与零点之间的差值即为该物质的旋光度。记下旋光管的长度及溶液的浓度。然后按公式计算其比旋光度。

② 取一未知浓度的葡萄糖溶液,按上述方法测定其旋光度,然后计算其浓度。

5.4.5　思考题

1. 在测量前为什么要预热 5~10 min?
2. 在样品测定前为什么要对旋光仪的零点进行校正?符合何种条件的溶剂可用作校正液?
3. 什么叫旋光度?旋光度与哪些因素有关?旋光度和比旋光度有什么关系?

5.5　实验十一　物质折射率的测定

5.5.1　实验目的

1. 掌握有机化合物折射率测定的原理。
2. 了解阿贝折射仪的基本结构和掌握测定折射率的方法。

5.5.2　实验原理

光在不同介质中传播速率不同,当光从一种介质入射到另一种介质时,光的传播方向会发生改变,这种现象称作光的折射。光从介质 A 入射到介质 B 时,入射光与 A、B

两者界面垂直线之间的夹角 α 称为入射角,在介质 B 中的折射光路与界面垂直线之间的夹角 β 称为折射角(图5-6),根据 Snell 定律,入射角与折射角之间的正弦值之比等于介质 B 对介质 A 的相对折射率(n),即 $n = \sin\alpha/\sin\beta$。

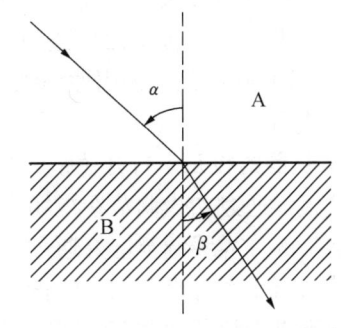

图 5-6 光在不同介质中的折射示意图

折射率是有机化合物最重要的物理常数之一,固体、液体和气体均有折射率。在有机化学领域,液体的折射率应用十分广泛,它常用来判别物质的纯度和未知液体的辅助定性鉴定,并可用来测定两种组分混合溶液的组成。

一般地,物质折射率随入射光的波长不同而不同,环境中温度变化对测量有很大的影响,通常温度每上升 1 ℃,物质折射率减小 $(3.5\sim5.5)\times10^{-4}$,因此,在折射率测定时必须注明入射光源的波长及测定时的环境温度,若光源为钠光灯(D),t 为环境温度,则此时测定的某物质折射率可记为 n_D^t。

5.5.3 实验用品

仪器:阿贝折射仪、超级恒温水浴器。
试剂:重蒸馏水、丙酮、待测液。

5.5.4 仪器的基本结构

阿贝折射仪基本结构见本书 10.3。其主要的光学器件是两块石英直角棱镜,一块是表面非常光滑的测量棱镜,也称作折射棱镜,另一块是磨砂面的辅助棱镜,也称作进光棱镜,辅助棱镜可以灵活开启。测定折射率时,待测物展开形成薄层分散在两棱镜界面之间。另外,还包括目镜等观测部件,阿贝折射仪通常有双目观测镜与单目观测镜之分。双目观测镜,通过左面镜筒可以观察视场内刻度盘在某具体位置时的刻度值,刻度盘上刻有 1.300 0~1.700 0 的许多等分格。右面的镜筒是一光学测量望远镜,用于观察折射情况,筒内装有消色散棱镜,也称作消色补偿器,通过调节,它可使复色光变为单色光。测定物质折射率时,光线由反射镜反射入磨砂面的棱镜,发生漫反射,以不同入射角射入两棱镜之间待测物层,而后再射入光滑表面的棱镜的表面,在此一部分光线发生折射后进入空气并到达测量镜,于是在视场中就可观察到明亮的光斑,另一部分光线则发生全反射,在测量镜视场中即呈现为暗光斑。通常在测量时,经过调节消色后应尽可能使明暗界面分界清晰,并将分界线调至恰好经过视场中的十字交叉线的交点处,方可停止调节读取测定值。单目观测镜,实际上就是将双目镜的所有功能合二为一,即只需通过单目镜,就能同时获取两种视场信息,既可观察折射情况,又可用于读取测定的刻度值。

5.5.5 实验内容

1. 仪器准备

(1)将折射仪放在光线充足且阳光不能直射的实验台上,装好温度计,与恒温水浴器连通,调节好所需的测定温度后,开启恒温水浴器工作电源,使折射仪处于稳定工作环境温度后方可进行相关测定工作。本实验也可在室温情况下进行折射率的测定，测定值应根据环境温度与标准值之间进行相应换算。

（2）打开两棱镜，先用擦镜纸沾少量乙醚或丙酮，顺同一方向轻轻擦洗上下两棱镜镜面，晾干后待用。

2. 仪器的校正 打开棱镜，将3滴左右的重蒸馏水均匀分散在下面的棱镜上，立即合紧两棱镜，通过初步调节在视场内找到明暗两界面，再转动消色旋钮消色完全，然后将明暗界面清晰的分界线调至恰好通过十字交叉线交点处，停止调节，在特定温度下，读取刻度盘上的读数值是否与重蒸馏水的折射率值一致，如果存在偏差，应记录相应的误差值，或在教师指导下进行仪器的调节。不同温度下重蒸馏水的折射率见表5-1。

表5-1 不同温度下重蒸馏水的折射率

温度/℃	14	18	20	24	25	28	32
折射率(n)	1.333 48	1.333 17	1.332 99	1.332 62	1.332 50	1.332 19	1.331 64

3. 未知液折射率的测定

（1）在测定前应用擦镜纸将镜面擦净，晾干。

（2）取3~4滴待测液均匀滴加在镜面上，关闭棱镜，注意待测液应充满视场。

（3）调节棱镜手轮，至视场内有明暗界面出现，若存在色散光带，应调节消色旋钮充分消色，尽可能使明暗界面分界线清晰，继续调节棱镜手轮，使分界线恰好通过十字线交点处，停止调节并正确读取读数，经过数据处理获得待测物在某一温度下的折射率值。

（4）测试完毕，应及时用乙醚或丙酮擦洗两棱镜面，晾干后关闭棱镜，切断恒温水浴电源，整理好实验仪器。

5.5.6 思考题

阿贝折射仪在测定待测物折射率前应做好哪些准备工作？

5.6 实验十二 pH计法测定HAc离解度和离解常数

5.6.1 实验目的

1. 掌握用pH计法测定HAc离解度和离解常数的原理和方法。
2. 学会pH计的使用方法。

5.6.2 实验原理

HAc是弱电解质，在水溶液中部分离解，存在下列平衡：

$$\text{HAc(aq)} \rightleftharpoons \text{H}^+(\text{aq}) + \text{Ac}^-(\text{aq})$$

HAc的标准离解常数为

$$K_a^{\ominus}(\text{HAc}) = \frac{c_{eq}(\text{H}^+) \cdot c_{eq}(\text{Ac}^-)}{c_{eq}(\text{HAc})} \tag{5-1}$$

式中：$c_{eq}(\text{HAc})$、$c_{eq}(\text{H}^+)$、$c_{eq}(\text{Ac}^-)$分别为HAc、H$^+$、Ac$^-$的平衡浓度。设HAc的初始

浓度为 c_0，离解度为 α，则平衡时 HAc、H^+、Ac^- 三者的浓度分别为 $c_0(1-\alpha)$、$c_0\alpha$、$c_0\alpha$。HAc 的标准离解常数可表示为

$$K_a^{\ominus}(\text{HAc}) = \frac{(c_0\alpha)^2}{c_0(1-\alpha)} = \frac{c_0\alpha^2}{1-\alpha} \tag{5-2}$$

当 $\alpha < 5\%$ 时，$K_a^{\ominus} = c_0\alpha^2$。

HAc 的离解度 α 可表示为

$$\alpha = \frac{c(H^+)}{c_0} \tag{5-3}$$

本实验用 pH 计测定已知初始浓度的 HAc 溶液的 pH，代入式(5-2)和式(5-3)，便可求得其 $K_a^{\ominus}$ 和 α。

5.6.3 实验用品

仪器：pH 计、移液管(10 mL、20 mL)、容量瓶(50 mL)、烧杯(50 mL、250 mL)等。

试剂：0.1 mol·L^{-1} HAc 溶液(浓度准确至四位有效数字)。

5.6.4 实验内容

1. 不同浓度 HAc 溶液的配制　用移液管分别取 40.00 mL、30.00 mL、20.00 mL、10.00 mL 已标定好的 HAc 溶液于 4 个洁净的 50 mL 容量瓶中，再用蒸馏水稀释至刻度，摇匀，并计算每份 HAc 溶液的准确浓度。

2. HAc 溶液 pH 的测定　用 5 只洁净干燥的 50 mL 烧杯，分别取 20 mL 左右上述 4 种浓度的 HAc 溶液及一份未稀释的 HAc 标准溶液(若烧杯不干燥，可用少量所盛 HAc 溶液淋洗 2~3 遍)。按由稀到浓的顺序用 pH 计分别测定它们的 pH(操作方法参阅 10.1)，记录各份溶液的 pH 和实验温度，并将 pH 换算成 $c(H^+)$。

5.6.5 数据处理

将实验中测得的有关数据填入下表中，并计算出 α 和 $K_a^{\ominus}$。

温度 = _____ ℃

HAc 溶液编号	$\dfrac{c(\text{HAc})}{\text{mol·L}^{-1}}$	pH	$\dfrac{c(H^+)}{\text{mol·L}^{-1}}$	α	$K_a^{\ominus}$	
					测定值	平均值
1						
2						
3						
4						
5						

5.6.6 思考题

1. 若改变所测 HAc 溶液浓度和温度，HAc 的离解度和离解常数有无变化？

2. 测定一系列同种溶液的 pH 时，测定顺序由稀到浓和由浓到稀，其结果有何不同？

5.7 实验十三　电导法测定 HAc 离解度和离解常数

5.7.1 实验目的

1. 学会用电导法测定弱电解质的离解常数。
2. 掌握恒温水槽和电导仪的使用方法。
3. 通过实验进一步理解有关溶液电导的一些基本概念。

5.7.2 实验原理

电解质溶液具有导电性，其导电能力可以用电导（G）来表示。电导定义为电阻（R）的倒数，单位为 S（西门子），即在一定温度下，对于一段截面积为 A，长度为 l 的均匀导体，有

$$R=\rho\frac{l}{A} \tag{5-4}$$

$$G=\frac{1}{R}=\kappa\frac{A}{l} \tag{5-5}$$

式中：ρ 为该导体的电阻率，单位为 $\Omega \cdot m$；R 为电阻，单位为 Ω；κ 为电导率，单位为 $S \cdot m^{-1}$。

电导池是用来测量溶液电导（电阻）值的设备，它是由两个电极组成的。在电导池中，l 表示两电极间距离，A 表示电极的面积。对于一定的电导池而言，l/A 为一常数，称为电导池常数，用 K_{cell} 表示，则

$$G=\kappa\frac{1}{K_{cell}} \tag{5-6}$$

由于电极的面积和两电极间的距离不能被精确测量，因此电导池常数 K_{cell} 的测量通常采用测定已知精确电导率 κ 溶液的电导 G，然后由式（5-6）计算出电导池常数。最常用的是采用 KCl 溶液。表 5-2 列出了标准 KCl 溶液在不同温度下的电导率。

表 5-2　标准 KCl 溶液在不同温度下的电导率

$c/(mol \cdot L^{-1})$	$\kappa/(S \cdot m^{-1})$					
	0 ℃	5 ℃	10 ℃	15 ℃	20 ℃	25 ℃
1.0	6.541	7.414	8.391	9.252	10.207	11.180
0.10	0.715 4	0.822	0.933	1.048	1.167	1.289
0.020	0.152 1	0.175 2	0.199 4	0.224 3	0.250 1	0.276 5
0.010	0.077 51	0.089 6	0.102 0	0.114 7	0.127 8	0.141 1

电解质溶液的电导率不仅与温度、离子的迁移速度有关，还与电解质的离子所带的电荷和电解质溶液的浓度有关。为了比较不同电解质溶液的导电能力，引入了摩尔电导率 Λ_m 的概念。

摩尔电导率 Λ_m 表示在两个相距 1 m 的平行电极间，含有 1 mol 电解质的溶液所具有的电导，用公式表示为

$$\Lambda_m = \frac{\kappa}{c} \qquad (5-7)$$

式中：c 为电解质的浓度（$mol \cdot m^{-3}$），Λ_m 的单位为 $S \cdot m^2 \cdot mol^{-1}$。$\Lambda_m$ 随浓度的变化而变化，但其变化规律对于强电解质和弱电解质是不同的。对于强电解质的稀溶液来说，摩尔电导率 Λ_m 与其浓度 c 有如下关系：

$$\Lambda_m = \Lambda_m^\infty (1 - \beta \sqrt{c}) \qquad (5-8)$$

式中：Λ_m^∞ 为无限稀释时电解质溶液的摩尔电导率，称为极限摩尔电导率；β 为常数。

对于强电解质来说，Λ_m^∞ 可通过在 Λ_m^∞-$\sqrt{c}$ 图中将 Λ_m 外推至 $c=0$ 时得到。而弱电解质的 Λ_m^∞ 与 c 不存在线性关系，其 Λ_m^∞ 可依据 Kohlrauch 的离子独立运动定律求得。即在无限稀释的溶液中，电解质的 Λ_m^∞ 是正、负离子的极限摩尔电导率之和。

对于 1-1 价型电解质： $\qquad \Lambda_m^\infty = \Lambda_{m,+}^\infty + \Lambda_{m,-}^\infty \qquad (5-9)$

对于 $M_{\nu_+} A_{\nu_-}$ 价型电解质： $\qquad \Lambda_m^\infty = \nu_+ \Lambda_{m,+}^\infty + \nu_- \Lambda_{m,-}^\infty \qquad (5-10)$

根据这一定律，弱电解质如 HAc 的 Λ_m^∞ 可通过下式求得：

$$\Lambda_m^\infty(HAc) = \Lambda_m^\infty(H^+) + \Lambda_m^\infty(Ac^-)$$

表 5-3 中列出了一些离子在无限稀释水溶液中的极限摩尔电导率。

表 5-3　298 K 时一些离子的极限摩尔电导率

阳离子	$\Lambda_{m,+}^\infty /(10^4 S \cdot m^{-1} \cdot mol^{-1})$	阴离子	$\Lambda_{m,-}^\infty /(10^4 S \cdot m^{-1} \cdot mol^{-1})$
H^+	349.82	OH^-	198.0
Li^+	38.69	Cl^-	76.34
Na^+	50.11	Br^-	78.4
K^+	73.52	I^-	76.8
NH_4^+	73.4	NO_3^-	71.44
Ag^+	61.92	CH_3COO^-	40.9
$\frac{1}{2}Ca^{2+}$	59.50	ClO_4^-	68.0
$\frac{1}{2}Ba^{2+}$	63.64	$\frac{1}{2}SO_4^{2-}$	79.8
$\frac{1}{2}Sr^{2+}$	59.46		
$\frac{1}{2}Mg^{2+}$	53.06		
$\frac{1}{2}Pb^{2+}$	69.5		
$\frac{1}{3}La^{3+}$	69.6		

在一定温度下，HAc 在水溶液中呈下列平衡：

$$HAc(aq) \rightleftharpoons H^+(aq) + Ac^-(aq)$$

平衡时 $\qquad\qquad\qquad c_0(1-\alpha) \qquad c_0\alpha \qquad c_0\alpha$

HAc 的标准离解常数为

$$K_a^\ominus(HAc) = \frac{c_{eq}(H^+) \cdot c_{eq}(Ac^-)}{c_{eq}(HAc)} = \frac{(c_0\alpha)^2}{c_0(1-\alpha)} = \frac{c_0 \alpha^2}{1-\alpha} \qquad (5-11)$$

式中：$c_{eq}(HAc)$、$c_{eq}(H^+)$、$c_{eq}(Ac^-)$ 分别为 HAc、H^+、Ac^- 的平衡浓度；c_0 为 HAc 的初始浓度；α 为 HAc 的离解度。

对于弱电解质而言，其离解度 α 应等于溶液在浓度为 c 时的摩尔电导率 Λ_m 和溶液在无限稀释时的摩尔电导率 Λ_m^∞ 之比，即

$$\alpha = \frac{\Lambda_m}{\Lambda_m^\infty} \qquad (5-12)$$

将式(5-12)代入式(5-11)得

$$K_a^\ominus = \frac{c_0 \Lambda_m^2}{\Lambda_m^\infty (\Lambda_m^\infty - \Lambda_m)} \qquad (5-13)$$

其中 Λ_m^∞ 可以从两种离子的极限摩尔电导率计算出来，Λ_m 可通过实验测定出电导 G 后由式(5-7)计算出来，因此，根据式(5-12)和式(5-13)就可求出 α 和 $K_a^\ominus$ 值。

电解质溶液的电导，是通过平衡电桥测定。电桥装置如图 5-7 所示，AB 为均匀的滑线电阻（总电阻为 1 000 Ω）；X 为放有待测溶液的电导池，电阻为 R_X；R 为变阻箱，并联一个可变电容 K，以便调节与电导池实现阻抗平衡；U 为高频交流电源（通常为 1 000 Hz）；T 为耳机或阴极示波器。

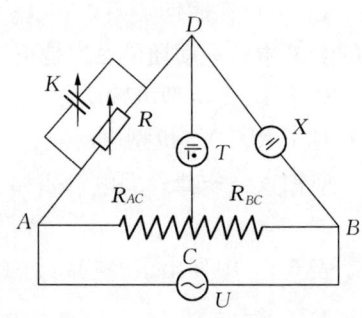

图 5-7 平衡电桥简图

实验时调节电阻 R 以及移动滑点 C 到适当位置，使示波器屏幕上的波形为一水平线，表示 CD 两点间无电流通过，它们的电压相等，电桥达到平衡。根据电学原理：

$$E_{AD} = E_{AC} \qquad E_{BD} = E_{BC}$$

设通过 ADB 的电流为 I_1，通过 ACB 的电流为 I_2，则

$$I_1 R = I_2 R_{AC} \qquad I_1 R_X = I_2 R_{BC}$$

将上两式相比，可得

$$R_X = R \cdot \frac{R_{BC}}{R_{AC}} \qquad (5-14)$$

则

$$G = \frac{1}{R_X} = \frac{1}{R} \cdot \frac{R_{AC}}{R_{BC}} \qquad (5-15)$$

因为 $R_{BC} = 1\,000 - R_{AC}$，所以

$$G = \frac{1}{R} \cdot \frac{R_{AC}}{(1\,000 - R_{AC})} \qquad (5-16)$$

根据式(5-16)，只要测得当电桥达平衡时的电阻 R 和 R_{AC} 值，就可求得待测溶液的电导。当电导池常数知道后，根据式(5-7)求得 Λ_m。

5.7.3 实验用品

仪器：电离平衡综合测定仪 1 台、双踪通用示波器 1 台、电导池 1 个、恒温槽 1 台。

试剂：0.010 00 mol·L^{-1} KCl 标准溶液、HAc（0.100 mol·L^{-1}、0.050 0 mol·L^{-1}、0.025 0 mol·L^{-1}）溶液。

5.7.4 实验内容

1. 调节温度 将恒温槽温度控制为 (25 ± 0.5) ℃。

2. 连接电桥 按图 5-7 连接好交流电桥电路。

3. 测定电导池常数 K_{cell} 用蒸馏水和少量 KCl 标准溶液润洗电导池和铂电极 3 次,然后加入 KCl 标准溶液于电导池中,液面超过电极 1~2 cm,再将电导池置于 25 ℃恒温槽中恒温约 10 min 后进行测量。先调好电容补偿值(参见本书 10.7 中的表 10-1),将滑线电阻调在 500 Ω 处,然后调节电阻箱 R 至示波器的荧光屏上显示为一条直线。若不是一条直线,可微调滑线电阻,直到电桥达平衡(参见本书 10.6 和 10.7),记录 R 值和滑线电阻 R_{AC}。然后将变阻箱增加 20 Ω,调节滑线电阻,再找到平衡点,记录 R、R_{AC} 值。再将变阻箱减少 40 Ω,再找到平衡点,记录 R、R_{AC} 值。

4. 测定 HAc 溶液的电导 倒去电导池中 KCl 标准溶液,将电导池和铂电极用蒸馏水润洗 3 次,再用少量待测 0.025 0 mol·L^{-1} HAc 溶液润洗 3 次,按步骤 3 操作,记录 R、R_{AC} (注意变阻箱改变 200 Ω)。同法测定其他两种浓度的 HAc 溶液的电导。

HAc 溶液的电导测定完成后,再次测定电导池常数,与步骤 3 的数值进行比较,看电导池常数是否改变。

5.7.5 数据处理

1. 电导池常数

25 ℃时 0.010 00 mol·L^{-1} KCl 标准溶液的电导率 $\kappa=$ _____ S·m^{-1}。

实验次数		测量值		G/S	K_{cell}/m^{-1}	$\overline{K_{cell}}/m^{-1}$
		R_{AC}/Ω	R/Ω			
实验开始	1					
	2					
	3					
实验结束	1					
	2					
	3					

2. HAc 溶液的电导、离解度和离解平衡常数

$\dfrac{c(\text{HAc})}{\text{mol·L}^{-1}}$		测量值		G/S	$\dfrac{\kappa}{\text{S·m}^{-1}}$	$\dfrac{\overline{\kappa}}{\text{S·m}^{-1}}$	$\dfrac{\Lambda_m}{\text{S·m}^2\text{·mol}^{-1}}$	α	$K_a^{\ominus}$	$\overline{K_a^{\ominus}}$
		R_{AC}/Ω	R/Ω							
0.025 0	1									
	2									
	3									
0.050 0	1									
	2									
	3									
0.100	1									
	2									
	3									

5.7.6 思考题

1. 在测 HAc 的电导时,若没有用待测溶液润洗电导池和铂电极对测定结果有何影响?
2. 若蒸馏水的电导率为 5×10^{-4} S·m^{-1},请估算测定 0.010 00 mol·L^{-1} KCl 标准溶液的摩尔电导率引入的误差为多少?

5.8 实验十四 PbCl$_2$ 溶度积的测定

5.8.1 预习

离子交换树脂的使用方法,离子交换法测定难溶电解质的溶解度和溶度积的原理和方法。

5.8.2 实验目的

1. 了解离子交换树脂的使用方法。
2. 掌握离子交换法测定难溶电解质的溶解度和溶度积的原理和方法。

5.8.3 实验原理

一定温度下,难溶盐电解质 PbCl$_2$ 达成如下平衡:

$$PbCl_2(s) \rightleftharpoons Pb^{2+}(aq) + 2Cl^-(aq)$$

饱和溶液中 PbCl$_2$ 的溶解度为 s(mol·L^{-1}),则平衡时,有

$$c(Pb^{2+}) = s \quad c(Cl^-) = 2s$$

$$K_{sp}^{\ominus} = c(Pb^{2+})c^2(Cl^-) = 4s^3 = 4c^3(Pb^{2+})$$

显然,测定出 PbCl$_2$ 饱和溶液中 Pb^{2+} 的浓度 $c(Pb^{2+})$,就可求得 $K_{sp}^{\ominus}$。

本实验采用离子交换树脂法测定 Pb^{2+} 浓度。

离子交换树脂是一类人工合成的固态、球状的高分子聚合物,其分子中含有特殊活性基团,能与其他物质中的离子进行交换。含有酸性基团且能与其他物质中的阳离子进行交换的树脂称为阳离子交换树脂,如强酸型的含有磺酸基(—SO$_3$H)、中强酸型的含有磷酸基(—PO$_3$H$_2$)、亚磷酸基(—PO$_2$H)等;而含有碱性基团且能与其他物质中的阴离子进行交换的树脂则称为阴离子交换树脂,如强碱型的季铵[—N$^+$(CH$_3$)$_3$]、弱碱型的叔胺[—N(CH$_3$)$_2$]、仲胺(—NHCH$_3$)、伯胺(—NH$_2$)等。根据离子交换树脂的这一特性,离子交换树脂已被广泛应用于水的净化、金属的回收及离子的分离和测定等领域。

本实验使用最常见的聚苯乙烯磺酸型(强酸型)阳离子交换树脂(用 RH 表示)与饱和 PbCl$_2$ 溶液中的 Pb^{2+} 进行离子交换:

$$2RH + Pb^{2+} \rightleftharpoons R_2Pb + 2H^+$$

交换反应生成的 H$^+$ 用标准浓度的 NaOH 滴定:

$$H^+ + OH^- \rightleftharpoons H_2O$$

显然 $\qquad c(Pb^{2+}) \infty 2c(H^+) \infty 2c(OH^-)$

若进行交换的饱和 $PbCl_2$ 溶液体积为 V_1,标准 NaOH 的浓度为 c_2,滴定所消耗的 NaOH 的体积为 V_2,则

$$c(Pb^{2+}) = \frac{1}{2}\left(\frac{c_2 V_2}{V_1}\right)$$

$$K_{sp}^{\ominus} = 4c^3(Pb^{2+}) = \frac{1}{2}\left(\frac{c_2 V_2}{V_1}\right)^3$$

需要注意的是,市售的阳离子交换树脂大多为钠型(RNa),使用前必须用稀盐酸将钠型转化为酸型(RH)。此外,使用过的旧树脂,用稀盐酸浸洗可使其重新再生为酸型(RH)树脂,再生树脂可继续使用。

5.8.4 实验用品

仪器:离子交换柱、碱式滴定管、锥形瓶、移液管、温度计、烧杯、玻璃棒等。

试剂:阳离子交换树脂、$PbCl_2$ 饱和溶液、酚酞指示剂、$0.0500\ mol \cdot L^{-1}$ NaOH 标准溶液、$2\ mol \cdot L^{-1}$ HCl 溶液等。

材料:pH 试纸、脱脂棉或玻璃纤维等。

5.8.5 实验内容

1. 装柱 将离子交换柱洗净,底部填以少量脱脂棉或玻璃纤维。向事先用去离子水浸泡 24~48 h 并洗净的阳离子交换树脂中加入少量去离子水,调成"糊状",装入离子交换柱内,再加去离子水使水面高于树脂约 2 cm。装柱时应尽可能使树脂紧密,勿留气泡。若有气泡,可用玻璃棒搅动树脂,将气泡赶出。

2. 转型 为保证离子交换成功,必须将钠型阳离子交换树脂转化为酸型树脂。向交换柱中分批加入 40 mL $2\ mol \cdot L^{-1}$ HCl 溶液,以每分钟 40~60 滴的速度流过交换柱,待交换柱中 HCl 溶液液面高于树脂层约 1 cm 时,加去离子水洗涤树脂,直至流出液呈中性(用 pH 试纸检验)。

3. 交换 用移液管准确移取 25.00 mL $PbCl_2$ 饱和溶液于小烧杯中,分几次注入交换柱内,控制流速为每分钟 30~40 滴。用锥形瓶承接交换液。用适量去离子水洗涤小烧杯 3 次,并转入交换柱内,待液面略高于树脂层时,加去离子水洗涤树脂,直至流出液呈中性(用 pH 试纸检验)。

4. 滴定 向承接交换液的锥形瓶中滴加酚酞指示剂 3~4 滴,用 $0.0500\ mol \cdot L^{-1}$ NaOH 标准溶液滴定至溶液由无色刚好变为淡红色(30 s 内不褪色)为止,记录 NaOH 溶液所消耗的体积 V_2。

5.8.6 数据处理

(1)数据记录

$\dfrac{V_1(PbCl_2)}{mL}$	$\dfrac{c_2(NaOH)}{mol \cdot L^{-1}}$	$\dfrac{V_2(NaOH)}{mL}$	$\dfrac{c(Pb^{2+})}{mol \cdot L^{-1}}$	$\dfrac{s(PbCl_2)}{mol \cdot L^{-1}}$	$K_{sp}^{\ominus}(PbCl_2)$
25.00					

(2) 数据处理，求出 $K_{sp}^{\ominus}(PbCl_2)$。

5.8.7 思考题

1. 离子交换过程中，为什么要控制液体的流速不宜过快？
2. 为什么要自始至终保持液面高于交换树脂层？
3. 若用 $PbCl_2$ 饱和溶液的混浊液进行实验，对实验结果有何影响？

5.9 实验十五 硫酸钙溶度积常数的测定

5.9.1 实验目的

1. 了解使用离子交换树脂的一般方法。
2. 学习离子交换法测定硫酸钙的溶解度和溶度积的原理。
3. 熟悉酸碱滴定操作，继续练习 pH 计、容量瓶及移液管的使用方法。

5.9.2 实验原理

溶液中的 Ca^{2+} 可与氢型阳离子交换树脂发生下述交换反应。

$$2R—SO_3H + Ca^{2+} \rightleftharpoons (R—SO_3)_2Ca + 2H^+ \tag{1}$$

$CaSO_4$ 是难溶盐，在其水溶液中，Ca^{2+} 和 SO_4^{2-} 与未溶解的 $CaSO_4$ 固体之间，在一定温度下可达到动态平衡，已溶解的 Ca^{2+} 和 SO_4^{2-} 浓度（更确切地说应是活度）的乘积是一个常数。

$$CaSO_4(s) \rightleftharpoons Ca^{2+} + SO_4^{2-}$$
$$K_{sp}^{\ominus} = c_{eq}(Ca^{2+})c_{eq}(SO_4^{2-}) \tag{2}$$

当一定量的 $CaSO_4$ 饱和溶液流经树脂时，由于 Ca^{2+} 全部被交换为 H^+，用已知浓度的 NaOH 溶液滴定交换出的 H^+，根据消耗的 NaOH 溶液的体积（或用 pH 计测出的 pH），可计算出被交换的 H^+ 的浓度，由(1)、(2)两式可知 $c_{eq}(Ca^{2+}) = c_{eq}(SO_4^{2-}) = \frac{1}{2}c_{eq}(H^+)$，所以 $CaSO_4$ 的溶度积常数可以由下式求得

$$K_{sp}^{\ominus} = c_{eq}(Ca^{2+})c_{eq}(SO_4^{2-}) = \frac{1}{4}[c_{eq}(H^+)]^2 \tag{3}$$

交换生成的 H^+ 用标准浓度的 NaOH 溶液滴定：

$$H^+ + OH^- = H_2O$$

若进行交换的饱和 $CaSO_4$ 溶液体积为 V_1，NaOH 标准溶液的浓度为 c_2，滴定所消耗的 NaOH 标准溶液体积为 V_2，则

$$K_{sp}^{\ominus} = \frac{1}{4}\left(\frac{c_2 V_2}{V_1}\right)^2 \tag{4}$$

5.9.3 实验用品

仪器：离子交换柱（$2.0 \sim 2.5$ cm $\times$ 50 cm）、玻璃棉、乳胶管、螺旋夹、容量瓶（250 mL）、滴定管夹、锥形瓶（250 mL）、温度计（$0 \sim 50$ °C）、烧杯、移液管（25 mL）。

试剂：$CaSO_4$ 饱和溶液、溴百里酚蓝指示剂(1%)、强酸型阳离子交换树脂、NaOH 标准溶液(0.030 00 mol·L^{-1})、HCl(6.0 mol·L^{-1})。

材料：pH 试纸。

5.9.4 实验内容

1. 树脂装柱 将离子交换柱洗净，底部填以少量玻璃丝(现在也有成品已经在底部装有玻璃砂芯的交换柱)，把离子交换柱固定在滴定管架上，用小烧杯装入少量已经转型或再生为氢型的阳离子交换树脂，再加入少量蒸馏水。

方法：通过玻璃棒连水带树脂转移到交换柱中。在转移树脂的过程中，如水太多，可以打开螺旋夹或活塞，让水慢慢流出。当液面略高于交换柱内树脂时，夹紧螺旋夹。在整个操作过程中都应使树脂完全浸在水中，否则气泡会进入树脂床，影响交换效果。如不慎混入气泡，可以加少量蒸馏水使液面高出树脂面，然后用塑料搅棒搅拌树脂，直至所有气泡完全逸出。装好树脂后，应检查流出液的 pH 是否为 6~7。否则，用蒸馏水淋洗树脂直到符合要求。

2. 交换和洗涤 交换柱中水液面略高于树脂时，用移液管取 25.00 mL $CaSO_4$ 饱和溶液于干净的小烧杯中，分次加到离子交换柱中进行交换，同时用锥形瓶(250 mL)承接(开始 10~15 mL 可不要，为什么?)。取 30 mL 蒸馏水分 3~4 次淌洗小烧杯内壁。每次洗涤液都转移到离子交换柱中，并冲洗交换柱内壁。

交换时，调节交换柱下方的活塞(或螺旋夹)控制流出液的速度为每分钟 30 滴左右，每当树脂上部只有 2~3 mm 厚水层时再加蒸馏水于树脂上部，如此重复。当流出液接近 100 mL 时，可以加大流出速度，保持每分钟 60 滴左右，到流出液约 150 mL 时用 pH 试纸测试流出液的 pH，如果 pH 为 6~7，表明交换柱内交换出的 H^+ 已经全部洗出交换柱，可停止洗涤。关闭活塞，移走锥形瓶。

注意：每次往交换柱中加液体(包括加水)前，交换柱中液面应略高于树脂 2~3 mm，这样既不会带进气泡，又尽可能减少溶液与水的混合，可提高交换和洗涤的效果。

3. 氢离子浓度的测定

(1)酸碱滴定法 锥形瓶中加 2 滴溴百里酚蓝指示剂，用 NaOH 标准溶液(0.030 00 mol·L^{-1})滴定。当滴入半滴或一滴 NaOH 标准溶液，锥形瓶中溶液由黄色突变为鲜明的蓝色时即为滴定终点。准确读取消耗的 NaOH 溶液体积并记录。

(2)pH 计测定法 将锥形瓶中的溶液完全转移到 250 mL 容量瓶中，定容后充分摇匀，倒出一部分于干燥洁净的小烧杯中，用 pH 计测定溶液的 pH，计算出 250 mL 溶液中 H^+ 的浓度 $c_{250}(H^+)$，并换算成 25 mL 中的 H^+ 浓度 $c_{25}(H^+)$。

5.9.5 数据处理

1. 酸碱滴定法数据处理

(1)数据记录

$V_1(CaSO_4)$/mL	$c_2(NaOH)/(mol·L^{-1})$	$V_2(NaOH)$/mL	$c_2(Ca^{2+})/(mol·L^{-1})$	$K_{sp}^{\ominus}(CaSO_4)$
25.00				

(2) 数据处理　由(4)式求出 $K_{sp}^{\ominus}(CaSO_4)$。

2. pH 计测定法数据处理

(1) 数据记录

$V_1(CaSO_4)/mL$	流出液的 pH	$c_{250}(H^+)/(mol \cdot L^{-1})$	$c_{25}(H^+)/(mol \cdot L^{-1})$	$c_2(Ca^{2+})/(mol \cdot L^{-1})$	$K_{sp}^{\ominus}(CaSO_4)$
25.00					

(2) 数据处理　由(3)式求出 $K_{sp}^{\ominus}(CaSO_4)$。

对照本书 11.6 中溶解度的文献值，讨论测定结果产生误差的原因。

5.9.6　思考题

1. 为什么要将洗涤液合并到容量瓶中？
2. 交换过程中为什么要控制液体的流速不宜太快？
3. 本实验所需的树脂进行转型时，用 HCl 还是用 H_2SO_4？
4. 该法能否用于测定 $BaSO_4$ 的 $K_{sp}^{\ominus}$？为什么？

5.10　实验十六　化学反应速率的测定

5.10.1　实验目的

1. 掌握浓度和温度对化学反应速率的影响。
2. 测定在酸性溶液中 KIO_3 与 Na_2SO_3 的反应速率，并计算该反应的反应级数和活化能。

5.10.2　实验原理

在酸性溶液中，KIO_3 与 Na_2SO_3 发生如下反应：

$$IO_3^- + 3SO_3^{2-} = 3SO_4^{2-} + I^-$$

从反应方程式来看，似乎反应速率与浓度 $c(SO_3^{2-})$ 的三次方成正比，但实验结果表明，该反应的速率接近与 $c(SO_3^{2-})$ 的一次方成正比。

反应可能分以下步骤进行：

$$IO_3^- + SO_3^{2-} = IO_2^- + SO_4^{2-} \tag{1}$$

$$IO_2^- + 2SO_3^{2-} = I^- + 2SO_4^{2-} \tag{2}$$

$$5I^- + IO_3^- + 6H^+ = 3I_2 + 3H_2O \tag{3}$$

这三步反应中，(1)反应是慢反应，(2)、(3)均为快反应。理论上反应速率应该与 $c(SO_3^{2-})$ 的一次方成正比，但实验结果只是接近这种正比关系，可见，这一反应的实际情况比上述设想的机理还要复杂。

实验中使 KIO_3 过量，Na_2SO_3 在反应中消耗完，反应以 Na_2SO_3 消耗完全为终点。为了便于观察终点，预先在 Na_2SO_3 溶液中加入了可溶性淀粉，当 Na_2SO_3 消耗完全，作为(2)反应的产物同时又是还原剂的 I^- 立即与 IO_3^- 发生反应，并有 I_2 生成，I_2 遇淀粉显蓝色。从反应开始到 Na_2SO_3 在反应中消耗完全所需的时间可以用秒表计时。

根据化学计量关系，实验中所用的 KIO_3 均过量，在反应 Δt 时间内，Na_2SO_3 消耗完，

即 Na_2SO_3 浓度由 $c(SO_3^{2-}) \to 0$，由此可计算出该浓度范围内的平均反应速率：

$$\bar{v} = \frac{1}{\nu}\frac{dc(SO_3^{2-})}{dt} = \frac{1}{-3}\frac{0-c(SO_3^{2-})}{dt} = \frac{1}{3}\frac{c(SO_3^{2-})}{dt} = kc^m(SO_3^{2-})c^n(IO_3^-) \quad (5-17)$$

式中：m、n 分别为 SO_3^{2-} 和 IO_3^- 的反应级数；k 为反应速率常数；$c(SO_3^{2-})$ 为反应物 SO_3^{2-} 的起始浓度；$c(IO_3^-)$ 为反应物 IO_3^- 的起始浓度。实验时改变每组的物质含量，测定出该组的平均反应速率，代入式（5-17），估算出反应的反应级数 m、n 和反应速率常数 k。

当反应物浓度固定时，改变反应的温度测定出不同温度下的反应速率常数 k，利用式（5-18）求反应的活化能。

$$\lg\frac{k_2}{k_1} = \frac{-E_a}{2.303R}\left(\frac{1}{T_2} - \frac{1}{T_1}\right) \quad (5-18)$$

5.10.3 实验用品

仪器：移液管（5 mL、10 mL）、大试管（25 mL）、烧杯（250 mL）、秒表、温度计等。

试剂：0.01 mol·L^{-1} KIO_3 溶液、0.01 mol·L^{-1} Na_2SO_3 溶液、0.5% 淀粉。

5.10.4 实验内容

1. 浓度对反应速率的影响 在室温下，按照表 5-4 所列试剂用量，分别用移液管移取 KIO_3 溶液和去离子水放入 A 试管中，再用另外移液管移取 Na_2SO_3 溶液放入 B 试管中并加入 1 mL 0.5% 淀粉溶液。将 A 试管溶液迅速地倒入 B 试管中，同时开动秒表计时，摇动试管，当溶液变蓝时停止计时。在表 5-4 中记录反应时间和温度。

表 5-4 浓度对化学反应速率的影响

温度：_____ $c_0(KIO_3)=0.01$ mol·L^{-1}，$c_0(Na_2SO_3)=0.01$ mol·L^{-1}

实验编号			1	2	3	4	5
试剂用量 V/mL	A 试管	KIO_3 溶液	15.0	10.0	5.0	5.0	5.0
		H_2O	0	5.0	10.0	12.5	14.0
	B 试管	Na_2SO_3 溶液	5.0	5.0	5.0	2.5	1.0
		0.5% 淀粉	1.0	1.0	1.0	1.0	1.0
反应物起始浓度 c/(mol·L^{-1})		KIO_3					
		Na_2SO_3					
反应时间 Δt/s							
反应的平均速率 v/(mol·L^{-1}·s^{-1})							
反应速率常数 k							
反应级数					$m=$	$n=$	$m+n=$

2. 温度对反应速率的影响 按表 5-4 中实验编号为 3 的各试剂用量，分别进行比室温高 20 ℃、10 ℃ 的温度条件下的实验。操作应在水浴中进行，在烧杯中先用热水粗调好温度，放入 A、B 试管，预热至少 5 min。在水浴中，将 A 试管的溶液迅速倒入 B 试管中并开始计时，反应应一直在水浴中进行，同时记录下反应进行的温度。将两组实

验数据连同室温的第 3 组数据填入表 5-5 中，并求出不同温度下反应速率常数 k 值和反应的活化能。

表 5-5　温度对化学反应速率的影响

实验编号	反应温度 $t/℃$	反应时间 $\Delta t/s$	反应速率 $v/(mol·L^{-1}·s^{-1})$	反应速率常数 k	反应活化能 $E_a/(kJ·mol^{-1})$
3					
6					
7					

5.10.5　思考题

1. 本实验数据处理采用的是计算法，在求反应的级数和活化能时还可以采用什么方法求得？
2. 本实验中为什么要用过量的 KIO_3？如果 Na_2SO_3 过量将会怎样？
3. 在进行改变温度测定反应的活化能实验中，如果温度水浴预热时间不够长，会给实验带来什么样的误差？

5.11　实验十七　电导法测定乙酸乙酯皂化反应级数和速率常数

5.11.1　实验目的

1. 学习电导法测定乙酸乙酯皂化反应级数和速率常数的原理。
2. 了解二级反应的特点，学会用图解法求出二级反应的反应速率常数。
3. 了解反应活化能的测定方法。
4. 掌握电导仪的使用方法。

5.11.2　实验原理

乙酸乙酯皂化反应是一个典型的二级反应：

$$CH_3COOC_2H_5 + NaOH \longrightarrow CH_3COONa + C_2H_5OH$$

设在时间 t 时生成物的浓度为 x，则该反应的速率方程为

$$\frac{dx}{dt} = k(c_A - x)(c_B - x) \tag{5-19}$$

式中：c_A、c_B 分别为乙酸乙酯（A）与氢氧化钠（B）的起始浓度；x 为反应时间 t 时生成物的浓度，即 t 时乙酸乙酯和氢氧化钠减小的浓度；k 为反应速率常数。

积分式（5-19）得

$$k = \frac{1}{t(c_A' - c_B)} \ln \frac{c_B(c_A - x)}{c_A(c_B - x)} \tag{5-20}$$

若反应物乙酸乙酯与氢氧化钠的起始浓度相同，即 $c_A = c_B$，则反应速率方程为

$$k = \frac{1}{t} \frac{x}{c_A(c_A - x)} \tag{5-21}$$

由式(5-21)可以看出，由实验测出不同反应时间 t 时的 x 值，即可以算出不同 t 时的 k 值。如果 k 值为一常数，即可以证明该反应为二级反应。通常采用以 $\dfrac{x}{c_A-x}$ 对 t 作图，若所得为一直线，也可以证明该反应为二级反应，并可以从直线的斜率求出 k 值。

不同反应 t 时生成物的浓度 x 可以用化学分析法测定，也可以通过测量某种与浓度有关的物理量来间接取代之。本实验选择电导这个与离子浓度有关的物理量，即电导法。

实验中乙酸乙酯与乙醇不具有明显的导电性，它们的浓度变化不致影响电导率的数值。反应中的 Na^+ 的浓度始终不变，它对溶液的电导率具有固定的贡献，而与电导率的变化无关。体系中只是 OH^- 和 CH_3COO^- 的浓度变化对电导率的影响较大，由于 OH^- 的迁移率约是 CH_3COO^- 的 5 倍，所以反应溶液的电导率随着 OH^- 的消耗和 CH_3COO^- 的生成而逐渐降低。

由于溶液电导值与电解质的浓度成正比，所以

$$t=t \text{ 时}, \quad x=K(\kappa_0-\kappa_t) \tag{5-22}$$

$$t\to\infty \text{ 时}, \quad c_A=K(\kappa_0-\kappa_\infty) \tag{5-23}$$

式中：κ_0 为起始时的电导率，即 NaOH 浓度为 c_A 时的电导率；κ_t 为 t 时的电导率，即 NaOH 浓度为 (c_A-x) 与 CH_3COONa 浓度为 x 时的电导率之和；κ_∞ 为 $t\to\infty$ 反应终了时的电导率，即 CH_3COONa 浓度为 c_A 时的电导率；K 为比例常数。

将式(5-22)和式(5-23)代入式(5-21)得

$$k=\frac{1}{tc_A}\frac{K(\kappa_0-\kappa_t)}{K[(\kappa_0-\kappa_\infty)-(\kappa_0-\kappa_t)]}=\frac{1}{tc_A}\frac{\kappa_0-\kappa_t}{\kappa_t-\kappa_\infty} \tag{5-24}$$

由式(5-24)可以看出利用作图法或计算法都可以求出此反应的速率常数 k 值。以 $\dfrac{\kappa_0-\kappa_t}{\kappa_t-\kappa_\infty}$ 对 t 作图，若该反应为二级反应，则应该得到一条直线，直线的斜率是速率常数 k 和反应物起始浓度 c_A 的乘积。k 的单位为 $L\cdot mol^{-1}\cdot min^{-1}$。

反应物起始浓度相同的二级反应，其半衰期 $t_{1/2}$ 与起始浓度成反比，根据二级反应半衰期公式

$$t_{1/2}=\frac{1}{kc_A} \tag{5-25}$$

由图中直线的斜率 k 即可得到半衰期 $t_{1/2}$。

反应速率常数 k 和反应温度 T 的关系一般符合阿仑尼乌斯(Arrhenius)方程，即

$$\ln\frac{k_2}{k_1}=\frac{-E_a}{R}\left(\frac{1}{T_2}-\frac{1}{T_1}\right) \tag{5-26}$$

式中：E_a 为反应的(表观)活化能；R 为摩尔气体常数。可见，测定不同温度下的速率常数 k，代入式(5-26)就可以计算出反应的活化能 E_a。

5.11.3 实验用品

仪器：电导率仪、电导电极、恒温水浴、双管皂化池、秒表等。

试剂：$0.010\,0\ mol\cdot L^{-1}$ NaOH、$0.020\,0\ mol\cdot L^{-1}$ NaOH、$0.020\,0\ mol\cdot L^{-1}$ 乙酸乙酯、$0.010\,0\ mol\cdot L^{-1}$ NaAc。

5.11.4 实验内容

(1) 调节恒温水浴温度为 25 ℃。

(2) 测量 κ_0 和 κ_∞ 取适量 0.010 0 mol·L^{-1} NaOH 溶液加入到干净的锥形瓶中,插入电导电极,液面高出铂电极 1~2 cm 为宜。置于恒温水浴中 15 min,测定其电导率,此值即为 κ_0。更换溶液重新测量 1 次,两次测量误差必须在允许范围之内,否则要进行第三次测量。每次测量溶液时,都要用去离子水淋洗电导电极和锥形瓶 3 次,接着用所测溶液淋洗 3 次。

按上述操作步骤,测定 0.010 0 mol·L^{-1} NaAc 溶液的电导率,即为 κ_∞。

(3) 测量 κ_t 将干燥、洁净的双管皂化池放在恒温水浴中并夹装好。用移液管准确移取 25.00 mL 0.020 0 mol·L^{-1} NaOH 加入到皂化池的支管 A 中,用另一移液管准确移取 25.00 mL 0.020 0 mol·L^{-1} 乙酸乙酯加入到皂化池的支管 B 中,两个支管用塞子塞好,以防止乙酸乙酯的挥发。皂化池在恒温水浴中恒温 15 min。用洗耳球通过塞子上的小孔将乙酸乙酯迅速压入到支管 A 内与 NaOH 混合(不要用力过猛,以防溶液溅出),如图 5-8 所示,当乙酸乙酯被压入一半时开启秒表开始计时(秒表一经开启后切勿按停,直至测定完毕)。再将混合的溶液吸回到支管 B 内,然后又压入到支管 A 内,如此来回数次,将反应液混合均匀。用滴管吸取混合溶液若干,淋洗电导电极,随即插入到混合反应液中,进行电导率 κ_t 的测定。当反应进行到 5 min 时开始测量电导率,以后每隔 2~4 min 测量一次电导率,反应 30~40 min 后可停止测量。

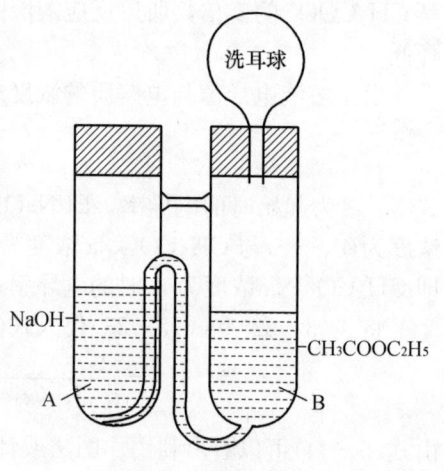

图 5-8 双管皂化池

(4) 在 35 ℃下重复上述(1)、(2)、(3)步骤进行实验。

5.11.5 数据处理

实验温度:_____℃, κ_0:_____ mS·m^{-1}, κ_∞:_____ mS·m^{-1}

t/min	κ_t/(mS·m^{-1})	$(\kappa_0-\kappa_t)$/(mS·m^{-1})	$(\kappa_t-\kappa_\infty)$/(mS·m^{-1})	$\dfrac{\kappa_0-\kappa_t}{\kappa_t-\kappa_\infty}$

(1) 以 $\dfrac{\kappa_0-\kappa_t}{\kappa_t-\kappa_\infty}$ 对 t 作图,得一直线,证明该反应为二级反应。由直线斜率计算出 25 ℃时的反应速率常数 k。

(2) 由图中的截距得到 25 ℃时的 κ_∞。

(3) 求此反应在 25 ℃的半衰期 $t_{1/2}$。

(4) 按上述方法计算 35 ℃时的反应速率常数 k_2、半衰期 $t_{1/2}$ 及 κ_∞,计算此反应的活化能 E_a。

(5) 将测定的 25 ℃和 35 ℃时的 κ_∞，与作图法所得到的 κ_∞ 进行比较。

5.11.6 思考题

1. 测定时为什么要使 NaOH 溶液和乙酸乙酯溶液浓度相同？
2. 通过查阅资料了解乙酸乙酯皂化反应速率常数测定的其他方法。
3. 为何本实验要在恒温下进行，而且乙酸乙酯和 NaOH 溶液在混合前还要预先恒温？

5.12 实验十八 蔗糖转化反应速率常数的测定

5.12.1 实验目的

1. 学会运用物质旋光度测定酸催化条件下蔗糖水解反应速率常数和半衰期。
2. 了解该反应的反应物浓度与旋光度之间的关系以及一级反应的动力学特征。
3. 了解旋光仪测定旋光度的基本原理，掌握其使用方法以及应用。

5.12.2 实验原理

许多物质都有旋光性，一般可以分成两类。第一类是由于晶体结构所致，如石英晶体，这类物质溶解或熔融时，由于晶格被破坏会失去旋光性。第二类是由于物质分子内部结构不对称所致，这类物质溶解或熔融时仍保留旋光性，如蔗糖、葡萄糖、果糖等。当一束偏振光通过旋光性物质时，它可以把偏振光的偏振面旋转一个角度，向左旋者为左旋物质，旋光度为负值，向右旋者为右旋物质，旋光度为正值。

物质的旋光度除了与物质的性质有关外，还与测定温度、光经过物质的厚度、光源的波长有关。若被测物质为溶液，当波长、温度恒定时，其旋光度正比于溶液的浓度和光通过溶液的厚度。我们把偏振光通过厚度为 1 dm，浓度为 1 g·mL^{-1} 旋光物质的溶液时的旋光度定义为比旋光度，以 $[\alpha]$ 表示，即

$$[\alpha]=\frac{\alpha}{\rho \cdot l} \tag{5-27}$$

式中：l 为溶液柱的长度，即旋光管的长度(dm)；ρ 为溶液的质量浓度(g·mL^{-1})；α 为旋光度(°)。

旋光度的测定可以用来辅助确定化合物的结构，也可以用来测定溶液浓度。各旋光物质的比旋光度可从资料查得，如蔗糖为右旋物质，比旋光度 $[\alpha]_D^{20}=+66.6°$；葡萄糖是右旋物质，$[\alpha]_D^{20}=+52.5°$；果糖是左旋物质，$[\alpha]_D^{20}=-91.9°$(右上标表示温度为 20 ℃，右下标表示光源的钠光 D 线，波长为 589 nm)。

蔗糖水解反应的方程：

$$C_{12}H_{22}O_{11} + H_2O \xrightarrow{H^+} C_6H_{12}O_6 + C_6H_{12}O_6$$
（蔗糖） （葡萄糖） （果糖）

定温下，此反应在纯水中进行的速率很慢，通常需要在 H$^+$ 的催化作用下进行。其速率方程为

$$-\frac{dc}{dt}=k'c \cdot c_{H_2O} \tag{5-28}$$

式中：k' 为反应速率常数；c 为时间 t 时的蔗糖浓度。式(5-28)表明该反应为二级反应。由于反应时有大量水存在，虽然有部分水分子参加反应，但在反应过程中水的浓度变化极小而视为系数，可合并到 k' 中，故式(5-28)可写成

$$-\frac{\mathrm{d}c}{\mathrm{d}t}=kc \tag{5-29}$$

式中 $k=k'\cdot c_{H_2O}$，故蔗糖转化反应可看成表观一级反应或准一级反应。当 $t=0$ 时，蔗糖的初始浓度为 c_0，积分式(5-29)，得

$$\ln c=-kt+\ln c_0 \tag{5-30}$$

若以 $\ln c$ 对 t 作图，可得一直线，从直线斜率可求得 k，而与蔗糖起始浓度无关，这是一级反应的特征。当 $c=\frac{1}{2}c_0$ 时，可得半衰期 $t_{1/2}=\frac{\ln 2}{k}=\frac{0.693}{k}$。

本实验中反应物蔗糖为右旋物质，生成物中葡萄糖也是右旋物质，果糖是左旋物质。由于生成物中果糖的左旋性比葡萄糖的右旋性大，随着反应的进行，右旋不断减小，反应至某一瞬间，体系的旋光度可恰好等于零，而后变成左旋，直至蔗糖完全转化，这时左旋度达到最大值，因此，蔗糖的这种水解作用叫转化作用。

在同一旋光管中，旋光度与物质浓度成正比：

$$\alpha_0=K_{\text{蔗糖}}\cdot c_0 \tag{5-31}$$

$$\alpha_t=K_{\text{蔗糖}}\cdot(c_0-x)+(K_{\text{果}}+K_{\text{葡}})\cdot x \tag{5-32}$$

$$\alpha_\infty=(K_{\text{果}}+K_{\text{葡}})\cdot c_0 \tag{5-33}$$

α_0、α_t、α_∞ 分别为反应开始时、时间 t 和反应结束时溶液的旋光度。$K_{\text{蔗糖}}$、$K_{\text{果}}$、$K_{\text{葡}}$ 分别为各物质旋光度与浓度之间的比例系数。

由式(5-31)、式(5-32)、式(5-33)联立，可解得

$$\frac{c_0}{c_0-x}=\frac{\alpha_0-\alpha_\infty}{\alpha_t-\alpha_\infty} \tag{5-34}$$

将式(5-34)代入式(5-30)即得

$$\ln(\alpha_t-\alpha_\infty)=-kt+\ln(\alpha_0-\alpha_\infty) \tag{5-35}$$

若以 $\ln(\alpha_t-\alpha_\infty)$ 对 t 作图，从其斜率即可求得反应速率常数 k，进而求出其半衰期 $t_{1/2}$。

5.12.3　实验用品

仪器：旋光仪、恒温槽、分析天平、具塞锥形瓶(250 mL)、秒表、移液管(50 mL)、容量瓶(100 mL)、烧杯(250 mL)、擦镜纸等。

试剂：蔗糖(AR)、2.0 mol·L^{-1} HCl 溶液。

5.12.4　实验内容

1. 蔗糖溶液的配制　称取 20.00 g 蔗糖于烧杯中，加蒸馏水溶解后，定容于 100 mL 容量瓶中，得每 100 mL 含 20 g 蔗糖的溶液，然后将其置于 30 ℃ 的恒温槽中恒温 10 min。

2. 旋光仪零点的校正　把旋光管一端的螺旋帽旋开(注意盖内玻片以防跌碎)，用蒸馏水洗净并充满，使液体在管口形成一凸出的液面，然后将玻片轻轻推放盖好，注意不要留有气泡，然后旋好管盖，注意不应过紧，使其不漏水即可。把旋光管外壳及两端玻片水渍吸干，把旋光管放入旋光仪中，打开电源，旋转刻度盘在 0°附近。调整目镜聚焦，使视野清

楚，在旋光仪的视野中会看到三分视野图(参见 10.2 旋光仪)，旋转刻度盘使三分视野中的明暗度完全相等，三分视野的分界线消失，则可读取数据。重复 3 次，取其平均值，即为旋光仪的零点读数 $\alpha_{零点}$。

3. 蔗糖溶液比旋光度的测定　用待测溶液润洗旋光管 3 次，按步骤 2，将配制好的蔗糖溶液装入旋光管，调节旋钮，直到目镜中三分视野明暗一致，记下刻度盘上的读数。根据式(5-27)计算蔗糖的比旋光度$[\alpha]$，注意要扣除旋光仪的零点读数，即 $\alpha = \alpha_{测定} - \alpha_{零点}$。

4. 反应过程中旋光度的测定　用移液管移取 50.00 mL 所配的蔗糖溶液于干燥的锥形瓶中，再用另一支移液管移取 50.00 mL 2.0 mol·L^{-1} HCl 溶液迅速加到锥形瓶中，当加至一半时开始计时，以此时为反应开始的时间(注意：HCl 溶液的加入不要因计时而停顿，是一次性加入)，加完后立即摇匀。同时倒出旋光管中的蒸馏水，以少量待测溶液润洗旋光管 3 次，然后装满待测溶液(勿留气泡)，立即将旋光管放入恒温槽中恒温。然后分别测定 5 min、10 min、15 min、20 min、25 min、30 min、40 min、50 min、60 min 时溶液的旋光度。注意，每次测定前约 20 s 取出旋光管，擦净其管外和玻片上的溶液，并尽快将旋光管放入旋光仪中测定旋光度。

5. α_∞ 的测定　将锥形瓶中剩下的溶液在 60～65 ℃(注意：水温不能超过 70 ℃，否则会产生副反应)的水浴内恒温约 40 min，使其反应完全，然后冷却至 30 ℃，用少量溶液润洗旋光管后，装满旋光管，在 30 ℃ 的恒温槽中恒温几分钟，测其旋光度。此旋光度即为 α_∞。

实验完毕，洗净旋光管，擦干复原。

5.12.5　数据处理

(1) 仪器零点　$\alpha_{零点}$ = _____，α_∞ = _____。

(2) 比旋光度的测定　α = _____，$[\alpha]$ = _____。

(3) α_t 的测定

实验温度 _____ ℃

t/min	α_t	$(\alpha_t - \alpha_\infty)$	$\ln(\alpha_t - \alpha_\infty)$
5			
10			
15			
20			
25			
30			
40			
50			
60			

(4) 以 $\ln(\alpha_t - \alpha_\infty)$ 对 t 作图，由直线斜率求出反应速率常数 k，并计算出反应的半衰期 $t_{1/2}$。

5.12.6 思考题

1. 本实验中，用蒸馏水校正旋光仪的零点，若不进行校正，对实验结果是否有影响？
2. 在混合蔗糖溶液和 HCl 溶液时，是将 HCl 溶液加入到蔗糖溶液中，可否把蔗糖溶液加到 HCl 溶液中？为什么？
3. 测量蔗糖盐酸水溶液 t 时刻对应的旋光度 α_t 时，能否像测纯水的旋光度那样，重复测 3 次后，取平均值？

5.13 实验十九 原电池电动势的测定

5.13.1 实验目的

1. 掌握电位差综合测试仪的测量原理和使用方法。
2. 学会用电位差综合测试仪测定 Cu-Zn 电池的电动势和 Cu、Zn 电极的电极电势。
3. 掌握用醌氢醌电极测定溶液 pH 的方法。

5.13.2 实验原理

将化学能转变为电能的装置称原电池。要精确测量原电池的电动势，不能使用伏特计，因为使用伏特计测量时，线路中有电流通过，而电池又存在内阻，所以测量的结果仅为电动势的一部分，即端电压。同时当电流通过电极时，还要引起极化作用，使电极电势发生变化，故无法用伏特计测得电池的电动势。

要测得电池的电动势，必须要在电池反应接近热力学可逆条件下进行，即在没有电流通过电池的情况下，测量电池两极的电势差，这一方法称为对消法。电位差综合测试仪是根据对消法的基本原理所设计的。

电极电势的含义是金属电极与之接触的溶液间的电势差，但对其绝对值至今还无法测定，在电化学中电极电势是以某一电极为标准而求出的相对值。通常将氢电极中氢气压力为标准压力，溶液中 $a_{H^+}=1$ 时的电极电势规定为零，称为标准氢电极。将标准氢电极与待测电极组成一电池，所得的电池电动势数值就作为待测电极的电极电势。由于使用氢电极很不方便，一般常取另外一些电势较稳定的电极作为参比电极来代替氢电极，常用参比电极有甘汞电极、氯化银电极等，这些电极与标准氢电极比较而得到的电极电势已精确测出，手册中可以查到。

将待测电极与参比电极构成的原电池，其电池的电动势为

$$E = \varphi_{参比} - \varphi_{待测}$$
$$\varphi_{待测} = \varphi_{参比} - E \tag{5-36}$$

通过测量电池的电动势，根据式(5-36)即可求出该电极的电极电势。电动势法测定 pH 的原理是将一个电极电势只与氢离子活度有关的电极和一个参比电极(如饱和甘汞电极)插入待测溶液中构成电池，然后测定该电池的电动势 E，由于 E 只取决于待测溶液的 a_{H^+}，故可算出溶液的 pH。常用的氢离子指示电极有氢电极、醌氢醌电极、玻璃电极等。

在待测溶液中加入少量醌氢醌，醌氢醌溶于水后，生成等物质的量的醌(Q)和氢醌(H_2Q)，插入惰性电极(如 Pt 丝)即构成饱和的醌氢醌电极，其电极反应为

$$C_6H_4O_2 + 2H^+ + 2e^- \longrightarrow C_6H_4(OH)_2$$
$$\quad Q \qquad\qquad\qquad\qquad\qquad H_2Q$$

电极电势：

$$\varphi_{Q/H_2O} = \varphi^{\ominus}_{Q/H_2Q} - \frac{RT}{2F}\ln\frac{a_{H_2Q}}{a_Q \cdot a_{H^+}^2} \qquad (5-37)$$

由于醌氢醌在水中溶解度很小，且电离度很小，由此可认为 $a_{H_2Q} = a_Q$。在 25 ℃时，$\varphi^{\ominus}_{Q/H_2Q} = 0.6995\ V$，所以

$$\varphi_{Q/H_2Q} = 0.6995 - 0.05916\text{pH} \qquad (5-38)$$

将醌氢醌指示电极与饱和甘汞参比电极构成电池，在 25 ℃时，饱和甘汞电极的电极电势 $\varphi = 0.2415\ V$，则电池的电动势为

$$E = \varphi_{Q/H_2Q} - \varphi_{饱和甘汞} = 0.6995 - 0.05916\text{pH} - 0.2415$$

所以
$$\text{pH} = \frac{0.6995 - 0.2415 - E}{0.05916} \qquad (5-39)$$

只要测出电池的电动势 E，就可以根据式(5-39)求出未知溶液的 pH。

5.13.3 实验用品

仪器：SDC 电位差综合测试仪、铜电极、锌电极、铂电极、饱和甘汞电极、烧杯(50 mL)、烧杯(250 mL)、U 形管。

试剂：饱和 KCl 溶液、$0.1000\ mol \cdot L^{-1}\ ZnSO_4$ 溶液、$CuSO_4$ 溶液($0.01000\ mol \cdot L^{-1}$、$0.1000\ mol \cdot L^{-1}$)、琼胶、醌氢醌粉末、未知 pH 缓冲溶液(1、2、3)。

5.13.4 实验内容

1. 盐桥的制备 用烧杯盛 100 mL 饱和 KCl 溶液，再加入 3 g 琼胶，在水浴中加热溶解，然后用洗耳球将它吸入已经洗净的 U 形管中，充满为止(U 形管中间及两端不能留有气泡)。制备数根盐桥备用。

2. 电池电动势的测定

(1)将测量的电池组合好。例如 Cu-Zn 电池，把铜电极插入 $CuSO_4$ 溶液中，锌电极插入 $ZnSO_4$ 溶液中，用 KCl 盐桥把 Cu-Zn 电池连接起来。

(2)测量下列电池的电动势

按 10.8 SDC 数字电位差综合测试仪的操作步骤，分别测定下列各组电池的电动势：

① $Zn|ZnSO_4(0.1000\ mol \cdot L^{-1}) \parallel CuSO_4(0.1000\ mol \cdot L^{-1})|Cu$

② $Cu|CuSO_4(0.01000\ mol \cdot L^{-1}) \parallel CuSO_4(0.1000\ mol \cdot L^{-1})|Cu$

③ 饱和甘汞电极 $\parallel CuSO_4(0.1000\ mol \cdot L^{-1})|Cu$

④ $Zn|ZnSO_4(0.1000\ mol \cdot L^{-1}) \parallel$ 饱和甘汞电极

⑤ 饱和甘汞电极 $\parallel$ 醌氢醌电极(未知 pH 液)：把少量的醌氢醌粉末放入未知 pH 溶液中，搅拌溶解后，插入铂电极，两电极用盐桥连接。

5.13.5 数据处理

(1)根据测定的电池电动势计算 Cu、Zn 电极电势及未知液的 pH。

实验温度_____℃

原电池		E/V	φ/V	pH
Cu - Zn 电池			—	—
Cu ∣ CuSO₄ 浓差电池			—	—
Cu-甘汞电池				—
甘汞- Zn 电池				—
醌氢醌-甘汞电池	1		—	
	2		—	
	3		—	

(2)根据有关公式计算 Cu - Zn 电池的理论 $E_{理}$，并与实验值 $E_{实}$ 进行比较。

5.13.6 思考题

1. 对消法的原理是什么？为什么不能用伏特计而要用电位差计(电位差综合测试仪)测量电池电动势？
2. 选择盐桥液应注意哪些问题？

5.14 实验二十 电导法测定难溶盐的溶解度和溶度积

5.14.1 实验目的

1. 加深对难溶盐的溶解平衡的理解。
2. 掌握电导法测定硫酸钡溶解度和溶度积的原理和方法。
3. 掌握电导仪的使用方法。

5.14.2 实验原理

$BaSO_4$ 在水溶液中存在以下离解平衡：

$$BaSO_4 \rightleftharpoons Ba^{2+}(aq) + SO_4^{2-}(aq)$$

平衡时溶液为饱和溶液。$BaSO_4$ 的溶解积常数 $K_{sp}^{\ominus}$ 为

$$K_{sp}^{\ominus}(BaSO_4) = c(Ba^{2+}) \cdot c(SO_4^{2-}) \tag{5-40}$$

式中：$c(Ba^{2+})$、$c(SO_4^{2-})$ 分别为 $BaSO_4$ 饱和水溶液中 Ba^{2+} 和 SO_4^{2-} 的物质的量浓度，其单位为 $mol \cdot L^{-1}$。

难溶电解质的溶解度是指一定温度下，1L 难溶盐电解质的饱和溶液中难溶电解质溶解的量，用 s 表示，其单位为 $mol \cdot L^{-1}$，$BaSO_4$ 饱和水溶液中 $s(BaSO_4) = c(Ba^{2+}) = c(SO_4^{2-})$。式(5-40)可写成：

$$K_{sp}^{\ominus}(BaSO_4) = c(Ba^{2+}) \cdot c(SO_4^{2-}) = s^2(BaSO_4) \tag{5-41}$$

$BaSO_4$ 在水中溶解度极小，其饱和溶液很难用普通滴定法测定，采用电导法能很方便地测定。先分别测定 $BaSO_4$ 饱和溶液的电导率 $\kappa(溶液)$ 和去离子水的电导率 $\kappa(H_2O)$，两者之差即为 $\kappa(BaSO_4)$。即

$$\kappa(BaSO_4) = \kappa(溶液) - \kappa(H_2O) \tag{5-42}$$

依据摩尔电导率公式 $\Lambda_m = \dfrac{\kappa}{c_B}$ 可得

$$\Lambda_m(\mathrm{BaSO_4}) = \dfrac{\kappa(\mathrm{BaSO_4})}{c(\mathrm{BaSO_4})} = \dfrac{\kappa(\mathrm{BaSO_4})}{s(\mathrm{BaSO_4})} \tag{5-43}$$

考虑到 $\mathrm{BaSO_4}$ 饱和溶液浓度很小,故可以近似认为 $\mathrm{BaSO_4}$ 饱和溶液摩尔电导率 Λ_m 和无限稀释溶液的摩尔电导率 Λ_m^∞ 相等,结合无限稀释溶液的离子独立移动定律得

$$\Lambda_m(\mathrm{BaSO_4}) = \Lambda_m^\infty(\mathrm{BaSO_4}) = \Lambda_m^\infty(\mathrm{Ba}^{2+}) + \Lambda_m^\infty(\mathrm{SO_4^{2-}}) \tag{5-44}$$

当以 $\frac{1}{2}\mathrm{BaSO_4}$ 为基本单元时,$\Lambda_m^\infty(\mathrm{BaSO_4}) = 2\Lambda_m^\infty\left(\dfrac{1}{2}\mathrm{BaSO_4}\right)$。式(5-44)写为

$$\Lambda_m(\mathrm{BaSO_4}) = \Lambda_m^\infty(\mathrm{BaSO_4}) = 2\Lambda_m^\infty\left(\dfrac{1}{2}\mathrm{BaSO_4}\right)$$

$$= 2\left[\Lambda_m^\infty\left(\dfrac{1}{2}\mathrm{Ba}^{2+}\right) + \Lambda_m^\infty\left(\dfrac{1}{2}\mathrm{SO_4^{2-}}\right)\right] \tag{5-45}$$

298 K 时,$\Lambda_m^\infty\left(\dfrac{1}{2}\mathrm{Ba}^{2+}\right)$ 和 $\Lambda_m^\infty\left(\dfrac{1}{2}\mathrm{SO_4^{2-}}\right)$ 可由表5-3查得。

结合式(5-42)、式(5-43)和式(5-45)知,只要测得溶液的电导率 κ(溶液)值,就可求得 $\mathrm{BaSO_4}$ 饱和溶液的浓度。

$$c(\mathrm{BaSO_4}) = s(\mathrm{BaSO_4}) = \dfrac{\kappa(\mathrm{BaSO_4})}{\Lambda_m^\infty(\mathrm{BaSO_4})} = \dfrac{\kappa(\text{溶液}) - \kappa(\mathrm{H_2O})}{\Lambda_m^\infty(\mathrm{BaSO_4})} \tag{5-46}$$

根据溶解度和溶度积的定义,有

$$K_{sp}^\ominus(\mathrm{BaSO_4}) = \left[\dfrac{\kappa(\text{溶液}) - \kappa(\mathrm{H_2O})}{\Lambda_m^\infty(\mathrm{BaSO_4})}\right]^2 \tag{5-47}$$

本实验首先制备 $\mathrm{BaSO_4}$ 饱和溶液,然后分别测定该饱和溶液和去离子水的电导率,利用式(5-42)计算 $\mathrm{BaSO_4}$ 的电导率 $\kappa(\mathrm{BaSO_4})$,再利用式(5-43)、式(5-46)式(5-47)计算 $\mathrm{BaSO_4}$ 的溶解度 $s(\mathrm{BaSO_4})$ 和溶度积 $K_{sp}^\ominus(\mathrm{BaSO_4})$。

5.14.3 实验用品

仪器:电导率仪、DJS-1电导电极、恒温水浴、电导池、分析天平、锥形瓶(100 mL)。
试剂:$\mathrm{BaSO_4}$(AR)。

5.14.4 实验内容

1. 调温 调节恒温水浴温度为 25 ℃。

2. 装好电导电极 按电导率仪的使用方法开启电导率仪。

3. 制备 $\mathrm{BaSO_4}$ 饱和溶液 称取 1g $\mathrm{BaSO_4}$,将样品放入干净的 100 mL 锥形瓶中,加入 50 mL 去离子水,剧烈振荡洗涤 $\mathrm{BaSO_4}$ 沉淀,静置后倾去上层清液。再用 50 mL 去离子水洗涤 $\mathrm{BaSO_4}$ 沉淀 2 次。静置倾去上层清液后加 30 mL 去离子水,摇匀过滤,用 90 mL 去离子水分 3 次洗涤 $\mathrm{BaSO_4}$。将 $\mathrm{BaSO_4}$ 沉淀转入到另一个干净的锥形瓶中,加入 50 mL 去离子水,振荡,将锥形瓶加塞后置于 25 ℃ 的恒温水浴中,放置 15 min。在恒温过程中,每隔 3~4 min 取出振荡 30 s。从恒温水浴中取出振荡的时间不宜超过 30 s,以免锥形瓶中溶液温度变化过

大。取出锥形瓶,将溶液过滤到另一个洁净的锥形瓶中,即为 $BaSO_4$ 饱和溶液,并将其放入 25 ℃恒温水浴中备用。

4. 测定去离子水的电导率 $\kappa(H_2O)$ 倾去电导池中原有的去离子水。用去离子水洗涤电导池和电导电极 3 次,然后倒入去离子水,使液面超过电导电极 1~2 cm,再将电导池置于 25 ℃恒温水浴中,恒温 15 min 后测量去离子水电导率 $\kappa(H_2O)$。重复测量 3 次。

5. 测定 $BaSO_4$ 饱和溶液的电导率 κ(溶液) 倾去电导池中的去离子水。用一洁净的滴管吸取少量已制备好的 $BaSO_4$ 饱和溶液洗涤电导池及电导电极 3 次。将预先恒温的 $BaSO_4$ 饱和溶液倒入电导池,恒温 5 min 后测量其电导率,即为 $BaSO_4$ 饱和溶液的电导率 κ(溶液)。重复测定 3 次。

实验完毕后,用去离子水洗净电导池和电导电极,将电导电极浸泡在去离子水中保存。关闭恒温水浴和电导率仪。

5.14.5 数据处理

(1) 根据所测得的去离子水的电导率 $\kappa(H_2O)$ 和 $BaSO_4$ 饱和溶液的电导率 κ(溶液),利用式(5-42)计算 $BaSO_4$ 的电导率 $\kappa(BaSO_4)$。

(2) 由表 5-3 查得 298 K 时无限稀释水溶液中的 $\frac{1}{2}Ba^{2+}$ 和 $\frac{1}{2}SO_4^{2-}$ 摩尔电导率,计算无限稀释时 $\frac{1}{2}BaSO_4$ 的电导率 $\Lambda_m^\infty\left(\frac{1}{2}BaSO_4\right)$。

(3) 利用式(5-46)计算 $BaSO_4$ 的溶解度 $s(BaSO_4)$(注意单位要统一)。

(4) 利用式(5-47)计算 $BaSO_4$ 的溶度积 $K_{sp}^\ominus(BaSO_4)$。

将实验原始数据和处理结果填入下表:

测定温度:_____

实验序号	$\kappa(H_2O)/(S\cdot m^{-1})$		κ(溶液)$/(S\cdot m^{-1})$		$\kappa(BaSO_4)/$ $(S\cdot m^{-1})$	$s(BaSO_4)/$ $(mol\cdot L^{-1})$	$K_{sp}^\ominus(BaSO_4)$
	测量值	平均值	测量值	平均值			
1							
2							
3							

查表得,298 K 时:

$\Lambda_m^\infty\left(\frac{1}{2}Ba^{2+}\right) =$ _____ $S\cdot m^2\cdot mol^{-1}$

$\Lambda_m^\infty\left(\frac{1}{2}SO_4^{2-}\right) =$ _____ $S\cdot m^2\cdot mol^{-1}$

$\Lambda_m^\infty\left(\frac{1}{2}BaSO_4\right) =$ _____ $S\cdot m^2\cdot mol^{-1}$

5.14.6 思考题

1. 为什么要恒温制备 $BaSO_4$ 饱和溶液?
2. 将你测得的溶度积与文献值进行比较,请分析产生误差的原因。

3. 请计算由于不考虑 H_2O 的电导率而引起的误差是多少。

5.15 实验二十一　电导滴定法测定盐酸溶液和乙酸溶液的浓度

5.15.1　实验目的

1. 理解电导滴定的原理。
2. 掌握用电导仪测定电导率的实验方法和技术。
3. 用电导滴定法测定 HCl 溶液及 HAc 溶液的浓度，掌握用图解法确定电导滴定终点的方法和技术。

5.15.2　实验原理

电解质溶液的电导率在一定温度下与溶液中的离子组成、浓度有关，并随其变化而变化。滴定过程由于化学反应的发生，本身就是一个离子组成、浓度都在不断变化的过程，这样就有可能利用电导率来指示反应终点，从而进行测定。电导滴定法是利用滴定终点前后电导率的变化来确定终点的滴定分析方法。该法迅速、准确，而且特别适用于混浊、有色样品及混合样品的测定。

本实验采用电导滴定法测定 HCl 及 HAc 的浓度。

如用 NaOH 滴定 HCl，反应为
$$H^+ + Cl^- + Na^+ + OH^- = Na^+ + Cl^- + H_2O$$

滴定过程中，随着 NaOH 的不断加入，溶液中 H^+ 不断地与 OH^- 结合成电导率很小的 H_2O，而 Na^+ 在不断地增加，由于 H^+ 的淌度远大于 Na^+，故在理论终点前溶液的电导率不断下降。当到达理论终点时溶液具有纯 NaCl 的电导率，此时电导率为最低。当过量的 NaOH 加入后，由于 OH^- 具有较大的淌度，因此溶液的电导率随 NaOH 的加入而增加。因此由滴定曲线的转折点即可确定滴定终点。

如以 NaOH 滴定 HAc，反应为
$$HAc + Na^+ + OH^- = Na^+ + Ac^- + H_2O$$

由于 HAc 电离度不大，因而溶液中 H^+ 与 Ac^- 的浓度较小，故电导率较低。滴定刚开始，少量 NaOH 加入后，由于 H^+ 与 OH^- 反应生成 H_2O，生成的 Ac^- 产生同离子效应使得 HAc 电离度减小，因而溶液电导率下降。随着滴定不断进行，弱电解质 HAc 转变为强电解质 NaAc，故当 NaOH 加入足够量后，溶液的电导率开始由极小点不断增加直至理论终点。当 NaOH 过量后，由 OH^- 不断增加导致溶液的电导迅速增加，理论终点时出现转折[1]，故可以确定终点。

5.15.3　实验用品

仪器：DDS-11A 型电导仪（配 DJS-1 型铂黑电极）或其他型号电导仪、烧杯(200 mL)、移液管(50 mL)、量筒(50 mL)、碱式滴定管(10 mL)。

试剂：0.1 mol·L^{-1} NaOH 标准溶液[2]（精确到四位有效数字）、0.01 mol·L^{-1} HCl、0.01 mol·L^{-1} HAc。

5.15.4 实验内容

1. 熟悉 DDS-11A 型或其他型号电导(率)仪的使用。
2. 测定

(1)用移液管移取 50.0 mL 待测 HCl 溶液于一干净的 200 mL 烧杯中,加入 50 mL 去离子水,充分搅拌后,将电导电极插入溶液中,测定此时溶液电导率,待读数稳定,记录下来,然后用滴定管加入 NaOH 标准溶液,每加 0.5 mL 并充分搅拌后,测定并记录溶液的电导率,当溶液电导率由减小转为开始增大后,再测 4~5 个点即可停止。

(2)用移液管移取 50.00 mL 待测 HAc 溶液于一干净的 200 mL 烧杯中,加入 50 mL 去离子水,然后按步骤(1)进行测定,当溶液电导率由缓慢增加转为显著增加后,再测 4~5 个点后即可停止。

实验完毕后,用去离子水冲洗电极,然后将电极泡入去离子水中保存。

5.15.5 数据处理

1. 滴定溶液

NaOH 滴定 HCl 溶液
$V(\text{NaOH})/\text{mL}$
$\kappa/(\mu\text{S} \cdot \text{cm}^{-1})$

NaOH 滴定 HAc 溶液
$V(\text{NaOH})/\text{mL}$
$\kappa/(\mu\text{S} \cdot \text{cm}^{-1})$

2. 计算浓度 分别以 κ 对 $V(\text{NaOH})$ 作图,求得滴定终点时所消耗 NaOH 标准溶液体积 $V_终$,并计算 HCl 溶液和 HAc 溶液的浓度。

5.15.6 思考题

1. 电导滴定有什么优点?
2. 电导与电导率有何不同?本试验可否采用测电导的方式进行测定呢?

5.15.7 注释

[1]以 NaOH 滴定 HAc 时,由于 Ac^- 水解的原因,滴定终点附近曲线要弯曲,使得转折并不十分明显,但滴定终点前后电导曲线走向会有明显的改变,因此可以通过滴定终点前后直线部分延长线相交而求得理论终点的位置。实际测得的电导率值常常由于水的离解产生 H^+ 和 OH^- 而位于该点的上面。

[2]为了避免滴定过程中由于滴定剂加入过多使得总体积变化过大而引起溶液电导率的改变,一般要求滴定剂的浓度比待测溶液大 10 倍。

5.16 实验二十二 黏度法测定高分子化合物的相对分子质量

5.16.1 实验目的

1. 测定线性高分子化合物(聚乙二醇)的相对分子质量。

2. 掌握用伍(Ubbelohde)氏黏度计测定黏度的原理和方法。

5.16.2 实验原理

在高分子化合物的研究中，分子质量是一个不可缺少的重要数据，因为它不但反映了高分子化合物分子的大小，而且直接反映了高分子化合物的物理性能。高分子化合物的相对分子质量一般为 $10^4 \sim 10^7$。由于高分子化合物是由相对分子质量不等的高分子混合组成的，所以平常所测的高分子化合物的相对分子质量是一个平均值。高分子化合物相对分子质量测定方法很多，比较起来黏度法设备简单，操作方便，有较好的实验精度，是常用的方法之一。

黏度法测定高分子化合物分子质量的原理基于以下经验式

$$[\eta] = K \overline{M}_\eta^\alpha \tag{5-48}$$

式中：$[\eta]$ 为特性黏度；$\overline{M}_\eta$ 为黏均分子质量；K 和 α 是与温度、溶剂性质及高分子化合物分子大小有关的两个常数。

高分子化合物在稀溶液中的黏度是它在流动过程中所存在的内摩擦的反映。其中溶剂分子相互之间的内摩擦所表现出来的黏度叫作溶剂黏度，以 η_0 表示。而高分子化合物分子相互间的内摩擦以及高分子化合物分子与溶剂分子之间的内摩擦，再加上溶剂分子相互间的内摩擦，三者的总和表现为高分子化合物溶液的黏度，以 η 表示。实验证明，在相同温度下，高分子化合物溶液的黏度一般要比纯溶剂的黏度大，即 $\eta > \eta_0$，相对于溶剂，其溶液黏度增加的分数叫作增比黏度，以 η_{sp} 表示。

$$\eta_{sp} = \frac{\eta - \eta_0}{\eta_0} = \frac{\eta}{\eta_0} - 1 = \eta_r - 1 \tag{5-49}$$

式中：η_r 称为相对黏度，它是溶液黏度与溶剂黏度的相对比值，是溶液整体的黏度行为。η_{sp} 反映出扣除了溶剂分子之间的内摩擦那部分黏度的行为。显然，高分子化合物溶液的浓度变化将会直接影响到 η_{sp} 的大小。浓度越大，黏度也就越大。因此，常取单位浓度下溶液呈现的黏度来进行比较。为此，引入比浓黏度的概念，并以 η_{sp}/c 表示。其中 c 为溶液浓度。当溶液无限稀释时，每个高分子化合物分子彼此相隔极远，其相互干扰可忽略不计，这时溶液所呈现出的黏度主要反映了高分子化合物分子与溶剂分子间的内摩擦作用，故称之为特性黏度 $[\eta]$，即

$$[\eta] = \lim_{c \to 0} \frac{\eta_{sp}}{c} \tag{5-50}$$

在适当的浓度范围内，η_{sp}/c 或 $\ln\eta_r/c$ 和 c 之间的经验关系式为

$$\frac{\eta_{sp}}{c} = [\eta] + k[\eta]^2 c \tag{5-51}$$

$$\frac{\ln\eta_r}{c} = [\eta] + \beta[\eta]^2 c \tag{5-52}$$

这是两条直线方程，通过 η_{sp}/c 或 $\ln\eta_r/c$ 对 c 作图外推至 $c=0$ 时，其直线的截距均为 $[\eta]$。从图解法得到 $[\eta]$，如图 5-9 所示，再利用公式(5-48)即可求 $\overline{M}_\eta$。

测定液体黏度的方法主要有三种：①用毛细管黏度计测定液体在毛细管里的流出时间；②用落球式黏度计测定圆球在液体里的下落速度；③用旋转式黏度计测定液体与同心轴圆柱体的相对转动情况。本实验采用毛细管黏度计来测定。当液体在细长的毛细管中因重力而流

出达稳定时，其流出时间遵守泊塞(Poiseuille)公式：

$$\eta = \frac{\pi p r^4 t}{8lV} = \frac{\pi \rho g h r^4 t}{8lV} \quad (5-53)$$

式中：η 为液体的黏度(Pa·s)；p 为促使液体流动的毛细管两端间的压力差(Pa)；r 为毛细管的半径(m)；t 为液体的流出时间(s)，此实验的流出时间要求超过 100 s；l 为毛细管长度(m)；V 为流经毛细管液体的体积(m^3)；ρ 为液体的密度(kg·m^{-3})；g 为重力加速度(m·s^{-2})；h 为流经毛细管液体的平均液柱高度(m)。

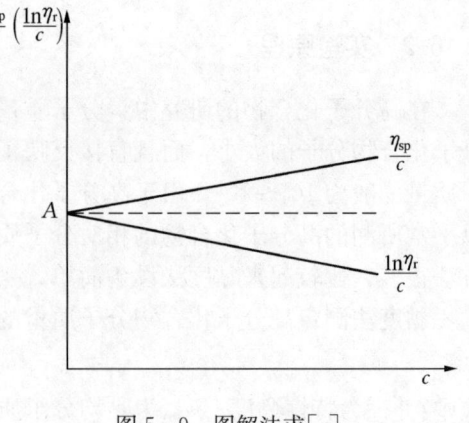

图 5-9　图解法求 $[\eta]$

对于同一黏度计而言，r、l、V、h 是常数，则式(5-53)可变为

$$\frac{\eta_1}{\eta_2} = \frac{p_1}{p_2} \cdot \frac{t_1}{t_2} = \frac{\rho_1}{\rho_2} \cdot \frac{t_1}{t_2} \quad (5-54)$$

通常测定是在高分子化合物的稀溶液下进行，溶液的密度(ρ)与纯溶剂的密度(ρ_0)可视为相等，则溶液的相对黏度就可表示为

$$\eta_r = \frac{\eta}{\eta_0} = \frac{t}{t_0} \quad (5-55)$$

其中 t 和 t_0 分别表示溶液和溶剂在毛细管中的流出时间，因此，通过测定毛细管中溶剂和溶液的流出时间，就可求得 η_r。

5.16.3　实验用品

仪器：伍氏黏度计、恒温槽、秒表、洗耳球、移液管(5 mL、10 mL、15 mL)、量筒(50 mL)、烧杯(250 mL)。

试剂：聚乙二醇水溶液(10 kg·m^{-3})。

5.16.4　实验内容

(1) 调节恒温槽水温在(25±0.5)℃。
(2) 用蒸馏水洗涤黏度计。
(3) 测定溶剂流出的时间 t_0　将黏度计(图5-10)垂直放入恒温槽中，用量筒量取约 20 mL 蒸馏水自 A 管注入黏度计内恒温约 10 min，夹紧 C 管上连接的乳胶管，然后用洗耳球在 B 管上慢慢抽气，待液体升高到超过 a 线之上小球的 1/2 处即停止抽气。放开 C 管上的乳胶管，使毛细管内液体同 D 球分开，此时液面开始下降，用秒表测定液面流经 ab 线间所需的时间，重复 3 次，每次相差不超过 0.3 s，取其平均值即为 t_0。

(4) 测定溶液流出的时间 t　取出黏度计，倒出溶剂，用丙酮润洗黏度计(丙酮用过后要倒入回收瓶中)，然后用电吹风吹干。用移

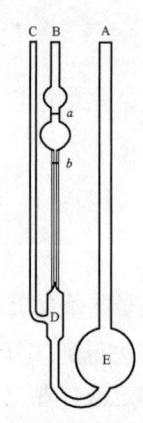

图 5-10　伍氏黏度计示意图

液管加入 15 mL 高分子化合物溶液，恒温 10 min，同测定 t_0 的步骤一样，测定溶液的流出时间 t_1。

然后用移液管加 5 mL 已恒温的溶剂(蒸馏水)从 A 管注入，用洗耳球从 B 管吹气搅拌(将 C 管乳胶管夹紧)，并将溶液慢慢地抽上流下数次洗涤 B 管，使黏度计内各处溶液的浓度相等，再恒温 5 min，按上述方法测定流出时间 t_2。

同样，依次再用移液管加入 5 mL、5 mL、10 mL 溶剂，分别测定出它们的流出时间。各次流经时间的测定均需重复 3 次，取其平均值。

(5) 实验结束后，将黏度计内溶液倒出，用蒸馏水洗净黏度计，最后将黏度计装满蒸馏水浸泡。

5.16.5 数据处理

(1) 列表计算

		浓度 c_0/(kg·m^{-3})	流出时间 t/s				η_r	$\dfrac{\eta_{sp}}{c}$	$\ln \eta_r$	$\dfrac{\ln \eta_r}{c}$
			t_1	t_2	t_3	$\bar{t}$				
溶剂		—					—	—	—	—
溶液	1									
	2									
	3									
	4									
	5									

(2) 以 $\ln \eta_r/c$ 对 c，η_{sp}/c 对 c 在同一坐标纸上作图，两直线在纵轴上应相交，交点的纵坐标即为 $[\eta]$。

(3) 求出聚乙二醇的黏均分子质量 $\overline{M_\eta}$ (25 ℃时 $K=1.56\times10^{-4}$ m^3·kg^{-1}，$\alpha=0.50$)。

5.16.6 思考题

1. 高分子化合物溶液的黏度与哪些因素有关？
2. 伍氏黏度计中的毛细管为什么不能太粗或太细？
3. 伍氏黏度计中的支管 C 有什么作用？除去支管 C 是否仍可以测黏度？
4. 为什么测定黏度时黏度计一要垂直，二要放入恒温槽内？

5.17 实验二十三 液体饱和蒸气压的测定

5.17.1 实验目的

1. 测定不同温度下 CCl_4 的饱和蒸气压。
2. 学会由图解法求算 CCl_4 的平均摩尔汽化热。
3. 熟悉恒温水浴仪器的结构及使用方法。

5.17.2 实验原理

在一定温度下，液体与其自身的蒸气达到气液平衡时的压力，称为该液体在该温度下的饱和蒸气压(简称蒸气压)。液体饱和蒸气压的大小与液体的种类和温度有关。蒸气压是温度的函数,温度升高蒸气压增大。当蒸气压等于外压时,液体开始沸腾,此时的温度称为该液体的沸点。外压为 101.325 kPa 时的沸点称为该液体的正常沸点。

液体饱和蒸气压 p 与热力学温度 T 的关系可用克劳修斯-克拉贝龙方程表示:

$$\frac{\mathrm{d}\ln p}{\mathrm{d}T} = \frac{\Delta_{\mathrm{vap}}H_{\mathrm{m}}^{\ominus}}{RT^2} \tag{5-56}$$

式中:p 为液体在温度 T 时的饱和蒸气压(kPa);T 为热力学温度(K);$\Delta_{\mathrm{vap}}H_{\mathrm{m}}^{\ominus}$ 为温度 T 时液体的标准摩尔汽化热(J·mol^{-1});R 为摩尔气体常数(8.314 J·mol^{-1}·K^{-1})。

当温度变化范围不大时,$\Delta_{\mathrm{vap}}H_{\mathrm{m}}^{\ominus}$ 可看作常数,积分上式得

$$\ln p = -\frac{\Delta_{\mathrm{vap}}H_{\mathrm{m}}^{\ominus}}{R} \cdot \frac{1}{T} + c \tag{5-57}$$

或

$$\lg p = -\frac{\Delta_{\mathrm{vap}}H_{\mathrm{m}}^{\ominus}}{2.303R} \cdot \frac{1}{T} + c' \tag{5-58}$$

式中:c 和 c' 均为积分常数。

从式(5-58)可知,以 $\lg p$ 对 $\frac{1}{T}$ 作图可得一条直线,直线的斜率为 $-\frac{\Delta_{\mathrm{vap}}H_{\mathrm{m}}^{\ominus}}{2.303R}$,根据斜率即可计算出实验中液体的平均标准摩尔汽化热。

测定液体饱和蒸气压常有三种方法:静态法、动态法和饱和气流法。静态法是把待测液体放在一个封闭体系中,在不同温度下,直接测量饱和蒸气压。此法一般适用于蒸气压比较大($1\times10^5 \sim 200\times10^5$ Pa)的液体。动态法是在不同的外压下,测定液体的沸点。饱和气流法是在一定的温度、压力下,把干燥气体缓慢地通过被测液体,使气流为该液体的蒸气所饱和,再用某物质将气流中该液体的蒸气吸收,知道了一定体积的气流中蒸气的质量,便可计算蒸气分压,这个分压就是该温度下被测液体的饱和蒸气压。此法一般用于蒸气压较小的液体。本实验采用静态法。

实验使用平衡管玻璃仪器进行测量,实验装置如图 5-11 所示。平衡管由三个连通的玻璃管 a、b、c 组成,a 管内装入待测液体,b、c 管下部相通,也装有该待测液。实验时,a、c 管上部相连部分被充满纯的待测液体蒸气,b、c 管的液面处于同一水平面时,则表示 a、c 管上面的蒸气压与 b 管液面上的外压相等。测定此时对应的一组温度和压力值,该压力即为该液体在此温度下的饱和蒸气压值。

5.17.3 实验用品

仪器:玻璃恒温槽、真空表或 U 形压力计、平衡管玻璃仪器、缓冲瓶及抽气泵等。

试剂:CCl_4。

5.17.4 实验内容

本实验有两种方法,可任选其一。

(Ⅰ)不同外压下测定 CCl_4 的沸点

1. 装置仪器 按图 5-11 所示连接好装置。

真空泵用于降低体系的压力,缓冲瓶起稳定和调节体系压力的作用,缓冲瓶通过活塞既

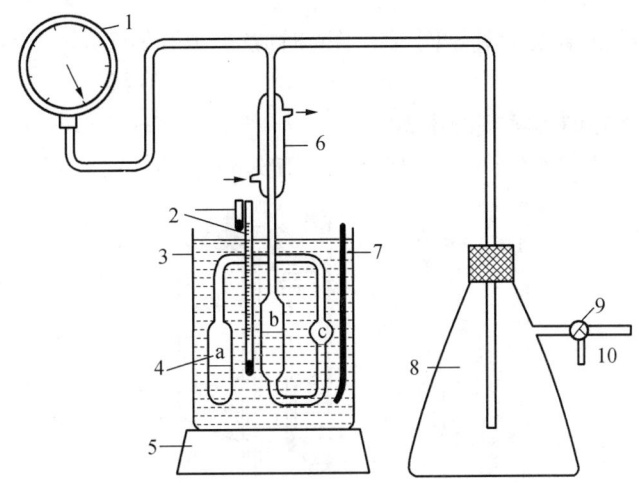

图 5-11 液体饱和蒸气压测定装置示意图
1. 真空表 2. 测温温度计及露茎校正温度计 3. 盛水大烧杯 4. 平衡管
5. 磁力搅拌器 6. 冷凝管 7. 电加热器 8. 缓冲瓶 9. 三通活塞 10. 通抽气泵

可与真空泵相连又可与外界大气相连。平衡管与冷凝管连接并且用三通与缓冲瓶、压力计相连。系统玻璃磨口处均应均匀涂抹高真空酯。

平衡管结构复杂，装 CCl_4 液体时先用酒精灯烘烤 a 管，赶出其内部空气，将 b 管迅速插入盛装有 CCl_4 的烧杯中，冷却 a 管，则 CCl_4 液体即被吸入，反复操作数次，使 a 管内液体高度约占 2/3，b、c 管内液体约占 1/3。

2. 检查漏气 接通电源，开动真空泵抽气，降低系统的压力，当系统压力降低到 40 kPa 时，关闭活塞，检查压力计读数，若在 5 min 内无变化则表示无漏气现象；若有变化则说明系统漏气，应仔细检查各接口处的密封性，直到不漏气为止。

3. 除去 a、c 管内空气 将平衡管浸入水浴中，接通冷凝水，开启水浴搅拌器并进行加热。随着温度升高，平衡管的 a、c 管内不断有气泡从 b 管口冒出，此为 CCl_4 蒸气和 a、c 管内空气。当恒温水浴的温度达到 80 ℃时，停止加热，保持恒温 5 min，使 a、c 管内的空气全部被赶出，保证 a、c 管内的气体是纯的 CCl_4 蒸气。若 a、c 管内存有部分空气，则 a、c 管内液面上的气相压强并非纯的 CCl_4 蒸气压，而是 CCl_4 和空气的混合压力。

4. 大气压下 CCl_4 沸点的测定 除去 a、c 管内的空气后，停止加热，水浴温度不断降低，当降低到一定程度时，气泡逐渐消失，c 管液面开始上升，b 管液面下降。当 b、c 两管液面达到同一水平时，记录此时的温度和大气压力。

稍稍加热，使 a、c 管内有气泡逸出，停止加热。降温后，记录 b、c 管液面达同一水平面时的温度。若两次测定的温度一致，则进行下面的实验。若测定温度不一致，则说明 a、c 管内空气未能赶净，必须重新进行赶净空气操作。

5. 不同压力下 CCl_4 沸点的测定 打开真空泵，旋转三通活塞，使系统缓慢减压，当系统压力比大气压降低 4~6.7 kPa 时，液体将重新沸腾，又有气泡从平衡管逸出，继续降低水温。当温度降低到一定程度时 b、c 管液面将处于同一水平面，记录此时的温度和压力计的压力。

重复上述操作，每次使系统减压 4~6.7 kPa，直到水浴温度下降至 50 ℃左右，停止实验。并在终止实验时再次读取大气压力。

注意：实验中当b、c管液面处于同一水平面时应立即进行降压，以免空气从b管进入到c管中。

(Ⅱ)不同温度下测定CCl_4蒸气的压力

1. 装置仪器　仪器装置连接同上，玻璃恒温槽部分如图5-12所示。

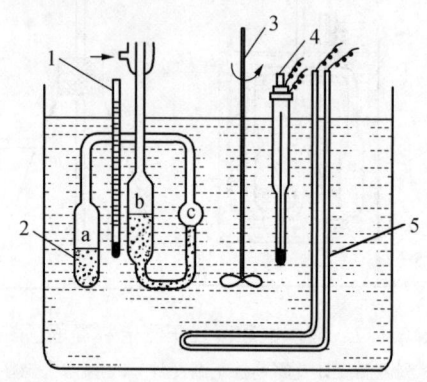

图5-12　测定液体饱和蒸气压装置的恒温槽部分
1. 温度计　2. 平衡管　3. 搅拌器　4. 接触温度计　5. 加热器

2. 检查漏气　将CCl_4装入平衡管，检查系统是否漏气。

3. 除去a、c管内空气　将平衡管浸入水浴中，接通冷凝水，开启水浴搅拌器并进行加热，使其比室温高2~3℃。开启真空泵，小心旋转三通活塞，使系统与真空泵相连缓慢抽气。当平衡管内CCl_4沸腾，平衡管的a、c管内不断有气泡从b管口冒出，维持几分钟，直到空气被赶净。

4. 不同温度下压力的测定　除去a、c管内的空气后，旋转三通活塞使体系与毛细管相通，缓慢地增大系统的压力，此时气泡逐渐消失，c管液面开始上升，b管液面下降。当b、c两管液面达到同一水平时，记录此时的压力和温度。

再开动真空泵，在相同的温度下重新减压，通过毛细管增压后，记录平衡管b、c管液面达同一水平面时的压力和温度。若两次测定的压力和温度一致，则进行下面的实验。

恒温槽温度升高4℃，旋转三通活塞，使系统与毛细管相通，缓慢增压。当压力增大到一定程度时b、c管液面将处于同一水平面，记录此时压力计的压力和温度。

重复上述操作，每次使恒温槽温度升高4℃左右，直到水浴温度至50℃左右，停止实验。

5.17.5　数据处理

(1)记录数据

室温：_____℃，实验开始时大气压：_____kPa；

实验结束时大气压：_____kPa，大气压平均值：_____kPa。

序号	温度		饱和蒸气压/kPa	$\frac{1}{T}/(10^{-3}\,K^{-1})$	$\lg p$
	$t/℃$	T/K			
1					
2					

(续)

序号	温度		饱和蒸气压/kPa	$\frac{1}{T}/(10^{-3}\ \text{K}^{-1})$	$\lg p$
	$t/℃$	T/K			
3					
4					
5					
6					
7					
8					
9					

(2)以 $\lg p$ 对 $1/T$ 作图得一直线，由直线斜率求出 CCl_4 在实验温度范围内的平均摩尔汽化热。

(3)在 $\lg p$-$1/T$ 图中，外推到压力为 101.325 kPa 时 CCl_4 液体的沸点。

5.17.6 思考题

1. 本实验的装置中，缓冲瓶的作用是什么？

2. 实验中为什么要赶净 a、c 管液面上的空气，若 a、c 管液面上有空气则对实验有何影响？实验中是如何赶净空气的？

3. 本实验是用先调节压力，测定体系在不同压力下的温度的方法来进行操作的，能否先调节好温度，在不同温度下测定蒸气压力来进行操作呢？如果可以，如何进行？

5.18 实验二十四 双液系的气液平衡相图

5.18.1 实验目的

1. 绘制环己烷-异丙醇双液系的沸点-组成图，并由图形确定其恒沸点及恒沸组成。
2. 学习和掌握阿贝(Abbe)折射仪的原理及其使用方法。

5.18.2 实验原理

常温下，两种液态物质以任意比例相互溶解所组成的体系称为完全互溶双液系。在恒定压力下，表示溶液沸点与组成关系的相图称为沸点-组成图，即 T-x 相图。完全互溶双液系的相图可分为三类：

(1)溶液沸点介于两个纯组分沸点之间，如图 5-13(a)所示；

(2)溶液存在最低恒沸点，如图 5-13(b)所示；

(3)溶液存在最高恒沸点，如图 5-13(c)所示。

图 5-13 中纵坐标代表溶液的沸点，横坐标代表溶液的组成。(2)、(3)类溶液在最低沸点或最高恒沸点时气液两相组成相同，此时进行简单的反复蒸馏只增加气相总量，而两相组成和沸点均保持不变。因此，称这最低或最高沸点为溶液的恒沸温度即恒沸点，相应组成为恒沸点组成。理论上，第(1)类二元混合物可用一般精馏法分离出两种纯物质，第(2)和第(3)两类混合物只能分离出一种纯物质和恒沸混合物。

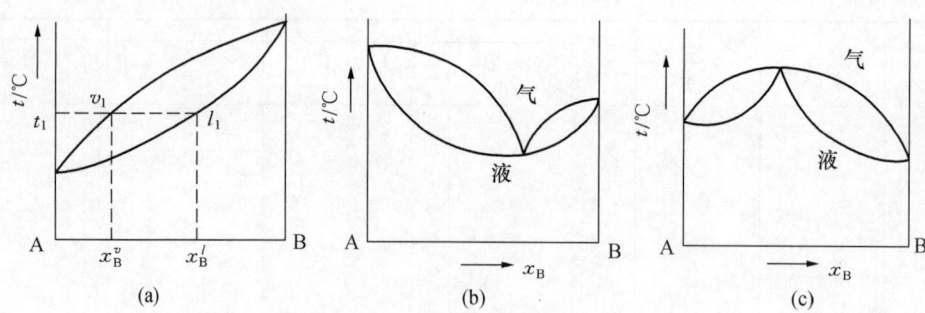

图 5-13 沸点-组成图

绘制双液系 T-x 相图时，需要同时测定溶液气液平衡时溶液的沸点及气相组成、液相组成数据。例如图 5-13(a)中，与沸点 t_1 对应的气相组成是气相线上 v_1 点对应的 x_B^v，液相组成是液相线上 l_1 点对应的 x_B^l。实验测定整个浓度范围内不同组成溶液的气液平衡组成和沸点后，即可绘出 T-x 图。

实验所用沸点测定仪如图 5-14 所示。它是一个带有两个支管的长颈圆底烧瓶，其中一个支管是回流冷凝器，冷凝器底部有一球形小液槽，用来收集气相冷凝的样品。液相样品则通过另一支管抽取。烧瓶底部直接安装一根电热丝，通过恒电流源控制直接加热液体，以避免或减少溶液的过热和暴沸现象。温度计的安装应使水银球一半浸在液面以下，一半浸在液面以上，并置于电热丝之上，这样测得的温度即为气液两相的平衡温度。随着实验的进行，应随时调节温度计的位置。

用阿贝(Abbe)折射仪测定气液两相的组成。先在恒定温度下，测定一系列已知浓度溶液的折射率，绘制出折射率-组成图（即标准曲线）。然后测得未知浓度溶液的折射率，就可以从曲线上查出相对应的组成。

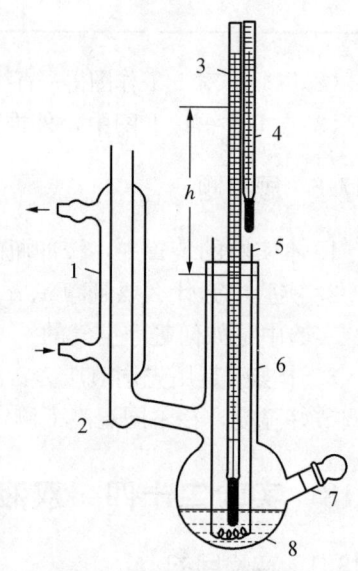

图 5-14 沸点测定仪
1. 冷凝管 2. 气相凝聚液 3. 测量温度计
4. 环境温度计 5. 14 号铜线 6. 长颈圆底烧瓶
7. 支管 8. 26 号镍铬电热丝

5.18.3 实验用品

仪器：沸点测定仪、恒流电源、阿贝(Abbe)折射仪、超级恒温水浴、滴管（长、短）、吸量管及移液管(1 mL、5 mL、10 mL、25 mL)。

试剂：环己烷(AR)、异丙醇(AR)、丙酮(AR)。

材料：擦镜纸等。

5.18.4 实验内容

1. 绘制标准曲线 取纯环己烷和纯异丙醇以及物质的量分数分别为 0.20、0.40、0.50、0.60、0.80 的异丙醇溶液，在 25 ℃时用阿贝(Abbe)折射仪逐个测定其折射率。

2. 溶液沸点及气液两相组成的测定

(1)将洗净烘干的沸点测定仪按图 5-14 装好，由支管加入 25 mL 异丙醇，接通冷凝水，接通电源使液体缓慢加热至沸腾，回流并观察温度计的变化，待温度稳定后再维持 3～5 min。记录温度计的读数和露茎温度及大气压，并立即从小液槽中抽取最新气相冷凝液(气相样品)，迅速测定其折射率，同时停止加热，冷却液相，然后用干燥滴管从磨口塞的支管抽取圆底烧瓶中的溶液(液相样品)，测定其折射率。按上述操作步骤分别测定加入 1.00 mL、2.00 mL、3.00 mL、4.00 mL、5.00 mL、10.00 mL 环己烷时溶液的沸点及其气、液两相的折射率。

(2)将沸点测定仪内溶液倒入回收瓶中，用环己烷清洗沸点测定仪，并用电吹风将其吹干。再取 25 mL 环己烷加入沸点测定仪中，按(1)中步骤分别测定加入 0.20 mL、0.50 mL、1.00 mL、2.00 mL、3.00 mL、4.00 mL、5.00mL 异丙醇时液体的沸点及气、液两相的折射率。

5.18.5 数据处理

1. 数据记录

室温：_____℃，大气压：_____ kPa，阿贝(Abbe)折射仪校正值：_____

(1)标准曲线

$x_{异丙醇}$	0.00	0.20	0.40	0.50	0.60	0.80	1.00
n_D^{25}							

(2)环己烷-异丙醇溶液沸点及气液两相的平衡组成

样品编号	每次加入环己烷的量/mL	沸点/℃	液相		气相	
			n_D^{25}	$x_{异丙醇}$	n_D^{25}	$x_{异丙醇}$
25 mL 异丙醇	0.00					
	1.00					
	2.00					
	3.00					
	4.00					
	5.00					
	10.00					

样品编号	每次加入异丙醇的量/mL					
25 mL 环己烷	0.00					
	0.20					
	0.50					
	1.00					
	2.00					
	3.00					
	4.00					
	5.00					

2. 将(1)中测得的数据绘制成标准曲线。
3. 利用标准曲线确定气液两相组成。
4. 利用沸点及对应两相组成绘制沸点-组成图，并确定该体系的恒沸温度及恒沸组成。

5.18.6 思考题

1. 操作过程中加入不同体积的各组分时如发生微小偏差，对相图绘制有无影响？为什么？
2. 使用阿贝(Abbe)折射仪时要注意什么？
3. 如何判断气液两相是否处于平衡？

5.19 实验二十五　燃烧热的测定

5.19.1 实验目的

1. 明确燃烧热的定义。
2. 了解氧弹式量热计的原理、构造及使用方法。
3. 用氧弹式量热计测量萘的燃烧热。
4. 学会雷诺图解法校正温度的改变值。

5.19.2 实验原理

燃烧热是指 1 mol 物质完全燃烧生成稳定产物时的反应热。所谓"完全燃烧"是指 C 氧化成 $CO_2(g)$、H 变成 $H_2O(l)$、S 氧化成 $SO_2(g)$、N 变成 $N_2(g)$、Cl 变成 HCl(水溶液)、金属如 Cu 等元素变成游离状态。

燃烧热的测定，除了有其实际应用价值外，还可以用于求算化合物的生成热、键能等。在恒容或恒压条件下可以分别测得恒容燃烧热 Q_V 和恒压燃烧热 Q_p。通常在恒容条件下测得 Q_V，而一般热化学计算用的数据是 Q_p，两者之间的关系为

$$Q_p = Q_V + \Delta n R T \tag{5-59}$$

式中：Δn 为反应前后生成物和反应物中气体的物质的量之差(mol)；R 为摩尔气体常数 $(8.314 \text{ J} \cdot \text{K}^{-1} \cdot \text{mol}^{-1})$；$T$ 为反应时的热力学温度(K)。

测量热效应的仪器称作量热计。量热计的种类很多，一般测量燃烧热用氧弹式量热计，测得的为恒容燃烧热 Q_V。图 5-15 是 GR-3500 型氧弹式量热计的结构，图 5-16 是氧弹结构。

实验中先把质量为 m 的样品放入密闭氧弹中，并充入 O_2，然后将氧弹放入装有一定量水的内筒中，点火后，通过长度为 l 的铁丝引燃样品完全燃烧，放出的热量 Q 传给水及内筒，使之温度上升，如果设体系(包括水、内筒及氧弹等)的热容为常数 C，水的始末温度为 T_0 和 T_n，则该物质的恒容燃烧热 Q_V 为：

$$Q = Q_V + l Q_l = C(T_n - T_0) \tag{5-60}$$

该物质的恒容摩尔燃烧热为

$$Q_{V,m} = \frac{Q_V}{\Delta n} = \frac{MC(T_n - T_0)}{m} \tag{5-61}$$

式中：l 为铁丝的长度(cm)；Q_l 为单位长度铁丝的燃烧热(J·cm^{-1})；m 为样品的质量(g)；M 为样品的摩尔质量(g·mol^{-1})。

体系的热容可用已知燃烧热的物质测出，即在相同的体系中，先燃烧已知燃烧热的物质，测其始末温度，根据式(5-60)求出常数 C，再燃烧未知物质，即可根据式(5-60)和式(5-61)计算出其恒容摩尔燃烧热。

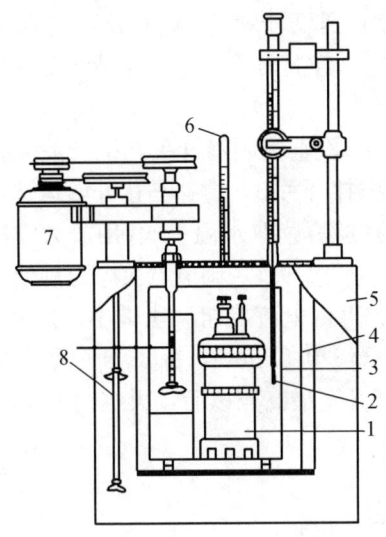 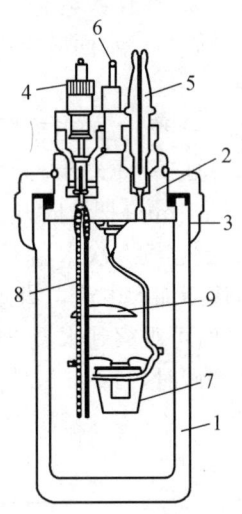

图 5-15 氧弹式量热计的结构
1. 氧弹 2. Beckman 温度计 3. 内筒
4. 挡板 5. 恒温水夹套 6. 水夹套温度计
7. 电动机 8. 搅拌器

图 5-16 氧弹结构示意图
1. 厚壁圆筒 2. 弹盖 3. 螺帽
4. 氧气进气孔 5. 排气孔 6. 电极
7. 燃烧皿 8. 电极 9. 火焰挡板

5.19.3 实验用品

仪器：氧弹式量热计、氧气钢瓶(附减压阀)、容量瓶(1 000 mL、2 000 mL)、压片机、分析天平、电子天平、万用电表、放大镜、引燃专用铁丝、剪刀、直尺等。

试剂：苯甲酸(AR)、萘(AR)。

5.19.4 实验内容

1. 实验准备 将量热计及其附件加以清洁整理，并了解仪器的用法，然后称重燃烧杯(准至 0.1 mg)。调好数字贝克曼温度计(见本书 10.9)，测量夹套水温，并将 3 000 mL 以上自来水的温度调至比夹套水温低 1 ℃左右。

2. 测定体系热容

(1) 样品准备 在天平上称取 1.0 g 左右的苯甲酸，在压片机上压成片状(注意：压片应松紧适度，压得过紧，样品不易燃烧，过松则易形成爆炸性燃烧，使样品燃烧不完全)，取出并轻轻去掉黏附在药品上的粉末，将其放入已知质量的燃烧杯中称重(准至 0.1 mg)。

(2) 装样并充氧 把氧弹的弹头放在弹头架上，将装有样品并称重过的燃烧皿放入燃烧皿架上，取 10 cm 长的引燃铁丝，绕成 V 形，铁丝两端分别紧绕在氧弹头中的两根电极上，将样品片竖起靠在燃烧皿内壁,然后将 V 形铁丝的底部紧靠在样品的中心部位上(注意:铁丝不可与燃烧皿相碰)。小心将弹头放入弹杯内,用手将弹帽拧紧。用万用电表检查两电极间是否通路,一般电阻值应不大于 20 Ω。若通路,旋下充气口的电极,接上充气管,充氧(参见本书 10.10)。开始先充入少量氧气(0.5 MPa),然后将放气阀门打开,借以赶走氧弹中的空气,最后关紧放气阀门,充气至 1.0 MPa。旋下充气管,关闭氧气瓶阀门,放掉氧气表中的余气。将氧弹的进气螺栓旋上,检查氧弹是否漏气以及两电极间是否通路。

(3)测量 将氧弹放入内筒,用容量瓶量取已调节到低于夹套水温 1 ℃ 的自来水 3 000 mL,倒入内筒中,水面应盖过氧弹,装好搅拌马达,盖上盖子,将贝克曼温度计的测温探针插入水中。

把控制箱(图 5-17)上的电极插头插在氧弹两电极上,检查控制箱开关,把开关 6 打在"振动"上,打开总电源开关 8,总电源指示灯亮,打开搅拌开关 5,搅拌马达开始运转,待 2~3 min 后,每隔 1 min(把计时开关 7 打在"1 min"的位置)读取水温一次(用放大镜准确至 0.002 ℃),直到连续 5 次水温不变。然后把开关 6 推向"点火",调节点火电源旋钮,先用小电流,以后逐渐加大电流,直到点火指示灯灭,然后再把电流旋钮调至最小,把开关 6 推向"振动"。此时可观察到水温迅速上升,把开关 7 调至"0.5 min",每 30 s 记录温度一次。当温度上升缓慢时,每 1 min 记录水温一次,当温度升至最高点以后,再继续 10 min 后方可停止实验。

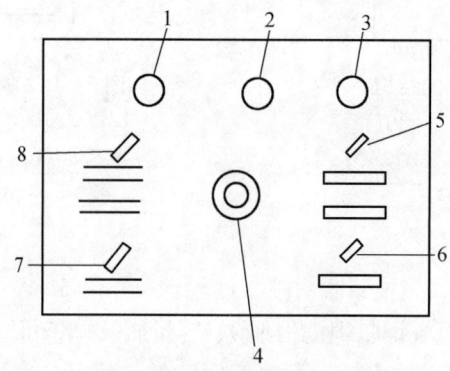

图 5-17 控制箱面板图
1. 电源指示灯 2. 计时指示灯 3. 点火指示灯 4. 点火电流旋钮
5. 搅拌开关 6. 振动、点火开关 7. 计时开关 8. 总电源开关

实验停止后,关掉电源,取下温度计,拿出氧弹,打开氧弹出气口放出余气,最后旋下氧弹帽,检查样品燃烧情况。若氧弹中没有燃烧残渣,表示燃烧完全,实验成功,测量燃烧后剩下的铁丝长度以计算铁丝实际燃烧长度。若氧弹内有许多黑色残渣,表示燃烧不完全,实验失败,则应重做实验。

最后擦干氧弹、燃烧杯,倒出内筒中水,擦干待用。

3. 测量萘的燃烧热 在电子天平上称取 0.6 g 左右的萘,同上述操作进行测定。

5.19.5 数据处理

数据处理可采用人工处理数据,也可采用相应的软件利用计算机记录数据、作图和处理数据。这里简单介绍人工处理数据的步骤和方法。

(1) 实验数据记录

t/s	
T/K	

(2) 作雷诺温度校正图求 ΔT（见注释）。

(3) 计算量热计的热容 C，求出纯萘的燃烧热 Q_v 和 Q_p，要求误差不超过 3%。

已知：苯甲酸的相对分子质量为 122.12，萘的相对分子质量为 128.18，在 25 ℃、$p^{\ominus}$ 时苯甲酸的燃烧热为 $-3\,227$ kJ·mol^{-1}，萘的燃烧热为 $-5\,157$ kJ·mol^{-1}。

5.19.6 思考题

1. 固体样品为什么要压成片状？
2. 开始加入内筒中的水的温度，为什么要比环境温度低 1 ℃？否则有何影响？
3. 实验中哪些因素容易造成误差？

5.19.7 注释

在实际测量中，由于无法避免量热计与周围环境之间的热交换，尤其是反应过程中温差较大时，对温差测量值的影响更明显。可采用雷诺(Renolds)温度校正图进行校正，具体方法如下：

先作温度-时间曲线，如图 5-18(a) 所示，图中 F 点为开始记录温度点；H 点相当于开始燃烧点；D 点为观察到的最高温度读数点；G 点为停止记录温度点。从 D 点和 H 点分别向 y 轴作水平线，与 y 轴相交，取 y 轴上两交点连线的中心点 J 点作水平线 JI，与曲线交于 I 点，过 I 点作垂线 ab，然后将 FH 线和 GD 线延长与 ab 线分别交于 A、C 两点，A 点和 C 点所示的温度之差，即为经过校正的温度升高值 ΔT。图中 AA' 为开始燃烧到温度升至室温这段时间 Δt_1 内，由环境辐射进来和搅拌引进的能量而造成温度的升高，必须扣除；CC' 为温度由室温升高到 D 这段时间 Δt_2 内，量热计向环境辐射出能量而造成的温度的降低，因而要计算在内。所以 AC 两点的温差就是 ΔT。

在某些情况下，量热计的绝热情况良好，散热小，而搅拌器的功率较大，不断引进能量使燃烧后的最高点不出现，如图 5-18(b) 所示，这种情况下，ΔT 仍然可以按照上法校正。

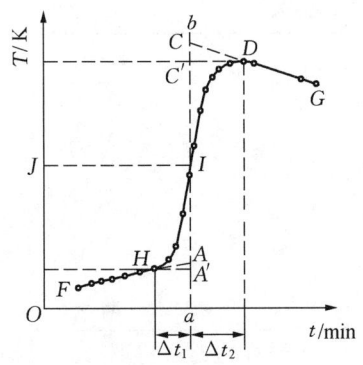

(a) 雷诺温度校正图

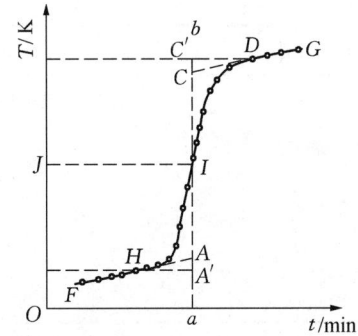

(b) 绝热良好情况下的雷诺温度校正图

图 5-18 燃烧前后的温度-时间校正曲线

5.20 实验二十六 凝固点降低法测定摩尔质量和渗透压

5.20.1 实验目的

1. 掌握溶液凝固点的测定技术。
2. 学习和掌握用凝固点降低法测定萘的摩尔质量及萘溶液的渗透压的原理和方法。

5.20.2 实验原理

稀溶液具有依数性，稀溶液的渗透压和凝固点降低就是依数性的两种表现。根据溶液凝固点的降低值可以测定溶质的摩尔质量并估算溶液的渗透压。

对于二组分稀溶液，其凝固点低于纯溶剂的凝固点，当溶剂的种类和数量确定后，凝固点降低值只与溶质粒子的数量有关，而与溶质的本性无关。

如果溶质在溶液中不发生缔合和分解，也不与固态纯溶剂生成固溶体，则根据热力学理论可以导出稀溶液的凝固点降低值 ΔT_f 与溶质 B 的质量摩尔浓度（b_B）之间的关系为

$$\Delta T_f = T_f - T = K_f b_B \tag{5-62}$$

如果稀溶液是由质量为 m_B 的溶质溶于质量为 m_A 的溶剂中而构成，则式(5-62)可写为

$$\Delta T_f = K_f \frac{1\,000\, m_B}{M m_A} \tag{5-63}$$

即

$$M = K_f \frac{1\,000 m_B}{\Delta T_f m_A} \tag{5-64}$$

式中：T_f 为纯溶剂的凝固点；T 为溶液的凝固点；K_f 为溶剂的摩尔凝固点降低常数（$K \cdot kg \cdot mol^{-1}$）；$M$ 为溶质的摩尔质量（$g \cdot mol^{-1}$）。

如果已知溶剂的 K_f 值，则可通过实验测出溶液的凝固点降低值 ΔT_f，利用式(5-64)即可求出溶质的摩尔质量。

常见溶剂 K_f 值见表 5-6。

表 5-6 常见溶剂的 K_f 值表

溶 剂	T_f/K	$K_f/(K \cdot kg \cdot mol^{-1})$
水	273.15	1.853
苯	278.68	5.12
环己烷	279.69	20.0
乙 酸	289.75	3.9
环己醇	279.69	39.3

根据溶液的凝固点降低值 ΔT_f，还可以估算溶液的渗透压。如果溶液的渗透压 Π 以 kPa 为单位，根据范特霍夫（van't Hoff）公式：

$$\Pi = c_B R T \tag{5-65}$$

式中：c_B 为物质的量浓度，单位为 $mol \cdot L^{-1}$。

对于本实验的稀溶液,可以近似认为 $c_B \approx b_B$,则
$$\Pi = b_B RT \tag{5-66}$$
将式(5-62)代入式(5-66),则有
$$\Pi = \frac{\Delta T_f RT}{K_f} \tag{5-67}$$
式中:$R = 8.314 \text{ kPa} \cdot \text{L} \cdot \text{mol}^{-1} \cdot \text{K}^{-1}$。

根据溶液的凝固点降低值 ΔT_f,利用式(5-67)即可算出溶液的渗透压 Π。

凝固点降低的测定方法有很多种,常用的是贝克曼(Beckmann)法。

凝固点测定方法是将液体逐渐冷却,当液体温度达到或稍低于其凝固点时,由于新相的形成需要一定的能量,故结晶并不析出,这就是过冷现象。如果此时加以搅拌或加入晶种,促使晶核产生,则会很快析出晶体,并放出凝固热,使体系温度迅速回升。对于纯溶剂来说,在一定的压力下,凝固点是固定不变的,其温度-时间冷却曲线如图 5-19(a)所示。图中凹陷部分是因液相过冷而引起的,CD 平行于横坐标,对应的温度即为纯溶剂的凝固点。对于溶液来说,凝固点不是一个恒定值,如将溶液缓缓冷却,其冷却曲线与纯溶剂不同,如图 5-19(b)所示。随着溶剂的析出,溶液凝固点不断下降,CD 线不平行于横坐标,DC 线的延长线与 AB 线的交点 E 为溶液的凝固点 T_f。因此测量溶液凝固点时不能过冷很多,如过冷很多,则应测出冷却曲线,按图 5-19(b)所示的方法进行校正。

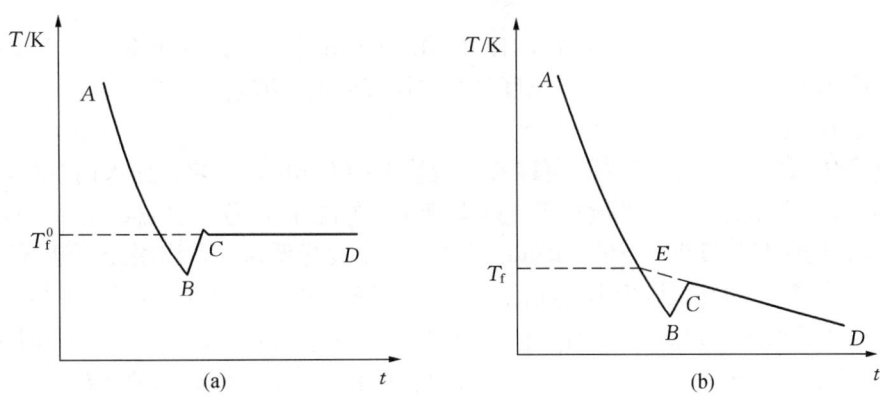

图 5-19 纯溶剂(a)和溶液(b)的冷却曲线

5.20.3 实验用品

仪器:凝固点测定仪、贝克曼(Beckmann)温度计或精密电子温差计。

试剂:环己烷(AR)、萘(AR)。

材料:冰块。

5.20.4 实验内容

1. 调节贝克曼(Beckmann)温度计 使在环己烷的凝固点(6 ℃)时,水银柱高度在刻度上部 4 ℃左右。如果用电子贝克曼温度计则按 10.9 数字贝克曼温度计使用说明操作。

2. 调节冷冻剂的温度 图 5-20 为凝固点测定仪。冷冻剂水槽中装自来水和碎冰,使

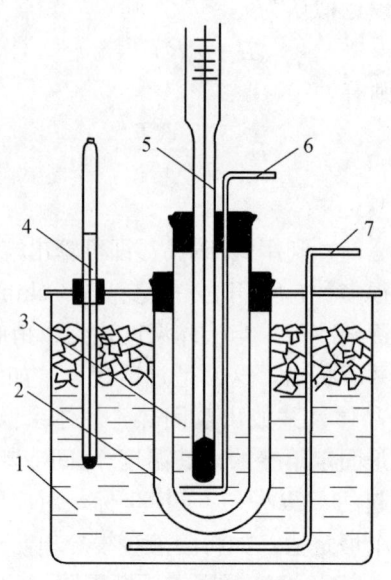

图 5-20 凝固点测定仪
1. 玻璃冰槽 2. 空气套管 3. 盛溶液内管
4. 冰槽内温度计 5. Beckmann 温度计
6. 内搅拌棒 7. 外搅拌棒

冷冻剂为 4～5 ℃，在实验过程中经常搅拌并不断补充碎冰，以保持在 4～4.5 ℃。按图 5-20 装好凝固点测定仪。内管、贝克曼温度计和内搅拌棒均需洁净而干燥。

3. 测量环己烷的凝固点

(1) 测量环己烷的近似凝固点 用移液管吸取 25.00 mL 环己烷，加入内管中，塞上塞子，将内管插入冷冻剂中，用外搅拌棒和内搅拌棒上下搅拌(注意不要碰到温度计)，使环己烷逐渐冷却，同时观察贝克曼(Beckmann)温度计上温度降低情况，当温度逐渐下降减慢几乎停顿时，此时管内如有固体析出，则记下此温度读数，即是环己烷的近似凝固点。

(2) 测量环己烷的凝固点 取出内管，不断搅拌，用手握管至微温，使管中固体完全熔化，再将内管插入冷冻剂中，用内、外搅拌棒迅速搅拌，使环己烷较快地冷却，当环己烷温度降低至高于近似凝固点 0.2 ℃时，迅速取出测定管并将外部水擦干，放入预先置于冷却剂的空气套中。停止内搅拌，此时环己烷温度继续下降，当温度降低至近似凝固点 0.2 ℃时，用内搅拌棒迅速搅拌，停止外搅拌，促使固体析出，此时温度先下降后迅速上升，用放大镜迅速读出最高温度，即为环己烷的凝固点 T_f。

重复测定环己烷的凝固点 2 次，要求测得的 3 次偏差不超过 ±0.005 ℃，取其平均值作为环己烷的凝固点。

4. 测定溶液的凝固点 取出内管，在管中加入 0.01～0.02 g(准确在 0.000 2 g)事先已准确称量的萘(注意勿粘于管壁)，搅拌使其完全溶解，然后依上法测定溶液的近似凝固点，再精确测定凝固点。重复 3 次，要求偏差不超过 ±0.005 ℃，取其平均值。

5.20.5 注意事项

(1) 使用贝克曼(Beckmann)温度计要特别小心。温度计调好后，在整个测定过程中，温度计水银储存槽中水银量要保持不变。

(2) 测量的准确性很大程度上取决于搅拌溶液的技术，在整个实验过程中应不断搅拌，搅拌速度为：内搅拌约每秒1次，外搅拌约每分钟十几次。

(3) 准确读取温度是实验的关键，应用放大镜读取至小数点后第3位。在整个实验过程中，大约每30 s读取温度一次。实验最好选用精密电子温差计。

(4) 为了做到过冷，冷冻剂温度需调节在低于待测液凝固点1~2 ℃。实验过程中要经常注意调节冷冻剂温度。

5.20.6　数据处理

1. 计算萘的摩尔质量　根据测定的纯溶剂环己烷的凝固点和萘的环己烷溶液的凝固点，求得溶液凝固点降低值 ΔT_f，利用式(5-64)计算求得萘的摩尔质量，并与文献值比较，并求其相对误差，要求误差不超过±3%。

2. 求溶液的渗透压 Π　根据求得的凝固点降低值 ΔT_f，利用式(5-67)计算该浓度下溶液的渗透压 Π。

5.20.7　思考题

1. 什么是过冷现象？怎样利用过冷现象来确定溶剂和溶液的凝固点？
2. 为什么凝固点测定仪盛溶液内管、贝克曼温度计及内搅拌棒不能带有水分？
3. 在降温过程中，若发现管中已有固体析出（即没有出现过冷现象），是否还会有温度回升现象？

5.21　实验二十七　溶液表面张力的测定

5.21.1　实验目的

1. 学会测定不同浓度乙醇水溶液的表面张力，了解吸附量与浓度的关系。
2. 了解表面张力的性质、表面自由能的意义以及表面张力和吸附的关系。
3. 掌握最大气泡法测定表面张力的实验原理和方法。

5.21.2　实验原理

从热力学观点来看，液体表面缩小是一自发过程，这是使体系总的自由能减小的过程。如欲使液体产生新的表面 ΔA，就需要对其做功，做功的大小应与 ΔA 成正比：

$$W = \sigma \cdot \Delta A \tag{5-68}$$

比例系数 σ 表示在等温下形成单位面积的表面时所需的可逆功，故 σ 称为单位表面的表面能，其单位为 $J \cdot m^{-2}$。σ 亦可看成作用在界面上每个单位长度边缘上的力，通常称为表面张力，其单位是 $N \cdot m^{-1}$，它表示了液体表面自动缩小趋势的大小，其值与液体的组成、溶质的浓度、温度和压力等因素有关。

对于纯物质而言，表面层的组成与内部的相同，但溶液的情况却不然。在纯溶剂中加入溶质后，溶剂的表面张力发生变化，根据能量最低原则，溶质能降低溶剂的表面张力时，表面层中溶质的浓度比溶液内部的大。反之，溶质使溶液的表面张力升高时，它在表面层中的浓度比在内部的浓度低。这种表面浓度与溶液内部浓度不同的现象叫作溶液的表面吸附。在一定温度和压力下，溶质的吸附量与溶液的表面张力以及溶液的浓度有关，三者之间遵守吉布斯(Gibbs)吸附方程：

$$\Gamma = -\frac{c}{RT}\left(\frac{d\sigma}{dc}\right)_T \tag{5-69}$$

式中：Γ 为表面吸附量($mol \cdot m^{-2}$)；c 为溶液的浓度($mol \cdot m^{-3}$)；R 为摩尔气体常数(8.314 $J \cdot mol^{-1} \cdot K^{-1}$)；$T$ 为热力学温度(K)；σ 为表面张力($N \cdot m^{-1}$)。

当 $\left(\frac{d\sigma}{dc}\right)_T < 0$ 时，$\Gamma > 0$，称为正吸附，如表面活性物质；当 $\left(\frac{d\sigma}{dc}\right)_T > 0$ 时，$\Gamma < 0$，称为负吸附，如无机盐。本实验研究的是乙醇水溶液，属于正吸附。

若在溶剂中加入少量物质就能使其表面张力显著降低的，这类物质称为表面活性物质。表面活性物质在工业和日常生活中应用非常广泛，如用作去污剂、乳化剂、润湿剂以及起泡剂等。它们的主要作用发生在界面上，所以研究这些物质的表面效应是有意义的。

若实验测得溶液不同浓度 c 时的表面张力 σ，以表面张力对浓度作图，可得到如图 5-21 所示的曲线。从曲线上的任意一点 A 作切线 ab，求得切线 ab 的斜率，即为浓度 c_1 时的 $\left(\frac{d\sigma}{dc}\right)_T$，根据式(5-69)就可求得该浓度时的吸附量 Γ。

所以，要求出吸附量 Γ 与浓度 c 的关系，实际上就要求出表面张力 σ 与浓度 c 的关系。本实验用最大气泡法测定乙醇水溶液的表面张力。

仪器装置见图 5-22。

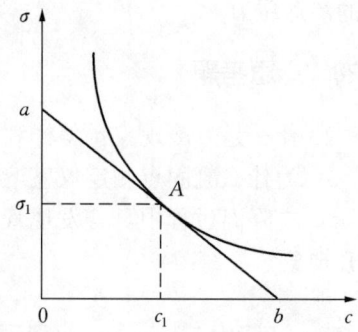

图 5-21 表面张力与浓度的关系

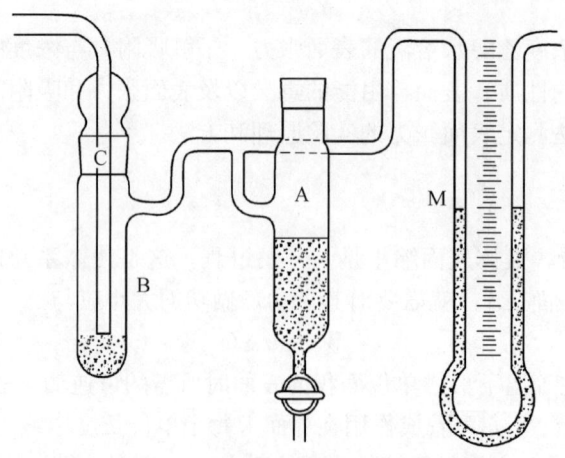

图 5-22 测定表面张力的装置

A 为充满水的抽气瓶，B 为表面张力仪，中间有一个玻璃管 C，其下端接有一段直径为 0.2~0.5 mm 的毛细管，M 为一 U 形压力计，内盛密度较小的水、酒精、甲苯等作为工作介质，以测定压力差。

将欲测表面张力的液体装于表面张力仪 B 中，使 C 管的端面与液面刚好相切，液面即沿毛细管上升至一定高度，打开抽气瓶的活塞进行缓慢的放水抽气，则 B 瓶中的压力逐渐减小，毛细管内液面上受到一个比 B 瓶中液面上大的压力，因此会将管中液面压至管口，并形成气泡，其曲率半径慢慢地由大变小。当气泡的曲率半径恰好等于毛细管半径 r 时，根据 Laplace 公式，这时能承受的压力差也最大：

$$\Delta p_{max} = \Delta p_r = p_0 - p_r = \frac{2\sigma}{r} \tag{5-70}$$

随后大气压力将此气泡从毛细管口压出，气泡曲率半径增大，根据 Laplace 公式，气泡表面膜所能承受的压力差减小，而实际上测定管中的压力差却是增加的，所以立即导致气泡破裂。

这个最大的压力差值可由 U 形压力计 M 上读出：

$$\Delta p_{max} = p_{大气} - p_{系统} = \Delta h \rho g \tag{5-71}$$

式中：Δh 为 U 形压力计中最大液柱差(m)；ρ 为压力计内液体的密度($kg \cdot m^{-3}$)；g 为重力加速度($m \cdot s^{-2}$)。

由式(5-70)和式(5-71)即得

$$\sigma = \frac{1}{2} \Delta h r \rho g \tag{5-72}$$

若用同一只毛细管和压力计测定时，r、ρ 相同，故对表面张力分别为 σ_1 和 σ_2 的两种液体而言，则有

$$\frac{\sigma_1}{\sigma_2} = \frac{\Delta h_1}{\Delta h_2} \tag{5-73}$$

若用已知表面张力 σ_2 的液体作标准，根据式(5-73)可求其他液体的表面张力 σ_1。

5.21.3 实验用品

仪器：表面张力测定装置、恒温槽、烧杯(250 mL)、洗耳球等。

试剂：乙醇水溶液(5%、10%、15%、20%、25%、30%、35%、40%、50%)。

5.21.4 实验内容

1. 测定已知表面张力的水的 Δh_2　首先将预先洗净的表面张力仪 B 及玻璃管 C 按图 5-22 装好，浸入恒温槽内。然后将自来水注入抽气管中，到与侧面支管相齐为止。在 B 管中注入蒸馏水，使 B 管内液面刚好与毛细管 C 相接触，调整表面张力仪在恒温槽中的位置，使 C 端面保持水平，恒温 10 min 后，打开抽气管活塞，使盛在管内的水缓慢滴出，控制水滴的滴速，使毛细管口每 5 s 左右出一个气泡，当气泡形成的频率稳定时，记录压力计上两液柱上升最高值和下降的最低值，测定 3~5 次，每次读数之间间隔应不少于 15 s，取平均值，由此得到 Δh_2。

2. 测定不同浓度乙醇水溶液的 Δh_1　以同样的方法，在 B 管内装入待测的乙醇水溶液，测定其相应的 Δh_1。每次换溶液时，均须用待测液润洗毛细管及测定管 3 次，并且从稀到浓

依次进行测定。

5.21.5 数据处理

(1)从表5-7中查出实验温度时水的表面张力 σ_2,根据实验数据求出乙醇水溶液的不同浓度时的表面张力。

表5-7 不同温度下水的表面张力

$t/℃$	$\sigma/(N·m^{-1})$	$t/℃$	$\sigma/(N·m^{-1})$
0	0.075 64	23	0.072 28
5	0.074 92	24	0.072 13
10	0.074 22	25	0.071 97
11	0.074 07	26	0.071 82
12	0.073 93	27	0.071 66
13	0.073 78	28	0.071 50
14	0.073 64	29	0.071 35
15	0.073 49	30	0.071 18
16	0.073 34	35	0.070 38
17	0.073 19	40	0.069 56
18	0.073 05	45	0.068 74
19	0.072 90	50	0.067 91
20	0.072 75	60	0.066 18
21	0.072 59	70	0.064 4
22	0.072 44	80	0.062 6

(2)作 σ-c 图,从图上求出不同浓度乙醇水溶液的表面吸附量 Γ。

实验数据及计算列表如下:

c	Δh 测量值	Δh 平均值	$\sigma/(N·m^{-1})$	$\left(\dfrac{d\sigma}{dc}\right)_T$	$\Gamma/(mol·m^{-2})$
0				—	—
5%					
10%					
15%					
20%					
25%					
30%					
35%					
40%					
50%					

3. 作 Γ-c 图。

5.21.6 思考题

1. 用最大气泡法测定表面张力时,为什么要读最大压力差?
2. 为什么要控制气泡单个逸出而不能连续放出?
3. 压力计中的液体为什么用水或酒精而不用水银?
4. 若毛细管不干净,对测量结果有何影响?

第六章 物质的化学性质

6.1 实验二十八 电解质溶液

6.1.1 预习

酸碱离解平衡、沉淀溶解平衡等理论,固液分离技术等。

6.1.2 实验目的

1. 加深对弱电解质离解平衡及移动规律的理解。
2. 了解同离子效应现象,掌握同离子效应的规律,了解缓冲溶液的性质。
3. 理解沉淀溶解平衡规律,掌握和运用溶度积规则。

6.1.3 实验原理

1. 弱电解质离解平衡及移动 弱电解质在水溶液中部分离解,一定条件下将建立平衡,称为离解平衡。如,

分子酸(碱)离解平衡:

$$HAc + H_2O \rightleftharpoons H_3O^+ + Ac^-$$

$$K_a^{\ominus}(HAc) = \frac{[c_{eq}(H^+)/c^{\ominus}] \cdot [c_{eq}(Ac^-)/c^{\ominus}]}{c_{eq}(HAc)/c^{\ominus}}$$

$$NH_3 + H_2O \rightleftharpoons NH_4^+ + OH^-$$

$$K_b^{\ominus}(NH_3) = \frac{[c_{eq}(NH_4^+)/c^{\ominus}] \cdot [c_{eq}(OH^-)/c^{\ominus}]}{c_{eq}(NH_3)/c^{\ominus}}$$

离子酸(碱)离解平衡:

$$NH_4^+ + H_2O \rightleftharpoons H_3O^+ + NH_3$$

$$K_a^{\ominus}(NH_4^+) = \frac{[c_{eq}(H_3O^+)/c^{\ominus}] \cdot [c_{eq}(NH_3)/c^{\ominus}]}{c_{eq}(NH_4^+)/c^{\ominus}}$$

$$Ac^- + H_2O \rightleftharpoons HAc + OH^-$$

$$K_b^{\ominus}(Ac^-) = \frac{[c_{eq}(HAc)/c^{\ominus}] \cdot [c_{eq}(OH^-)/c^{\ominus}]}{c_{eq}(Ac^-)/c^{\ominus}}$$

改变平衡体系的温度或物质的浓度,可使平衡发生移动。

在弱电解质离解平衡中,加入含有相同离子的强电解质时,平衡将发生移动,弱电解质电离度减小,这种效应称为同离子效应。

2. 缓冲溶液 由弱酸及其共轭碱(如 HAc+NaAc)或弱碱及其共轭酸(如 NH_3+NH_4Cl)组成的溶液中,加入少量酸、碱或将其适当稀释时,溶液 pH 基本上保持不变,这种溶液称为缓冲溶

液。对于缓冲溶液，有缓冲方程：

$$pH = pK_a^\ominus - \lg \frac{c(酸)}{c(碱)}$$

根据缓冲方程可以计算缓冲溶液 pH 和配制缓冲溶液。

3. 难溶电解质的多相离解平衡及移动 一定温度下，难溶电解质在水中将建立沉淀溶解平衡，其平衡关系为

$$A_mB_n(s) \rightleftharpoons mA^{n+}(aq) + nB^{m-}(aq)$$

$$K_{sp}^\ominus(A_mB_n) = [c_{eq}(A^{n+})/c^\ominus]^m \cdot [c_{eq}(B^{m-})/c^\ominus]^n$$

$K_{sp}^\ominus$ 是与难溶电解质本性及温度有关，而与浓度无关的常数，称为难溶电解质的溶度积常数，简称为溶度积。若用 Q 来表示难溶电解质任意状态下的反应商（即反应的离子积），则难溶电解质的离子积与溶度积有如下的溶度积规则：

① $Q < K_{sp}^\ominus$ 时，不饱和溶液，无沉淀析出；若有沉淀存在将会溶解。

② $Q = K_{sp}^\ominus$ 时，沉淀溶解动态平衡，溶液恰好饱和，无沉淀析出也无沉淀溶解。

③ $Q > K_{sp}^\ominus$ 时，溶液为过饱和溶液，有沉淀从溶液中析出。

运用这一规则，可以判断沉淀的生成、溶解和转化，以及在外界条件改变时（如受酸、碱、氧化还原、配合离解等平衡影响）沉淀溶解平衡的移动方向。

6.1.4 实验用品

仪器：普通试管、离心试管、试管架、离心机、漏斗、漏斗架、量筒、烧杯、试管夹、酒精灯、玻璃棒、滴管、点滴板、pH 计等。

试剂：0.1 mol·L^{-1} HAc、6 mol·L^{-1} HCl、0.1 mol·L^{-1} HCl、0.1 mol·L^{-1} NaAc、0.1 mol·L^{-1} NH$_4$Cl、1 mol·L^{-1} NH$_4$Cl、NH$_4$Cl(s)、0.1 mol·L^{-1} NH$_3$·H$_2$O、2 mol·L^{-1} NH$_3$·H$_2$O、0.1 mol·L^{-1} NaOH、0.1 mol·L^{-1} Na$_2$CO$_3$、0.1 mol·L^{-1} Na$_3$PO$_4$、0.1 mol·L^{-1} NaH$_2$PO$_4$、0.1 mol·L^{-1} Na$_2$HPO$_4$、0.1 mol·L^{-1} KI、0.1 mol·L^{-1} NaCl、1 mol·L^{-1} NaCl、0.1 mol·L^{-1} K$_2$CrO$_4$、0.1 mol·L^{-1} Al$_2$(SO$_4$)$_3$、0.1 mol·L^{-1} Na$_2$S、0.1 mol·L^{-1} AgNO$_3$、0.1 mol·L^{-1} Fe(NO$_3$)$_3$、0.1 mol·L^{-1} MgCl$_2$、0.1 mol·L^{-1} Pb(NO$_3$)$_2$、NH$_4$Ac(s)、BiCl$_3$(s)、PbCl$_2$（饱和溶液）、酚酞指示剂、甲基橙指示剂等。

材料：滤纸、pH 试纸等。

6.1.5 实验内容

1. 同离子效应

(1)在试管中加入 1 mL 0.1 mol·L^{-1} NH$_3$·H$_2$O 溶液和 1 滴酚酞指示剂，摇匀，观察现象。然后再加少量 NH$_4$Ac 固体，振荡试管使其溶解，观察溶液颜色有何变化，解释原因。

(2)在试管中加入 1 mL PbCl$_2$ 饱和溶液，然后滴加数滴 0.1 mol·L^{-1} NaCl 溶液，振荡试管，观察现象，解释原因。

(3)设计实验：利用 HAc 溶液和 NH$_4$Ac 固体及适当指示剂，证明同离子效应。

2. 缓冲溶液

(1)在两支试管中各加入 2 mL 纯水，再分别加入 1 滴 0.1 mol·L^{-1} HCl 溶液和 1 滴 0.1 mol·L^{-1} NaOH 溶液，测定其 pH（用 pH 试纸或 pH 计），并与纯水 pH 比较。

(2) 在试管中加入 3 mL 0.1 mol·L^{-1} HAc 溶液和 3 mL 0.1 mol·L^{-1} NaAc 溶液,制成缓冲溶液,用酚酞指示剂检查其酸碱性。把上述溶液分装于四支试管中,向其中三支分别加入 3 滴 0.1 mol·L^{-1} HCl 溶液、0.1 mol·L^{-1} NaOH 溶液和纯水,与原缓冲溶液颜色进行比较,由此又得出什么结论?解释之。

(3) 设计实验:根据实验室提供的试剂,配制 pH=4.0 或 pH=9.0 的缓冲溶液 30 mL,用 pH 试纸或 pH 计测其 pH,并与计算值比较,试验缓冲溶液的性质。(如果完成本书实验六十二,此内容可免做)

3. 离子酸(碱)离解平衡及移动

(1) 用 pH 试纸或 pH 计测定下列各溶液的 pH:

NaCl(0.1 mol·L^{-1}),NH$_4$Cl(0.1 mol·L^{-1}),NaAc(0.1 mol·L^{-1}),Na$_2$CO$_3$(0.1 mol·L^{-1}),Na$_3$PO$_4$(0.1 mol·L^{-1}),NaH$_2$PO$_4$(0.1 mol·L^{-1}),Na$_2$HPO$_4$(0.1 mol·L^{-1})。

(2) 取两支试管,各加入 2 mL 纯水和 3 滴 0.1 mol·L^{-1} Fe(NO$_3$)$_3$ 溶液,摇匀,观察溶液颜色。将一支试管用小火慢慢加热,另一支试管不加热作对照。观察现象并解释之。

(3) 在试管中加入 4 mL 0.1 mol·L^{-1} NaAc 溶液和 1 滴酚酞指示剂,摇匀,观察溶液颜色。将溶液分装于两支试管,其中一支用小火慢慢加热至微沸。与对照管作比较,解释原因。

(4) 将绿豆大小的 BiCl$_3$ 固体加入试管,再加入约 1 mL 纯水,摇匀,观察现象,测定溶液 pH。然后加入 6 mol·L^{-1} HCl 溶液 2~3 滴至沉淀溶解,再加入纯水稀释,又有何现象?

(5) 向盛有 1 mL 0.1 mol·L^{-1} Al$_2$(SO$_4$)$_3$ 溶液的试管中加入 0.1 mol·L^{-1} Na$_2$CO$_3$ 溶液 1 mL,摇匀,观察现象。试证明产物为何物质。〔提示:是 Al(OH)$_3$,不是 Al$_2$(CO$_3$)$_3$〕

4. 沉淀溶解平衡及移动

(1) 向试管中加入 5 滴 0.1 mol·L^{-1} Pb(NO$_3$)$_2$ 溶液和 5 滴 0.1 mol·L^{-1} KI 溶液,振荡试管,观察有无沉淀生成,解释原因。

(2) 在两支试管中分别加入 5 滴 0.1 mol·L^{-1} K$_2$CrO$_4$ 溶液和 5 滴 0.1 mol·L^{-1} NaCl 溶液,再向各试管中加入 2 滴 0.1 mol·L^{-1} AgNO$_3$ 溶液,观察沉淀的生成和颜色,解释原因。

(3) 取 1 滴 0.1 mol·L^{-1} AgNO$_3$ 溶液和 1 滴 0.1 mol·L^{-1} Pb(NO$_3$)$_2$ 溶液于离心试管中,加 3 mL 纯水稀释,摇匀,加入 0.1 mol·L^{-1} K$_2$CrO$_4$ 溶液 1 滴,振荡试管后,离心沉降,观察沉淀和溶液的颜色,继续滴加 0.1 mol·L^{-1} K$_2$CrO$_4$ 溶液,沉淀颜色有何变化?离心沉降,溶液的颜色有何变化?根据实验现象,判断何种物质先沉淀,解释原因。

(4) 在试管中加入 1 mL 0.1 mol·L^{-1} MgCl$_2$ 溶液,然后逐滴加入 2 mol·L^{-1} NH$_3$·H$_2$O 至有白色沉淀生成,将其一分为二,在第一支试管中加入 2 mol·L^{-1} HCl 溶液,沉淀是否溶解?在第二支试管中加入少量 NH$_4$Cl(s),沉淀是否溶解?解释原因。

(5) 在一离心试管中加入 10 滴 0.1 mol·L^{-1} Pb(NO$_3$)$_2$ 溶液和 10 滴 0.1 mol·L^{-1} NaCl 溶液,离心沉降分离后,向沉淀上逐滴滴加 0.1 mol·L^{-1} KI 溶液,伴以振荡或搅拌,观察沉淀变化,解释原因。

(6) 设计实验:实现 Ag$^+$ ⟶ AgCl↓ ⟶ AgI↓ 变化。要求:基本原理、基本步骤、实验现象等。

6.1.6 思考题

1. 判断 0.1 mol·L^{-1} H$_3$PO$_4$、NaH$_2$PO$_4$、Na$_2$HPO$_4$ 和 Na$_3$PO$_4$ 四种溶液酸碱性,并解

释原因。

2. 什么叫同离子效应？举例说明同离子效应有哪些类型。
3. 常见的缓冲溶液有几种类型？配制时应注意哪些问题？
4. 如何配制 $FeCl_3$ 和 Na_2S 溶液？
5. 沉淀生成的条件是什么？怎样判断沉淀产生的先后顺序？

6.2 实验二十九 氧化还原反应

6.2.1 预习

氧化还原反应与电化学的基本原理，电位差计（或 pH 计）的原理和使用方法。

6.2.2 实验目的

1. 了解常见氧化剂和还原剂的性质。
2. 理解电极电势与氧化还原反应的关系以及氧化还原反应的本质。
3. 了解影响氧化还原反应的因素。
4. 了解原电池的基本组成，掌握测定电极电势和电池电动势的方法。

6.2.3 实验原理

1. 氧化还原反应的方向　氧化还原反应的实质是氧化剂和还原剂之间发生了电子转移。任何一个氧化还原反应原则上都可以组成一个原电池。根据化学热力学原理，在等温等压下，$\Delta_r G_m < 0$，反应正向进行，对于氧化还原反应，则有

$$\Delta_r G_m = -nFE = -nF(\varphi_+ - \varphi_-)$$

即
$\varphi_+ > \varphi_-$　反应正向进行
$\varphi_+ = \varphi_-$　反应处于平衡状态
$\varphi_+ < \varphi_-$　反应逆向进行

电极电势 φ 的大小可作为判断反应方向的依据。在一般情况下，φ 可用标准电极电势 $\varphi^\ominus$ 代替，即 $\varphi_+^\ominus > \varphi_-^\ominus$ 时，氧化还原反应正向进行。

电极电势的大小是其相应电对（氧化态/还原态）中物质氧化还原能力的体现，电极电势越大表明电对中氧化态物质的氧化能力越强、还原态物质的还原能力越弱。因此，电极电势的大小也是衡量氧化剂氧化能力和还原剂还原能力的标准。对大多数氧化还原反应来说，反应是从较强氧化剂和较强还原剂向生成较弱氧化剂和较弱还原剂的方向进行。

氧化剂和还原剂的强弱是相对的，处于中间价态的化合物往往既可作氧化剂，又可作还原剂。例如，H_2O_2 常用作氧化剂：

$H_2O_2 + 2H^+ + 2e^- = 2H_2O$　　　$\varphi^\ominus = 1.776\ V$
$H_2O_2 + 2e^- = 2OH^-$　　　$\varphi^\ominus = 0.88\ V$

但在遇到强氧化剂（如 $KMnO_4$，酸性介质）时，它作为还原剂：

$H_2O_2 = 2H^+ + O_2 + 2e^-$　　　$\varphi^\ominus = 0.682\ V$

2. 浓度对氧化还原反应的影响　浓度对氧化还原反应的影响，可由能斯特方程表示：

$$a\mathrm{Ox} + ne^- = b\mathrm{Red} \qquad \varphi = \varphi^\ominus - \frac{0.0592}{n} \lg \frac{[c(\mathrm{Red})/c^\ominus]^b}{[c(\mathrm{Ox})/c^\ominus]^a}$$

增大氧化态物质浓度或减小还原态物质浓度,电极电势增大。一般情况下,浓度对电极电势的影响较小,φ 可用标准电极电势 $\varphi^{\ominus}$ 代替,但在反应中的两电对 $\varphi^{\ominus}$ 相差不多、浓度变化较大时,不可用 $\varphi^{\ominus}$ 代替 φ。

3. 介质对氧化还原反应的影响　介质的酸碱性对某些氧化还原反应的影响很大。例如,强氧化剂 $KMnO_4$ 与 Na_2SO_3 的反应:

酸性介质中　　　　　　　　　$\varphi^{\ominus}(MnO_4^-/Mn^{2+})=1.51$ V
$$2MnO_4^- + 5SO_3^{2-} + 6H^+ = 2Mn^{2+}(浅肉色) + 5SO_4^{2-} + 3H_2O$$

中性介质中　　　　　　　　　$\varphi^{\ominus}(MnO_4^-/MnO_2)=0.59$ V
$$2MnO_4^- + 3SO_3^{2-} + H_2O = 2MnO_2\downarrow(棕色) + 3SO_4^{2-} + 2OH^-$$

碱性介质中　　　　　　　　　$\varphi^{\ominus}(MnO_4^-/MnO_4^{2-})=0.56$ V
$$2MnO_4^- + SO_3^{2-} + 2OH^- = 2MnO_4^{2-}(深绿色) + SO_4^{2-} + H_2O$$

显然,在不同的介质条件下,$KMnO_4$ 氧化剂的氧化能力随酸度降低而减小,其被还原后的产物也有所不同。

4. 沉淀对氧化还原反应的影响　当氧化还原反应平衡中同时存在沉淀平衡时,可导致电极电势的变化,甚至引起氧化还原反应的方向发生改变。例如下列反应:

$$I_2 + 2Cu^+ = 2I^- + 2Cu^{2+}$$
$$\varphi^{\ominus}(Cu^{2+}/Cu^+)=0.159\text{ V}<\varphi^{\ominus}(I_2/I^-)=0.5345\text{ V}$$

上述反应中还同时存在下列沉淀平衡:

$$Cu^+ + I^- = CuI\downarrow$$

由于 Cu^+ 浓度的下降(生成了 $CuI\downarrow$),导致 Cu^{2+}/Cu^+ 电极电势升高,使实际发生的氧化还原反应的方向为

$$2Cu^{2+} + 4I^- = 2CuI\downarrow + I_2$$
$$\varphi^{\ominus}(Cu^{2+}/CuI)=0.859\text{ V}>\varphi^{\ominus}(I_2/I^-)=0.5345\text{ V}$$

5. 原电池装置和电池电动势测定　把化学能转化为电能的装置称为原电池。一般情况下,电极电势大的电对组成原电池的正极,电极电势小的电对组成原电池的负极。电池电动势是指正极与负极电极电势差。测定某电对的电极电势时,可将其与参比电极(即已知电极电势的标准电极)组成原电池,利用电位差计(参见 10.1 酸度计)测出电池电动势,进而求得该电对的电极电势。

6.2.4　实验用品

仪器:量筒、烧杯、试管、酒精灯、表面皿、滴管、点滴板、电位差计(pH 计)等。

试剂: 3 mol·L^{-1} H_2SO_4、H_2SO_4(浓)、1 mol·L^{-1} $CuSO_4$、2 mol·L^{-1} HCl、HCl(浓)、0.1 mol·L^{-1} $FeCl_3$、0.1 mol·L^{-1} $FeSO_4$、6 mol·L^{-1} NaOH、0.2 mol·L^{-1} $SnCl_2$、0.1 mol·L^{-1} KBr、0.1 mol·L^{-1} $Na_2S_2O_3$、0.05 mol·L^{-1} $KMnO_4$、0.1 mol·L^{-1} $K_2Cr_2O_7$、0.1 mol·L^{-1} KI、10% H_2O_2、0.1 mol·L^{-1} $CuSO_4$、0.1 mol·L^{-1} Na_2SO_3、1 mol·L^{-1} $ZnSO_4$、$MnO_2(s)$、$CCl_4(l)$、$NH_3·H_2O$(浓)、Br_2(饱和)、I_2(饱和)、Zn 粒等。

材料:淀粉-KI 试纸、蓝色石蕊试纸、锌片、铜片、盐桥、导线等。

6.2.5　实验内容

1. 氧化剂、还原剂与氧化还原反应

(1)Fe^{3+} 的氧化性与 Fe^{2+} 的还原性　在试管中加入 0.1 mol·L^{-1} $FeCl_3$ 溶液 5 滴，再逐滴加入 0.2 mol·L^{-1} $SnCl_2$ 溶液，边加边摇直至黄色褪去。随后逐滴加入 10% H_2O_2，观察溶液颜色变化，解释现象并写出离子反应方程式。

(2)I_2 的氧化性与 I^- 的还原性　将 2 滴 0.1 mol·L^{-1} KI 溶液和 2 滴 3 mol·L^{-1} H_2SO_4 溶液及 1 mL 纯水在试管中混匀后，逐滴加入 0.05 mol·L^{-1} $KMnO_4$ 溶液至溶液变为淡黄色。再向上述溶液中滴加 0.1 mol·L^{-1} $Na_2S_2O_3$ 至淡黄色褪尽。观察溶液颜色变化，解释各步现象并写出离子反应方程式。

(3)$K_2Cr_2O_7$ 的氧化性　取一支试管，先后分别加入 2 滴 0.1 mol·L^{-1} $K_2Cr_2O_7$ 和 2 滴 3 mol·L^{-1} H_2SO_4 溶液，然后逐滴加入 0.1 mol·L^{-1} Na_2SO_3 溶液，溶液由橙变绿，解释现象并写出反应方程式。

2. 氧化剂与还原剂的相对性

(1)H_2O_2 的氧化性　向一支试管中加入 2 滴 0.1 mol·L^{-1} KI 溶液和 3 滴 3 mol·L^{-1} H_2SO_4 溶液，然后加入 10% H_2O_2 溶液 2~3 滴，观察溶液颜色变化。再加入 20 滴 CCl_4，充分振荡，观察 CCl_4 层的颜色有何变化，解释现象并写出反应方程式。

(2)H_2O_2 的还原性　向一支试管中加入 3 滴 0.05 mol·L^{-1} $KMnO_4$ 溶液和 3 滴 3 mol·L^{-1} H_2SO_4 溶液，然后逐滴加入 10% H_2O_2 溶液，直至紫色褪去(还有其他现象吗?)，观察、解释现象，写出反应方程式。

3. 电极电势与氧化还原反应的关系

(1)将 10 滴 0.1 mol·L^{-1} KI 溶液和 2 滴 0.1 mol·L^{-1} $FeCl_3$ 溶液在试管中混匀后，加入 20 滴 CCl_4，充分振荡，观察 CCl_4 层的颜色有何变化。用 0.1 mol·L^{-1} KBr 代替 0.1 mol·L^{-1} KI 进行同样的实验。为避免水层颜色的干扰，可用吸管小心吸去水层，以便观察 CCl_4 层的颜色。

(2)将 1 滴饱和 Br_2 水溶液和 5 滴 0.1 mol·L^{-1} $FeSO_4$ 溶液在试管中混匀，加入 20 滴 CCl_4，振荡后观察 CCl_4 层的颜色。用饱和 I_2 水溶液代替饱和 Br_2 水溶液，进行同样的实验，观察现象。

根据以上试验结果，定性地比较 Br_2/Br^-、I_2/I^-、Fe^{3+}/Fe^{2+} 三个电对电极电势的大小，并指出哪个电对的氧化态是最强的氧化剂，哪个电对的还原态是最强的还原剂，说明电极电势与氧化还原反应的关系。

4. 浓度对氧化还原反应的影响

(1)取两支试管，各加入少量 MnO_2(s)，然后在第一支试管中加入 5 滴 2 mol·L^{-1} HCl 溶液，在第二支试管中加入 5 滴浓 HCl，观察两支试管中的现象，并用淀粉-KI 试纸检查是否有 Cl_2 产生，有则试纸变蓝。解释原因，写出反应方程式。

(2)往两支分别盛有 2 mL 3 mol·L^{-1} H_2SO_4 溶液和浓 H_2SO_4 的试管中各加入 1 片洁净的铜片，稍加热后观察现象，并在试管口用润湿的蓝色石蕊试纸检验有无 SO_2 产生，有则试纸变红。解释原因，写出反应方程式。

5. 介质的酸度对氧化还原反应的影响

(1)介质的酸度对氧化还原产物的影响　取三支试管，各加入 0.05 mol·L^{-1} $KMnO_4$ 2 滴。在第一支试管中加入 6 mol·L^{-1} NaOH 2 滴，第二支试管中加入 3 mol·L^{-1} H_2SO_4 2 滴，第三支试管中加入纯水 2 滴，然后在三支试管中各加入 0.1 mol·L^{-1} Na_2SO_3 3~5 滴，观察各管的颜色变化并写出有关反应方程式。

(2)酸度对氧化还原反应速度的影响　在两支试管中各加入 0.1 mol·L^{-1} KBr 10 滴、0.05 mol·L^{-1} KMnO$_4$ 2 滴，其中一支试管中加入 3 mol·L^{-1} H$_2$SO$_4$ 10 滴，另一支加 1 滴，观察比较两支试管中紫色褪去的快慢，说明原因。

6. 沉淀对氧化还原反应的影响　在试管中各加入 10 滴 0.1 mol·L^{-1} CuSO$_4$ 溶液和 10 滴 0.1 mol·L^{-1} KI 溶液，观察有无沉淀产生。在产生沉淀的溶液中加入 20 滴 CCl$_4$，振荡后观察 CCl$_4$ 层的颜色变化。写出有关反应方程式。

7. 原电池（演示）

(1)在两个 50 mL 的小烧杯中分别加入 30 mL 1 mol·L^{-1} ZnSO$_4$ 溶液和 1 mol·L^{-1} CuSO$_4$ 溶液。在 CuSO$_4$ 溶液中插入铜片，在 ZnSO$_4$ 溶液中插入锌片，组成两个电极，用盐桥把两只烧杯的溶液连通，将锌片与铜片的导线分别与电位差计的负极和正极相连，立即观察指针的偏转，测定电池电动势。

(2)向 CuSO$_4$ 溶液中加入 NH$_3$·H$_2$O（浓）至产生沉淀后完全溶解，测定此时的电池电动势，再向 ZnSO$_4$ 溶液中加入 NH$_3$·H$_2$O（浓）至产生沉淀后完全溶解，测定此时的电池电动势变化。解释上述现象。

6.2.6　思考题

1. 如何判断氧化还原反应的方向？影响氧化还原反应方向的因素有哪些？
2. 从过氧化氢的氧化和还原作用，说明氧化剂和还原剂的相对性。
3. 浓度和介质酸度是如何影响氧化还原反应方向的？

6.3　实验三十　配位化合物的性质

6.3.1　预习

配合物的基本概念，配位平衡及移动原理，酸碱平衡、沉淀平衡、氧化还原平衡与配位平衡的相互影响。

6.3.2　实验目的

1. 掌握配合物的生成、离解，以及配离子与简单离子的区别。
2. 学会比较不同配合物的稳定性，了解螯合物的基本性质。
3. 理解配位平衡及移动原理。

6.3.3　实验原理

1. 配合物的形成和组成　配合物由内界（配离子）和外界（一般为简单自由离子）组成。配离子是由中心离子（正离子或中性原子）和一定数目的配位体（中性分子或负离子）以配位键结合（配位体按一定几何位置排布在中心离子周围）而形成的复杂离子。内界和外界的结合不牢固，在水溶液中像强电解质一样完全离解，配离子却较稳定。

2. 配位平衡及移动　配离子在晶体和溶液中都能稳定存在，它和弱电解质一样，在水溶液中也会有一定的离解，存在配位和离解平衡，如[Cu(NH$_3$)$_4$]$^{2+}$ 配离子在溶液中存在下列平衡：

$$Cu^{2+} + 4NH_3 = [Cu(NH_3)_4]^{2+}$$

$$K_f^\ominus = \frac{1}{K_d^\ominus} = \frac{c_{eq}\{[Cu(NH_3)_4]^{2+}\}/c^\ominus}{[c_{eq}(Cu^{2+})/c^\ominus] \cdot [c_{eq}(NH_3)/c^\ominus]^4}$$

配离子的稳定性用稳定常数 $K_f^\ominus$ 表示。$K_f^\ominus$ 越大（$K_d^\ominus$ 越小），配离子越稳定，配离子越不易离解。和所有的化学平衡一样，在改变条件时，配位离解平衡会发生移动。

3. 螯合物 螯合物是由中心离子与多基配位体键合而成的具有环状结构的配合物，它比一般简单配合物稳定。金属螯合物大多具有特征的颜色，化学实验中常利用螯合物这一特征来鉴定金属离子。

6.3.4 实验用品

仪器：试管、试管架、试管夹、玻璃棒、点滴板、漏斗、漏斗架等。

试剂：0.1 mol·L⁻¹ $CuSO_4$、1 mol·L⁻¹ H_2SO_4、6 mol·L⁻¹ $NH_3·H_2O$、2 mol·L⁻¹ $NH_3·H_2O$、2 mol·L⁻¹ NaOH、0.1 mol·L⁻¹ NaOH、0.1 mol·L⁻¹ $AgNO_3$、0.1 mol·L⁻¹ KI、0.1 mol·L⁻¹ $K_3[Fe(CN)_6]$、0.1 mol·L⁻¹ KSCN、0.1 mol·L⁻¹ NaCl、1 mol·L⁻¹ $Na_2S_2O_3$、$Na_2S_2O_3$(s)、0.1 mol·L⁻¹ Na_2S、0.2 mol·L⁻¹ $FeCl_3$、0.1 mol·L⁻¹ NaF、4 mol·L⁻¹ NH_4F、$(NH_4)_2C_2O_4$（饱和溶液）、0.1 mol·L⁻¹ KBr、0.1 mol·L⁻¹ $FeSO_4$、0.1 mol·L⁻¹ $FeCl_3$、0.1 mol·L⁻¹ EDTA、0.5 mol·L⁻¹ $SnCl_2$、0.1 mol·L⁻¹ $Ni(NO_3)_2$、0.1 mol·L⁻¹ Na_2CO_3、0.1 mol·L⁻¹ $BaCl_2$、CCl_4、无水乙醇、0.25%邻菲罗啉（邻二氮菲）、丁二酮肟试剂等。

材料：pH 试纸、滤纸等。

6.3.5 实验内容

1. 配离子的生成和配合物的组成

(1) 在 2 mL 0.1 mol·L⁻¹ $CuSO_4$ 溶液中加入 3 滴 2 mol·L⁻¹ $NH_3·H_2O$ 溶液，观察有无沉淀产生，然后继续滴加 2 mol·L⁻¹ $NH_3·H_2O$ 溶液至沉淀消失，观察现象，并写出反应式。（将溶液留着下面实验用！）

(2) 在两支试管中各加入 10 滴 0.1 mol·L⁻¹ $CuSO_4$ 溶液，然后分别加入 2 滴 0.1 mol·L⁻¹ $BaCl_2$ 溶液和 2 mol·L⁻¹ NaOH 溶液，观察现象。

用(1)中自制的 $[Cu(NH_3)_4]^{2+}$ 溶液代替 0.1 mol·L⁻¹ $CuSO_4$ 溶液，进行实验，又有何现象？写出反应式，说明配合物 $[Cu(NH_3)_4]SO_4$ 的组成。

2. 简单离子与配离子的区别

(1) 取 5 滴 0.1 mol·L⁻¹ $FeCl_3$，加入 2 滴 0.1 mol·L⁻¹ KSCN 溶液，观察现象，有无血红色的 $Fe(SCN)_3$ 产生？用 0.1 mol·L⁻¹ $K_3[Fe(CN)_6]$ 代替 $FeCl_3$ 做同样实验，观察现象，与前比较，写出反应式。

(2) 在试管中加入 5 滴 0.1 mol·L⁻¹ $FeCl_3$，再逐滴加入 0.1 mol·L⁻¹ KI 溶液至出现红棕色，然后加入 20 滴 CCl_4，振荡、静置后，观察 CCl_4 层的颜色，解释原因，写出反应式。

在另一支试管中加入 5 滴 0.1 mol·L⁻¹ $FeCl_3$，再滴加 4 mol·L⁻¹ NH_4F 溶液至溶液近无色，然后加入 3 滴 0.1 mol·L⁻¹ KI 溶液，再加 20 滴 CCl_4，振荡、静置，CCl_4 层的颜色有

何变化？解释原因，写出反应式。

根据两次试验结果，说明配离子与简单离子有何区别。

3. 配位平衡的移动

(1) 酸碱平衡与配位平衡

① 取 $0.1\ mol\cdot L^{-1}$ $FeCl_3$ 溶液 2 滴于试管中，加入 1 滴 $0.1\ mol\cdot L^{-1}$ KSCN 溶液，得到血红色的 $Fe(SCN)_3$ 溶液，再逐滴加入 $2\ mol\cdot L^{-1}$ NaOH 溶液，观察颜色变化，写出反应式。

② 在 1.(1) 所得的 $[Cu(NH_3)_4]^{2+}$ 溶液中，加入 $1\ mol\cdot L^{-1}$ H_2SO_4 溶液至溶液呈酸性，有什么现象发生？写出反应方程式。

(2) 沉淀平衡与配位平衡　在一试管中加入 5 滴 $0.1\ mol\cdot L^{-1}$ $AgNO_3$ 溶液，然后按下列次序完成实验：

(注意：生成沉淀时，以刚出现为止；沉淀溶解时，以刚开始为好)

① 逐滴加入 $0.1\ mol\cdot L^{-1}$ Na_2CO_3 溶液至刚出现沉淀；

② 逐滴加入 $2\ mol\cdot L^{-1}$ $NH_3\cdot H_2O$ 溶液至沉淀刚溶解；

③ 加入 1～2 滴 $0.1\ mol\cdot L^{-1}$ NaCl 溶液至刚沉淀；

④ 逐滴加入 $6\ mol\cdot L^{-1}$ $NH_3\cdot H_2O$ 溶液至沉淀刚溶解；

⑤ 加入 1 滴 $0.1\ mol\cdot L^{-1}$ KBr 溶液至刚沉淀；

⑥ 逐滴加入 $1\ mol\cdot L^{-1}$ $Na_2S_2O_3$ 溶液至沉淀刚溶解；

⑦ 加入 1 滴 $0.1\ mol\cdot L^{-1}$ KI 溶液至刚沉淀；

⑧ 适量加入 $Na_2S_2O_3(s)$ 至沉淀刚溶解；

⑨ 逐滴加入 $0.1\ mol\cdot L^{-1}$ Na_2S 溶液至刚沉淀。

观察上述实验现象，写出各步反应方程式，讨论沉淀平衡与配位平衡的相互影响。

(3) 氧化还原平衡与配位平衡

① 用试管一支，取 $0.1\ mol\cdot L^{-1}$ KI 5 滴，加入 $0.2\ mol\cdot L^{-1}$ $FeCl_3$ 5 滴，振荡试管，观察溶液颜色变化，写出反应方程式。再往溶液中加入几滴饱和 $(NH_4)_2C_2O_4$ 溶液，有什么现象(若现象不明显，在水浴上加热)，写出反应式。

② 取 $0.2\ mol\cdot L^{-1}$ $FeCl_3$ 溶液 1～2 滴于试管中，加入 2 滴 $0.1\ mol\cdot L^{-1}$ KSCN 溶液，观察溶液有何变化，再加入 $0.5\ mol\cdot L^{-1}$ $SnCl_2$ 数滴，观察现象，写出反应式。

(4) 配体的取代与配离子稳定性的比较　往试管中加入 $0.2\ mol\cdot L^{-1}$ $FeCl_3$ 溶液 5 滴，然后加入 HCl 溶液 3 滴，观察溶液颜色的变化。往溶液中加入 1 滴 $0.1\ mol\cdot L^{-1}$ KSCN 溶液，观察溶液颜色有何变化？再往溶液中加入饱和 NaF 溶液 1～2 滴，颜色是否褪去？最后往溶液中加入几滴饱和 $(NH_4)_2C_2O_4$ 溶液，溶液颜色又有何变化(冬天可用水浴加热)。

从溶液颜色变化，比较四种 Fe(Ⅲ) 配离子的稳定性，并说明这些配离子之间的转化条件。

4. 螯合物

(1) 在 1.(1) 所得的 $[Cu(NH_3)_4]SO_4$ 溶液中滴加 $0.1\ mol\cdot L^{-1}$ EDTA 溶液，观察现象；在点滴板上，滴 $0.1\ mol\cdot L^{-1}$ $FeSO_4$ 溶液 1 滴和 2～3 滴 0.25% 邻菲罗啉溶液，观察产生的现象。(注：这是鉴定 Fe^{2+} 的一种方法，Fe^{2+} 与邻菲罗啉试剂反应，可生成橘红色的螯合物)

$$Fe^{2+} + 3 \text{ (phen)} \longrightarrow [Fe(\text{phen})_3]^{2+}$$

(2)在一支试管中加入 5 滴 0.1 mol·L^{-1} Ni(NO$_3$)$_2$ 溶液,观察溶液颜色。逐滴加入 2 mol·L^{-1} NH$_3$·H$_2$O 溶液,每一滴加入后都要进行充分振荡,若第一滴加入后未嗅出氨味,再加第二滴直到有氨味出现,观察溶液颜色变化。最后滴加 5 滴丁二酮肟试剂,摇匀,观察是否有玫瑰红色结晶生成。(注:这是鉴定 Ni^{2+} 的一种方法,Ni^{2+} 与丁二酮肟试剂在弱碱性条件下反应,可生成玫瑰红色的螯合物结晶)

$$Ni^{2+} + 2 \begin{array}{c} H_3C-C=NOH \\ H_3C-C=NOH \end{array} \longrightarrow [\text{Ni(dmg)}_2] \downarrow + 2H^+$$

6.3.6 思考题

1. 结合实验所观察到的现象,说明配离子与简单离子的区别。
2. 怎样比较水溶液中配离子的稳定性?
3. 通过实验,总结影响配位平衡移动的因素。

6.4 实验三十一 糖和蛋白质的性质

6.4.1 实验目的

1. 了解糖类性质与其结构间的关系,掌握常见单糖、二糖及多糖的化学性质。
2. 掌握 α-氨基酸及蛋白质的化学性质和常用鉴别法。

6.4.2 实验原理

糖类化合物是指多羟基的醛酮及它们的缩合物,通常分为单糖、二糖和多糖。单糖中的葡萄糖和果糖、二糖中的麦芽糖和蔗糖、多糖中的淀粉和纤维素是比较常见的糖类。

单糖分子中由于有半缩醛羟基的存在,因而可以与斐林试剂、托伦试剂等发生氧化还原反应,能与过量的苯肼作用生成特定晶形的糖脎,糖的分子结构不同,化学反应速率不同,析出糖脎晶体的时间也不同。

二糖可以看作是两分子单糖缩合而成,由于缩合方式不同,二糖的分子结构及化学性质也有很大差异。分子中含半缩醛羟基的二糖不仅具有还原性也同样可以生成糖脎,相反,分子中无半缩醛羟基的二糖,如蔗糖既没有还原性也不能发生成脎反应。

多糖的分子结构及性质比较复杂,就淀粉和纤维素而言都是由许多葡萄糖分子通过糖苷键所形成的有机高分子化合物。淀粉中含有 α-糖苷键,纤维素中含有 β-糖苷键,两者所含的半缩醛羟基极少,均无还原性。室温下淀粉液与碘生成蓝色的包结物,在热溶液中不稳定,致使碘从包结物中解离出来,蓝色会逐渐消退。淀粉及纤维素类在酸或酶的作用下能水解最后得到葡萄糖。

氨基酸分子中既含有酸性基团羧基,又含有碱性基团氨基,是既能与酸又能与碱成盐的两性物质。蛋白质是由许多 α-氨基酸分子间通过羧基与氨基的缩合,以肽键连接而成,是一类具有生理活性的结构复杂的含氮高分子有机化合物。α-氨基酸及蛋白质可与某些试剂发生颜色反应,用于它们的定性分析,如与茚三酮反应显紫色,利用黄蛋白反应可鉴别酪氨酸、苯丙氨酸,利用米隆反应及与乙醛酸的作用分别可鉴别出酪氨酸和色氨酸。

蛋白质分子由于粒径较大,在水溶液中与水结合形成分散较稳定的胶体,若向溶液中加入碱金属盐或铵盐,这些电解质离子因为有很强的水化能力,使蛋白质胶体的水化膜被破坏,从而导致蛋白质分子从溶液出沉降出来,即发生了盐析反应。蛋白质的盐析反应由于没有对分子空间结构造成破坏,因此,其结构、性质及生理活性不会改变,具有可逆性。

如果蛋白质分子在较剧烈的物理及化学因素作用下,分子内的结构受到破坏,性质发生改变,生理活性丧失,即发生蛋白质的变性反应,这一过程具有不可逆性。

6.4.3 实验用品

仪器:试管、试管夹、烧杯、石棉网、酒精灯、铁架台、显微镜、计时器等。

试剂:2%葡萄糖、2%果糖、2%麦芽糖、2%蔗糖、2%乳糖、斐林(Fehling)试剂 A、斐林试剂 B、托伦(Tollens)试剂(新配制)、浓 HCl、浓 H_2SO_4、苯肼、1%间苯二酚盐酸溶液、5% α-萘酚乙醇溶液、1%碘液、2%淀粉液、1%NaOH、10%NaOH、脱脂棉、70% H_2SO_4、20%蛋白质溶液(蛋清液)、2%甘氨酸、浓 HNO_3、浓氨水、冰乙酸、1%$CuSO_4$、5%乙酸、5%单宁酸、10%三氯乙酸、2%氯化汞、2%$AgNO_3$、饱和乙酸铅、0.1%茚三酮乙醇溶液、0.1%溴甲酚绿(蓝)、酪蛋白乙酸钠溶液、混合指示剂、无水硫酸铵、米隆(Millon)试剂、蒸馏水等。

其他:pH 试纸、尖嘴滴管、白瓷点滴板。

6.4.4 实验内容

1. 与斐林试剂的反应 在试管中取斐林试剂 A、B 各 2.5 mL 等量混合备用。再取 4 支试管分别加入 2%葡萄糖、2%果糖、2%麦芽糖、2%蔗糖溶液各 0.5 mL,然后将配制的斐林试剂分别加入上述 4 支试管内,同时放在沸水浴的烧杯中加热数分钟,观察反应有何现象产生。

2. 银镜反应 取 5 支洁净的试管,分别加入 2%葡萄糖、2%果糖、2%麦芽糖、2%蔗糖、2%淀粉溶液各 1 mL,然后分别加入各 2 mL 的托伦试剂,在 50 ℃左右的水浴中静置加热,观察试管内壁有无光洁的银镜产生。

3. 成脎反应 在 4 支试管中分别加入 2%葡萄糖、2%果糖、2%麦芽糖、2%蔗糖溶液各 1 mL,再各加入苯肼试剂约 0.5 mL,摇匀后置于水浴中加热,注意记录成脎反应的时间,并在显微镜下观察糖脎晶体形状。

4. 蔗糖的水解　取 2% 蔗糖溶液 2 mL，加入浓盐酸 2 滴，混合均匀后放在水浴中加热 5～10 min，以 10% 氢氧化钠溶液中和，然后加入斐林试剂 A 10 滴、斐林试剂 B 10 滴，继续在水浴中加热，观察反应有何现象发生。

5. 淀粉的水解　在一只小烧杯中加入 2% 淀粉液约 10 mL 和 0.5 mL 浓盐酸，在沸水浴中加热，每间隔 5 min 左右取出 1 滴水解液滴在白瓷板上，并滴 1 滴碘液，观察其颜色的变化。当碘液不再使水解液变色时，停止水解反应。停止水解反应的水解液以 10% 氢氧化钠中和后，取出 2 mL 于试管中并加入斐林试剂 A 10 滴、斐林试剂 B 10 滴，混合均匀在水浴中加热 5 min，观察反应现象。

6. 纤维素的水解　在一大试管底部放入一小块脱脂棉，并加入 70% 硫酸约 5 mL，用细玻璃棒搅匀，小心在水浴中加热至溶液呈亮棕色为止。冷却后倒入 20 mL 水中稀释，注意观察纤维素的水解物是否溶于水中。取出 1 mL 稀释水解液于试管中，用稀碱中和后加入斐林试剂 A 10 滴、斐林试剂 B 10 滴，混合均匀再进行水浴加热，观察有何现象产生。

7. 淀粉与碘的显色反应　在试管中加入 1% 淀粉液 1 mL 和 1 滴碘液，混合后溶液呈何种颜色，然后再加热，溶液颜色有何变化？冷却后又有何现象发生？

8. 与 α-萘酚的显色反应　取 2% 葡萄糖 1 mL 和 2 滴 5% α-萘酚乙醇溶液，混合均匀将试管倾斜，沿试管内壁小心缓慢地加入 1 mL 浓硫酸，然后置于试管架上静置数分钟，观察在硫酸与溶液界面间的颜色变化。

用同样方法试验果糖、蔗糖、淀粉有无此反应发生。

9. 与间苯二酚的反应　取两支试管分别加入 2% 葡萄糖、2% 果糖溶液各 0.5 mL，再各加入间苯二酚盐酸溶液 1 mL 混匀，将两者同时放在水浴中加热，比较两者显色反应速度的快慢。

10. 氨基酸的两性性质　在两支试管中各加入 3 mL 蒸馏水，一支试管中加入 2 滴 10% 氢氧化钠、1 滴酚酞指示剂，另一支试管中加入 2 滴 3 mol·L^{-1} 乙酸、1 滴甲基橙指示剂，然后分别加入 1 mL 甘氨酸溶液，观察实验有何现象发生。

11. 蛋白质的两性反应　取一支试管加 0.5 mL 酪蛋白乙酸钠溶液和 1 滴 0.1% 溴甲酚绿(蓝)指示剂，混合均匀观察溶液呈何种颜色。然后往其中缓慢滴加浓盐酸液，边加边摇匀，至有大量沉淀产生为止。此时溶液的 pH 接近酪蛋白的等电点，溶液颜色是否变化，再继续滴加浓盐酸至沉淀刚好溶完为止，观察溶液的颜色有无变化。最后逐滴滴加 1% 氢氧化钠小心中和，边滴边摇匀，至有大量沉淀产生为止，此时溶液呈何种颜色？再继续滴加 1% 氢氧化钠，至沉淀完全溶解，溶液呈何种颜色？试说明原因。

12. 蛋白质的盐析作用　取 20% 蛋白质溶液 2 mL 于试管中，然后加入固体硫酸铵使之成为饱和溶液，几分钟后观察有无沉淀产生，再加入 2 mL 蒸馏水，充分振荡后又会有何现象出现？

13. 蛋白质的变性

(1) 加热　取 20% 蛋白质溶液 1 mL 于试管中，在酒精灯上加热煮沸，观察有何现象，再加入 2 mL 蒸馏水，产物能否溶解。

(2) 与重金属盐的作用　取 3 支试管，分别加入 20% 蛋白质溶液 1 mL，再分别滴加 2% 氯化汞、2% 硝酸银及饱和乙酸铅 2～4 滴，观察有何现象产生。再加入 2 mL 蒸馏水，充分振荡后沉淀能否溶解。

(3)与生物碱试剂的作用　取 2 支试管，各加入 20％蛋白质溶液 1 mL，并加 5 滴 5％乙酸使之呈酸性，然后分别加入 10％三氯乙酸、5％单宁酸 5～10 滴，观察反应有何现象。再加入 2 mL 蒸馏水，充分振荡后沉淀能否溶解。

14. 蛋白质的颜色反应

(1)二缩脲反应　取 20％蛋白质溶液 1 mL 置于试管中，加入 10％氢氧化钠，混合均匀再加入 5 滴 1％硫酸铜溶液，观察颜色变化。

(2)黄蛋白反应　在试管中加入 20％蛋白质溶液 1 mL 和 5 滴浓硝酸，加热至沸，观察有何现象，再加入浓氨水使之呈碱性，观察产生何种颜色反应。

(3)与茚三酮反应　在试管中加入 20％蛋白质溶液 1 mL 和 0.1％茚三酮乙醇溶液 0.5 mL，加热至沸 2 min，观察反应的颜色变化。

(4)米隆反应　在一支试管中加入 20％蛋白质溶液，加入 2 滴米隆试剂，溶液中先析出白色的汞化合物沉淀，加热至沸，沉淀由黄色变为砖红色，若无沉淀出现时可适量多加米隆试剂 1～2 滴。

(5)乙醛酸的反应　在试管中加入 20％蛋白质溶液 3 mL 和冰乙酸 1 mL，振荡均匀后将试管倾斜，沿试管内壁徐徐加入 2 mL 浓硫酸，于试管架上静置数分钟，观察两液面交界处有何颜色反应产生。

6.4.5　思考题

1. 用何方法可以鉴别葡萄糖、果糖及蔗糖？
2. 在糖类的还原实验中，蔗糖与托伦试剂长时间水浴加热也会出现银镜反应，如何解释？
3. 重金属盐中毒能不能通过饮用大量奶制品帮助解毒？

6.5　实验三十二　农业上常见离子的基本反应和鉴定

6.5.1　预习

常见离子的反应和鉴定方法。

6.5.2　实验目的

1. 学习常见离子定性分析的基本操作。
2. 掌握常见离子与常用试剂的特征反应和常见离子的鉴定方法。

6.5.3　实验原理

鉴定物质组成成分的科学，称为定性分析，它包括仪器分析法和化学分析法。本实验将使用化学分析法对农业上常见离子进行鉴定。

定性分析法主要研究的是电解质水溶液中发生的反应，鉴定的物质组成成分应包括阳离子和阴离子。定性分析时，为避免离子间互相干扰，常常利用沉淀反应把某些性质相近的离子先沉淀，再通过离心分离，与其他离子分开，然后再将各离子逐一分离、鉴定。按照一定的分离程序将离子进行严格的分离后再鉴定的方法称为系统分析法。如果离子间互相不干扰或可先用适当的方法避免干扰，可以不用分离程序而直接把溶液分为数份，分别进行各种离子的鉴定，这种分析方法称为分别分析法。在进行离子个别鉴定时，应同时做对照试验（用已知离子溶液代替样品进行）和空白试验（用配制样品的纯水或溶剂代替样品并加入相同试剂后进行），以做比较。本实验主要学习农业上常见离子的基本反应和鉴定。

农业上常见阳离子与两酸两碱的特征反应见表 6-1。

表 6-1 农业上常见阳离子与两酸两碱的特征反应

	HCl	H_2SO_4	NaOH	$NH_3 \cdot H_2O (NH_4Cl)$
Fe^{3+}	—	—	$Fe(OH)_3 \downarrow$（红棕色）	$Fe(OH)_3 \downarrow$
Mn^{2+}	—	—	$MnO(OH)_2 \downarrow$（棕黑色）	$Mn(OH)_2 \downarrow$（白变棕色）
Mg^{2+}	—	—	$Mg(OH)_2 \downarrow$（白色）	Mg^{2+}
Cu^{2+}	—	—	$Cu(OH)_2 \downarrow$（蓝色）	$[Cu(NH_3)_4]^{2+}$（深蓝色）($NH_3 \cdot H_2O$ 过量)
Zn^{2+}	—	—	$Zn(OH)_4^{2-}$（NaOH 过量）	$[Zn(NH_3)_4]^{2+}$（无色）
Al^{3+}	—	—	$Al(OH)_4^-$（NaOH 过量）	$Al(OH)_3 \downarrow$（白色）
Cr^{3+}	—	—	CrO_2^-（黄色）	$Cr(OH)_3 \downarrow$（灰绿色）
NH_4^+	—	—	$NH_3 \uparrow$	
K^+	—	—	—	
Na^+	—	—	—	
Ag^+	$AgCl \downarrow$（白色）	$Ag_2SO_4 \downarrow$（白色）		
Pb^{2+}	$PbCl_2 \downarrow$（白色）	$PbSO_4 \downarrow$（白色）		
Ca^{2+}	—	$CaSO_4 \downarrow$（白色）		
Ba^{2+}	—	$BaSO_4 \downarrow$（白色）		

6.5.4 实验用品

仪器：试管、试管夹、试管架、酒精灯、点滴板、蓝色钴玻璃片、离心管、离心机、水浴锅、蒸发皿、表面皿、铂丝、玻璃棒、滴管等。

试剂：阳离子（均为 0.1 mol·L^{-1}）：Na^+、K^+、Ca^{2+}、NH_4^+、Mg^{2+}、Zn^{2+}、Cu^{2+}、Al^{3+}、Fe^{3+}、Fe^{2+}、Mn^{2+}、Cr^{3+}、Ba^{2+}、Pb^{2+}、Ag^+。

阴离子（均为 0.1 mol·L^{-1}）：Cl^-、I^-、NO_2^-、NO_3^-、PO_4^{3-}、SO_4^{2-}、S^{2-}、$S_2O_3^{2-}$。

2 mol·L^{-1}（NH_4）$_2MoO_4$、6 mol·L^{-1} HNO_3、HNO_3（浓）、H_2SO_4（浓）、6 mol·L^{-1} NaOH、0.5 mol·L^{-1} $AgNO_3$、0.1 mol·L^{-1} $K_4[Fe(CN)_6]$、2 mol·L^{-1} HAc、2 mol·L^{-1} NaOH、0.1 mol·L^{-1} $K_3[Fe(CN)_6]$、2 mol·L^{-1} HCl、6 mol·L^{-1} $NH_3 \cdot H_2O$、6 mol·L^{-1} HAc、HAc（浓）、0.5 mol·L^{-1} $BaCl_2$、0.25 mol·L^{-1} $Pb(NO_3)_2$、饱和（NH_4）$_2C_2O_4$、3 mol·L^{-1} K_2CrO_4、KSCN（饱和）、2 mol·L^{-1} NH_4F、10%（NH_4）$_3PO_4$、3% H_2O_2、20% $Na_3[Co(NO_2)_6]$（现配）、$FeSO_4$(s)、$NaBiO_3$(s)、CCl_4、无水乙醇、氯水、对氨基苯磺酸、α-萘胺、5% 邻菲罗啉、醋酸铀酰锌试剂、奈氏试剂、铝试剂、镁试剂、（NH_3）$_2[Hg(SCN)_4]$试剂等。

材料：Pb(Ac)$_2$试纸、红色石蕊试纸、pH 试纸、酚酞试纸、Zn 粒等。

6.5.5 实验内容

1. 阴离子鉴定

(1) Cl^- 的鉴定 由于强还原性阴离子的存在会妨碍 Cl^- 和 I^- 的检出，所以一般先将 Cl^- 和 I^- 沉淀，再以浓氨水处理沉淀，在所得溶液中先检出 Cl^-。

取 2 滴含 Cl^- 的试液于离心试管中，加入 1 滴 6 mol·L^{-1} HNO_3 溶液，再加 0.5 mol·L^{-1} $AgNO_3$ 溶液至沉淀完全，观察沉淀的颜色和形状。离心分离，用滴管吸出沉淀上的清液(弃去)，在沉淀中加入数滴 6 mol·L^{-1} $NH_3·H_2O$ 溶液，观察沉淀的溶解。然后加入 6 mol·L^{-1} HNO_3 酸化，又有白色沉淀析出，证明有 Cl^- 存在。其反应如下：

$$Ag^+ + Cl^- = AgCl\downarrow (白色)$$
$$AgCl + 2NH_3·H_2O = [Ag(NH_3)_2]Cl + 2H_2O$$
$$[Ag(NH_3)_2]Cl + 2H^+ = AgCl\downarrow (白色) + 2NH_4^+$$

(2) I^- 的鉴定 根据 $\varphi^{\ominus}(Cl_2/Cl^-) = 1.36$ V $> \varphi^{\ominus}(I_2/I^-) = 0.535$ V 可知，氧化性 $Cl_2 > I_2$，所以可利用 Cl_2(氯水)氧化 I^- 为 I_2 及 IO_3^- 的反应进行 I^- 的鉴定：

$$2KI + Cl_2 = 2KCl + I_2$$
$$I_2 + 5Cl_2 + 6H_2O = 2HIO_3 + 10HCl$$

取 2 滴 I^- 试液和 5~6 滴 CCl_4 于试管中，然后逐滴加入 Cl_2(氯水)，边加边振荡，若 CCl_4 层出现紫红色，表示有 I^- 存在。加入过量氯水，紫色又褪去，这是因为生成了 IO_3^-。

(3) S^{2-} 的鉴定 S^{2-} 在酸性条件下生成 H_2S 气体，遇润湿的 $Pb(Ac)_2$ 试纸作用生成黑色 PbS 沉淀：

$$S^{2-} + 2H^+ = H_2S\uparrow$$
$$H_2S + Pb^{2+} = PbS\downarrow (黑色) + 2H^+$$

取 S^{2-} 试液 3 滴于试管中，加 6 滴 6 mol·L^{-1} HCl 溶液酸化，随即在试管口盖以润湿的 $Pb(Ac)_2$ 试纸，置于水浴上加热，如 $Pb(Ac)_2$ 试纸变黑，证明有 S^{2-} 存在。

(4) SO_4^{2-} 的鉴定 SO_4^{2-} 和 Ba^{2+} 作用生成难溶于水、HCl 和 HNO_3 的白色 $BaSO_4$ 沉淀：

$$SO_4^{2-} + Ba^{2+} = BaSO_4\downarrow (白色)$$

CO_3^{2-}、PO_4^{3-} 和 Ba^{2+} 生成的沉淀，虽难溶于水，但易溶于 HCl 和 HNO_3。

取 SO_4^{2-} 试液 5 滴于试管中，加 1 滴 0.5 mol·L^{-1} $BaCl_2$ 溶液和 2 滴 6 mol·L^{-1} HCl，如有白色沉淀，证明有 SO_4^{2-} 存在。

(5) NO_3^- 的鉴定 在浓 H_2SO_4 存在下，NO_3^- 与 Fe^{2+} 反应生成 NO，NO 遇 Fe^{2+} 形成棕色环：

$$NO_3^- + 3Fe^{2+} + 4H^+ = 3Fe^{3+} + 2H_2O + NO$$
$$[Fe(H_2O)_6]^{2+} + NO = [Fe(NO)(H_2O)_5]^{2+}(棕色) + H_2O$$

取 NO_3^- 试液 1 滴于白色点滴板上，在溶液的中央放入 $FeSO_4$ 晶体一小粒。然后在晶体上加浓 H_2SO_4 1 滴，如晶体周围有棕色环出现，证明有 NO_3^- 存在。

NO_3^- 与 NO_2^- 共存时，NO_2^- 对 NO_3^- 的鉴定有干扰，可加入浓硫酸，在水浴中加热除去 NO_2^- 后，再用上述方法鉴定。

(6) NO_2^- 的鉴定 在 HAc 中，NO_2^- 与对氨基苯磺酸反应生成的产物再与 α-萘胺反应生成红色偶氮染料,这是鉴定 NO_2^- 的特效反应。

取 NO_2^- 试液 2~3 滴,滴于点滴板上,加 1~2 滴 2 mol·L^{-1} HAc 酸化,再加对氨基苯磺酸 1~2 滴及 α-萘胺 1~2 滴,立即出现玫瑰红色,证明有 NO_2^- 存在。

(7) PO_4^{3-} 的鉴定　PO_4^{3-} 在 HNO_3 溶液中能与钼酸铵试剂 $(NH_4)_2MoO_4$ (2 mol·L^{-1}) 作用,生成磷钼酸铵黄色晶状沉淀 $(NH_4)_3PO_4·12MoO_3·6H_2O$:

$$PO_4^{3-} + 3NH_4^+ + 12MoO_4^{2-} + 24H^+ = (NH_4)_3PO_4·12MoO_3·6H_2O↓(黄色) + 6H_2O$$

$(NH_4)_3PO_4·12MoO_3·6H_2O$ 易溶于碱和氨水,所以溶液必须保持酸性。此外,当溶液中有还原剂存在时,能使 6 价钼还原为"钼蓝"(低价钼的混合物),使溶液呈蓝色。

取 PO_4^{3-} 试液 3 滴于试管中,加入 6 mol·L^{-1} HNO_3 5 滴及 $(NH_4)_2MoO_4$ 试剂 8~10 滴,温热,如有黄色沉淀,证明有 PO_4^{3-} 存在。

(8) $S_2O_3^{2-}$ 的鉴定　过量的 $AgNO_3$ 与 $S_2O_3^{2-}$ 反应,最初生成白色 $Ag_2S_2O_3$ 沉淀,随后迅速变黄→棕→黑:

$$2Ag^+ + S_2O_3^{2-} = Ag_2S_2O_3↓(白色)$$
$$Ag_2S_2O_3 + H_2O = H_2SO_4 + Ag_2S↓(黑)$$

取 $S_2O_3^{2-}$ 试液 3 滴于试管中,加入 0.5 mol·L^{-1} $AgNO_3$ 溶液 2 滴,有白色沉淀 $Ag_2S_2O_3$ 生成,并迅速变黄→棕→黑,证明有 $S_2O_3^{2-}$ 存在。

2. 阳离子鉴定

(1) K^+ 的鉴定　K^+ 和 $Na_3[Co(NO_2)_6]$ 在中性或微酸性条件下反应生成黄色沉淀钴亚硝酸钠钾:

$$2K^+ + Na^+ + [Co(NO_2)_6]^{3-} = K_2Na[Co(NO_2)_6]↓(黄色)$$

取 K^+ 试液 5 滴于试管中,加入新配制的 $Na_3[Co(NO_2)_6]$ 3 滴,放置片刻,有黄色沉淀析出,证明有 K^+ 存在。

在 NH_4^+ 及其他离子对 K^+ 的鉴定有干扰时,可将试液置于坩埚中,加适量 6 mol·L^{-1} NaOH 溶液加热除去 NH_3,继续至干,再灼烧,可除尽 NH_4^+,并使其他干扰离子变为难溶氧化物,再加水煮沸,离心分离后,取其清液按上述方法鉴定 K^+。

此外,K^+ 还可用焰色反应鉴定——浅紫色火焰。

碱金属、碱土金属及其挥发性化合物在无色氧化焰中灼烧时,大多能使火焰呈现特殊的焰色。如:Na——黄色,K——紫色,Ca——橙色,Ba——黄绿色等。因此,常借这些特殊的焰色反应来鉴定这些元素。

具体方法:取一根铂丝棒(铂丝的尖端弯成环状),浸过纯的 12 mol·L^{-1} HCl 后,在酒精灯的氧化焰中灼烧片刻,再浸入酸中后再灼烧,如此重复几次,到火焰不再呈现任何颜色,使铂丝完全洁净。用洁净铂丝蘸取试液,灼烧,观察火焰的颜色。鉴定 K^+ 时,即使有极微量的 Na^+ 存在,K^+ 所显示的浅紫色火焰也将被 Na^+ 的黄色所遮蔽,故需通过蓝色钴玻璃片观察 K^+ 的火焰,因蓝色钴玻璃吸收黄色光。

(2) Na^+ 的鉴定　Na^+ 和醋酸铀酰锌试剂反应生成淡黄色晶状沉淀:

$$Na^+ + Zn^{2+} + 3UO_2^{2+} + 9Ac^- + 9H_2O = NaAc·Zn(Ac)_2·3UO_2(Ac)_2·9H_2O↓(淡黄色)$$

取 Na^+ 试液 3 滴于试管中,加 1 滴 6 mol·L^{-1} HAc 溶液、5 滴醋酸铀酰锌试剂和 5 滴无水乙醇,用玻璃棒摩擦试管壁,静置,如出现淡黄色的晶状沉淀,证明有 Na^+ 存在。

Na^+ 还可用焰色反应鉴定——黄色火焰。

(3) NH_4^+ 的鉴定

① 气室法：当强碱作用于任何铵盐水溶液或固体时，都会产生氨气：
$$NH_4^+ + OH^- = NH_3\uparrow + H_2O$$

取干燥洁净的表面皿两个（一大一小），在大的表面皿中加 NH_4^+ 试液 3 滴，再加 2 mol·L^{-1} NaOH 溶液 3 滴，加以混合。在小的表面皿中心黏附一条潮湿的红色石蕊试纸，盖在大的表面皿上作气室，将此气室放在水浴上微热，若红色石蕊试纸变蓝（或酚酞试纸变红），则证明有 NH_4^+ 存在。

② 奈氏试剂法：NH_4^+ 和奈氏试剂 $\{K_2[HgI_4]$ 的碱性溶液$\}$ 作用生成红棕色的碘化氧汞胺沉淀：

$$NH_4^+ + 2[HgI_4]^{2-} + 4OH^- = \left[O\genfrac{}{}{0pt}{}{Hg}{Hg}NH_2\right]I\downarrow(红棕色) + 7I^- + 3H_2O$$

取 NH_4^+ 试液 2 滴，放在白色点滴板上，加 2 滴奈氏试剂，生成红棕色沉淀，证明有 NH_4^+ 存在。

(4) Ca^{2+} 的鉴定　Ca^{2+} 和草酸盐在中性或微碱性溶液中作用生成难溶于水的白色草酸钙沉淀：
$$Ca^{2+} + C_2O_4^{2-} = CaC_2O_4\downarrow(白色)$$

取 Ca^{2+} 试液 0.5 mL 于试管中，再加 0.5 mL 饱和 $(NH_4)_2C_2O_4$ 溶液，如果试液呈强酸性，可用 $NH_3\cdot H_2O$ 中和至微碱性，然后在水浴上加热，有白色沉淀生成。再加 6 mol·L^{-1} HAc 3～4 滴，继续加热至沸，如果白色沉淀仍不溶解，证明试液中有 Ca^{2+} 存在。

(5) Ba^{2+} 的鉴定　Ba^{2+} 在酸性（HAc）条件下和 K_2CrO_4 作用生成黄色沉淀：
$$Ba^{2+} + CrO_4^{2-} = BaCrO_4\downarrow(黄色)$$

取 1 滴 Ba^{2+} 试液于点滴板上，加 1 滴 6 mol·L^{-1} HAc 溶液和 3 mol·L^{-1} K_2CrO_4 溶液，有黄色结晶沉淀生成，证明试液中有 Ba^{2+} 存在。

(6) Fe^{2+} 的鉴定

① 铁氰化钾法：Fe^{2+} 与铁氰化钾 $K_3[Fe(CN)_6]$（也称赤血盐）反应生成蓝色沉淀（滕氏蓝）：
$$3Fe^{2+} + 2[Fe(CN)_6]^{3-} = Fe_3[Fe(CN)_6]_2\downarrow(蓝色)$$

该沉淀不溶于强酸，但可被强碱分解生成氢氧化物，故鉴定反应必须在酸性溶液中进行。

在点滴板上滴加 Fe^{2+} 试液 1 滴，加入 2 mol·L^{-1} HCl 和 0.1 mol·L^{-1} $K_3[Fe(CN)_6]$ 各 1 滴，立即生成蓝色沉淀，证明有 Fe^{2+} 存在。

② 邻菲罗啉法：Fe^{2+} 和邻菲罗啉在中性或强酸性溶液中反应生成稳定的橘红色螯合物：

在点滴板上滴加 Fe^{2+} 试液 1 滴，加入 1 滴 5% 邻菲罗啉，有橘红色产生，证明有 Fe^{2+} 存在。

(7) Fe^{3+} 的鉴定

① 与 SCN^- 的反应：Fe^{3+} 与 SCN^- 作用生成可溶于水的深红色 $[Fe(SCN)_n]^{3-n}$ 配合物：

$$Fe^{3+} + nSCN^- = [Fe(SCN)_n]^{3-n} (深红色)$$

上述反应必须在稀酸介质中进行，且 F^- 可以使其褪色生成 $[FeF_6]^{3-}$（无色）。

在点滴板上滴加 Fe^{3+} 试液和饱和 KSCN 溶液各 1 滴，立即生成深红色的 $[Fe(SCN)_n]^{3-n}$，再加 2 mol·L^{-1} NH_4F 数滴后，深红色消失，证明有 Fe^{3+} 存在。

② 亚铁氰化钾法：Fe^{3+} 与 $K_4[Fe(CN)_6]$（黄血盐）作用生成蓝色沉淀（普鲁士蓝）：

$$4Fe^{3+} + 3[Fe(CN)_6]^{4-} = Fe_4[Fe(CN)_6]_3 \downarrow (普鲁士蓝)$$

该沉淀不溶于强酸，但可被强碱分解生成氢氧化物，故鉴定反应必须在酸性溶液中进行。

在点滴板上滴加 Fe^{3+} 试液 1 滴，加入 2 mol·L^{-1} HCl 和 0.1 mol·L^{-1} $K_4[Fe(CN)_6]$ 各 1 滴，立即生成蓝色沉淀，证明有 Fe^{3+} 存在。

(8) Mn^{2+} 的鉴定　在酸性（HNO_3）条件下，Mn^{2+} 可以被 $NaBiO_3$ 氧化为紫红色的 MnO_4^-：

$$2Mn^{2+} + 5NaBiO_3(s) + 14H^+ = 2MnO_4^- (紫红色) + 5Bi^{3+} + 5Na^+ + 7H_2O$$

取 3 滴 Mn^{2+} 试液于离心管中，加入 6 mol·L^{-1} HNO_3 3 滴，然后加入少许固体 $NaBiO_3$，振荡，固体沉降后，上层清液呈紫色，证明有 Mn^{2+} 存在。

(9) Al^{3+} 的鉴定　Al^{3+} 可与铝试剂（茜素磺酸钠）反应生成鲜红色的絮状沉淀：

$$Al^{3+} + 铝试剂 = 螯合物 \downarrow (鲜红色)$$

取 3 滴 Al^{3+} 试液于离心管中，加入 3 滴铝试剂，然后加入 6 mol·L^{-1} $NH_3·H_2O$ 溶液至有氨臭味，置水浴上加热，有鲜红色螯合物的絮状沉淀生成，证明有 Al^{3+} 存在。

(10) Cr^{3+} 的鉴定　在碱性（NaOH）条件下，Cr^{3+} 可以被 H_2O_2 氧化为黄色的 CrO_4^{2-}，CrO_4^{2-} 与 Pb^{2+} 反应生成黄色沉淀：

$$2Cr^{3+} + 3H_2O_2 + 10OH^- = 2CrO_4^{2-} + 8H_2O$$

$$Pb^{2+} + CrO_4^{2-} = PbCrO_4 \downarrow (黄色)$$

取 Cr^{3+} 试液 2 滴于离心管中，加入 3 滴 2 mol·L^{-1} NaOH 和 3～4 滴 3% H_2O_2，不断摇动，并加热煮沸 2～3 min，以使过量的 H_2O_2 分解除去，观察溶液颜色，若有黄色出现，表示已有 CrO_4^{2-}。加入 6 mol·L^{-1} HAc 酸化后，加 0.25 mol·L^{-1} $Pb(NO_3)_2$ 溶液 2 滴，生成黄色沉淀，证明有 Cr^{3+} 存在。

(11) Zn^{2+} 的鉴定　在中性或微酸性溶液条件下，Zn^{2+} 可与 $(NH_3)_2[Hg(SCN)_4]$ 反应生成白色沉淀：

$$Zn^{2+} + [Hg(SCN)_4]^{2-} = Zn[Hg(SCN)_4] \downarrow (白色)$$

取 Zn^{2+} 试液 4 滴于离心管中，加 6 滴 $(NH_3)_2[Hg(SCN)_4]$ 试剂，搅拌并用玻璃棒摩擦试管壁，静置，如出现白色沉淀，证明有 Zn^{2+} 存在。

(12) Cu^{2+} 的鉴定　在弱酸性条件下，Cu^{2+} 可与 $[Fe(CN)_6]^{4-}$ 反应生成红棕色沉淀：

$$2Cu^{2+} + [Fe(CN)_6]^{4-} = Cu_2[Fe(CN)_6] \downarrow (红棕色)$$

在点滴板上滴加 Cu^{2+} 试液 1 滴，再加 1 滴 0.1 mol·L^{-1} $K_4[Fe(CN)_6]$，生成红棕色沉淀，证明有 Cu^{2+} 存在。

(13) Mg^{2+} 的鉴定

① 与 $(NH_4)_3PO_4$ 反应：Mg^{2+} 可与 $(NH_4)_3PO_4$ 反应生成 $MgNH_4PO_4$ 白色沉淀：

$$Mg^{2+} + NH_4^+ + PO_4^{3-} = MgNH_4PO_4 \downarrow （白色）$$

取 Mg^{2+} 试液 4 滴于离心管中，加 6 滴 10% $(NH_4)_3PO_4$ 溶液，搅拌，静置 10 min，出现白色沉淀，证明有 Mg^{2+} 存在。

② 镁试剂法：在碱性（NaOH）条件下，Mg^{2+} 与镁试剂（对硝基偶氮间苯二酚）反应生成天蓝色螯合物沉淀：

$$Mg^{2+} + 镁试剂 = 螯合物 \downarrow （天蓝色）$$

在点滴板上滴加 Mg^{2+} 试液 2 滴，再加 2 滴 2 mol·L^{-1} NaOH 溶液和镁试剂，出现天蓝色沉淀，证明有 Mg^{2+} 存在。

(14) Pb^{2+} 的鉴定　在酸性（HAc）条件下，Pb^{2+} 可以与 CrO_4^{2-} 反应生成黄色沉淀：

$$Pb^{2+} + CrO_4^{2-} = PbCrO_4 \downarrow （黄色）$$

取 Pb^{2+} 试液 2 滴于离心管中，用 6 mol·L^{-1} HAc 酸化后，加入 1 滴 3 mol·L^{-1} K_2CrO_4 溶液，生成黄色沉淀，证明有 Pb^{2+} 存在。在有其他离子干扰时，可先用 HCl 将 Pb^{2+} 沉淀为 $PbCl_2$ 与其他离子分离，后将其溶解于热水中，再按上述方法鉴定。

(15) Ag^+ 的鉴定　Ag^+ 可与 HCl 反应生成白色 AgCl 沉淀，AgCl 沉淀可溶于氨水中，再用 HNO_3 酸化后又得到 AgCl 沉淀：

$$Ag^+ + Cl^- = AgCl \downarrow （白色）$$

$$AgCl + 2NH_3 \cdot H_2O = [Ag(NH_3)_2]^+ + Cl^- + 2H_2O$$

$$[Ag(NH_3)_2]^+ + 2H^+ + 2Cl^- = 2AgCl \downarrow （白色） + 2NH_4^+$$

取 Ag^+ 试液 2 滴于离心管中，加 1 滴 6 mol·L^{-1} HCl 溶液，搅拌后离心沉降，去清液，向沉淀中加入 6 mol·L^{-1} $NH_3 \cdot H_2O$ 溶液至沉淀刚刚完全溶解，再加 6 mol·L^{-1} HCl 溶液酸化，又有白色沉淀生成，证明有 Ag^+ 存在。

需要注意的是，在进行实际离子鉴定实验时，往往都是离子的混合溶液，这就需要按照系统分析的要求，先进行分组分离，再按上述方法鉴定。

6.5.6　思考题

1. 已知某试液中存在 SO_4^{2-}、Cl^-、NO_3^-，则下列阳离子：NH_4^+、Ba^{2+}、Cr^{3+}、Mg^{2+}、Ag^+、Fe^{2+}、Fe^{3+}，哪些不可共存？
2. 设计一个简单混合离子溶液的系统分析、鉴定实验方案，并在实验中检验之。

6.6　实验三十三　有机化合物官能团的性质实验

6.6.1　实验目的

1. 验证并掌握有机化合物官能团的主要化学性质。
2. 加深理解有机化合物的性质与结构的关系。

3. 熟悉有机化合物的定性分析方法。

6.6.2 实验原理

有机化合物分子中的官能团是分子中比较活泼而容易发生化学反应的部位。通过各种官能团所特有的反应现象，我们能够验证各类官能团的性质。有机化合物各种官能团的化学反应很多，但应用到有机分析中的反应，应具备以下条件：反应迅速；反应要易于观察到其性质的变化，如颜色、溶解、沉淀、气体逸出等；灵敏度高；专一性强（指试剂与官能团反应专一）。本实验就是基于上述条件而选择的。

6.6.3 实验用品

仪器：烧杯、试管、试管架、试管夹、酒精灯。

试剂：$0.5\%KMnO_4$、松节油、$5\%NaOH$、$10\%NaOH$、$5\%FeCl_3$、$3\%Br_2$ 的 CCl_4 溶液、$5\%HCl$、$10\%HCl$、HCl(浓)、$20\%C_6H_5Cl$ 的 C_2H_5OH 溶液、$20\%CH_3CH_2CH_2Cl$ 的 C_2H_5OH 溶液、$5\%C_6H_5OH$、酚酞、5%邻苯二酚、$5\%\beta$-萘酚、C_6H_6、$10\%H_2SO_4$、H_2SO_4(浓)、$10\%HNO_3$、HNO_3(浓)、$C_6H_5CH_3$、甘油、$20\%\ CH_2=CHCH_2Cl$ 的 C_2H_5OH 溶液、$CH_3CH_2CH_2CH_2OH$、$CH_3CH(OH)CH_3$、$(CH_3)_3COH$、$95\%C_2H_5OH$、Br_2水(饱和)、$AgNO_3$ 的 C_2H_5OH 溶液、饱和 $K_2Cr_2O_7$ 的浓 H_2SO_4 溶液、C_6H_5CHO、$HCHO$、$1\%CuSO_4$、$5\%CuSO_4$、CH_3CHO、CH_3COCH_3、$(CH_3)_2CHOH$、乙酰乙酸乙酯、斐林试剂 A、斐林试剂 B、I_2 液、$5\%AgNO_3$、$2,4$-二硝基苯肼、$10\%CH_3COOH$、$NH_3\cdot H_2O$(浓)、$10\%\ HCOOH$、$0.2\%NaNO_2$、CH_3NH_2 溶液、$C_6H_5NH_2$、CH_3CONH_2、10% $HOOC—COOH$、对氨基苯磺酸、H_2NCONH_2、红色石蕊试纸。

6.6.4 实验内容

1. 烯烃的性质

(1) 加成反应　取一支试管加入 2 滴 $3\%Br_2$ 的 CCl_4 溶液，然后逐滴加入 4 滴松节油[1]，振摇，观察其颜色变化。

(2) 氧化反应　取一支试管加入 5 滴 $0.5\%KMnO_4$ 溶液，然后逐滴加入 3~4 滴松节油，振摇，观察是否有颜色变化和沉淀产生。

2. 芳香烃的性质

(1) 硝化反应　取一干燥试管加入 10 滴浓 H_2SO_4，5 滴浓 H_2NO_3，充分混合，待试管冷却后再滴入 10 滴 C_6H_6，在 50~60 ℃ 的水浴中加热 10 min，将其倒入盛有 5 mL H_2O 的小烧杯中，观察生成物是什么颜色的油状物，产物是什么？

(2) 氧化反应　取两支干燥试管，各加入 2 滴 $0.5\%KMnO_4$ 溶液和 10 滴 $10\%H_2SO_4$，然后在其中一支试管中加入 5 滴 C_6H_6，而在另一支试管中加入 5 滴 $C_6H_5CH_3$，摇匀。将两支试管置于 60℃水浴中加热，观察颜色是否变化，为什么？

3. 卤代烃的性质试验　取三支干燥试管，分别加入 2 滴 $20\%C_6H_5Cl$ 的 C_2H_5OH 溶液、2 滴 $20\%CH_3CH_2CH_2Cl$ 的 C_2H_5OH 溶液、2 滴 $20\%\ CH_2=CHCH_2Cl$的 C_2H_5OH 溶液，再各加入 2~4 滴饱和 $AgNO_3$ 的 C_2H_5OH 溶液，充分摇匀，观察有无沉淀生成。将无沉淀生成的试管置于水浴中加热 5 min，再观察是否有沉淀生成。从中归纳不同结构卤代烃中卤原子的活泼次序。

4. 醇、酚的性质试验

(1) 伯、仲、叔醇的氧化反应　取三支试管，分别加入 5 滴 $CH_3CH_2CH_2CH_2OH$、5 滴 $CH_3CHCH_2CH_3$、5 滴 $(CH_3)_3COH$，然后各加入 4 滴新配制的 $K_2Cr_2O_7$ 的浓 H_2SO_4 溶
　　　　　　　　|
　　　　　　　OH
液[2]，摇匀。置于水浴中微热，观察颜色变化，由此证明哪些醇能被氧化。

(2) 多元醇与 $Cu(OH)_2$ 的作用　取两支试管分别加入 5 滴 5% $CuSO_4$ 及 10% NaOH 溶液，摇匀后，在一支试管中加入 1 mL 95% C_2H_5OH，在另一支试管中加入 1 mL 甘油，摇匀。观察现象并比较结果。

(3) 酸性试验　取两支试管，各加入 10 滴蒸馏水、1 滴酚酞和 1 滴 5% NaOH，摇匀，溶液呈桃红色。然后在一支试管中逐滴加入 15 滴 95% C_2H_5OH，而在另一支试管中逐滴加入 15 滴 5% C_6H_5OH，摇匀。观察颜色是否变化，为什么？

(4) 酚与 $FeCl_3$ 的呈色反应　取三支试管，分别加入 5% C_6H_5OH 溶液、5% 邻苯二酚溶液、5% β-萘酚溶液，然后各加入 2 滴 5% $FeCl_3$ 溶液，观察颜色变化。

(5) C_6H_5OH 的溴代反应　取一支试管加入 5% C_6H_5OH 溶液，然后逐滴加入饱和 Br_2 水，并不断振摇试管，直到刚好生成白色沉淀为止，写出反应式。

5. 醛、酮的性质试验

(1) 与 2,4-二硝基苯肼的反应　取四支试管，各加入 5 滴 2,4-二硝基苯肼，然后分别加入 1～2 滴 HCHO、CH_3CHO、CH_3COCH_3、C_6H_5CHO 溶液，微微振荡，观察是否有沉淀产生。

(2) 与托伦(Tollens)试剂的反应　在一支洁净的试管中加入 3 mL 5% $AgNO_3$ 溶液及 2 滴 10% NaOH 溶液，然后滴加浓 $NH_3 \cdot H_2O$，直至沉淀恰好溶解为止。将上述溶液分置三支试管中，分别滴加 10 滴 CH_3CHO、10 滴 CH_3COCH_3、1 滴 C_6H_5CHO，摇匀后放水浴上加热，观察现象。

(3) 与斐林(Fehling)试剂的反应　取四支试管，各加入 5 滴斐林试剂 A 和 5 滴斐林试剂 B[3]，摇匀，得深蓝色透明的液体。然后分别加入 10 滴 HCHO、CH_3CHO、C_6H_5CHO、CH_3COCH_3 溶液，摇匀，置于沸水浴中加热 3 min。观察溶液颜色有无变化，有无沉淀产生。

(4) 碘仿反应　取四支试管，分别加入 10 滴 95% C_2H_5OH、CH_3COCH_3、$(CH_3)_2CHOH$、CH_3CHO，再各加入 6 滴 I_2 液[4]，然后边摇边逐滴加入 5% NaOH 溶液至棕色刚好褪去，观察是否有黄色沉淀生成，若无沉淀生成，置于水浴中微热后，再观察有无沉淀生成(从中归纳出能发生碘仿反应的化合物的结构特点)。

(5) 羟醛缩合反应　取一支试管加入 8 滴 10% NaOH 溶液，加入 10 滴 CH_3CHO，摇匀。置于酒精灯上加热至沸腾，观察反应现象。

(CH_3CHO 是含 α-H 的醛，在稀碱条件下，能起羟醛缩合反应，缩合产物受热后脱水生成烯醛，烯醛可进一步发生聚合生成有颜色的树脂状物。)

6. 羧酸的性质

(1) HCOOH 和 HOOC—COOH 的还原性　取三支试管，各加入 2 滴 0.5% $KMnO_4$ 溶

液、5滴蒸馏水，然后分别加入10％HCOOH、10％CH_3COOH和10％HOOC—COOH溶液，摇匀。置于沸水浴中加热，观察现象并做解释。

(2)乙酰乙酸乙酯的酮型和烯醇型互变

① 酮型反应　取一支试管加入10滴2,4-二硝基苯肼、2滴乙酰乙酸乙酯溶液，观察现象。

② 烯醇型反应　取一支试管加入3滴乙酰乙酸乙酯溶液，慢慢加入1~2滴饱和Br_2水，观察有何现象，为什么？

③ 酮型与烯醇型互变　取一支试管加入10滴蒸馏水、3滴乙酰乙酸乙酯溶液，振荡。加入1滴5％$FeCl_3$，摇匀，观察颜色变化(呈紫红色)。然后再滴加饱和Br_2水(用量不可太多)，摇匀，可观察到紫红色褪去，放置一会儿，再观察颜色是否重现。解释原因。

7. 胺及酰胺的性质试验

(1)碱性及成盐反应

① 取一支试管，加入2滴CH_3NH_2[5]溶液、1滴酚酞溶液，观察现象。然后再逐滴加入5％HCl溶液，又有何变化？

② 取一支试管，加入3滴$C_6H_5NH_2$、10滴蒸馏水，此时$C_6H_5NH_2$溶解吗？然后再逐滴加入浓HCl(边滴边摇)，观察现象。

(2)重氮化反应和偶合反应　取一支试管，加入3滴对氨基苯磺酸、3滴10％HCl溶液，摇匀，置于冰水浴中冷却，然后向此溶液中慢慢滴加3滴0.2％$NaNO_2$，摇匀，即制得重氮盐溶液。然后另取一支试管，加入0.2 g β-萘酚，加入10％NaOH使其溶解，摇匀。逐滴将β-萘酚溶液加到盛有重氮盐的试管中，观察现象(有橙红色沉淀析出)。

(3)酰胺的碱性水解　取一支试管，加入少许(约0.1 g)CH_3CONH_2、10滴10％NaOH溶液，混合，在酒精灯上加热至沸腾，并将湿润的红色石蕊试纸放在试管口，检查逸出气体，观察试纸颜色有何变化。

(4)二缩脲反应　取一支干燥试管，加入少许(约0.2 g)H_2NCONH_2。将湿润的红色石蕊试纸放在试管口，在酒精灯上小心加热直至尿素完全熔化，同时放出大量气体，观察试纸颜色的变化。继续加热至熔融物变稠凝固成白色二缩脲。

待试管冷却后，加入1 mL蒸馏水，稍稍加热使之溶解。静置，取上层清液约1 mL倒入另一支洁净试管中，再加入4滴10％NaOH溶液和2滴1％$CuSO_4$溶液，摇匀，观察溶液的颜色变化。

6.6.5　思考题

1. 鉴别卤代烃为什么要用$AgNO_3$的乙醇溶液，而不用$AgNO_3$水溶液？
2. 鉴别醛、酮有哪些简便方法？
3. 哪些类型的化合物能与$FeCl_3$起显色反应？
4. HCOOH除了可以被$KMnO_4$氧化外，能否被托伦试剂所氧化？为什么？

6.6.6　注释

[1] 松节油是萜烯类化合物。

〔2〕$K_2Cr_2O_7$浓H_2SO_4溶液的配制：将5 mL浓H_2SO_4慢慢加到50 mL蒸馏水中，再加入5 g $K_2Cr_2O_7$使之溶解即可。

〔3〕斐林试剂A的配制：称取34.6 g $CuSO_4·5H_2O$溶于500 mL蒸馏水中。斐林试剂B的配制：称取137 g 酒石酸钾钠和70 g NaOH，一起溶于500 mL蒸馏水中。

〔4〕碘液的配制：将25 g KI溶于100 mL蒸馏水中，再加入12.5 g I_2，搅拌使其溶解。

〔5〕CH_3NH_2的制备：在蒸馏瓶中加入69 g乙酰胺、30 mL 33％NaOH、10 mL 2％Br_2水，加热蒸馏，用50 mL蒸馏水吸收蒸出的CH_3NH_2气体。

第七章 物质的定量分析

7.1 实验三十四 酸碱溶液的配制和标定

7.1.1 实验目的

1. 掌握酸碱溶液的配制和标定的方法。
2. 掌握滴定管、移液管和容量瓶的使用方法。
3. 练习滴定操作,掌握滴定终点的判断方法。

7.1.2 实验原理

HCl 和 NaOH 标准溶液是酸碱滴定中常用的试剂。由于 HCl 易挥发、NaOH 易吸收空气中的水分和 CO_2,因此这些标准溶液均不能用直接法配制,只能用间接法配制。即配制 HCl 或 NaOH 标准溶液时,首先配制成近似浓度的溶液,然后再用其他基准物质来标定它们的浓度,或者用另一已知准确浓度的标准溶液标定该溶液,最终求出 HCl 或 NaOH 的准确浓度。

常用来标定 HCl 溶液浓度的基准物质有硼砂($Na_2B_4O_7 \cdot 10H_2O$)、无水 Na_2CO_3 等。
用硼砂标定时反应如下:

$$2HCl + Na_2B_4O_7 \cdot 10H_2O = 2NaCl + 4H_3BO_3 + 5H_2O$$

计量点时溶液的 pH≈5.0,可选用甲基红为指示剂。滴定终点的颜色变化为黄色→橙色(或由黄色刚刚变为红色)。

用无水 Na_2CO_3 标定时(用甲基橙为指示剂)反应如下:

$$2HCl + Na_2CO_3 = 2NaCl + CO_2\uparrow + H_2O$$

计量点时溶液的 pH≈3.9,以甲基橙为指示剂时滴定终点的颜色变化为黄色→橙色(或由黄色刚刚变为红色)。

用来标定 NaOH 溶液浓度的基准物质有草酸($H_2C_2O_4 \cdot 2H_2O$)和邻苯二甲酸氢钾($KHC_8H_4O_4$)等。草酸在空气中特别稳定,而且容易制得纯品,草酸的 $K_{a1}^{\ominus}$ 和 $K_{a2}^{\ominus}$ 相差不大,要滴定到两个 H^+ 被作用完全才有明显的突跃。邻苯二甲酸氢钾的摩尔质量大,而且纯净稳定,是标定 NaOH 的常用基准物质,它与 NaOH 的反应如下:

$$NaOH + KHC_8H_4O_4 = KNaC_8H_4O_4 + H_2O$$

计量点时溶液的 pH≈9.0,可选用酚酞为指示剂。滴定终点的颜色变化为无色→浅红色(浅红色在 30 s 内不褪即可)。

7.1.3 实验用品

仪器：托盘天平、分析天平、500 mL 试剂瓶（玻璃塞）、500 mL 试剂瓶（橡皮塞）、250 mL 容量瓶、50 mL 酸式滴定管、50 mL 碱式滴定管、25 mL 移液管、电热恒温水浴锅、250 mL 锥形瓶、250 mL 烧杯、玻璃棒、胶头滴管等。

试剂：浓盐酸（AR）、NaOH 固体（AR）、硼砂（AR）（或无水 Na_2CO_3）、邻苯二甲酸氢钾（AR）、甲基红、甲基橙、酚酞等。

7.1.4 实验内容

1. HCl 溶液的配制和标定

（1）HCl 溶液的配制　计算配制 250 mL 0.1 mol·L^{-1} HCl 溶液需量取浓盐酸的体积，用量筒量取所需的浓盐酸于烧杯中，加入纯水稀释至 250 mL，转入玻璃塞的试剂瓶中，充分摇匀，备用。

（2）硼砂标准溶液的配制　在分析天平上用差减法准确称取 4.0～4.5 g（准确至 0.1 mg）基准物质硼砂于烧杯中，加 100 mL 纯水溶解，必要时可在水浴锅上加热促进溶解，冷却后转移至 250 mL 容量瓶中，定容，充分摇匀，计算硼砂溶液的准确浓度。

（3）HCl 溶液浓度的标定　用移液管准确吸取 25.00 mL 硼砂标准溶液于锥形瓶中，加入 3 滴甲基红指示剂，用 HCl 溶液滴定至终点（黄色→橙色）。记录消耗 HCl 溶液的体积，计算 HCl 溶液物质的量浓度。平行 3 次。

（4）HCl 溶液与 NaOH 溶液的比较滴定　用移液管准确吸取 25.00 mL 公用的 NaOH 溶液于锥形瓶中，加入 3 滴甲基红指示剂，用 HCl 溶液滴定至终点。记录消耗 HCl 溶液的体积，计算公用 NaOH 溶液物质的量浓度。平行 3 次。

2. NaOH 溶液的配制和标定

（1）NaOH 溶液的配制　通过计算求出配制 250 mL 0.1 mol·L^{-1} NaOH 溶液需称取 NaOH 固体的质量，在托盘天平上快速称取所需的 NaOH 固体于烧杯中，迅速加入纯水溶解，稀释至 250 mL，转入橡皮塞的试剂瓶中，混合均匀。

（2）NaOH 溶液浓度的标定　在分析天平上用差减法准确称取 0.4～0.6 g（准确至 0.1 mg）基准物质邻苯二甲酸氢钾于锥形瓶中，加入 30 mL 纯水溶解，加 1～2 滴酚酞指示剂，用 NaOH 溶液滴定至溶液由无色刚刚变为浅红色并在 30 s 内不褪即为滴定终点。记录消耗 NaOH 溶液的体积，计算 NaOH 溶液物质的量浓度。平行 3 次。

7.1.5 数据处理

1. HCl 溶液浓度的标定

硼砂标准溶液的配制

（称量瓶＋硼砂）倾出前质量/g	
（称量瓶＋剩余硼砂）倾出后质量/g	
m(硼砂)/g	
定容后硼砂溶液的准确浓度/(mol·L^{-1})	

HCl 溶液浓度的标定

测定序号	1	2	3
V(硼砂)/mL			
HCl 初读数/mL			
HCl 终读数/mL			
V(HCl)/mL			
c(HCl)/(mol·L^{-1})			
c(HCl)平均值			
相对平均偏差			

HCl 溶液与公用 NaOH 溶液的比较滴定

测定序号	1	2	3
V(NaOH)/mL			
HCl 初读数/mL			
HCl 终读数/mL			
V(HCl)/mL			
c(NaOH)/(mol·L^{-1})			
c(NaOH)平均值			
相对平均偏差			

2. NaOH 溶液浓度的标定

测定序号	1	2	3
m_1(倾出前质量)/g			
m_2(倾出后质量)/g			
m(邻苯二甲酸氢钾)/g			
NaOH 初读数/mL			
NaOH 终读数/mL			
V(NaOH)/mL			
c(NaOH)/(mol·L^{-1})			
c(NaOH)平均值/(mol·L^{-1})			
相对平均偏差			

7.1.6 思考题

1. 在定量分析实验前，玻璃仪器均需要洗涤。滴定管和移液管用纯水洗涤后，为何还需用待盛液润洗？锥形瓶是否也需要用待盛液润洗？锥形瓶要烘干吗？

2. 配制 HCl 溶液时，是否需要用移液管准确量取浓 HCl 的体积？用量筒量取可以吗？

3. 每次滴定完成后，为何在进行下一次平行滴定前要将滴定管中的滴定剂加至滴定管中原来的刻度附近？

4. 在用基准物质无水 Na_2CO_3 标定 HCl 溶液浓度时,用酚酞指示剂可以吗?

7.2 实验三十五　铵盐中含氮量的测定

7.2.1 实验目的

1. 掌握甲醛法测定氮含量的原理与方法。
2. 学会用酸碱滴定法间接测定氮肥中氮的含量。

7.2.2 实验原理

氮含量的测定方法主要有两种:①甲醛法,这种方法比较简便,实际应用较广;②蒸馏法,又称为凯氏定氮法,此方法准确度较高,但操作稍复杂。硫酸铵是常用的氮肥之一。由于铵盐中 NH_4^+ 的酸性太弱($K_a^\ominus = 5.6 \times 10^{-10}$),故无法用 NaOH 标准溶液直接滴定,通常采用甲醛法测定。将硫酸铵与过量甲醛作用,可生成相同物质的量的 H^+,其反应为

$$4NH_4^+ + 6HCHO = (CH_2)_6N_4 + 4H^+ + 6H_2O$$

反应中生成的 H^+ 可用 NaOH 标准溶液滴定,达化学计量点时,溶液呈弱碱性 pH 约为 8.8,故可用酚酞作指示剂。根据 H^+ 与 NH_4^+ 等化学量关系,可间接求铵盐中的含氮量。

7.2.3 实验用品

仪器:碱式滴定管(50 mL)、容量瓶(250 mL)、移液管(25 mL)、烧杯(250 mL)、锥形瓶(250 mL)、洗耳球。

试剂:$(NH_4)_2SO_4$ 固体(AR)、0.1 mol·L^{-1} NaOH 标准溶液、18% 中性甲醛溶液[1]、0.2% 酚酞指示剂。

7.2.4 实验内容

用差减法称取固体 $(NH_4)_2SO_4$ 1.4~1.5 g(准确至 0.1 mg)于烧杯中,加约 30 mL 蒸馏水溶解,溶解完全后转移至 250 mL 容量瓶中,定容至刻度线,摇匀。

用移液管吸取 25.00 mL $(NH_4)_2SO_4$ 溶液于锥形瓶中,加入 18% 中性甲醛溶液 5 mL,放置 5 min 后[2],加 1~2 滴酚酞,用 NaOH 标准溶液滴定至微红色,30 s 内不褪色即为终点。记下所耗 NaOH 标准溶液的体积 V。平行实验 3 次,计算试样中的含氮量(质量分数)。

计算式为

$$w(N) = \frac{c(NaOH) \times V(NaOH) \times M(N)}{m} \times \frac{250.0}{25.00}$$

7.2.5 数据处理

$(NH_4)_2SO_4$ 含氮量的测定

$(NH_4)_2SO_4$ 质量 m/g			
测定序号	1	2	3
$c(NaOH)/(mol·L^{-1})$			
NaOH 终读数/mL			

NaOH 初读数/mL			
V(NaOH)/mL			
w(N)			
w(N)平均值			
相对平均偏差			

7.2.6 思考题

1. 基准物质的称量范围是怎样确定的?
2. 终点的指示剂是根据什么来选择的?
3. 如铵盐中有游离酸存在,对测定结果有何影响? 应如何处理?
4. 甲醛溶液中常有微量的甲酸,若使用前不处理至近中性,对测定结果有何影响? 若处理,你认为应如何处理为好?

7.2.7 注释

[1] 市售甲醛中常含有微量甲酸,使用前必须先以酚酞为指示剂,用 NaOH 中和。
[2] NH_4^+ 与甲醛的反应在室温下进行较慢,应反应 5 min 后才可滴定。

7.3 实验三十六 氨水中氨含量的测定

7.3.1 实验目的

1. 掌握氨的测定原理及方法。
2. 了解返滴定法的操作原理。

7.3.2 实验原理

氨水($NH_3 \cdot H_2O$)是常用的氮肥之一。它是一种弱碱,可以用强酸直接滴定。但由于 NH_3 易挥发,所以要使用返滴定法进行测定。取一定量的过量 HCl 标准溶液于锥形瓶中,加入一定量的 $NH_3 \cdot H_2O$ 样品与 HCl 充分作用,剩余的 HCl 用 NaOH 标准溶液进行返滴定,化学反应方程式如下:

$$HCl(过量) + NH_3 = NH_4Cl$$
$$HCl(剩余) + NaOH = NaCl + H_2O$$

由于溶液中存在 NH_4Cl,NH_4^+ 是弱酸,终点时溶液的 pH 约为 5.3,选用甲基红为指示剂。
NH_3 的质量浓度 $\rho(NH_3)/(g \cdot L^{-1})$ 为

$$\rho(NH_3) = \frac{[c(HCl) \times V(HCl) - c(NaOH) \times V(NaOH)] \times M(NH_3)}{V(NH_3 \cdot H_2O)} \times 稀释倍数$$

7.3.3 实验用品

仪器:酸式滴定管(50 mL)、碱式滴定管(50 mL)、锥形瓶(250 mL)、移液管(25 mL)、吸量管(10 mL)。

试剂：0.1 mol·L^{-1} HCl 标准溶液、0.1 mol·L^{-1} NaOH 标准溶液、0.1 mol·L^{-1} NH$_3$·H$_2$O、0.1%甲基红。

7.3.4 实验内容

1. 溶液的配制和标定 实验室浓氨水的浓度约为 14.8 mol·L^{-1}，用吸量管取一定量的浓氨水于试剂瓶中，加水稀释至 250 mL，浓度约为 0.1 mol·L^{-1}，备用。0.1 mol·L^{-1} HCl 标准溶液和 0.1 mol·L^{-1} NaOH 标准溶液的配制和标定见 7.1 酸碱溶液的配制和标定。

2. 氨水中氨含量的测定 从酸式滴定管中慢慢放出 40.00 mL HCl 标准溶液于 250 mL 锥形瓶中，然后用移液管量取 25.00 mL NH$_3$·H$_2$O 放入盛有 HCl 的锥形瓶中，加 2 滴甲基红，溶液应呈红色，若呈黄色说明 HCl 未过量，应补加 HCl 标准溶液。用 NaOH 标准溶液进行滴定，直到溶液由红色变为橙色，即为终点，记录所用 NaOH 的量 V(NaOH)，平行实验 3 次。计算 NH$_3$·H$_2$O 中 NH$_3$ 的质量浓度及相对平均偏差。

7.3.5 数据处理

NH$_3$·H$_2$O 中 NH$_3$ 含量的测定

HCl 标准溶液浓度 c(HCl)/(mol·L^{-1})					
NaOH 标准溶液浓度 c(NaOH)/(mol·L^{-1})					
测定序号			1	2	3
V(NH$_3$·H$_2$O)/mL					
HCl 用量	HCl 终读数/mL				
	HCl 初读数/mL				
	V(HCl)/mL				
NaOH 用量	NaOH 终读数/mL				
	NaOH 初读数/mL				
	V(NaOH)/mL				
ρ(NH$_3$)/(g·L^{-1})					
ρ(NH$_3$)平均值/(g·L^{-1})					
相对平均偏差					

7.3.6 思考题

1. 为什么 NH$_3$ 含量的测定不用直接滴定法？
2. 本实验用 NaOH 标准溶液滴定过量的 HCl 溶液，化学计量点是否为中性？为什么？

7.4 实验三十七 混合碱的组成及其含量的测定

7.4.1 实验目的

1. 掌握用双指示剂法测定混合碱的方法。

2. 了解测定混合碱的原理。

7.4.2 实验原理

混合碱通常是 Na_2CO_3 与 NaOH 或 Na_2CO_3 与 $NaHCO_3$ 的混合物。混合碱的组成含量常用双指示剂法测定。

1. 试样为 Na_2CO_3 与 NaOH 的混合物 NaOH 为一元强碱，它与强酸 HCl 的反应很容易准确滴定，到达化学计量点时 pH=7.0。Na_2CO_3 为二元弱碱，分两步离解，离解常数分别为 $K_{b1}^{\ominus}=1.8\times10^{-4}$，$K_{b2}^{\ominus}=2.4\times10^{-8}$。多元碱能被强酸滴定的条件为 $cK_b^{\ominus}\geqslant10^{-8}$，能被分步滴定的条件是 $K_{b1}^{\ominus}/K_{b2}^{\ominus}\geqslant10^4$，因此，$Na_2CO_3$ 是可以被分步滴定的，有两个突跃。第一化学计量点产物是 $NaHCO_3$，为两性物质，终点 pH 为

$$pH=-\lg\sqrt{K_{a1}^{\ominus}K_{a2}^{\ominus}}=-\lg\sqrt{\frac{K_w^{\ominus}}{K_{b2}^{\ominus}}\times\frac{K_w^{\ominus}}{K_{b1}^{\ominus}}}$$
$$=-\lg\sqrt{4.2\times10^{-7}\times5.6\times10^{-11}}$$
$$=8.3$$

用酚酞指示剂，在酚酞变色(变色范围 pH：8.0～10.0)时，NaOH 被完全滴定，而 Na_2CO_3 被滴定至 $NaHCO_3$，滴定反应到达第一化学计量点。

第一化学计量点滴定消耗 HCl 的体积为 V_1，其滴定反应为

$$NaOH+HCl=NaCl+H_2O$$
$$Na_2CO_3+HCl=NaHCO_3+NaCl$$

第一化学计量点后，继续用 HCl 滴定，则滴定反应为

$$NaHCO_3+HCl=NaCl+H_2CO_3$$

到达第二化学计量点时产物为 $H_2CO_3(CO_2+H_2O)$，在室温下，CO_2 饱和溶液浓度约为 0.04 mol·L^{-1}，终点酸度可近似计算：

$$pH=-\lg\sqrt{cK_{a1}^{\ominus}}=-\lg\sqrt{0.04\times4.2\times10^{-7}}=3.9$$

因此，在第一化学计量点被滴定后，可加甲基橙(变色范围 pH：3.1～4.4)作指示剂，用 HCl 标准溶液继续滴定至溶液由黄色变为橙色，此时消耗 HCl 的体积为 V_2。从理论上说，Na_2CO_3 的第一化学计量点消耗的 HCl 的体积与其第二化学计量点应相等，所以滴定 NaOH 所消耗的 HCl 的体积为(V_1-V_2)。

样品中各组分的含量为

$$w(NaOH)=\frac{c(HCl)\times[V_1(HCl)-V_2(HCl)]\times M(NaOH)}{m}$$

$$w(Na_2CO_3)=\frac{c(HCl)\times V_2(HCl)\times M(Na_2CO_3)}{m}$$

2. 试样为 Na_2CO_3 与 $NaHCO_3$ 的混合物 由于溶液中只存在 Na_2CO_3 与 $NaHCO_3$，用酚酞作为第一化学计量点指示剂，甲基橙作为第二化学计量点指示剂，消耗 HCl 标准溶液的体积分别为 V_1 和 V_2，无疑 $V_1<V_2$，V_1 仅为 Na_2CO_3 转化为 $NaHCO_3$ 所需 HCl 的用量，滴定样品中 $NaHCO_3$ 所需 HCl 的用量为(V_2-V_1)。

样品中各组分的含量为

$$w(\text{Na}_2\text{CO}_3) = \frac{c(\text{HCl}) \times V_1(\text{HCl}) \times M(\text{Na}_2\text{CO}_3)}{m}$$

$$w(\text{NaHCO}_3) = \frac{c(\text{HCl}) \times [V_2(\text{HCl}) - V_1(\text{HCl})] \times M(\text{NaHCO}_3)}{m}$$

7.4.3 实验用品

仪器：分析天平、酸式滴定管(50 mL)、锥形瓶(250 mL)、烧杯(150 mL)、容量瓶(250 mL)、移液管(25 mL)。

试剂：$0.1\ \text{mol}\cdot\text{L}^{-1}$ HCl 标准溶液、0.2%酚酞的乙醇溶液、0.1%甲基橙、混合碱样品。

7.4.4 实验内容

差减法准确称取 2.0～2.2 g(准确至 0.1 mg)混合碱样品于 150 mL 烧杯中，加 50 mL 蒸馏水溶解，定量转移至 250 mL 容量瓶中，加蒸馏水至刻度，摇匀备用。用 25 mL 移液管移取混合碱样品 3 份，分别置于三个锥形瓶中，各加入 2 滴酚酞指示剂，用 HCl 标准溶液滴定至红色恰好消失，记下 HCl 用量 V_1。再加入 2 滴甲基橙，继续用 HCl 标准溶液滴定至溶液由黄色变为橙色，记录再次消耗 HCl 溶液的体积 V_2。

计算混合碱中各组分的含量。

7.4.5 数据处理

混合碱的组成及含量的测定

混合碱样品质量 m/g				
测定序号		1	2	3
第一化学计量点 （酚酞变色点）	HCl 终读数/mL			
	HCl 初读数/mL			
	$V_1(\text{HCl})$/mL			
第二化学计量点 （甲基橙变色点）	HCl 终读数/mL			
	HCl 初读数/mL			
	$V_2(\text{HCl})$/mL			
混合碱中各组分含量	$w(\text{Na}_2\text{CO}_3)$			
	$w(\text{NaOH 或 NaHCO}_3)$			
$w(\text{Na}_2\text{CO}_3)$平均值				
相对平均偏差				

7.4.6 思考题

1. 测定混合碱时，若在第一化学计量点滴定中滴定速度太快，摇动不均匀，造成滴入的 HCl 局部过浓致使 NaHCO_3 迅速转变成 H_2CO_3 并分解为 CO_2，当酚酞正好褪色时，记下 HCl 消耗体积 V_1，这对测定结果有何影响？

2. 在第二化学计量点滴定时，临近终点时锥形瓶摇动不够剧烈可能会给实验带来什么样的误差？

3. 双指示剂法测定混合碱中，在同一份溶液中测定，判断下列 5 种情况下试样的组成：(a)$V_1=0$　(b)$V_2=0$　(c)$V_1>V_2$　(d)$V_1<V_2$　(e)$V_1=V_2$

7.5　实验三十八　食醋中总酸量的测定

7.5.1　实验目的

1. 巩固强碱滴定弱酸的原理及指示剂的选择原则。
2. 学习食醋中总酸量的测定方法。

7.5.2　实验原理

食醋中主要成分是 HAc，此外还有少量的其他有机弱酸，如乳酸、柠檬酸等。用 NaOH 滴定时，凡 $cK_a^{\ominus} \geqslant 10^{-8}$ 的弱酸都可被滴定，故测得的是总酸量，习惯上用 HAc 的质量浓度 ρ(HAc)来表示。滴定产物是强碱弱酸盐，滴定突跃在弱碱性范围内，可选用酚酞作指示剂。滴定时的主要反应为

$$NaOH + CH_3COOH = CH_3COONa + H_2O$$

7.5.3　实验用品

仪器：移液管(25 mL)、碱式滴定管(50 mL)、锥形瓶(250 mL)、洗耳球。

试剂：食用白醋、0.1 mol·L^{-1} NaOH 标准溶液、0.2% 酚酞指示剂。

7.5.4　实验内容

移取稀释 10 倍后的市售白醋溶液 25.00 mL 于锥形瓶中，加入 2~3 滴酚酞指示剂，用 NaOH 标准溶液滴定至终点(微红色，30 s 不褪色)，记下所消耗 NaOH 体积 V，平行实验 3 次，计算食醋的总酸量 ρ(HAc)，单位为 g·L^{-1}。

7.5.5　数据处理

计算公式：

$$\rho(\text{HAc}) = \frac{c(\text{NaOH}) \times V(\text{NaOH}) \times M(\text{HAc})}{V(\text{HAc})} \times 10$$

计算食醋总酸量的平均值，并求实验的相对平均偏差。

7.5.6　思考题

1. 在酸碱滴定中，每次指示剂的用量很少，为什么不可多用？
2. 测定食醋总酸量时，能否用甲基橙做指示剂？为什么？
3. 在滴定食醋溶液过程中，经常用蒸馏水淋洗锥形瓶内壁，使得最后锥形瓶内溶液的体积达到 200 mL 左右，问这样做对滴定结果有无影响？若有，有何影响？

7.6 实验三十九 KMnO₄标准溶液的配制和标定

7.6.1 实验目的

1. 掌握 KMnO₄标准溶液的配制方法和标定原理。
2. 掌握酸度、温度、滴定速度等对滴定结果的影响。

7.6.2 实验原理

高锰酸钾是氧化还原滴定法中常用的氧化剂。市售的高锰酸钾因含有少量杂质，如硫酸盐、硝酸盐及氯化物等，同时其可与水中的有机物、空气中的灰尘及其他还原性物质作用，所以高锰酸钾标准溶液不能用直接法配制，而用间接法配制。先进行粗配，再用其他基准物质进行标定。配制好的 KMnO₄溶液因为见光易分解需要保存在棕色试剂瓶中。

标定 KMnO₄溶液的基准物质有 $Na_2C_2O_4$、$H_2C_2O_4 \cdot 2H_2O$、As_2O_3、$(NH_4)_2Fe(SO_4)_2 \cdot 6H_2O$ 和纯铁丝等。其中 $Na_2C_2O_4$ 不含结晶水、容易提纯、没有吸湿性，是最常用的基准物质。酸性溶液中，用 $Na_2C_2O_4$ 标定 KMnO₄ 溶液的反应如下：

$$2MnO_4^- + 5C_2O_4^{2-} + 16H^+ = 2Mn^{2+} + 10CO_2\uparrow + 8H_2O$$

滴定中的指示剂为 KMnO₄ 自身指示剂，滴定时可用过量的 1 滴 KMnO₄ 在溶液呈现的浅红色(30 s 内不褪即可)指示滴定终点。

滴定时应注意以下几点：

(1) 温度 在室温下，上述反应速度较慢，需要加热，一般需将溶液加热至 75～85 ℃，而且要趁热滴定。加热时温度不宜过高，否则 $Na_2C_2O_4$ 在酸性介质中会分解：

$$H_2C_2O_4 = CO\uparrow + CO_2\uparrow + H_2O$$

(2) 酸度 该反应需在酸性溶液中进行，通常用硫酸控制溶液的酸度，避免使用 HCl 或 HNO_3。因 Cl^- 具有还原性，可与 MnO_4^- 作用；而 HNO_3 具有氧化性，可能氧化被滴定的还原性物质。为使反应定量进行，溶液酸度宜控制在 $0.5 \sim 1 \text{ mol} \cdot L^{-1}$。

(3) 滴定速度 严格控制前三滴。该反应为自动催化反应，反应生成的 Mn^{2+} 有自动催化作用。因此滴定开始时速度不宜太快，应逐滴加入 KMnO₄ 溶液，当加入的第一滴 KMnO₄ 溶液颜色褪去生成 Mn^{2+} 后方可加第二滴，否则加入的 KMnO₄ 溶液来不及与 $C_2O_4^{2-}$ 反应，就在热的酸性溶液中分解，导致结果偏低。

$$4MnO_4^- + 12H^+ = 4Mn^{2+} + 5O_2\uparrow + 6H_2O$$

当第二滴颜色褪去后方可以加第三滴。以后滴定速度可稍加快。

(4) 滴定终点 反应完全后，过量 1 滴 KMnO₄ 溶液呈现的浅红色，若在 30 s 内不褪即为滴定终点。长时间放置，由于空气中的还原性物质及灰尘等可与 MnO_4^- 作用而使浅红色褪去，此时与主反应无关，不要再加入 KMnO₄ 溶液。

7.6.3 实验用品

仪器：托盘天平、分析天平、电热恒温水浴锅、500 mL 棕色试剂瓶、250 mL 容量瓶、50 mL 酸式滴定管、25 mL 移液管、250 mL 锥形瓶、500 mL 烧杯、玻璃棒、胶头滴管、表面皿等。

试剂：$Na_2C_2O_4$ 固体(AR)、$KMnO_4$ 固体(AR)、3 mol·L^{-1} H_2SO_4 溶液。

7.6.4 实验内容

1. 0.02 mol·L^{-1} $KMnO_4$ 溶液的配制（此溶液也可由实验室技术人员提前配制公用） 在托盘天平上称取 1.6 g $KMnO_4$ 固体于烧杯中，加入 500 mL 纯水使之溶解，盖上表面皿，在电炉上加热至沸并保持 30 min，静置过夜，用微孔砂芯玻璃漏斗或玻璃纤维过滤，滤液储存于棕色试剂瓶中备用。

2. $KMnO_4$ 溶液浓度的标定 在分析天平上准确称取 0.20~0.25 g(准确至 0.1 mg)基准物质 $Na_2C_2O_4$ 于锥形瓶中，加入 30 mL 纯水使之溶解，再加入 10 mL 3 mol·L^{-1} H_2SO_4 溶液，混合均匀，在电热恒温水浴锅上水浴加热至 75~85 ℃，趁热用 $KMnO_4$ 溶液滴定至终点。记录消耗 $KMnO_4$ 溶液的体积。平行标定 3 次。

7.6.5 数据处理

计算公式：

$$c(KMnO_4)=\frac{2}{5}\times\frac{m(Na_2C_2O_4)}{V(KMnO_4)\times M(Na_2C_2O_4)}$$

测定序号	1	2	3
$m(Na_2C_2O_4)$/g			
$KMnO_4$ 初读数/mL			
$KMnO_4$ 终读数/mL			
$V(KMnO_4)$/mL			
$c(KMnO_4)$/(mol·L^{-1})			
$c(KMnO_4)$ 平均值			
相对平均偏差			

7.6.6 思考题

1. 配制 $KMnO_4$ 溶液时为什么需要煮沸？配制好的 $KMnO_4$ 溶液为什么需要过滤后才能保存？过滤时能否使用滤纸过滤？
2. 标定时温度过高或过低对实验有何影响？
3. 标定时为什么加入第一滴 $KMnO_4$ 溶液颜色褪去很慢，以后褪色较快。

7.7 实验四十 $KMnO_4$ 法测钙含量

7.7.1 实验目的

1. 了解并掌握高锰酸钾法测钙的原理和方法。
2. 了解沉淀分离法消除杂质干扰的方法。
3. 掌握沉淀分离法的操作技术。

7.7.2 实验原理

在其他一些离子与 Ca^{2+} 共存时，可用 $C_2O_4^{2-}$ 将 Ca^{2+} 以 CaC_2O_4 形式沉淀，过滤，洗涤除去过量的 $C_2O_4^{2-}$，然后用 H_2SO_4 溶解 CaC_2O_4 沉淀，生成的 $C_2O_4^{2-}$ 用 $KMnO_4$ 标准溶液滴定，这种方法可间接测定 Ca 的含量。

$$Ca^{2+} + C_2O_4^{2-} = CaC_2O_4 \downarrow$$
$$CaC_2O_4 + 2H^+ = Ca^{2+} + H_2C_2O_4$$
$$5H_2C_2O_4 + 2MnO_4^- + 6H^+ = 2Mn^{2+} + 10CO_2 \uparrow + 8H_2O$$

除碱金属外，其他离子均对反应有干扰。如 Mg^{2+} 浓度高时，也能生成 MgC_2O_4 沉淀干扰测定，但当 $C_2O_4^{2-}$ 过量较多时，Mg^{2+} 形成 $[Mg(C_2O_4)_2]^{2-}$ 配离子而与 Ca^{2+} 分离。

Ca^{2+} 离子也可用配位滴定法测定，方法简单，但干扰因素比高锰酸钾法多。

7.7.3 实验用品

仪器：酸式滴定管(50 mL)、电热恒温水浴锅、烧杯(250 mL)、量筒(100 mL)、漏斗、漏斗架、温度计等。

试剂：$0.25\ mol \cdot L^{-1}\ (NH_4)_2C_2O_4$、$6\ mol \cdot L^{-1}\ HCl$、$20\%\ H_2SO_4$、$0.1\ mol \cdot L^{-1}\ CaCl_2$、$5\%\ NH_3 \cdot H_2O$、$0.02\ mol \cdot L^{-1}$(准确至四位有效数字)$KMnO_4$ 标准溶液、钙盐样品、0.1%甲基红等。

7.7.4 实验内容

1. 取样和沉淀 准确称取钙盐样品 0.20～0.30 g(准确至 0.1 mg)，放入 250 mL 烧杯中，加入 20 mL 纯水，小心加入 10 mL 6 $mol \cdot L^{-1}$ HCl 溶液使钙盐全部溶解。沿玻璃棒加入 35 mL 0.25 $mol \cdot L^{-1}\ (NH_4)_2C_2O_4$ 溶液，用水稀释至 100 mL，放入恒温水浴中加热至 75～85 ℃。再加入 3～4 滴甲基红指示剂，在不断搅拌下，逐滴加入 5% $NH_3 \cdot H_2O$ 至溶液由红色变为橙色，再过量数滴(使溶液 pH=4.5～5.5)[1]。检查沉淀是否完全。如沉淀不完全，再加入 $(NH_4)_2C_2O_4$ 溶液至沉淀完全。然后在水浴上加热 30 min 或放置过夜以陈化沉淀，使之形成 CaC_2O_4 粗晶形沉淀。

2. 过滤和洗涤 用倾注法将沉淀上层清液倾入漏斗中，让沉淀尽可能留在烧杯内，以免沉淀堵塞漏斗小孔，影响过滤速度。清液倾注完毕后进行沉淀的洗涤，至溶液无 $C_2O_4^{2-}$(用 0.1 $mol \cdot L^{-1}\ CaCl_2$ 溶液检查滤液)为止[2]。(由于实验最后的溶解和滴定均在烧杯中进行，因此烧杯内沉淀洗净后 CaC_2O_4 粗晶形不一定要全部转移到漏斗中，这样可以避免沉淀转移带来的损失)

3. 沉淀的溶解和测定 从漏斗上取下带有沉淀的滤纸，放在盛有沉淀的烧杯中，加入 25 mL 20% H_2SO_4 将 CaC_2O_4 沉淀(包括滤纸上的 CaC_2O_4)完全溶解，并将溶液稀释至约 100 mL，放入恒温水浴中加热溶液至 75～85 ℃，用 $KMnO_4$ 标准溶液(约 0.02 $mol \cdot L^{-1}$，准确至四位有效数字)滴定至溶液呈微红，且 30 s 内不褪即为终点。记录消耗 $KMnO_4$ 的体积 V，计算钙盐样品中钙的含量。平行 2～3 次。

7.7.5 数据处理

计算公式：

$$w(\text{Ca}) = \frac{5}{2} \times \frac{c(\text{KMnO}_4) \times V(\text{KMnO}_4) \times M(\text{Ca})}{m}$$

测定序号	1	2	3
$c(\text{KMnO}_4)/(\text{mol} \cdot \text{L}^{-1})$			
m(钙盐样品质量)/g			
KMnO_4 初读数/mL			
KMnO_4 终读数/mL			
$V(\text{KMnO}_4)/\text{mL}$			
$w(\text{Ca})$			
$w(\text{Ca})$ 平均值			
相对平均偏差			

7.7.6 思考题

1. 如果沉淀洗涤不干净，对测定结果有何影响？
2. 溶解样品时用 HCl，而滴定时用 H_2SO_4 溶解并控制酸度，这是为什么？

7.7.7 注释

[1] 为了获得纯 CaC_2O_4 沉淀，必须严格控制酸度（pH=4.5～5.5），pH 过低可能沉淀不完全，偏高可能生成 $Ca(OH)_2$ 沉淀和碱式 CaC_2O_4 沉淀。

[2] 由于 CaC_2O_4 溶解度较大，用纯水洗涤要少量多次，每洗一次都应将溶液全部转移至滤纸中过滤。

7.8 实验四十一 $KMnO_4$ 法测定双氧水中 H_2O_2 含量

7.8.1 实验目的

1. 掌握高锰酸钾法测定 H_2O_2 含量的原理和方法。
2. 巩固滴定基本操作。

7.8.2 实验原理

双氧水中主要成分为 H_2O_2，其具有杀菌、消毒、漂白等作用，市售商品一般为 30% 或 3% 水溶液。H_2O_2 不稳定，常加入乙酰苯胺等作为稳定剂。在化学反应中，H_2O_2 既可作为氧化剂又可作为还原剂。在酸性介质中遇 $KMnO_4$ 时 H_2O_2 作为还原剂，可发生下列反应：

$$2MnO_4^- + 5H_2O_2 + 6H^+ = 2Mn^{2+} + 5O_2\uparrow + 8H_2O$$

利用此反应可测定 H_2O_2 的含量。该反应室温时速率较慢，不能加热，以免 H_2O_2 分解。但生成的 Mn^{2+} 对反应有催化作用，滴定时，当第一滴 $KMnO_4$ 颜色褪去生成 Mn^{2+} 后方可滴加第二滴。由于 Mn^{2+} 的催化作用，加快了反应速率，故能顺利滴至终点，过量 1 滴 $KMnO_4$ 呈现微红色，且在 30 s 内不褪即为滴定终点。

7.8.3 实验用品

仪器：酸式滴定管（50 mL）、锥形瓶（250 mL）、容量瓶、移液管、量筒（100 mL、

50 mL)等。

试剂：0.02 mol·L^{-1}（准确至四位有效数字）KMnO$_4$标准溶液、H$_2$O$_2$样品液、3 mol·L^{-1} H$_2$SO$_4$。

7.8.4 实验内容

用移液管准确移取25.00 mL H$_2$O$_2$样品液于250 mL容量瓶中，加水定容，混匀，得H$_2$O$_2$稀释液。用移液管从中吸取25.00 mL H$_2$O$_2$稀释液于250 mL锥形瓶中，加60 mL水和30 mL 3 mol·L^{-1} H$_2$SO$_4$，用KMnO$_4$标准溶液滴定至溶液呈微红色，且30 s内不褪色即为滴定终点，记下消耗的KMnO$_4$的体积，计算商品液中H$_2$O$_2$的质量浓度ρ。平行3次。

7.8.5 数据处理

计算公式：

$$\rho(H_2O_2) = \frac{5}{2} \times \frac{c(KMnO_4) \times V(KMnO_4) \times M(H_2O_2)}{V(H_2O_2) \times \frac{25.00}{250.0}}$$

测定序号	1	2	3
$c(KMnO_4)/(mol·L^{-1})$			
KMnO$_4$初读数/mL			
KMnO$_4$终读数/mL			
$V(KMnO_4)$/mL			
$\rho(H_2O_2)/(g·L^{-1})$			
$\rho(H_2O_2)$平均值			
相对平均偏差			

7.8.6 思考题

1. H$_2$O$_2$商品液标签中注明其含量为30%，实验测定结果往往小于此值，为什么？
2. H$_2$O$_2$含量除用KMnO$_4$法测定外，还可用碘量法进行测定。试写出碘量法测定H$_2$O$_2$的有关反应方程式、主要反应条件及质量浓度的计算公式。

7.9 实验四十二　水体中化学耗氧量的测定

7.9.1 实验目的

1. 掌握高锰酸钾法测定水体COD的基本原理和方法。
2. 了解水质环境监测的相关知识。

7.9.2 实验原理

水中除含有NO$_2^-$、S^{2-}、Fe^{2+}等无机还原性物质外，还含有还原性的有机物质。有机物质腐烂易耗氧，使水中微生物繁殖，污染水体。

水中化学耗氧量（简称为COD）的大小是水质污染程度的主要指标之一。COD是指水体中还原性物质被氧化所消耗的氧化剂量,通常换算成氧气的含量(O_2,mg·L^{-1})来表示。

化学耗氧量的测定一般情况下多采用酸性高锰酸钾法,此方法简便快速,适合于测定地面水、地下水、河水等污染不十分严重的水质。工业污水及生活污水中含有成分复杂的污染物,宜用重铬酸钾法。本实验用酸性高锰酸钾法。

测定时,先在水样中加入 H_2SO_4 调节酸度,然后加入一定量的 $KMnO_4$ 溶液,加热至沸,使之与水样充分反应,多余的 $KMnO_4$ 再用定量且过量的 $Na_2C_2O_4$ 标准溶液反应。最后,再用 $KMnO_4$ 标准溶液返滴过量的 $Na_2C_2O_4$ 标准溶液。由水样消耗 $KMnO_4$ 的物质的量即可计算出水中化学耗氧量(COD),$KMnO_4$ 物质的量折算成氧气的物质的量的折算系数为 5/4。

$KMnO_4$ 与 $Na_2C_2O_4$ 的反应式如下:

$$2MnO_4^- + 5C_2O_4^{2-} + 16H^+ = 2Mn^{2+} + 8H_2O + 10CO_2 \uparrow$$

一般水样取后应立即进行分析。如需放置,可加少量硫酸铜以抑制生物对有机物的分解。

7.9.3 实验用品

仪器:酸式滴定管(50 mL)、锥形瓶(250 mL)、容量瓶、移液管、量筒(100 mL、50 mL)等。

试剂:0.04 mol·L^{-1}(准确至四位有效数字)$KMnO_4$ 标准溶液、0.1 mol·L^{-1}(准确至四位有效数字)$Na_2C_2O_4$ 标准溶液、6 mol·L^{-1} H_2SO_4、待测水样。

7.9.4 实验内容

1. $KMnO_4$ 标准溶液的配制 用移液管移取 $KMnO_4$ 溶液 25.00 mL 放入 250 mL 容量瓶中,稀释定容。

2. $Na_2C_2O_4$ 标准溶液的配制 用移液管移取 $Na_2C_2O_4$ 溶液 25.00 mL 放入 250 mL 容量瓶中,稀释定容。

3. 滴定 移取水样 10.00 mL,加 10 mL 6 mol·L^{-1} H_2SO_4 溶液,再加入稀释后的 $KMnO_4$ 溶液 25.00 mL,立即加热至沸 10 min,趁热加 $Na_2C_2O_4$ 标准溶液 20.00 mL,待褪色后用 $KMnO_4$ 标准溶液滴定到浅红色,30 s 不褪色,即为终点,记录体积 V。

4. 重复操作 重复上述操作,平行测定 3 次。

5. COD 计算式

$$O_2(\text{mg}\cdot L^{-1}) = \frac{\frac{5}{4}\left[(25.00+V)\times c(KMnO_4) - \frac{2}{5}\times 20.00 \times c(Na_2C_2O_4)\right]\times M(O_2)\times 10^3}{10.00}$$

7.9.5 数据处理

测定序号	1	2	3
$V(KMnO_4)$/mL			
COD/(mg·L^{-1})			
COD 平均值			
相对平均偏差			

7.9.6 思考题

1. 水中化学耗氧量的测定有何意义？测定水中化学耗氧量有哪些方法？
2. 水中化学耗氧量的测定属于何种滴定方式？
3. 用草酸钠标定高锰酸钾溶液时，应严格控制哪些反应条件？
4. 水样中 Cl^- 含量高时，对测定有无干扰？如有应采用什么方法来消除？

7.10 实验四十三 $K_2Cr_2O_7$ 法测定亚铁盐中 Fe 的含量

7.10.1 实验目的

1. 掌握和理解氧化还原滴定的方法和原理。
2. 掌握直接法配制标准溶液的方法。
3. 学会使用二苯胺磺酸钠指示剂。

7.10.2 实验原理

$K_2Cr_2O_7$ 在强酸性介质中具有很强的氧化性，常用于测定 Fe^{2+}，反应为

$$Cr_2O_7^{2-} + 6Fe^{2+} + 14H^+ = 2Cr^{3+} + 6Fe^{3+} + 7H_2O$$

以二苯胺磺酸钠作为指示剂，用 $K_2Cr_2O_7$ 标准溶液滴定 Fe^{2+}。滴定前二苯胺磺酸钠指示剂呈还原态，为无色。滴定至终点时过量少许 $K_2Cr_2O_7$ 使指示剂由无色变成氧化态的紫红色。由于在滴定过程中，累积的反应产物 Cr^{3+} 呈现绿色，故终点时为紫色或蓝紫色。滴定过程中不断有 Fe^{3+} 生成，会对终点的观察有干扰。故通常在滴定前加入 H_3PO_4，使之与 Fe^{3+} 形成稳定的无色配合物 $[Fe(HPO_4)_2]^-$，消除 Fe^{3+} 的黄色，有利于终点的观察，同时降低溶液中 Fe^{3+} 的浓度，从而降低 Fe^{3+}/Fe^{2+} 电对的电极电势，使化学计量点的突跃范围增大，使反应进行更彻底，并使二苯胺磺酸钠指示剂的变色点落在滴定突跃范围内，避免指示剂引起的终点误差。

7.10.3 实验用品

仪器：分析天平、容量瓶(250 mL)、移液管(20 mL)、滴定管(50 mL)、锥形瓶(250 mL)、烧杯(250 mL)、量筒(10 mL)、洗耳球等。

试剂：$K_2Cr_2O_7$ 固体(AR)、$(NH_4)_2SO_4 \cdot FeSO_4 \cdot 6H_2O$ 固体(AR)、$3\ mol \cdot L^{-1}\ H_2SO_4$、$H_3PO_4$(85%)、0.2%二苯胺磺酸钠。

7.10.4 实验内容

1. $K_2Cr_2O_7$ 标准溶液配制 准确称取 1.20~1.30 g(准确至 0.1 mg)烘干过的 $K_2Cr_2O_7$ 于 250 mL 烧杯中，加纯水溶解，定量转入 250 mL 容量瓶中，加纯水稀释至刻度，充分摇匀，计算其准确浓度。

2. 亚铁盐中 Fe 的测定 准确称取 0.90~1.00 g $(NH_4)_2SO_4 \cdot FeSO_4 \cdot 6H_2O$ 样品 3 份，分别置于 3 个 250 mL 锥形瓶中，各加入 20 mL 3 mol·L^{-1} H_2SO_4 防止水解，再加入约 50 mL 纯水溶解，然后加入 6~8 滴二苯胺磺酸钠指示剂，摇匀后立即用 $K_2Cr_2O_7$ 标准溶液滴至溶

液出现深绿色时，加5.0 mL 85％H_3PO_4，继续滴定至溶液变为紫色或蓝紫色即为终点。

7.10.5 数据处理

计算公式：

$$w(Fe) = \frac{6c(K_2Cr_2O_7) \times V(K_2Cr_2O_7) \times M(Fe)}{m}$$

$m(K_2Cr_2O_7)$/g			
$c(K_2Cr_2O_7)/(mol \cdot L^{-1})$			
测定序号	1	2	3
$m[(NH_4)_2SO_4 \cdot FeSO_4 \cdot 6H_2O]$/g			
$K_2Cr_2O_7$终读数/mL			
$K_2Cr_2O_7$初读数/mL			
$V(K_2Cr_2O_7)$/mL			
$w(Fe)$			
$w(Fe)$平均值			
相对平均偏差			

7.10.6 思考题

1. $K_2Cr_2O_7$为什么可用来直接配制标准溶液？
2. 加入H_3PO_4的作用是什么？

7.11 实验四十四 $Na_2S_2O_3$标准溶液的配制和标定

7.11.1 实验目的

1. 掌握硫代硫酸钠溶液的配制方法。
2. 掌握标定硫代硫酸钠溶液的原理和方法。

7.11.2 实验原理

碘量法定量分析中，常用硫代硫酸钠作为标准溶液。结晶的硫代硫酸钠($Na_2S_2O_3 \cdot 5H_2O$)一般含有少量的S、Na_2SO_3、Na_2SO_4等杂质，因此其标准溶液常用间接法配制。溶液粗配后，用其他基准物质标定其准确浓度。硫代硫酸钠溶液不稳定，容易与水中的CO_2、空气中的O_2作用，也易受微生物的作用而分解，发生浓度的变化。

所以配制硫代硫酸钠溶液时应先煮沸纯水，除去水中CO_2及杀灭细菌，并加入Na_2CO_3使溶液呈微碱性，保持pH为9～10，或加入HgI_2防腐剂，以防止微生物繁殖，可保持溶液的稳定性。配制好的硫代硫酸钠溶液应储存于棕色试剂瓶中。相关的反应如下：

$$Na_2S_2O_3 + H_2O + CO_2 = NaHCO_3 + NaHSO_3 + S\downarrow$$

$$2Na_2S_2O_3 + O_2 = 2Na_2SO_4 + 2S\downarrow$$

$$Na_2S_2O_3 \xrightarrow{微生物} Na_2SO_3 + S\downarrow$$

标定硫代硫酸钠溶液的基准物质有$KBrO_3$、$K_2Cr_2O_7$、KIO_3等。在酸性溶液中，有过量 KI 存在的情况下，定量的 $K_2Cr_2O_7$ 氧化 KI 析出一定量的 I_2，用 $Na_2S_2O_3$ 溶液准确滴定析出的 I_2，以淀粉为指示剂，从而得到 $Na_2S_2O_3$ 溶液的准确浓度。

$$Cr_2O_7^{2-} + 6I^- + 14H^+ = 2Cr^{3+} + 3I_2 + 7H_2O$$
$$2S_2O_3^{2-} + I_2 = 2I^- + S_4O_6^{2-}$$

7.11.3 实验用品

仪器：碱式滴定管（50 mL）、托盘天平、分析天平、锥形瓶、烧杯、棕色试剂瓶（250 mL）、量筒（50 mL）等。

试剂：$Na_2S_2O_3 \cdot 5H_2O$ 固体（AR）、$K_2Cr_2O_7$ 固体（AR）、Na_2CO_3、KI 固体（AR）、6 mol·L^{-1} H_2SO_4、1% 淀粉指示剂等。

7.11.4 实验内容

1. 硫代硫酸钠溶液的配制 在托盘天平上称取硫代硫酸钠（$Na_2S_2O_3 \cdot 5H_2O$）固体 6.2 g 于烧杯中，加入煮沸并冷却了的纯水 150 mL，再加入约 0.1 g Na_2CO_3，最后稀释至 250 mL。混合均匀，保存于棕色试剂瓶中，备用。

2. 硫代硫酸钠溶液的标定 在分析天平上准确称取 0.12 g（准确至 0.1 mg）基准物质 $K_2Cr_2O_7$ 于锥形瓶中（用碘量瓶更好），加纯水 50 mL 溶解，加入 3 g KI 及 10 mL 6 mol·L^{-1} H_2SO_4 溶液，放置暗处 5 min。然后用硫代硫酸钠溶液滴定析出的 I_2，当溶液变为浅黄色时，加入 1~2 mL 1% 淀粉指示剂，继续滴定至蓝色刚好褪去。根据硫代硫酸钠溶液消耗的体积，计算硫代硫酸钠溶液的浓度。平行 3 次。

7.11.5 数据处理

计算公式：

$$c(Na_2S_2O_3) = \frac{6m(K_2Cr_2O_7)}{V(Na_2S_2O_3) \times M(K_2Cr_2O_7)}$$

测定序号	1	2	3
$m(K_2Cr_2O_7)$/g			
$Na_2S_2O_3$ 初读数/mL			
$Na_2S_2O_3$ 终读数/mL			
$V(Na_2S_2O_3)$/mL			
$c(Na_2S_2O_3)$/(mol·L^{-1})			
$c(Na_2S_2O_3)$ 平均值			
相对平均偏差			

7.11.6 思考题

1. 配制的硫代硫酸钠溶液为何保存在棕色瓶中？
2. 淀粉指示剂能否在滴定前加入？为什么？
3. 查资料，如何配制 1% 的淀粉溶液？

7.12 实验四十五　含碘食盐中碘含量的测定

7.12.1 实验目的

1. 掌握含碘食盐中碘含量的测定原理及方法。
2. 掌握碘量法的应用。

7.12.2 实验原理

碘是人类生命活动中不可缺少的元素之一，缺碘会导致人的一系列疾病的产生，如智力下降、甲状腺肿大等。因而在人们的日常生活中，每天摄入一定量的碘是很必要的。将碘加入食盐中是一个很有效的办法。通常是将 KI(或 KIO$_3$)加入食盐中以达到补碘的目的。食盐中 I$^-$ 含量一般为 20~50 mg·kg^{-1}。

食盐中 I$^-$ 含量测定原理：在酸性溶液中 I$^-$ 经 Br$_2$ 氧化为 IO$_3^-$，过量的 Br$_2$ 用甲酸钠除去，加入过量的 KI，使 IO$_3^-$ 将其氧化析出 I$_2$，然后用 Na$_2$S$_2$O$_3$ 标准溶液滴定，测定食盐中 I$^-$ 含量。其反应式如下：

$$I^- + 3Br_2 + 3H_2O = IO_3^- + 6H^+ + 6Br^-$$
$$Br_2 + HCOO^- + H_2O = CO_3^{2-} + 3H^+ + 2Br^-$$
$$IO_3^- + 5I^- + 6H^+ = 3I_2 + 3H_2O$$
$$2S_2O_3^{2-} + I_2 = 2I^- + S_4O_6^{2-}$$

7.12.3 实验用品

仪器：托盘天平、分析天平、碱式滴定管(50 mL)、棕色试剂瓶(250 mL)、碘量瓶(250 mL)、量筒(10 mL)、容量瓶(1 000 mL)、吸量管(10 mL)等。

试剂：加碘食盐、0.000 3 mol·L^{-1} KIO$_3$ 标准溶液(准确至四位有效数字)[1]、Na$_2$S$_2$O$_3$·5H$_2$O、Na$_2$CO$_3$、1 mol·L^{-1} HCl、饱和溴水、10%甲酸钠、5%KI(新配)、0.5%淀粉(新配)等。

7.12.4 实验内容

1. 0.002 mol·L^{-1} Na$_2$S$_2$O$_3$ 标准溶液的配制与标定

配制：称取 5 g Na$_2$S$_2$O$_3$·5H$_2$O 溶解在 1 L 新煮沸并冷却了的纯水中，加入 0.2 g Na$_2$CO$_3$，储存于棕色试剂瓶中，放置一周后取上层清液 200 mL，用无 CO$_2$ 的纯水稀释至 2 L。

标定：取 10.00 mL KIO$_3$ 标准溶液于 250 mL 碘量瓶中，加 90 mL 纯水、2 mL 1 mol·L^{-1} HCl，摇匀后加 5 mL 5%KI，放置暗处 5 min。然后立即用 Na$_2$S$_2$O$_3$ 标准溶液滴定，至溶液呈浅黄色时，加入 1~2 mL 0.5%淀粉溶液，继续滴定至蓝色恰好消失为止，记录消耗 Na$_2$S$_2$O$_3$ 溶液的体积 V(mL)。

2. 食盐中含碘量的测定　称取 10 g(准确至 0.01 g)均匀加碘的食盐，置于 250 mL 碘量瓶中，加 100 mL 纯水溶解，加 2 mL 1 mol·L^{-1} HCl 和 2 mL 饱和溴水，混匀，放置 5 min。摇动下加入 5 mL 10%甲酸钠水溶液。再放置 5 min 后加 5 mL 5%KI 溶液，暗处静置约 5 min，用 Na$_2$S$_2$O$_3$ 标准溶液滴定至溶液呈浅黄色时，加入 1~2 mL 0.5%淀粉溶液，继续滴定至蓝色恰好消失为止，记录所用 Na$_2$S$_2$O$_3$ 溶液的体积 V(mL)。计算含碘食盐中碘含量。平行 3 次。

7.12.5 数据处理

计算公式：

$$c(Na_2S_2O_3) = \frac{6c(KIO_3) \times V(KIO_3)}{V(Na_2S_2O_3)}$$

$$w(I^-) = \frac{1}{6} \times \frac{c(Na_2S_2O_3) \times V(Na_2S_2O_3) \times M(I)}{m}$$

1. $Na_2S_2O_3$ 溶液的标定

测定序号	1	2	3
$m(KIO_3)$/g			
$Na_2S_2O_3$ 初读数/mL			
$Na_2S_2O_3$ 终读数/mL			
$V(Na_2S_2O_3)$/mL			
$c(Na_2S_2O_3)$/(mol·L^{-1})			
$c(Na_2S_2O_3)$ 平均值			
相对平均偏差			

2. 食盐中含碘量的测定

测定序号	1	2	3
m(食盐)/g			
$c(Na_2S_2O_3)$/(mol·L^{-1})			
$Na_2S_2O_3$ 初读数/mL			
$Na_2S_2O_3$ 终读数/mL			
$V(Na_2S_2O_3)$/mL			
$w(I^-)$/(mg·g^{-1})			
$w(I^-)$ 平均值			
相对平均偏差			

7.12.6 思考题

1. 本实验滴定为何要使用碘量瓶？使用碘量瓶应注意些什么？
2. 淀粉指示剂能否在滴定前加入？为什么？
3. 当含碘食盐中加入的为 KIO_3 时，如何测定其中的碘含量？

7.12.7 注释

[1] 0.000 3 mol·L^{-1} KIO_3 标准溶液的配制：KIO_3 为基准物质，可用直接法配制标准溶液。在分析天平上称取 1.4 g（准确至 0.1 mg）于 (110±2)℃烘至恒重的 KIO_3，加纯水溶解，于 1 L 容量瓶中定容，再稀释 20 倍，混匀。计算 KIO_3 标准溶液的准确浓度。

7.13 实验四十六 水的硬度测定

7.13.1 实验目的

1. 学习配位滴定法测定水中钙、镁的原理和方法。

2. 学习 EDTA 标准溶液的配制和标定方法。
3. 熟悉铬黑 T、钙指示剂和二甲酚橙的使用及其终点颜色变化。

7.13.2　实验原理

测定水的硬度可分为测定水的总硬度和测定 Ca、Mg 硬度两种，前者是测定水中 Ca、Mg 总量，以钙化合物含量表示，后者是分别测定水中 Ca 和 Mg 的含量。对于水的硬度，世界各国有不同的表示方法。我国是采用德国硬度单位制，即 1 L 水中含有 10 mg CaO 规定为 1 度(1°)。一般把小于 4°的水称为很软的水，4°～8°称为软水，8°～16°称为中等硬水，16°～32°称为硬水，大于 32°称为很硬水。

本实验采用 EDTA 配位滴定法测定水的硬度。配位滴定时，首先发生金属离子与指示剂间的反应，然后，滴加配位剂，先是配位剂与游离的金属离子反应，终点时夺取已与指示剂结合的金属离子，同时释放出指示剂。反应式如下：

$$M + In = M\text{-}In$$
　　金属离子　　指示剂　　　配合物
$$M\text{-}In + EDTA = M\text{-}EDTA + In$$

在 pH=10 时，以铬黑 T 作指示剂，测定 Ca、Mg 总量。配合物稳定性大小顺序为 Ca-EDTA＞Mg-EDTA＞MgIn＞CaIn，加入铬黑 T 后，首先与 Mg^{2+} 结合，生成稳定的酒红色配合物，当滴入 EDTA 时先与游离 Ca^{2+} 配位，再与游离 Mg^{2+} 作用，最后夺取与铬黑 T 配位的 Mg^{2+}，使指示剂释放出来，溶液由酒红色变为纯蓝色(指示剂颜色)则为终点。

在 pH=12 时，测定 Ca 含量，此时 Mg^{2+} 以 $Mg(OH)_2$ 沉淀形式存在不干扰测定，钙指示剂与 Ca^{2+} 结合成红色配合物，滴入 EDTA 后，先与游离 Ca^{2+} 作用，再进一步夺取与钙指示剂配位的 Ca^{2+} 使溶液由红色变为纯蓝色(指示剂颜色)。

7.13.3　实验用品

仪器：托盘天平、分析天平、试剂瓶(500 mL)、烧杯(100 mL、250 mL)、表面皿、容量瓶(250 mL)、移液管(20 mL、100 mL)、洗耳球、锥形瓶(250 mL)、酸式滴定管(50 mL)。

试剂：金属 Zn(AR)、1∶1HCl、10%六次甲基四胺溶液、pH=10 的 NH_3-NH_4Cl 缓冲溶液、10%NaOH 溶液、EDTA 二钠盐固体(AR)、0.2%二甲酚橙指示剂、铬黑 T 指示剂、钙指示剂。

7.13.4　实验内容

1. 0.007 mol·L^{-1} EDTA 标准溶液的配制和标定

(1)称取 1.35～1.45 g EDTA 二钠盐，加热溶解后冷却，稀释至 500 mL，摇匀，保存在试剂瓶中。

(2)准确称取 0.15～0.20 g(准确至 0.1 mg)金属 Zn，置于 100 mL 烧杯中，加入 10 mL 1∶1HCl 溶液，盖上表面皿，待完全溶解后，用水吹洗表面皿和烧杯内壁，将溶液定量转移入 250 mL 容量瓶中，定容，充分摇匀。

(3)用移液管移取 25.00 mL Zn^{2+} 标准溶液于 250 mL 锥形瓶中，加入 2～3 滴二甲酚橙指示剂，滴加 10% 六次甲基四胺溶液至溶液呈现稳定的紫红色后，再过量加入 5 mL，用 EDTA 溶液滴定至溶液由紫红色变为亮黄色，即为终点。平行滴定 3 次，计算 EDTA 溶液的准确浓度。

$$c(\text{EDTA}) = \frac{m(\text{Zn})}{M(\text{Zn}) \times V(\text{EDTA})} \times \frac{25.00}{250.0}$$

2. 水中 Ca、Mg 总量的测定 用移液管吸取 100.0 mL 水样于锥形瓶中，加 5 mL pH=10 的缓冲溶液，加少量铬黑 T 指示剂，摇匀，用 EDTA 标准液滴定至由酒红色变为纯蓝色即为终点。记录 EDTA 体积 V_1，平行滴定 3 次。

3. 水中 Ca 的含量测定 用移液管吸取水样 100.0 mL 于锥形瓶中，加 3 mL 10% NaOH，加少量钙指示剂，摇匀，用 EDTA 标准溶液滴定至纯蓝色即为终点，记录 EDTA 体积 V_2，平行 3 次。

根据以下公式计算 Ca、Mg、CaO 含量（单位为 mg·L^{-1}）和水的总硬度：

$$\rho(\text{CaO}) = \frac{c(\text{EDTA}) \times V_1(\text{EDTA}) \times M(\text{CaO})}{V(\text{水样})} \times 1\,000$$

$$\rho(\text{Ca}) = \frac{c(\text{EDTA}) \times V_2(\text{EDTA}) \times M(\text{Ca})}{V(\text{水样})} \times 1\,000$$

$$\rho(\text{Mg}) \frac{c(\text{EDTA}) \times [V_1(\text{EDTA}) - V_2(\text{EDTA})] \times M(\text{Mg})}{V(\text{水样})} \times 1\,000$$

$$水的总硬度(°) = \frac{\rho(\text{CaO})}{10}$$

7.13.5 数据处理

$m(\text{Zn})/\text{g}$			
$c(\text{EDTA})/(\text{mol}\cdot\text{L}^{-1})$			
测定序号	1	2	3
EDTA 初读数/mL			
EDTA 终读数/mL			
$V_1(\text{EDTA})/\text{mL}$			
$V_1(\text{EDTA})$ 平均值			
相对平均偏差			
EDTA 初读数/mL			
EDTA 终读数/mL			
$V_2(\text{EDTA})/\text{mL}$			
$V_2(\text{EDTA})$ 平均值			
相对平均偏差			
$\rho(\text{Ca})/(\text{mg}\cdot\text{L}^{-1})$			
$\rho(\text{Mg})/(\text{mg}\cdot\text{L}^{-1})$			
$\rho(\text{CaO})/(\text{mg}\cdot\text{L}^{-1})$			
水的总硬度(°)			

7.13.6 思考题

1. 为什么测钙、镁总量的 pH 要为 10，而测钙含量溶液 pH 要为 12？
2. 使用固体指示剂时应注意什么？

3. 用移液管取水样时，应用什么来润洗移液管？

7.14 实验四十七 土壤中可溶性 SO_4^{2-} 的测定

7.14.1 实验目的

1. 掌握重量法测定土壤中可溶性硫酸盐中 SO_4^{2-} 含量的原理及方法。
2. 了解晶形沉淀的条件及方法。
3. 掌握沉淀的过滤、洗涤和灼烧等操作技术。

7.14.2 实验原理

$BaSO_4$ 的溶解度很小，25 ℃时为 0.25 mg，在有过量沉淀剂存在时，其溶解的量可以忽略不计。$BaSO_4$ 的性质非常稳定，干燥后的组分与分子式完全符合。可溶性硫酸盐中的 SO_4^{2-} 可以用 Ba^{2+} 定量沉淀为 $BaSO_4$，经过滤、洗涤、灼烧后，以 $BaSO_4$ 形式称量，从而求得 SO_4^{2-} 或 S 的含量。这是一种准确度较高的经典方法。

7.14.3 实验用品

仪器：托盘天平、分析天平、高温马弗炉、电热恒温水浴锅、瓷坩埚、坩埚钳、漏斗、定量滤纸、烧杯、玻璃棒、量筒等。

试剂：1∶1 HCl、1∶3 HCl、10% $BaCl_2$、0.1 mol·L^{-1} $AgNO_3$、土壤样品等。

7.14.4 实验内容

1. 土壤浸提 准确称取 100 g(准确至 0.01 g)过筛(2 mm 筛孔)的风化土壤样品，放入 1 000 mL 塑料瓶中，准确加入无 CO_2 蒸馏水 500 mL，封口后在电动振荡机上振荡 30 min 后，减压过滤。准确吸取 50~100 mL 土壤浸提液于 200 mL 烧杯中，在水浴上蒸干，加 5 mL 1∶1 HCl 处理残渣，再蒸干并继续加热 1~2 h。

2. 除去 SiO_2 用 2 mL 1∶3 HCl[1] 及 20 mL 热水洗涤，用紧密滤纸过滤，除去 SiO_2，再用热水洗净沉淀，滤液收集在烧杯中，体积控制在 30~40 mL。

3. 沉淀 将溶液加热至沸，在不断搅拌下以每秒 1~2 滴的速度滴加 10% $BaCl_2$ 溶液，使沉淀完全，再多加 2~4 mL $BaCl_2$ 溶液，微沸 10 min，在约 90 ℃下保温陈化 1 h[2]。冷至室温，用慢速定量滤纸过滤，再用纯水洗涤沉淀至无 Cl^-（可用 $AgNO_3$ 检验）。将沉淀和滤纸移入已在 800~850 ℃恒重的瓷坩埚中，烘干、灰化后，再与空坩埚相同条件下灼烧至恒重[3]。计算 SO_4^{2-} 或 S 的质量分数 w。

7.14.5 数据处理

计算公式：

$$w(SO_4^{2-}) = \frac{m(BaSO_4) \times \dfrac{M(SO_4^{2-})}{M(BaSO_4)}}{m}$$

m(样品)/g		
m(坩埚)/g	第一次:	
	第二次:	
$m(BaSO_4+坩埚)$/g	第一次:	
	第二次:	
$m(BaSO_4)$/g		
$w(SO_4^{2-})$		

7.14.6 思考题

1. "恒重"概念是什么？
2. 沉淀 $BaSO_4$ 为什么要在稀 HCl 溶液介质中进行？如果 HCl 溶液浓度太大将产生什么影响？
3. 如何判断沉淀是否完全？沉淀剂过量太多,会有什么影响？

7.14.7 注释

［1］沉淀应在酸性溶液中进行,这样可以防止生成 $BaCO_3$、$Ba_3(PO_4)_2$、$Ba(OH)_2$ 等沉淀,也有利于形成大颗粒的纯净 $BaSO_4$ 沉淀。但溶液中若含酸不溶物或易被 $BaSO_4$ 吸附的离子(如 Fe^{3+}、NO_3^- 等),应分离或隐蔽。Pb^{2+}、Sr^{2+} 严重干扰测定。

［2］$BaSO_4$ 沉淀初生成时,一般形成细小晶体,它不利于过滤、洗涤,因此进行 $BaSO_4$ 沉淀时,应创造和控制有益于形成较大晶体的条件。

［3］若采用玻璃砂芯漏斗抽滤 $BaSO_4$ 沉淀,烘干,称重,虽能缩短分析时间,但准确度较差,仅适用于快速生产分析。重量分析具体操作步骤请参阅 2.8 重量分析基本操作。

7.15 实验四十八 邻菲罗啉分光光度法测铁

7.15.1 实验目的

1. 掌握可见分光光度法测定铁的原理和方法。
2. 了解显色反应条件的选择。
3. 掌握可见分光光度计的使用方法。

7.15.2 实验原理

微量 Fe 的测定最常用和最灵敏的方法是以邻菲罗啉为显色剂的可见分光光度法。此法准确度高,重现性好,配合物十分稳定。Fe^{2+} 和显色剂邻菲罗啉反应生成橘红色配合物,反应式如下：

该配合物最大吸收波长为 510 nm,相应的摩尔吸收系数 $\varepsilon = 1.1 \times 10^4$ L·mol^{-1}·cm^{-1}。

根据朗伯-比尔定律 $A=\varepsilon bc$，以吸光度 A 为纵坐标，物质的量浓度 c（也可用质量浓度 ρ）为横坐标，在标准曲线上就可以求出未知液的浓度。

若溶液中存在 Fe^{3+}，必须首先将 Fe^{3+} 还原为 Fe^{2+}，再与邻菲罗啉反应。否则 Fe^{3+} 也与邻菲罗啉反应，生成 1∶3 的淡蓝色配合物而影响测定结果。一般用盐酸羟胺作还原剂，显色前将 Fe^{3+} 全部还原为 Fe^{2+}。

Fe^{2+} 与邻菲罗啉在 pH=2~9 范围内都能显色，但为了尽量减少其他离子的影响，通常在微酸性（pH≈5）溶液中显色。

本法选择性高，相当于 Fe 量 40 倍的 Sn^{2+}、Al^{3+}、Ca^{2+}、Mg^{2+}、Zn^{2+}、SiO_3^{2-}，20 倍的 Cr^{3+}、Mn^{2+}、$V(Ⅴ)$、PO_4^{3-}，5 倍的 Co^{2+}、Cu^{2+} 等均不干扰测定。

7.15.3 实验用品

仪器：托盘天平、分析天平、可见分光光度计、容量瓶（50 mL）、吸量管（1 mL、2 mL、5 mL、10 mL）、烧杯（250 mL）、玻璃棒等。

试剂：10.00 mg·L^{-1} Fe^{2+} 标准溶液[称取 0.702 2 g 分析纯 $(NH_4)_2SO_4·FeSO_4·6H_2O$ 于 250 mL 烧杯中，加入 5 mL 6 mol·L^{-1} HCl 溶液使之溶解后，移入 1 000 mL 容量瓶中。用纯水定容，摇匀，得到 100.0 mg·L^{-1} Fe^{2+} 标准溶液，将其稀释 10 倍即可]、0.15% 邻菲罗啉（先用少许乙醇溶解，再用纯水稀释）、10% 盐酸羟胺水溶液（新配）、1.0 mol·L^{-1} NaAc、Fe^{2+} 未知溶液Ⅰ（ρ_1）、Fe^{2+} 未知溶液Ⅱ（ρ_2）。

7.15.4 实验内容

1. 溶液的配制 参见表 7-1 数据，在 0~4 号容量瓶中分别加入 0.00、2.00、4.00、6.00、8.00 mL 质量浓度为 10.00 mg·L^{-1} 的 Fe^{2+} 标准溶液，每个容量瓶中均加入 1.00 mL 盐酸羟胺、5.00 mL 1.0 mol·L^{-1} NaAc 和 2.00 mL 0.15% 邻菲罗啉。用纯水稀释至刻度，定容，混合均匀，得到不同浓度的 Fe^{2+} 标准溶液。计算 0~4 号 5 个容量瓶中 Fe^{2+} 标准溶液的质量浓度 ρ。其中"0"号为参比溶液。另在 5 号容量瓶中加入 Fe^{2+} 未知溶液Ⅰ 5.00 mL、6 号容量瓶中加入 Fe^{2+} 未知溶液Ⅱ 10.00 mL（所取体积由 Fe^{2+} 未知浓度大小而定），每个容量瓶中均加入 1.00 mL 盐酸羟胺、5.00 mL 1.0 mol·L^{-1} NaAc 和 2.00 mL 0.15% 邻菲罗啉。用纯水稀释至刻度，定容，混合均匀，得到不同浓度的 Fe^{2+} 未知溶液。

表 7-1 标准曲线（A-ρ）的制作和铁含量的测定

Fe^{2+} 标准溶液的质量浓度 ρ=10.00 mg·L^{-1}

容量瓶编号	铁标准溶液					铁未知溶液Ⅰ	铁未知溶液Ⅱ
	0	1	2	3	4	5	6
移入铁溶液体积/mL	0.00	2.00	4.00	6.00	8.00	5.00	10.00
盐酸羟胺体积/mL	1.00	1.00	1.00	1.00	1.00	1.00	1.00
NaAc 体积/mL	5.00	5.00	5.00	5.00	5.00	5.00	5.00
邻菲罗啉体积/mL	2.00	2.00	2.00	2.00	2.00	2.00	2.00
吸光度 A							
容量瓶铁含量 ρ/(mg·L^{-1})							

2. 吸收曲线的制作　用 2 cm 比色皿，在 450～570 nm 范围内，测定 3 号容量瓶中溶液在不同波长时的吸光度。每隔 10 nm 或 5 nm 测定一次吸光度。每改变一次波长，均需用"0"号参比溶液重新进行校正。以波长为横坐标，吸光度为纵坐标，绘制吸收曲线，以此选择测量 Fe^{2+} 的适宜波长（一般选用最大吸收波长 λ_{max}）。

3. 标准曲线的制作和 Fe^{2+} 未知溶液含量的测定　用 2 cm 比色皿，在 λ_{max} 波长下，以"0"号参比溶液进行校正，分别测定 1、2、3、4 号容量瓶中溶液的吸光度 A。以质量浓度 ρ 为横坐标，吸光度 A 为纵坐标，绘制标准曲线。

用 2 cm 比色皿，在 λ_{max} 波长下，以"0"号参比溶液进行校正，分别测定 5、6 号容量瓶中溶液的吸光度 A。在标准曲线上，根据吸光度 A 求出 5、6 号容量瓶中 Fe^{2+} 未知溶液的质量浓度 ρ。再计算原未知液中 Fe^{2+} 的质量浓度 $\rho(mg \cdot L^{-1})$。

7.15.5　数据处理

吸收曲线的绘制（用 3 号容量瓶中溶液）和最大吸收波长 λ_{max} 的确定

λ/nm	450	470	490	500	505	510	515	520	530	550	570
A											

根据表中数据，作 A-λ 吸收曲线，确定最大吸收波长 $\lambda_{max}=$ _____ nm。

根据测得 0～4 号容量瓶溶液的 A、ρ 数据，作标准曲线 A-ρ。由 5、6 号容量瓶溶液的 A、ρ 数据，最终计算原来铁未知溶液 I 和铁未知溶液 II 中铁的质量浓度 ρ。

7.15.6　结果与结论

Fe^{2+} 未知溶液 I 的质量浓度：$\rho_1=$ _____ $mg \cdot L^{-1}$

Fe^{2+} 未知溶液 II 的质量浓度：$\rho_2=$ _____ $mg \cdot L^{-1}$

7.15.7　思考题

1. 用邻菲罗啉法测定铁时，为什么在测定前需要加入盐酸羟胺？若不加入盐酸羟胺，对测定结果有何影响？
2. 根据本实验结果，计算邻菲罗啉-Fe(II)配合物在 λ_{max} 时的摩尔吸收系数。

7.16　实验四十九　分光光度法测磷

7.16.1　实验目的

1. 掌握可见分光光度法测磷的原理和方法。
2. 进一步熟练使用可见分光光度计。

7.16.2　实验原理

微量磷的测定，一般用钼蓝法。此法是在含 PO_4^{3-} 的酸性溶液中加入钼酸铵 $(NH_4)_2MoO_4$ 试剂，可生成黄色的磷钼酸，其反应式如下：

$$PO_4^{3-} + 12MoO_4^{2-} + 27H^+ = H_7[P(Mo_2O_7)_6] + 10H_2O$$

若以此直接比色或用分光光度法测定，灵敏度低，适用于含磷量较高的试样。如在黄色溶液中加入适量还原剂，磷钼酸中部分正六价钼被还原，生成低价的蓝色的磷钼蓝，可提高测定的灵敏度，还可消除 Fe^{3+} 等离子的干扰。经显色后可在 690 nm 波长下测定其吸光度。磷的质量浓度在 1 mg·L^{-1} 以下服从朗伯-比尔定律。

最常用的还原剂有 $SnCl_2$ 和抗坏血酸。用 $SnCl_2$ 为还原剂，反应的灵敏度高，显色快，但蓝色稳定性差，对酸度、$(NH_4)_2MoO_4$ 试剂的浓度控制要求比较严格。抗坏血酸的主要优点是显色较稳定，反应的灵敏度高，干扰小，反应要求的酸度范围较宽[$c(H^+) = 0.48 \sim 1.44$ mol·L^{-1}，以 $c(H^+) = 0.8$ mol·L^{-1} 为宜]，但反应速率慢。为加速反应，可加入酒石酸锑钾，配制成 $(NH_4)_2MoO_4$ 与酒石酸锑钾和抗坏血酸的混合显色剂(此称钼锑抗法)。本实验采用 $SnCl_2$ 法。

SiO_3^{2-} 会干扰磷的测定，它也与 $(NH_4)_2MoO_4$ 生成黄色化合物，并被还原为硅钼蓝。但可用酒石酸来控制 MoO_4^{2-} 浓度，使它不与 SiO_3^{2-} 发生反应。

该法适用于磷酸盐的测定，还适用于土壤、磷矿石、磷肥等全磷的分析。

7.16.3 实验用品

仪器：托盘天平、分析天平、可见分光光度计、容量瓶(50 mL)、吸量管(1 mL、2 mL、5 mL、10 mL)、烧杯(250 mL)、玻璃棒等。

试剂：$(NH_4)_2MoO_4$-H_2SO_4 混合液[1]、$SnCl_2$ 甘油[2]、5 mg·L^{-1} 磷标准溶液、含磷试液等。

7.16.4 实验内容

1. 标准溶液的配制 取 6 个 50 mL 容量瓶，由 0(空白)开始编号。分别取 0.00、2.00、4.00、6.00、8.00、10.00 mL 5.0 mg·L^{-1} 磷标准溶液于上述 6 个容量瓶中，各加入约 25 mL 纯水，再各加入 2.5 mL $(NH_4)_2MoO_4$-H_2SO_4 混合试剂，摇匀。然后各加入 4 滴 $SnCl_2$ 甘油，用纯水稀释至刻度，充分摇匀，静置 10~12 min。

2. 吸收曲线的绘制 用 2 cm 比色皿，以空白溶液(0 号容量瓶)作参比，测定 3 号容量瓶溶液在 640~740 nm 的吸光度，每隔 10 nm 测定一次吸光度(每次改变波长均需用空白溶液校正后再测定 A)。以波长 λ 为横坐标，吸光度 A 为纵坐标绘制吸收曲线，以此选择测量的适宜波长。

3. 标准曲线的绘制 于选定波长处，用 2 cm 比色皿，以空白溶液作参比，测定各标准溶液的吸光度。以吸光度 A 为纵坐标，磷的质量浓度 ρ 为横坐标，绘制标准工作曲线。

4. 试液中磷含量的测定 取 10.00 mL 试液于 50 mL 容量瓶中，与标准溶液相同条件下显色，并测定其吸光度。从标准曲线上查出相应磷的含量，并计算原试液中磷的质量浓度(mg·L^{-1})。

7.16.5 数据处理

可参考"7.15 实验四十八 邻菲罗啉分光光度法测铁"的格式自拟。

7.16.6 思考题

1. 测定吸光度时，应根据什么原则选择某一厚度的吸收池？

2. 空白溶液中为何要加入与标准溶液及试液同样量的$(NH_4)_2MoO_4$-H_2SO_4和$SnCl_2$甘油溶液?

3. 本实验使用的$(NH_4)_2MoO_4$-H_2SO_4显色剂的用量是否要准确加入? 过多过少对测定结果是否有影响?

7.16.7 注释

[1]$(NH_4)_2MoO_4$-H_2SO_4混合液:溶解25 g $(NH_4)_2MoO_4$于200 mL水中,加入280 mL浓H_2SO_4和400 mL水相混合的冷却溶液中,并稀释至1 L。

[2]$SnCl_2$甘油:将2.5 g $SnCl_2 \cdot 2H_2O$溶于100 mL甘油中。

7.17 实验五十 离子选择性电极法测定饮用水及饲料中的游离氟

7.17.1 实验目的

1. 掌握氟离子选择性电极法测定氟离子的原理和方法。
2. 掌握酸度计或数字式离子计测量电动势的操作技术。
3. 了解总离子强度调节缓冲溶液的意义和作用。

7.17.2 实验原理

氟是自然界分布较广的元素,动植物组织中都有微量的氟存在,主要来源为饮水和食物。人体摄入适量的氟,有利于牙齿健康,但摄入过多则有害,轻则造成斑釉牙,重则造成氟骨症,危害人身健康。

通常可以用氟离子选择性电极作指示电极,与饱和甘汞电极组成工作电池来测定水中微量氟,电池电动势为

$$E = \varphi_{甘汞} - \varphi_{F^-} \tag{7-1}$$

氟电极的电极电势$\varphi(F^-)$服从能斯特(Nernst)方程:

$$\varphi(F^-) = \varphi^{\ominus}(F^-) - \frac{RT}{F}\ln a(F^-)$$

$$= \varphi^{\ominus}(F^-) - \frac{RT}{F}\ln[f \cdot c(F^-)] \tag{7-2}$$

为了使测定过程中活度系数f为定值,可在待测试液中加入一定量的总离子强度调节缓冲溶液(即TISAB),使溶液的离子强度保持不变,则式(7-2)可写成

$$\varphi(F^-) = K - \frac{RT}{F}\ln c(F^-) \tag{7-3}$$

将式(7-3)代入式(7-1)得

$$E = \varphi_{甘汞} - \left[K - \frac{RT}{F}\ln c(F^-)\right]$$

在一定温度下,饱和甘汞电极的电极电势为一定值,故上式可写成:

$$E = K' + \frac{RT}{F}\ln c(F^-) \tag{7-4}$$

式中:K'为常数,当F^-浓度在$1 \sim 10^{-6}$ mol·L^{-1}时,E与pF(F^-浓度的负对数)呈线性关系。

本实验采用标准曲线法测定试液中的 F^- 含量。先将氟离子选择性电极与饱和甘汞电极放在一系列含有不同浓度 F^- 的标准溶液中(每种标准溶液中皆含有相同的 TISAB),分别测定它们的电动势 E,并作出 E-pF 图,在一定的浓度范围内它是一条直线。然后用同一对电极放入待测水样(含有与标准溶液相同的 TISAB)中,测其电动势(E_x),再从 E-pF 图上找出 E_x 相应的 F^- 浓度。

7.17.3 实验用品

仪器:pHS-2 型酸度计(或其他型号酸度计)、氟离子选择性电极、饱和甘汞电极、电磁搅拌器。

试剂:

(1)总离子强度调节缓冲液(TISAB)   称取 60 g NaCl、59 g Na_3Cit(柠檬酸钠)、102 g NaAc 放入大烧杯中,再加入 14 mL 冰醋酸,用 800 mL 去离子水溶解,用 1 mol·L^{-1} NaOH 溶液调节溶液 pH=5.0~5.5,定容为 1 L,储存于塑料瓶中。

(2)0.1000 mol·L^{-1} F^- 标准储备液   准确称取 4.199 g(经 120 ℃烘干 2 h,冷却至室温的)NaF,用去离子水溶解后,移入 1 000 mL 容量瓶中定容,摇匀。储存于塑料瓶中备用。

7.17.4 实验内容

1. 氟电极的准备[1]**与 pHS-2型酸度计的调节**[2]   测定前用去离子水清洗氟电极并将其放在 10^{-4} mol·L^{-1} F^- 溶液中浸泡 0.5 h,然后再用去离子水清洗至空白电势为 -300 mV 左右(氟电极在不含 F^- 的去离子水中的电势约为-300 mV)。pHS-2 型酸度计的调节(及电动势的测量)按注释[2]进行。

2. 饮用水、饲料及其水样的准备

(1)饮用水样   准确吸取 50.00 mL 饮用水于 100 mL 容量瓶中,加入 10 mL TISAB 液,用去离子水稀释至刻度,摇匀备用。

(2)饲料及其水样   称取 2.00 g 粉碎、过 40 目筛的饲料样品,置于 100 mL 磨口三角瓶中,加入 10 mL 1.0 mol·L^{-1} HCl 溶液,加塞密闭浸泡提取 1 h(不时轻轻摇动),然后转移至 100 mL 容量瓶中,加入 10 mL TISAB 液,最后用去离子水定容,摇匀后备用。

3. 系列 F^- 标准溶液的配制   在 100 mL 容量瓶中用移液管移入 10.00 mL 0.1000 mol·L^{-1} F^- 标准溶液,加入 10 mL TISAB 液,用去离子水稀释至刻度,摇匀即得 1.000×10^{-2} mol·L^{-1} F^- 标准溶液。用类似的方法依次在 4 个 100 mL 容量瓶中配制 1.000×10^{-3} mol·L^{-1}、1.000×10^{-4} mol·L^{-1}、1.000×10^{-5} mol·L^{-1}、1.000×10^{-6} mol·L^{-1} F^- 标准溶液。

4. 标准溶液的测定   将上述配制的五种不同浓度的 F^- 标准溶液,由低浓度到高浓度依次转入塑料小烧杯中,插入氟电极和饱和甘汞电极,在电磁搅拌器搅拌 4 min 后,停止搅拌 0.5 min,开始读取电动势,然后每隔 0.5 min 读一次读数(记录 mV 值),直至 3 min 内不变为止。

5. 饮用水、饲料及其水样的测定   在与标准溶液相同条件下分别测定饮用水和饲料水样的电动势(E_x)。

7.17.5 数据处理

1. 将 F⁻ 系列标准溶液及待测水样所得的电动势(E)列表。
2. 以测得的标准溶液的电动势(E)为纵坐标，以 pF 为横坐标，绘制标准曲线。
3. 计算 F⁻ 的浓度。

(1)饮用水　从标准曲线上查出 E_x 对应的 F⁻ 的浓度，从而可换算出水样中 F⁻ 的浓度(mol·L⁻¹)。

(2)饲料　饲料中 F⁻ 的含量 ρ(mg·kg⁻¹)按下式计算：

$$\rho(F^-) = \frac{100.0 \times c(F^-) \times M(F^-)}{m}$$

式中：$c(F^-)$ 为标准曲线上查出计算得 F⁻ 的浓度(mol·L⁻¹)；$M(F^-)$ 为 F 的摩尔质量(g·mol⁻¹)；m 为饲料样品的质量(kg)。

7.17.6 思考题

1. 加入 TISAB 液的作用有哪些？
2. 饮用水和食品中的氟含量多少对人的健康有影响吗？有哪些影响？试归纳说明环境中氟污染的来源。

7.17.7 注释

[1]氟电极在每次使用前应按文中方法浸泡、清洗，测定时最好做空白测定，以校正因试剂、TISAB 和所用水引入的误差。电极长期不用，可装盒保存，切勿长时间浸泡在高浓度的溶液或蒸馏水中，以免损坏。

新电极初次使用应先测其响应极限，估计样品的最低检出量，做到心中有数。电极长期使用后，会发生钝化现象，可用牙膏擦拭以将其表面活化。

[2] pHS-2 型酸度计测量电动势的操作步骤如下：
① 接通电源。
② 安装电极。

a. 将待测电池两极分别接到仪器相应的接线柱上。测量＋mV 时按下＋mV 键，测量－mV 时按下－mV 键。

b. 预热 0.5 h，调节温度补偿器至溶液温度。

③ 零点调节与校正。

a. 将量程分挡开关放在"0"处，调节零点调节旋钮，使指示电表指针指在"1.00"处。

b. 将分挡开关旋至"校正"处，调节校正旋钮，使电表指针指在"2.00"处(如测－mV，则应指在"－2.00"处)。

c. 将分挡开关转向"0"，重复 a、b 操作，直至仪器稳定为止。至此，实验过程中不能再动校正旋钮。

④ 测量 mV 值。

a. 按 mV 键(测量＋mV 时按下＋mV 键，测量－mV 时按下－mV 键)。

b. 将电极插入溶液后，按下读数按键，调节分挡开关至合适位置，使电表指针能读出＋mV 或－mV 指示值(即分挡开关指示值与表头指示值之和)，记录后，放开读数按键。

c. 测量完毕冲洗电极，关闭电源。

7.18 实验五十一 水中氯离子的测定

7.18.1 实验目的

1. 掌握离子选择性电极法测定溶液中氯离子的原理和方法。
2. 掌握 PXSJ-216 型离子计的使用方法。

7.18.2 实验原理

氯离子选择电极和参比电极(SCE)与试液组成原电池：

$$Hg, Hg_2Cl_2 \mid KCl(饱和) \parallel KNO_3 \parallel Cl^-试液 \mid AgCl-Ag_2S$$

平衡时所产生的电极电势与溶液中氯离子浓度服从能斯特方程：

$$E = K - \frac{2.303RT}{nF} \lg a_{Cl^-}$$

为减小由于离子强度不同造成的误差，实验采用标准加入法，测得

$$E_x = K - S\lg c_x \tag{7-5}$$

$$E_s = K - S\lg \frac{c_x V_x + c_s V_s}{V_x + V_s} \tag{7-6}$$

其中斜率 $S = 2.303RT/nF$，实验中应用两种不同浓度的标液进行校准，得到电极的实际斜率值；K 为常数；E_x、c_x、V_x 分别为未知试样电势、浓度和体积；c_s、V_s 分别为标液浓度和体积；E_s 为加入标液后溶液的电势值。

由于加入标液体积与未知试样体积相比很小，对总体积来说可以忽略，不会影响总离子强度，两种溶液 $f = f'$（一般要求是标液体积为试液体积的 1/100，浓度比试液浓度大约 100 倍，加入标液后测得电势变化 20～30 mV）。

式(7-5)、式(7-6)式相减得

$$c_x = \frac{c_s V_s}{V_s + V_x} \left(10^{-\Delta E/S} - \frac{V_x}{V_x + V_s} \right)^{-1}$$

因为 $V_x > V_s$，可得简化式

$$c_x = c_s \frac{V_s}{V_x} (10^{-\Delta E/S} - 1)^{-1}$$

(注：$\Delta E = E_s - E_x$)

在溶液中，NO_3^-、SO_4^{2-}、Fe^{2+}、Mn^{2+}、Ca^{2+}、Zn^{2+} 和 Al^{3+} 的存在对测定无影响。Cu^{2+} 对测定有干扰，可用柠檬酸进行掩蔽。Br^-、I^- 和 S^{2-} 能在电极表面形成比 AgCl 溶解度更小的难溶化合物，干扰较严重，必须先分离。溶液 pH 太高，也会影响电极电势，应加以控制。

7.18.3 实验用品

仪器：PXSJ-216 型离子分析仪一台(附有一台电磁搅拌器)、810 或 232 型双盐桥甘汞电极一支(外盐桥充满 0.1 mol·L^{-1} NaNO$_3$ 或 KNO$_3$ 溶液)、氯离子选择电极一支、小烧杯三只、5 mL 和 25 mL 移液管各一支。

PXSJ-216 型离子分析仪是一种测定溶液中离子浓度的电化学分析仪器，是精度较高

($0.1\ mV$)的微电脑型离子计,适用于标准曲线法、直读浓度、一次添加、GRAN 法等多种测量方法。它以 8031 单片微机为核心,通过操作键盘,显示屏及打印机进行人机对话。

试剂:$100\ mmol \cdot L^{-1}$、$10\ mmol \cdot L^{-1}$、$1\ mmol \cdot L^{-1}$氯标准溶液,氯未知液。

7.18.4 实验内容

1. 氯离子选择电极的处理 使用前浸在 $1\ mmol \cdot L^{-1}$ 氯标准溶液中活化 $1\ h$。

2. 仪器调零 将 $10\ mmol \cdot L^{-1}$、$1\ mmol \cdot L^{-1}$ 氯标准溶液分别倒入两个小烧杯中,另取 $25.00\ mL$ 待测氯液于另一个小烧杯中,待用。

接通离子分析仪电源,操作如下:
(1)按"ON/OFF"键,开机。
(2)按"Px/9"键,进入 Px 测量的起始状态。
(3)按"取消"键,电极插口选择。
(4)按"▲/0"或"▼/."键,选择电极插口一。
(5)按"确认"键,回到起始状态。
(6)按"模式/4"键,再按"▲/0"或"▼/."键,选择"已知添加",按"确认"键。
(7)选择"mmol/L",按"确认"键。
(8)再按"确认"键,进行斜率校准。
(9)按"▲/0"或"▼/."键,选择"二点校准"。
(10)按"确认"键,仪器显示"电极插入标液一"。
(11)电极清洗干净后放入标液一中,稍后,输入 1。
(12)按"确认"键,仪器显示标液一的电势和温度值。
(13)等显示稳定后,按"确认"键,仪器显示"电极插入标液二"。
(14)将电极从标液一中取出,清洗干净,放入标液二中。
(15)输入 10 后,按"确认"键,仪器显示标液二的电势和温度值。
(16)等显示稳定后,按"确认"键,仪器显示出校准好的电极斜率。
(17)按"确认"键后,再按"取消"键。
(18)输入添加标液的体积值"0.25",按"确认"键。
(19)输入试样液的体积值"25",按"确认"键。
(20)输入标液的浓度值"100",按"确认"键。
(21)将电极清洗干净,放入被测试样液中,仪器显示当前的电势和温度值。
(22)等显示稳定后,按"确认"键,仪器显示"添加标液"。
(23)用 $0.5\ mL$ 移液管移取 $0.25\ mL\ 100\ mmol \cdot L^{-1}$ 标液于待测液中。
(24)等显示再次稳定后,按"确认"键,仪器即计算出待测试样的浓度值。
(25)测量结束,按"ON/OFF"键,关机。
(26)将电极清洗干净,浸泡在蒸馏水中。

7.18.5 思考题

1. 应用标准加入法分析测定试样中的氯要注意哪些问题?
2. 本实验为什么要进行斜率校准?其校准原理是什么?

附：直读浓度法

(1)按"ON/OFF"键，开机。
(2)按"Px/9"键，进入 Px 测量的起始状态。
(3)按"取消"键，电极插口选择。
(4)按"▲/0"或"▼/."键，选择电极插口一。
(5)按"确认"键，回到起始状态。
(6)按"模式/4"键，再按"▲/0"或"▼/."键，选择"已知添加"，按"确认"键。
(7)选择"mmol/L"，按"确认"键。
(8)再按"确认"键，进行斜率校准。
(9)按"▲/0"或"▼/."键，选择"二点校准"。
(10)按"确认"键，仪器显示"电极插入标液一"。
(11)电极清洗干净后放入标液一中，稍后，输入1。
(12)按"确认"键，仪器显示标液一的电势和温度值。
(13)等显示稳定后，按"确认"键，仪器显示"电极插入标液二"。
(14)将电极从标液一中取出，清洗干净，放入标液二中。
(15)输入10后，按"确认"键，仪器显示标液二的电势和温度值。
(16)等显示稳定后，按"确认"键，仪器显示出校准好的电极斜率。
(17)按"确认"键后，再按"取消"键。
(18)将电极清洗干净，放入被测试样液中，仪器显示当前的电势和温度值。
(19)等显示稳定后，按"确认"键，仪器即计算出待测试样的浓度值。
(20)测量结束，按"ON/OFF"键，关机。
(21)将电极清洗干净，浸泡在蒸馏水中。

第八章 有机物合成

8.1 实验五十二 乙酸乙酯的合成

8.1.1 实验目的

1. 了解酯化反应的原理,学习乙酸乙酯的制备方法。
2. 进一步掌握蒸馏基本操作及液体化合物折射率的测定方法。
3. 学习并掌握分液漏斗的使用,液体化合物的洗涤及干燥等基本操作。

8.1.2 实验原理

在少量浓 H_2SO_4 催化下,CH_3COOH 和 C_2H_5OH 反应生成 $CH_3COOC_2H_5$。

$$CH_3COOH + CH_3CH_2OH \xrightleftharpoons[110\sim125\ ℃]{浓\ H_2SO_4} CH_3COOCH_2CH_3 + H_2O$$

酯化反应是可逆反应。为了提高酯的产率,根据化学平衡原理,可增加某一反应物的用量或减少生成物的浓度,以使平衡向生成 $CH_3COOC_2H_5$ 的方向移动。本实验采用加过量 $CH_3CH_2OH^{[1]}$ 以及不断蒸出反应中产生的 $CH_3COOC_2H_5$ 和 H_2O 的方法,使平衡向右移动。蒸出产物酯和 H_2O 大都利用形成低沸点的共沸混合物来完成。$CH_3COOC_2H_5$ 与 H_2O 或 C_2H_5OH 分别形成二元共沸物,也可与之形成三元共沸物,其共沸点均比 C_2H_5OH(bp78.4 ℃)和 CH_3COOH(bp118 ℃)的沸点低[2],因此很容易蒸出。另外,浓 H_2SO_4 除起催化作用外,还能吸收反应生成的 H_2O,也有利于酯化反应的进行。

反应温度较高时,伴有副产物 $(C_2H_5)_2O$ 的生成。

$$2CH_3CH_2OH \xrightarrow[140\sim150\ ℃]{浓\ H_2SO_4} CH_3CH_2OCH_2CH_3 + H_2O$$

得到的粗品中含有 C_2H_5OH、CH_3COOH、$(C_2H_5)_2O$、H_2O 等杂质,须进行精制除去。

8.1.3 实验用品

仪器:蒸馏瓶(250 mL、100 mL)、烧杯、分液漏斗、直形冷凝管、折射仪、温度计(100 ℃、150 ℃)、接液管、滴液漏斗、锥形瓶(50 mL、100 mL)。

试剂:冰醋酸、Na_2CO_3 饱和溶液、无水 Na_2SO_4、浓 H_2SO_4、95% C_2H_5OH、饱和食盐水、饱和 $CaCl_2$ 溶液。

材料:蓝色石蕊试纸、沸石。

8.1.4 实验内容

1. 常量实验 在 250 mL 干燥蒸馏瓶中加入 15 mL 95% C_2H_5OH,将蒸馏瓶置于冷水浴中，一边振摇一边加入 15 mL 浓 H_2SO_4，使之混合均匀，加入 1～2 粒沸石，塞上装有滴液漏斗和温度计的塞子，滴液漏斗末端和温度计水银球必须浸入液面以下距瓶底 0.5～1 cm，连接冷凝管、接液管和锥形瓶(装置见图 8-1)。

在滴液漏斗中加入 15 mL 95% C_2H_5OH 和 15 mL 冰醋酸($d^{20}=1.0489$)，振摇使其混合均匀。由滴液漏斗中滴入蒸馏瓶内 3～4 mL，然后将蒸馏瓶隔石棉网小火加热，使瓶中反应温度控制在 110～125 ℃[3]，此时在蒸馏管口应有液体蒸出。再从滴液漏斗中慢慢滴入其余混合液，调节滴加速度为每秒 1 滴[4]，与蒸出的速度相同，并维持反应温度在 110～125 ℃。滴加完毕，继续加热数分钟，直至反应液的温度升到 130 ℃时不再有液体馏出为止。

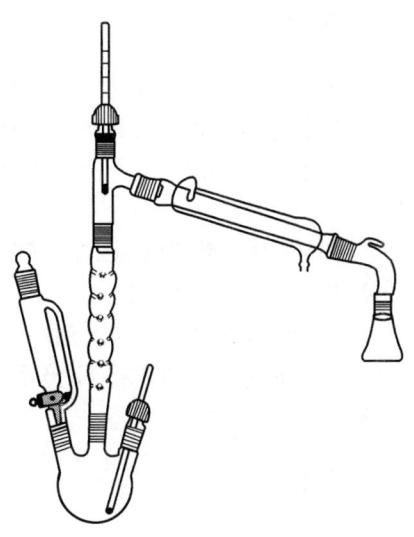

图 8-1 $CH_3COOC_2H_5$ 合成装置图

将馏出液转移至分液漏斗中，小心加入 10 mL 饱和 Na_2CO_3 溶液[5]，塞紧上塞振荡，并随时旋开活塞放出反应产生的 CO_2 气体。静置分层，用蓝色石蕊试纸检查 H_2O 层是否呈酸性，若仍呈酸性，则需补加饱和 Na_2CO_3 溶液，重复上述操作。静置分层后从漏斗下口放掉 H_2O 层。

酯层用 10 mL 饱和食盐水[6]洗去残留的 Na_2CO_3 溶液，分掉 H_2O 层(下层)后，再用 10 mL 饱和 $CaCl_2$ 溶液[7]洗涤，弃去 H_2O 层(下层)。酯层从分液漏斗上口倒入干燥的 50 mL 锥形瓶中，用 2～3 g 无水 Na_2SO_4 干燥 0.5 h。

将干燥好的 $CH_3COOC_2H_5$ 慢慢倾入干燥的 50 mL 蒸馏瓶中(要注意不要倾入无水 Na_2SO_4 固体)，加入 1～2 粒沸石，在水浴(或电热套)中蒸馏[8]，用事先称量过的干燥锥形瓶收集 73～78 ℃的馏分，称量，计算产率。

$$产率 = \frac{实际产量}{理论产量} \times 100\%$$

蒸馏后得到的 $CH_3COOC_2H_5$ 纯品在阿贝折射仪上测定折射率，记录有关数据并与文献数据比较。

纯粹 $CH_3COOC_2H_5$ 为无色液体，沸点 77.06 ℃，$d^{20}=0.9003$，$n_D^{20}=1.3723$；H_2O 的 $n_D^{20}=1.3330$；C_2H_5OH(99.8%)的 $n_D^{20}=1.3605$。

2. 微量实验

(1) 装样、回流 向 10 mL 圆底烧瓶中依次加入 2.8 mL CH_3CH_2OH(0.0457 mol)、0.6 mL 浓 H_2SO_4(分批慢慢加入)、1.8 mL 冰醋酸(0.0315 mol)，加入沸石一粒。用酒精灯加热回流 30 min。

(2) 蒸馏 停止回流后，稍冷却，改为蒸馏装置，补加一粒沸石，进行蒸馏操作。收集 78～80 ℃的馏分。

(3) 精制 将馏出物依次用 1.5 mL 饱和 Na_2CO_3(洗酸)、1 mL 饱和 NaCl(洗 Na_2CO_3)、1 mL 饱和 $CaCl_2$(洗醇)洗涤，并用无水 Na_2SO_4(绿豆大小)干燥。

(4) 量取体积，计算产率。

8.1.5 思考题

1. 酯化反应有什么特点？本实验如何使酯化反应向生成酯的方向进行？
2. 在酯化反应中加入 H_2SO_4 有哪些作用？在反应过程中 H_2SO_4 是否有消耗？
3. 在纯制去酸的操作中，使用 Na_2CO_3 溶液去酸，若用浓 NaOH 溶液，可能出现什么情况？
4. 本实验中用饱和 $CaCl_2$ 溶液洗涤可以除去酯层中少量 C_2H_5OH，用 H_2O 代替饱和 $CaCl_2$ 洗涤可以吗？为什么？
5. 本实验有哪些副反应？粗品中含有哪些主要杂质？如何除去各种杂质？
6. 如果所测 $CH_3COOC_2H_5$ 产品的折射率比文献值偏低，你估计产品中可能含有哪些少量杂质？

8.1.6 注释

[1] 为提高产率，醇或酸哪一种过量取决于它们的价格和操作是否方便。

[2] $CH_3COOC_2H_5$ 与 H_2O 或 C_2H_5OH 分别生成二元或三元共沸混合物，因此，酯层中的 C_2H_5OH 和 H_2O 不除干净会形成低沸点的共沸混合物，从而影响到酯的收率。

$CH_3COOC_2H_5$、H_2O、C_2H_5OH 共沸混合物沸点及组成如下：

沸点/℃	$CH_3COOC_2H_5$ 含量/%	C_2H_5OH 含量/%	H_2O 含量/%
70.2	82.6	8.4	9.0
70.4	91.9	—	8.1
71.8	69.0	31.0	—

[3] 反应温度不得超过 125 ℃，否则会增加副产物 $(C_2H_5)_2O$ 的量。

[4] 滴加速度不宜太快，否则，反应温度迅速下降，同时会使 C_2H_5OH 和 CH_3COOH 来不及反应而随酯和 H_2O 一起被蒸出，从而影响酯的收率。

[5] 用饱和 Na_2CO_3 溶液除去 $CH_3COOC_2H_5$ 粗品中的酸。

[6] 当酯层用 Na_2CO_3 溶液洗涤后，若立即加入 $CaCl_2$ 溶液，则生成絮状 $CaCO_3$ 沉淀，影响分层，故在两步之间必须用饱和食盐水洗去酯层中的 Na_2CO_3 溶液。此外，由于 $CH_3COOC_2H_5$ 在饱和食盐水中的溶解度比在 H_2O 中的溶解度小，因此一般不直接用 H_2O 而用饱和食盐水洗去酯层中的 Na_2CO_3 溶液。

[7] 用饱和 $CaCl_2$ 溶液洗涤酯层是为了除去粗品中的 C_2H_5OH。

[8] 蒸馏的目的在于去掉粗品中的 $(C_2H_5)_2O$ 等低沸点化合物或高沸点杂质。

8.2 实验五十三 乙酰苯胺的合成

8.2.1 实验目的

1. 掌握苯胺乙酰化的实验原理和实验方法。
2. 巩固分馏和重结晶的操作技术。

8.2.2 实验原理

$C_6H_5NH_2$ 与酰基化试剂如 CH_3COCl、$(CH_3CO)_2O$、冰醋酸等作用可制得乙酰苯胺。

由于 $C_6H_5NH_2$ 与冰醋酸反应最平缓,而且冰醋酸作乙酰化试剂价格便宜,操作方便,故本实验用冰醋酸作乙酰化试剂。

反应方程式:

$$\underset{}{\bigcirc}-NH_2 + CH_3COOH \rightleftharpoons \underset{}{\bigcirc}-NH-\overset{O}{\underset{}{C}}-CH_3 + H_2O$$

8.2.3 实验用品

仪器:圆底烧瓶、韦氏(Vigreux)分馏柱、锥形瓶、温度计、吸滤瓶、布氏漏斗、量筒、热水漏斗、接液管、烧杯、表面皿。

试剂:$C_6H_5NH_2$、冰醋酸、Zn 粉、活性炭。

材料:滤纸。

8.2.4 实验内容

1. 常量实验 在 50 mL 圆底烧瓶中放入 5 mL 新蒸馏的 $C_6H_5NH_2$[1](5.1 g,0.055 mol)、7.5 mL 冰醋酸(7.8 g,0.13 mol)及少许 Zn 粉[2](约 0.1 g)。装上一支短的韦氏分馏柱[3],柱顶插一支温度计,柱的支管接一支接液管,用一个小烧杯或锥形瓶收集蒸馏出的 H_2O 和 HAc。装置如图 8-2 所示。用小火隔石棉网加热烧瓶至沸,控制火焰,维持柱顶温度在 105 ℃左右[4]约 1 h。当温度下降或瓶内出现白雾时表示反应基本完成[5],停止加热。

在搅拌下,将反应物趁热[6]慢慢倒入盛有 100 mL 冷水的烧杯中,冷却,待粗乙酰苯胺完全析出后,用布氏漏斗减压抽滤。用冷水洗涤粗产品,以除去残留的酸液,抽干。将此粗乙酰苯胺转入盛有 100 mL 热水[7]的烧杯中,加热至沸,使之溶解。如仍有未溶解的油珠[8],再补加热水,直到油珠全部溶解为止。如溶液有颜色,移去火源,稍冷后加入 1 g 活性炭,在搅拌下加热煮沸几分钟,趁热用热水漏斗过滤。

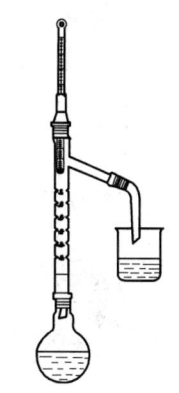

图 8-2 制备乙酰苯胺的装置

将滤液冷却至室温,抽滤。产品放在干净的表面皿中晾干或在 100 ℃以下的烘箱中烘干,称量,计算产率,测定熔点。

纯乙酰苯胺为无色片状晶体,熔点为 114.3 ℃。

2. 微量实验 在 5 mL 干燥的圆底烧瓶中,加入 0.8 mL 新蒸馏的 $C_6H_5NH_2$(0.009 mol)、1.0 mL 冰醋酸(0.018 mol)及微量 Zn 粉,装上微型空气冷凝管。

先小火加热烧瓶,沸腾后加强火力,回流约 40 min,使反应中生成的水分蒸发掉。

在不断搅拌下,将反应物趁热倒入盛有 10 mL 冷水的烧杯中,充分冷却后用微型布氏漏斗减压抽滤,用冷水洗涤粗产品,抽干后将此粗产品转入 10 mL 热水中,加热至沸,移去火源,稍冷后加入约 0.1 g 活性炭,加热煮沸数分钟,趁热过滤。

冷却滤液,析出无色片状的乙酰苯胺晶体,减压抽滤,抽干后的产物放在干净的表面皿上晾干或在 100 ℃以下的烘箱中烘干。

8.2.5 思考题

1. 在本实验中采用了哪些措施来提高乙酰苯胺的产率?
2. 反应时为什么要控制分馏柱上端的温度在 105 ℃左右?
3. 根据理论计算,反应完成时应产生几毫升 H_2O? 为什么实际收集的液体要比理论量多?

8.2.6 注释

[1] $C_6H_5NH_2$ 久置颜色加深有杂质,会影响乙酰苯胺的质量和产率,故最好用新蒸馏的 $C_6H_5NH_2$。

[2] Zn 粉的作用是防止 $C_6H_5NH_2$ 在反应过程中被氧化,但不宜加多,否则在后处理中会出现不溶于 H_2O 的 $Zn(OH)_2$,影响操作。

[3] 若室温较低,可用玻璃布保温分馏柱,以防止分馏过慢。也可以用空气冷凝管代替分馏柱。冷凝管顶端装一双孔木塞,分别插入温度计及弯成两个直角的玻璃导管。

[4] 温度过低水分除不掉,过高易将 HAc 蒸出,不能保证反应体系中的 HAc 量。

[5] 此时收集的 H_2O 和 HAc 的总体积约为 4 mL。

[6] 反应物冷却后,立即会有固体析出,沾在瓶壁上不易处理,故须趁热倒入冷水中,以除去过量的 HAc 及未作用的 $C_6H_5NH_2$(可成为苯胺醋酸盐而溶于水)。

[7] 乙酰苯胺于不同温度在100 mL H_2O 中的溶解度为

温度/℃	100	80	50	25
溶解度/g	5.5	3.5	0.84	0.56

[8] 乙酰苯胺与 H_2O 会生成低熔混合物,油珠即熔融态的低熔物,当 H_2O 量足够时,随着温度升高,油珠会溶解并消失。

8.3 实验五十四 正溴丁烷的合成

8.3.1 实验目的

1. 学习从醇制备卤代烷的原理和实验方法。
2. 掌握液体化合物的回流和有害气体的吸收等基本操作。
3. 巩固掌握分液漏斗的使用,液体化合物的干燥、蒸馏等操作。

8.3.2 实验原理

本实验中 $n\text{-}C_4H_9Br$ 是由 $n\text{-}C_4H_9OH$ 与 NaBr、浓 H_2SO_4 共热而制得的。反应方程式如下:

$$NaBr + H_2SO_4 \longrightarrow HBr + NaHSO_4$$

$$CH_3CH_2CH_2CH_2OH + HBr \xrightarrow{\text{浓 } H_2SO_4} CH_3CH_2CH_2CH_2Br + H_2O$$

反应中加入过量的浓 H_2SO_4 可以加速反应的进行并能提高反应收率,但 H_2SO_4 的存在会使 $n\text{-}C_4H_9OH$ 脱水生成烯烃和醚,副反应方程式如下:

$$CH_3CH_2CH_2CH_2OH \xrightarrow[\triangle]{H_2SO_4} CH_3CH_2CH=CH_2 + H_2O$$
$$\text{1-丁烯}$$

$$2CH_3CH_2CH_2CH_2OH \xrightarrow[\triangle]{H_2SO_4} CH_3CH_2CH_2CH_2OCH_2CH_2CH_2CH_3 + H_2O$$
$$\text{丁醚}$$

$$2HBr + H_2SO_4 \xrightarrow{\triangle} Br_2 + SO_2 + 2H_2O$$

为获得纯净 $n\text{-}C_4H_9Br$，应将上述副产物除去。

8.3.3 实验用品

仪器：圆底烧瓶(50 mL、150 mL)、回流冷凝管、分液漏斗(100 mL)、直形冷凝管、接液管、温度计套管、温度计(150 ℃)、锥形瓶(50 mL)、玻璃漏斗、烧杯(100 mL)、磨口塞、量筒(100 mL)、玻璃弯管。

试剂：NaBr、5% $NaHSO_3$ 溶液、5%NaOH 溶液、浓 H_2SO_4、$n\text{-}C_4H_9OH$(AR)、饱和 $NaHCO_3$ 溶液、无水 $CaCl_2$。

材料：pH 试纸。

8.3.4 实验内容

1. 常量合成 在 150 mL 圆底烧瓶中，放入 20 mL H_2O，小心加入 30 mL 浓 H_2SO_4，混合均匀后冷至室温。依次加入 15 g $n\text{-}C_4H_9OH$(约 18.5 mL，0.20 mol)及 25 g 研细的 NaBr(0.24 mol)。充分振荡后，加入几粒沸石。装上回流冷凝管，在其上口接一吸收 HBr 气体的装置(图 8-3)，用 5%NaOH 溶液做吸收剂(勿使漏斗全部埋入水中，以免倒吸)。将烧瓶在石棉网上用小火加热回流 1 h，并经常摇动，稍冷后，拆去回流装置，改装蒸馏装置，蒸馏出所有 $n\text{-}C_4H_9Br$[1]。

将蒸馏液移入分液漏斗中，加入 15 mL H_2O 洗涤[2]。将下层粗产物转移至另一干燥的分液漏斗中，用 10 mL 浓 H_2SO_4 洗涤以除去粗品中的 $n\text{-}C_4H_9OH$、丁醚、1-丁烯等杂质。分出 H_2SO_4 层，有机层依次用等体积的 H_2O、饱和 $NaHCO_3$ 溶液、H_2O 各洗涤一次至呈中性。将下层 $n\text{-}C_4H_9Br$ 放入干燥的锥

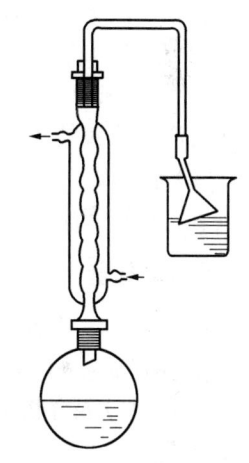

图 8-3 制备 $n\text{-}C_4H_9Br$ 的装置

形瓶中，加入约 2 g 无水 $CaCl_2$，塞紧瓶塞，不断摇动至溶液澄清(约需 30 min)。

将干燥好的液体小心转移至 50 mL 蒸馏瓶中(不能转入干燥剂)，加 1～2 粒沸石，安装蒸馏装置，在石棉网上加热蒸馏，收集 99～103 ℃的馏分于已知质量的锥形瓶中，最后连锥形瓶一起称量，计算产率。

纯粹 $n\text{-}C_4H_9Br$ 为无色透明液体，bp101.6 ℃，$n_D^{20} = 1.4401$。

2. 半微量合成 $n\text{-}C_4H_9Br$ 半微量合成所用玻璃仪器均为半微量合成仪器。

在 25 mL 圆底烧瓶上安装回流冷凝管，冷凝管上口接一酸气吸收装置，用 5%NaOH 溶液做吸收剂。装置如图 8-3 所示。

在圆底烧瓶中依次加入 5 mL H_2O 和 7 mL 浓 H_2SO_4，混合均匀并冷至室温，加入 3.4 g(4.2 mL、0.046 mol)$n\text{-}C_4H_9OH$，混合好后，加入 5.7 g(0.055 mol)研细的 NaBr 和 1～2 粒沸石，充分振摇，防止结块。用小火加热回流 0.5 h，回流过程中要不断摇动烧瓶。稍冷后改为蒸馏装置，蒸出 $n\text{-}C_4H_9Br$。

粗蒸馏液中除 $n\text{-}C_4H_9Br$ 外，常含有 H_2O、$(CH_3CH_2CH_2CH_2)_2O$、$CH_3CH_2CH_2CH_2OH$、

$CH_2=CHCH_2CH_3$，液体还可能由于混有少量 Br_2 而带有颜色。

将粗 $n\text{-}C_4H_9Br$ 移入分液漏斗中，分去水层，有机层用等体积的 5% $NaHSO_3$ 溶液洗涤以除去 Br_2。把有机层转入另一干燥的分液漏斗中，用等体积的浓 H_2SO_4 洗涤以除去产物中醇、醚、烯等杂质，分出 H_2SO_4 层。有机层依次用等体积的 H_2O、饱和 $NaHCO_3$、H_2O 各洗涤一次至呈中性。将 $n\text{-}C_4H_9Br$ 倒入干燥的小锥形瓶中，用少量（黄豆粒大小）无水 $CaCl_2$ 干燥，塞好玻璃塞，其间要摇动几次至溶液澄清（约需 30 min）。

将干燥好的液体小心地转移至 10 mL 蒸馏瓶中（切勿转入干燥剂），加 1～2 粒沸石，安装蒸馏装置，在石棉网上加热蒸馏，收集 99～103 ℃的馏分于已知质量的锥形瓶中，称量，计算产率。

3. 微量合成

（1）装样、回流　向 10 mL 圆底烧瓶中依次加入 2.0 mL H_2O、2.0 mL 浓 H_2SO_4（分批慢慢加入）、1.3 mL 正丁醇（0.014 2 mol）、1.7 g NaBr（用纸条送入），加热回流 45 min。

（2）蒸馏　停止回流后，稍冷却，改为蒸馏装置，加 1 粒沸石，进行蒸馏操作。蒸馏至无油状物蒸出为止，收集馏分。

（3）精制　将馏出物置于分液漏斗中分液（取下层），依次用 1～2 mL $NaHSO_3$、浓 H_2SO_4、H_2O、10% Na_2CO_3、H_2O 洗涤，并用无水 $CaCl_2$（绿豆大小）干燥。洗涤时应根据试剂与洗涤溶液的密度，正确保留试剂。

（4）再蒸馏　精制的正溴丁烷再进行蒸馏，收集 99～103 ℃的馏分，量出其体积或称量出质量。计算产率。

8.3.5 思考题

1. 投料时，先使 NaBr 与浓 H_2SO_4 混合，然后加 $n\text{-}C_4H_9Br$ 及 H_2O 可以吗？为什么？
2. 在粗品 $n\text{-}C_4H_9Br$ 中可能含有哪些杂质？本实验中是如何除去的？
3. 从反应混合物中分离出粗品 $n\text{-}C_4H_9Br$，为什么要用蒸馏的方法，而不直接用分液漏斗分离？
4. 用分液漏斗洗涤产物时，$n\text{-}C_4H_9Br$ 时而在上层，时而在下层。你用什么简便方法加以判断？

8.3.6 注释

［1］$n\text{-}C_4H_9Br$ 是否蒸完，可从下列三方面判断：
(1) 蒸出液是否由混浊变为澄清；
(2) 反应瓶上油层是否消失；
(3) 取一支试管收集几滴馏出液，加少许 H_2O 摇动，如无油珠出现，表示馏出液中已无有机物，蒸馏即可中止。

［2］如 H_2O 洗后产物尚呈红色，是因为仍有 Br_2 的缘故，可加入等体积 5% $NaHSO_3$ 溶液洗涤除去。
$$Br_2 + 2NaHSO_3 + NaOH \longrightarrow NaHSO_4 + SO_2 + H_2O + 2NaBr$$

8.4　实验五十五　乙酸异戊酯的合成（微型实验）

8.4.1　实验目的

1. 掌握乙酸异戊酯的制备原理和方法。

2. 巩固液体有机物回流、蒸馏、萃取、干燥等基本操作。
3. 进一步掌握液态有机化合物折射率的测定。

8.4.2 实验原理

$CH_3COOCH_2CH_2CH(CH_3)_2$是一种有机酸酯,具有香蕉的香味,故又称为香蕉水,它可由$(CH_3)_2CHCH_2CH_2OH$和冰醋酸在浓H_2SO_4催化下制得。

$$CH_3COOH + (CH_3)_2CHCH_2CH_2OH \xrightleftharpoons{浓 H_2SO_4} CH_3COOCH_2CH_2CH(CH_3)_2 + H_2O$$

此反应可逆,为了提高酯的产率,通常采取使其中某一种反应物过量,或者从反应体系中不断移走某一种生成物,促使平衡向右移动,以利于产物酯的生成。由于冰醋酸比$(CH_3)_2CHCH_2CH_2OH$的价格便宜,而且易从反应混合物中除去,故本实验采用冰醋酸过量的方法。此外,浓H_2SO_4除起催化作用外,还能吸收反应生成的H_2O,也有利于反应向生成酯的方向进行。

8.4.3 实验用品

仪器:微型回流冷凝管、圆底烧瓶(5 mL、10 mL)、分液漏斗(15 mL)、微型蒸馏头、微型直形冷凝管、接液管、锥形瓶(5 mL)、量筒(5 mL)、烧杯、温度计(150 ℃)、折射仪。

试剂:$(CH_3)_2CHCH_2CH_2OH$(异戊醇)、冰醋酸、浓H_2SO_4、5% $NaHCO_3$溶液、无水Na_2SO_4、饱和 NaCl 水溶液。

材料:红色石蕊试纸、沸石。

8.4.4 实验内容

1. 合成 在 10 mL 干燥圆底烧瓶中加入 2.0 mL 异戊醇(0.018 mol)和 2.5 mL 冰醋酸(0.045 mol),摇匀,慢慢滴入 5 滴浓H_2SO_4,加入 2 粒沸石,安装好回流装置(图 8-4)。隔着石棉网用酒精灯加热,沸腾回流 40 min。

2. 精制 停止加热,待反应物冷却至室温,转入分液漏斗中。用 5 mL 蒸馏水分次洗涤圆底烧瓶,洗液依次倒入分液漏斗中,盖好盖子,充分振摇后,静置分层。分去下层水溶液,保留酯层。向分液漏斗中加入约 3 mL 5% $NaHCO_3$溶液,用玻璃棒不断搅动,直至CO_2气体放出量很少,盖好盖子,振荡,排气,重复几次,直至CO_2气体几乎排完,静置分层后分出H_2O层。然后再加入 3 mL 5% $NaHCO_3$溶液于分液漏斗中,盖好盖子,振荡,排气,静置,分出H_2O层,直至H_2O层呈碱性(用红色石蕊试纸检验)[1]。加入 2 mL 蒸馏水洗涤酯层,用玻璃棒缓缓搅动混合物(不要振荡!),再加入 0.5 mL 饱和 NaCl 水溶液帮助分层,静置,分出H_2O层。

图 8-4 乙酸异戊酯的回流装置

从分液漏斗上口将酯层倒入干燥的锥形瓶中,用 0.2 g 无水Na_2SO_4干燥约 30 min。将有机物倒入干燥的圆底烧瓶(5 mL)中,加入 1 粒沸石,安装好微型蒸馏装置[2]。隔石棉网加热,收集沸程为 134~142 ℃的馏分。称量,计算产率。

3. 产品纯度检验 测产品的折射率[3](剩余产品倒入指定回收瓶中)。

8.4.5 思考题

1. 酯化反应是可逆反应,本实验采用什么方法提高酯的产率?
2. 为什么从反应混合物中除去过量的 CH_3COOH 比除去过量的异戊醇容易些?
3. 根据上述实验步骤,从中归纳出分离、提纯乙酸异戊酯的程序(用方框表示)。

8.4.6 注释

[1] 用5%$NaHCO_3$洗涤时,若H_2O层仍不显碱性,则需补加 5%$NaHCO_3$溶液洗涤,直到分液漏斗下口分出的H_2O层呈碱性。

[2] 蒸馏仪器必须预先干燥。将锥形瓶干燥、称量后,再作接受瓶使用。

[3] 有关的物理常数:纯乙酸异戊酯为无色液体,沸点 142 ℃,$d_4^{20}=0.8674$,$n_D^{20}=1.4003$;H_2O 的 $n_D^{20}=1.3330$;异戊醇的 $n_D^{15}=1.4085$。

8.5 实验五十六 乙酰水杨酸的合成

8.5.1 实验目的

1. 掌握乙酰水杨酸的合成方法,了解反应原理。
2. 巩固并掌握重结晶提纯法操作技能。

8.5.2 实验原理

1897年,德国拜耳公司费利克斯成功地合成了乙酰水杨酸。乙酰水杨酸又名阿司匹林,是由水杨酸(邻羟基苯甲酸)和乙酸酐合成的。阿司匹林作为广普性的药物,具有解热止痛和治疗感冒的作用,现今研究表明,它还有良好的抑制心脏病的发生和预防中风时血栓形成的功效。

其化学反应式如下:

$$\text{水杨酸} + (CH_3CO)_2O \xrightarrow{H_2SO_4} \text{乙酰水杨酸} + CH_3COOH$$

8.5.3 实验用品

仪器:50 mL 锥形瓶、水浴锅、布氏漏斗、抽滤瓶、表面皿等。

试剂:水杨酸、乙酸酐、浓硫酸、100 g·L^{-1}三氯化铁溶液。

8.5.4 实验内容

1. 乙酰水杨酸的合成 在 50 mL 干燥的锥形瓶中放置 6.3 g(0.045 6 mol)干燥的水杨酸和 9.5 g(约 9 mL,0.093 mol)乙酸酐[1],然后加 10 滴浓硫酸,充分振摇使固体全部溶解。在水浴上加热,保持瓶内温度在 70 ℃ 左右[2],维持20 min,同时振摇。稍微冷却后,在不断搅拌下倒入 100 mL 冷水中,并用冰水冷却 15 min,抽滤后,乙酰水杨酸粗产品用冰水洗涤两次,烘干得乙酰水杨酸粗产品 7~8 g(产率约 90%)。

此产品可用乙醇/水进行重结晶[3],重结晶产品约 7 g,熔点 134～136 ℃[4]。
乙酰水杨酸为白色针状结晶,熔点的文献值为 136 ℃。

2. 产物分析　在 2 支试管中分别放置 0.05 g 水杨酸和本实验制得的乙酰水杨酸,再加入 1 mL 乙醇使晶体溶解。然后在每个试管中加入几滴 100 g·L^{-1}三氯化铁溶液,观察其结果并加以对照,以确定产物中是否有水杨酸存在。

8.5.5　思考题

1. 在制备阿司匹林时加入浓硫酸的目的是什么？可以用其他浓酸代替吗？
2. 在制备阿司匹林实验中,有少量高聚物生成,用化学方程式表示它的生成。
3. 设计一实验方案,除去上述生成的少量高聚物,使粗产品纯化。

8.5.6　注释

[1] 乙酸酐应当是新蒸的,收集 139～140 ℃的馏分。
[2] 反应温度不宜过高。也可控制浴温在 85～90 ℃,维持 10 min,温度过高将增加副产物的生成,如水杨酰水杨酸酯、乙酰水杨酰水杨酸酯。
[3] 重结晶时,其溶液不应加热过久,也不宜用高沸点溶剂,因为这样会造成乙酰水杨酸的部分分解。
[4] 乙酰水杨酸易受热分解,因此熔点不是很明显,其分解温度为 128～135 ℃,熔点为 136 ℃。在测熔点时,可先将热载体加热到 120 ℃左右,然后放入试样测定。

8.6　实验五十七　环己烯的制备

8.6.1　实验目的

1. 学习并掌握由环己醇制备环己烯的原理及方法。
2. 了解分馏的原理及实验操作。
3. 练习并掌握蒸馏、分液、干燥等实验操作方法。

8.6.2　实验原理

主反应为可逆反应,本实验采用的措施是：边反应边蒸出反应生成的环己烯(沸点 82.98 ℃、$d^{20}=0.809\,8$)和水形成的二元共沸物(沸点 70.8 ℃,含水 10%)。但是原料环己醇也能和水形成二元共沸物(沸点 97.8 ℃,含水 80%)。为了使产物以共沸物的形式蒸出反应体系,而又不夹带原料环己醇,本实验采用分馏装置,并控制柱顶温度不超过 90 ℃。

反应采用 85%磷酸为催化剂,而不用浓硫酸作催化剂,是因为磷酸氧化能力较硫酸弱得多,可减少氧化副反应。

分馏的原理就是让上升的蒸气和下降的冷凝液在分馏柱中进行多次热交换,相当于在分馏柱中进行多次蒸馏,从而使低沸点的物质不断上升、被蒸出,高沸点的物质不断地被冷凝、下降、流回加热容器中，结果将沸点不同的物质分离。

8.6.3 实验用品

仪器：圆底烧瓶(50 mL)、直形冷凝管、刺形分馏柱、锥形瓶、分液漏斗、大烧杯、温度计等。

试剂：环己醇、85%磷酸、饱和食盐水、无水氯化钙等。

8.6.4 实验装置

本实验所用装置见图8-5、图8-6。

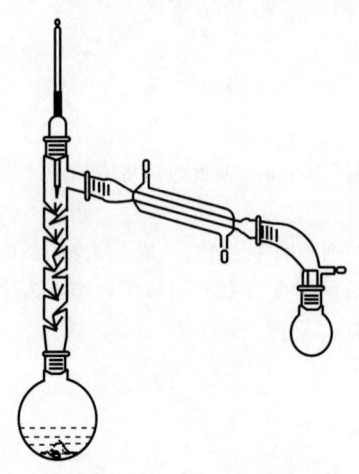

图8-5 环己烯制备装置

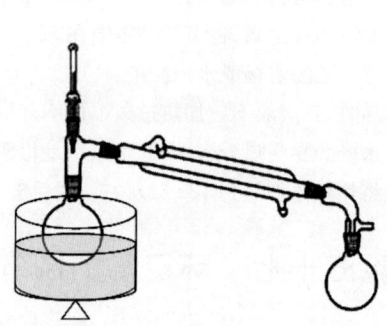

图8-6 水浴蒸馏装置

8.6.5 实验内容

在 50 mL 干燥的圆底(或茄形)烧瓶中，放入 10 mL 环己醇(9.6 g，0.096 mol)、5 mL 85%磷酸，充分振摇、混合均匀。投入几粒沸石，装上刺形分馏柱及冷凝接受装置，用锥形瓶作接受器。

将烧瓶在石棉网上用小火慢慢加热，控制加热速度使分馏柱上端的温度不要超过 90 ℃，馏出液为带水的混合物。当烧瓶中只剩下很少量的残液并出现阵阵白雾时，即可停止蒸馏。全部蒸馏时间约需 40 min。

将蒸馏液分去水层，加入等体积的饱和食盐水，充分振摇后静置分层，分去水层(洗涤微量的酸，产品在哪一层？)。将下层水溶液自漏斗下端活塞放出，上层的粗产物自漏斗的上口倒入干燥的小锥形瓶中，加入 1~2 g 无水氯化钙干燥。

将干燥后的产物滤入干燥的圆形蒸馏瓶中，加入几粒沸石，用水浴加热蒸馏。收集 80~85 ℃的馏分于一已称重的干燥小锥形瓶中，称量，计量产率。

纯环己烯为无色液体，bp82.98 ℃，n_D^{20}1.446 5，d_4^{20}0.811 1。

8.6.6 注意事项

1. 环己醇在常温下是黏稠状液体，$d_4^{20}=0.962\ 4$，因而若用量筒量取时应注意转移中的损失。所以，取样时最好先取环己醇，后取磷酸。

2. 环己醇与磷酸应充分混合，否则在加热过程中可能会局部炭化，使溶液变黑。

3. 由于反应中环己烯与水形成共沸物(沸点 70.8 ℃，含水 10%)，环己醇也能与水形成共沸物(沸点 97.8 ℃，含水 80%)，因此在加热时温度不可过高，蒸馏速度不宜太快，以减少未作用的环己醇蒸出。文献要求柱顶温度控制在 73 ℃ 左右，但反应速度太慢。本实验为了加快蒸出的速度，可控制在 90 ℃ 以下。

4. 反应终点的判断可参考以下几个参数：①反应进行 40 min 左右。②分馏出的环己烯和水的共沸物达到理论计算量。③反应烧瓶中出现白雾。④柱顶温度下降后又升到 85 ℃ 以上。

5. 洗涤分水时，水层应尽可能分离完全，否则将增加无水氯化钙的用量，使产物更多地被干燥剂吸附而导致损失。这里用无水氯化钙干燥较适合，因它还可除去少量环己醇。无水氯化钙的用量视粗产品中的含水量而定，一般干燥时间应在半个小时以上，最好干燥过夜。但由于时间关系，实际实验过程中，可能干燥时间不够，这样在最后蒸馏时，可能会有较多的前馏分(环己烯和水的共沸物)蒸出。

6. 在蒸馏已干燥的产物时，蒸馏所用仪器都应充分干燥。接收产品的三角瓶应事先称重。

8.6.7 思考题

1. 在纯化环己烯时，用等体积的饱和食盐水洗涤，而不用水洗涤，目的何在？
2. 本实验提高产率的措施是什么？
3. 实验中，为什么要控制柱顶温度不超过 90 ℃？
4. 本实验用磷酸作催化剂比用硫酸作催化剂好在哪里？
5. 用无水氯化钙干燥有哪些注意事项？

8.7 实验五十八　苯甲醇和苯甲酸的同步合成

8.7.1 实验目的

1. 掌握坎尼扎罗(Cannizzaro)反应的原理和方法。
2. 了解苯甲醇和苯甲酸的其他制备方法。
3. 了解苯甲醇和苯甲酸的主要用途。
4. 掌握有机固体化合物和液体化合物的分离纯化方法及纯度的测定方法。

8.7.2 实验原理

本实验是利用坎尼扎罗反应由苯甲醛制备苯甲醇和苯甲酸(主要试剂的理化性质见表 8-1)。

坎尼扎罗反应是指无活泼 α-氢的醛类在浓的强 NaOH 或 KOH 的水或醇溶液作用下发生的歧化反应。此反应的特征是醛自身同时发生氧化及还原作用，一分子醛被氧化成羧酸(在碱性溶液中成为羧酸盐)，另一分子醛则被还原成醇。

$$2 \text{PhCHO} + \text{KOH} \rightleftharpoons \text{PhCOOK} + \text{PhCH}_2\text{OH}$$

$$\text{C}_6\text{H}_5\text{COOK} + \text{HCl} \rightleftharpoons \text{C}_6\text{H}_5\text{COOH} + \text{KCl}$$

表 8-1 主要试剂的理化性质

名称	相对分子质量	形态	相对密度	熔点	沸点	折射率	溶解性
苯甲醛	106.13	无色液体	1.041 5	−26	178.1	1.546 3	微溶于水,溶于乙醇、乙醚、丙酮
苯甲醇	108.15	无色液体	1.041 9	−15.3	205.35	1.539 6	溶于水、乙醇、乙醚、丙酮
苯甲酸	122.13	白色晶体	1.265 9	122.4	249	1.504	微溶于水,溶于热水、乙醇、乙醚、丙酮

8.7.3 实验用品

仪器:烧杯、锥形瓶、分液漏斗、蒸馏烧瓶、球形冷凝管、蒸馏头、直形冷凝管、尾接管、三口瓶、吸滤瓶、布氏漏斗、玻璃水泵、电热水浴锅、电子天平、折光仪。

药品:苯甲醛、氢氧化钾、乙醚、亚硫酸氢钠、碳酸钠、硫酸镁。

8.7.4 实验内容

1. 苯甲醇和苯甲酸的合成 往锥形瓶中加 12.0 g(0.21 mol)氢氧化钾和 12 mL 水,放在磁力搅拌器上搅拌,使氢氧化钾溶解并冷至室温。在搅拌的同时分批加入新蒸过的苯甲醛,每次加入 2~3 mL,共加入 13.5 mL(约 14 g,0.13 mol)。加后应塞紧瓶口,若锥形瓶内温度过高,需适时冷却。继续搅拌 60 min,最后反应混合物变成白色蜡糊状。

2. 苯甲醇的分离和提纯 向反应瓶中加入大约 45 mL 水,使反应混合物中的苯甲酸盐溶解,转移至分液漏斗中,用 45 mL 乙醚分 3 次萃取苯甲醇,合并乙醚萃取液。保存水溶液留用。

依次用 15 mL 饱和亚硫酸氢钠溶液及 8 mL 水洗涤乙醚溶液,用无水硫酸镁干燥。水浴蒸去乙醚后,继续蒸馏,收集产品,沸程 204~206 ℃,产率为 75%。

纯苯甲醇是有苦杏仁味的无色透明液体。沸点 205.4 ℃,折射率 1.546 3。

3. 苯甲酸的分离和提纯 在不断搅拌下,往留下的水溶液中加入浓盐酸酸化,加入的酸量以能使刚果红试纸由红变蓝为宜(刚果红试剂变蓝时溶液 pH 约为 3,也可用 pH 试纸,但没有刚果红试纸直观)。充分冷却抽滤,得粗产物。

粗产物用水重结晶后晾干,产率可达 80%。

纯苯甲酸为白色片状或针状晶体,熔点 122.4 ℃。

8.7.5 注意事项

1. 如果第一步反应不能充分搅拌,会影响后续反应的产率。如果混合充分,通常在瓶内混合物固化,苯甲醛气味消失。

2. 用分液漏斗分液时,水层从下面分出,乙醚层要从上面倒出,否则会影响后面的操作。

3. 用干燥剂干燥时，干燥剂的用量为每 10 mL 液体有机物加 0.5～1.0 g（至少加 1.0 g），一定要澄清后才能倒在蒸馏瓶中蒸馏，否则残留的水会与产物形成低沸点共沸物，从而增加前馏分的量而影响产物的产率。

4. 热水浴蒸馏乙醚之前，一定要用过滤法或倾注法将干燥剂去掉，将滤液进行热水浴蒸馏除去乙醚后，再去掉水浴，用电热套直接加热蒸馏，收集 204～206 ℃的馏分（即为产品）。并注意在 179 ℃有无苯甲醛馏分。

5. 注意不能将乙醚萃取液装在圆底烧瓶或锥形瓶内敞口水浴加热，那是蒸发而不是蒸馏，是错误操作。

6. 水层如果酸化不完全，会使苯甲酸不能充分析出，导致产物损失。

8.7.6 思考题

1. 苯甲醇和苯甲酸还有哪些其他制备方法？
2. 试比较坎尼扎罗（Cannizzaro）反应与羟醛缩合反应在醛的结构上有何不同。
3. 本实验中两种产物是根据什么原理分离提纯的？用饱和亚硫酸氢钠及 10%碳酸钠溶液洗涤的是什么？
4. 为什么要用新蒸过的苯甲醛？长期放置的苯甲醛含有什么杂质？如不除去，对本实验有何影响？

8.8 实验五十九 抗氧化剂双酚 A 的合成

8.8.1 实验目的

1. 掌握和学习抗氧化剂双酚 A 的合成原理和方法。
2. 掌握有机合成的分离方法。
3. 进一步熟练机械搅拌装置的装配和使用。
4. 了解抗氧化剂双酚 A 的化学特性和主要用途。

8.8.2 实验原理

双酚 A 学名 2，2-二(4-羟基苯基)丙烷，是重要的有机化工原料。双酚 A 在 1891 年被俄罗斯化学家 A. P. Dianin 首次合成。该化合物合成时，采用丙酮与苯酚缩合（丙酮的英文单词为 acetone，首字母为 A，这就是"双酚 A"名字中"A"的来源）。双酚 A 主要用于生产聚碳酸酯、环氧树脂、聚砜树脂、聚苯醚树脂、不饱和聚酯树脂等多种高分子材料。也可用于生产增塑剂、阻燃剂、抗氧剂、热稳定剂、橡胶防老剂、农药、涂料等化工产品。在塑料制品的制造过程中，添加双酚 A 可以使其具有无色透明、耐用、轻巧和突出的防冲击性等特性，尤其能防止酸性蔬菜和水果从内部侵蚀金属容器，因此广泛用于罐头食品和饮料的包装、奶瓶、水瓶、牙齿填充物所用的密封胶、眼镜片等。

19 世纪 30 年代中期人们就发现了双酚 A 可以发挥雌激素的作用，它在各个领域应用的争论也就此开始。到 2008 年，一些政府开始对它在消费领域的安全性提出正式的质疑，并陆续采取措施让相关产品下架。2010 年，美国食品药品监督管理局依据在多胎儿、婴儿和幼儿中收集到的数据资料提出进一步的担忧。当年 9 月，加拿大成为首个将之列为有毒物质的国家。在欧盟和加拿大，双酚 A 被禁止用于生产婴儿奶瓶。

双酚 A 的合成方法有很多种，但大多数为苯酚与丙酮的合成，不同之处在于采用的催化剂有差别。本实验采用苯酚和丙酮作为主要原料，以浓硫酸作为催化剂合成抗氧剂双酚 A。

$$\text{C}_6\text{H}_5\text{OH} + \text{CH}_3\text{COCH}_3 \longrightarrow \text{HO-C}_6\text{H}_4\text{-C(CH}_3\text{)}_2\text{-C}_6\text{H}_4\text{-OH}$$

副反应有：苯酚氧化、异构化（邻位产物）或进一步缩合产物以及甲苯烷基化等。

为了提高收率，实验中一般使丙酮过量，反应温度高有利于产物生成，但丙酮易挥发，且副反应增加。

8.8.3 实验用品

试剂：苯酚、丙酮、浓硫酸。
仪器：四口烧瓶、球形冷凝管、温度计、搅拌器、抽滤装置等。

8.8.4 实验内容

1. 双酚 A 粗产品的制备 按照要求装配好机械搅拌装置。将 10 g 苯酚加入四口烧瓶中，烧瓶外用水冷却。在不断搅拌下，加入 4 mL 丙酮。当苯酚全部溶解后，在保持匀速搅拌情况下，开始逐滴加入浓硫酸 6 mL。保持反应混合物的温度在 20 ℃左右。持续搅拌 2 h，控制温度不超过 35 ℃，液体变得相当稠厚。将上述液体以细流状倾入 50 mL 冰水中，充分搅拌。静置，充分冷却结晶。

2. 双酚 A 粗产品的纯化 溶液充分冷却后减压过滤，并将滤饼用水洗涤至呈中性为止。彻底抽滤干后，用滤纸进一步压干，然后进行烘干。

粗产品用甲苯重结晶。烘干、称重，计算产量与产率。

双酚 A 为白色晶体，密度为 1.20 g·cm^{-3}，熔点 158～159 ℃。

8.8.5 注意事项

1. 通过控制浓硫酸滴加速度和冷水浴，控制反应温度。
2. 反应温度控制在 20 ℃左右，若反应温度过高，丙酮易被挥发掉，若反应温度过低，又不利于产物的生成。
3. 双酚 A 产品的烘干应先在 50～60 ℃烘干 4 h，再在 100～110 ℃烘干 4 h。

8.8.6 思考题

1. 除了本实验中所用到的方法，双酚 A 还有哪些制备方法？
2. 本实验中为什么要加入硫酸？用其他酸代替行不行？若行，可以用什么酸代替？
3. 你认为本实验的关键是什么？

8.9 实验六十 1-氯-3-溴-5-碘苯的合成

8.9.1 实验目的

1. 通过本次多步骤综合实验，巩固和扩大有机合成和有机分析的有关技能和知识。
2. 训练使用较先进的仪器和实验技术研究有机化学反应和化合物的性质。
3. 进一步培养利用各种实验手段和仪器设备，综合解决有机化学问题的能力和良好的工作方法。

8.9.2 实验原理

1-氯-3-溴-5-碘苯的制备涉及一条多步骤的合成路线，该路线以苯胺为起始原料，经N-乙酰化、溴代、氯代、N-去保护、碘代和重氮化脱氨基等6步反应，最终合成所要求的目标物。

原料苯胺中，由于氨基的致活作用，溴代时通常将得到三溴代产物，因此必须对其"钝化"。氨基的钝化一般采用酰基化法，生成的酰基保护的苯胺对溴化反应活性适中，在温和的条件下于乙酸溶剂中可顺利生成单溴代苯，产物以对位取代为主。氯化后生成2-氯-4-溴乙酰苯胺，在强酸条件下水解，经碱化后除去N上的保护基，得到2-氯-4-溴苯胺，进一步发生碘代反应，得到2-氯-4-溴-6-碘苯胺，再将其转化成重氮盐并用氢取代，得到最终产物1-氯-3-溴-5-碘苯。

该合成路线涉及基团的保护、定位基的定位效应、重氮化反应及其应用等基础知识，在目标物的合成过程中还可结合多种经典的和现代的分析方法，如 IR、NMR、GC、MP 测定等，对各种产物进行结构认定和纯度检测。

8.9.3 实验用品

仪器：常量玻璃有机合成仪器一套。

试剂：苯胺(新蒸馏)、溴、氯酸钠、一氯化碘、亚硝酸钠、常用有机溶剂和无机试剂。

均为分析纯。

8.9.4 实验内容

1. 乙酰苯胺的制备[1]　在 600 mL 烧杯中,加入 11 g(0.11 mol)新蒸馏的苯胺、250 mL 水和 9 mL 浓盐酸,搅拌使其溶解(如果溶液出现暗褐色,可加入 1 g 活性炭进行脱色)。另取 1 个烧杯,放入 17 g 三水合醋酸钠,加入 50 mL 水使其溶解。将前面准备好的苯胺盐酸盐水溶液加热到 50 ℃,再加入 12 mL(0.13 mol)醋酐,搅拌使其溶解。然后马上加入醋酸钠溶液,将烧杯置于冷水(最好是冰水)中冷却。搅拌使其结晶析出,抽滤后用少量冷水洗涤晶体。经干燥后得到乙酰苯胺 10 g 左右(产率约 70%),产物熔点 113~114 ℃。如有需要可用热水重结晶[2]。

测定产物的熔点,计算产率;用 KBr 压片法做产物的 IR 分析,指出各主要谱峰的归属。

2. 4-溴乙酰苯胺的制备[3]　在 100 mL 圆底烧瓶中放置 8.1 g(0.060 mol)乙酰苯胺[4],加入 30 mL 冰醋酸,磁力搅拌使其溶解。另取一只小烧杯,用 6 mL 冰醋酸溶解 9.8 g (0.060 mol)溴,然后转移至恒压滴液漏斗中,漏斗上口与 1 个 HBr 气体吸收装置相连接。搅拌下将溴慢慢滴加到乙酰苯胺-冰醋酸混合物中,加完后继续搅拌几分钟(有固体产物析出)。用 200 mL 水将反应混合物转移至 400 mL 烧杯中,再加入足够量的饱和亚硫酸钠溶液使溶液的颜色刚刚呈现淡黄色为止。抽滤,用水洗涤至 pH 试纸检查成中性,粗产物于滤纸上晾干。保留约 0.1 g 粗产物,用气相色谱分析邻、对位取代产物的比例。余下的粗产物用甲醇重结晶(3~4 mL·g^{-1}),得到 4-溴乙酰苯胺,产量约 11g(产率约 92%),产物熔点 171~172 ℃。

测定产物熔点,计算产率;用气相色谱法分析粗产物中邻、对位取代产物的比例[5]和纯化后产物中 4-溴乙酰苯胺的含量(不小于 90%)。

3. 2-氯-4-溴乙酰苯胺的制备　在 250 mL 圆底烧瓶上装置空气冷凝管,上接一气体吸收装置[6]。瓶中放置 10.7 g(0.050 mol) 4-溴乙酰苯胺,加入 28 mL 冰醋酸和 23 mL 浓盐酸,摇动使成悬浮液,用热水浴缓缓加热并不时摇动直到成一均匀相,然后冷却至 0 ℃。往该冷却的反应混合物中加入 2.9 g(0.026 mol)氯酸钠溶解于 7 mL 水的溶液。在加氯酸钠时,会逸出一些氯气,应将其吸收除去。反应进行时,会形成黄色沉淀,溶液也变成黄色。反应完成后,将烧瓶从冰浴中取出,在室温下放置反应 1 h,并不时加以摇动。混合物于通风橱内抽滤,滤饼用水洗至 pH 试纸检查呈中性。粗产物用甲醇重结晶(7~8 mL·g^{-1}),得 2-氯-4-溴乙酰苯胺,产量约 12 g(产率约 93%),熔点 153~154 ℃。

测定产物熔点,计算产率;用气相色谱法分析产物中 2-氯-4-溴乙酰苯胺的含量(不小于 90%)。取适量样品(5~10 mg)做 NMR 分析,并对各谱峰进行归属。

4. 2-氯-4-溴苯胺的制备　在 250 mL 圆底烧瓶中加入 11.2 g(0.045 mol) 2-氯-4-溴乙酰苯胺、20 mL 95% 乙醇和 13 mL 浓盐酸。水浴加热 30 min,加热时,黄色固体逐渐溶解,并变为白色沉淀。然后加入 90 mL 热水,搅拌使白色沉淀全部溶解,转移到 50 g 冰水中,在激烈搅拌下加入 25 mL 14 mol·L^{-1} NaOH 溶液,得到淡棕色沉淀。混合物经抽滤、晾干后得粗产品。粗产物用 60~90 ℃ 石油醚(3~4 mL·g^{-1})重结晶得 2-氯-4-溴苯胺,产量约 8 g(产率约 70%),熔点 65~66 ℃。

测定产物熔点,计算收率;用气相色谱法分析产物中 2-氯-4-溴苯胺的含量(不小

第八章 有机物合成

于 90%）。

5. 2-氯-4-溴-6-碘苯胺的制备　在 250 mL 锥形瓶中放置 5 g(0.024 mol)2-氯-4-溴苯胺，加入 80 mL 冰醋酸溶解，再加入 20 mL 水。另取 1 个锥形瓶，混合 20 mL 冰醋酸和 4.9 g(0.030 mol)一氯化碘[7]，将混合物转移至滴液漏斗中，搅拌下在约 8 min 内滴加到前面锥形瓶的反应物中。水浴加热升温至 90 ℃。然后加入足够量的饱和亚硫酸钠水溶液，使溶液的颜色变成淡黄色（注意加入亚硫酸钠的量），用与加入的亚硫酸钠溶液同体积的水稀释（约 25 mL），用冰水冷却反应混合物，有浅棕色固体析出。抽滤后依次用少量 5 mol·L^{-1}醋酸和水洗涤。所得粗产品用醋酸-水重结晶，冰醋酸用量按 12 mL·g^{-1}计算。先加入冰醋酸，在水浴中加热并不时摇动至粗产品完全溶解，然后在热浴上逐滴加入水并不时摇动至刚出现混浊。让其自然冷却，得到条状无色结晶。抽滤后干燥，得 2-氯-4-溴-6-碘苯胺，产量约 2.5 g，产物熔点 96~98 ℃。

测定产物熔点，计算收率；用气相色谱法分析产物中 2-氯-4-溴-6-碘苯胺的含量（应不小于 90%）。

6. 1-氯-3-溴-5-碘苯的制备　在 250 mL 圆底烧瓶中加入 2.0 g(0.005 mol)2-氯-4-溴-6-碘苯胺和 10 mL 无水乙醇。磁力搅拌下逐滴加入 4 mL 浓 H_2SO_4，装上冷凝管，通过冷凝管分批加入 0.69 g 粉末状亚硝酸钠。加完后，水浴加热 10 min，再通过冷凝管加入 150 mL 热水。接着进行简单水蒸气蒸馏，馏出液体积接近于 80 mL 时（检查馏出液中基本无油状物），可以停止蒸馏。蒸馏过程中，产物可结成固体而积存于冷凝管中，为保持不堵塞可稍加热冷凝管。最后，冷凝管中的产物可用约 40 mL 乙醚洗入馏出液中，将液相转入分液漏斗，残留的固体用少量乙醚溶解，合并入馏出液。分出有机层，水层用 40 mL 乙醚萃取一次，合并醚层，用无水硫酸镁干燥。过滤后水浴蒸去大部分乙醚至约 5 mL，然后趁热转移至培养皿上，于通风橱内挥发至干[8]，得到最终产品 1-氯-3-溴-5-碘苯。产物为淡黄色结晶或固体，产量约 760 mg（产率约 40%），熔点 82~84 ℃。

测定产物熔点，计算收率；用气相色谱法分析产物中 1-氯-3-溴-5-碘苯的含量（不小于 94%）。

8.9.5　思考题

1. 用溴的醋酸溶液溴化乙酰苯胺时，两种反应物必须等化学计量。试结合气相色谱分析结果说明其理由。
2. 写出一氯化碘与 2-氯-4-溴苯胺反应的机理。
3. 水或低摩尔质量的醇等含羟基的溶剂常用于精制酰胺，简要说明为什么这些溶剂要比石油醚等烃类溶剂为好。
4. 1-氯-3-溴-5-碘苯还有没有其他合成路线？试设计一条并与本方法相比较。

8.9.6　注释

[1]本实验中乙酰苯胺可直接使用实验五十三乙酰苯胺的合成实验的产物。
[2]本实验中，各步骤重结晶用的溶剂不能太多，否则产物损失会很大。
[3]在制备 4-溴乙酰苯胺时必须保证两种反应物按等化学计量反应，否则将因反应不完全或过度溴化而不能得到纯的 4-溴乙酰苯胺，并且使后面几个化合物的制备难以进行。为确保溴的用量准确，可预先对

溴的纯度进行标定。

[4]各步原料可按比例增减。

[5]气相色谱条件：色谱柱：30m 石英毛细管柱，内径 0.53mm，固定液 100% 聚二甲基硅氧烷(dimethyl polysiloxane)，膜厚 1.0 μm；柱温：200℃，检测器温度 250℃，进样温度 280℃；FID 检测器；气流速率：载气 15 mL·min^{-1}，氢气 30 mL·min^{-1}，空气 300 mL·min^{-1}，分流比 1:10；进样量：0.3 μL 10% 产物的甲醇溶液。

若溴的用量少于 1 个化学计量，可能检测不到邻位产物。

[6]氯代反应时会产生有毒害作用的氯气，故应在通风橱中进行该步反应，或用气体吸收装置(稀的 NaOH 溶液)将产生的氯气吸收。

[7]一氯化碘、溴水和浓盐酸均具有强氧化性或强腐蚀性，会严重地灼伤皮肤，所以应在通风橱内取用并戴手套操作。一旦碰到皮肤，应马上用水冲洗，或用亚硝酸钠溶液擦洗。

[8]粗产品可进一步纯化：用石油醚重结晶或通过硅胶色谱柱(用石油醚-乙醚混合溶剂梯度洗脱)纯化。

第九章

综合性、研究性及设计性实验

9.1 实验六十一 硫酸亚铁铵的制备及纯度分析

9.1.1 实验目的

1. 制备复盐硫酸亚铁铵并掌握其纯度分析方法。
2. 学习和掌握一般无机物制备及产品纯度检验的基本方法和基本操作。

9.1.2 实验原理

铁屑溶于稀 H_2SO_4 生成 $FeSO_4$：

$$Fe + H_2SO_4 = FeSO_4 + H_2 \uparrow$$

一般亚铁盐在空气中易被氧化。$FeSO_4$ 在中性溶液中能被溶于水中的少量氧气氧化并进一步与水作用,析出棕黄色的碱式硫酸铁(或氢氧化铁)沉淀。

$$4FeSO_4 + O_2 + 6H_2O = 2[Fe(OH)_2]_2SO_4 \downarrow + 2H_2SO_4$$

若向 $FeSO_4$ 中加入等物质的量的 $(NH_4)_2SO_4$ 则生成复盐硫酸亚铁铵。硫酸亚铁铵比较稳定,它的六水合物 $(NH_4)_2SO_4 \cdot FeSO_4 \cdot 6H_2O$ 商品名称为莫尔盐,不易被空气氧化,在定量分析中常用来配制亚铁离子的标准溶液。

$$FeSO_4 + (NH_4)_2SO_4 + 6H_2O = (NH_4)_2SO_4 \cdot FeSO_4 \cdot 6H_2O$$

和其他复盐一样,$(NH_4)_2SO_4 \cdot FeSO_4 \cdot 6H_2O$ 在水中溶解度比组成它的每一组分 $(NH_4)_2SO_4$ 或 $FeSO_4$ 的溶解度都要小。三种盐的溶解度列于表 9-1。

表 9-1 三种盐在 100 g 水中的溶解度 (g)

温度/℃	$FeSO_4 \cdot 7H_2O$	$(NH_4)_2SO_4$	$(NH_4)_2SO_4 \cdot FeSO_4 \cdot 6H_2O$
10	20.0	73.0	17.2
20	26.5	75.4	21.6
30	32.9	78.0	28.1
40	40.2	81.0	33.0

9.1.3 实验用品

仪器：锥形瓶(250 mL)、蒸发皿、吸滤瓶、容量瓶(250 mL)、烧杯(100 mL、400 mL)、普通漏斗、布氏漏斗、比色架、比色管(25 mL)、水浴锅、量筒(100 mL、10 mL)、酸式滴定管(50 mL)。

试剂：3 mol·L^{-1} H_2SO_4、浓 H_2SO_4、铁屑或还原铁粉、10% Na_2CO_3、$(NH_4)_2SO_4$(AR)、

95％乙醇、3 mol·L^{-1} HCl、NH$_4$Fe(SO$_4$)$_2$·12H$_2$O(AR)、25％KSCN。

9.1.4 实验内容

1. 铁屑的净化处理 称取 2 g 铁屑放入锥形瓶中，加 10 mL 10％Na$_2$CO$_3$，小火加热 10 min 左右(如果需要，适当补充水分)除去铁屑上的油污，用倾注法倒掉 Na$_2$CO$_3$ 溶液，用水把铁屑洗净。如果用还原铁粉制备 FeSO$_4$，则此步骤可以免除。

2. FeSO$_4$ 的制备 向盛有铁屑的锥形瓶中加入 20 mL 3 mol·L^{-1} H$_2$SO$_4$，在水浴中加热(由于铁屑中的杂质在反应中会产生一些有害气体，此操作最好在通风橱中进行)，需经常摇动锥形瓶，并适当补充水分，至反应基本结束，趁热进行减压过滤，滤液倒入烧杯中。如果剩余的铁屑较多，应收集起来用滤纸吸干水分后称重，用已反应的铁屑质量来计算溶液中 FeSO$_4$ 的量，并由此计算产率。

3. (NH$_4$)$_2$SO$_4$·FeSO$_4$·6H$_2$O 的制备 根据溶液中 FeSO$_4$ 的量，由反应方程式计算出所需 (NH$_4$)$_2$SO$_4$ 的量，按计算的量称取 (NH$_4$)$_2$SO$_4$ 固体，倒入上面制得的 FeSO$_4$ 溶液中。搅拌溶解，进行水浴蒸发，一直浓缩到溶液表面出现结晶膜或烧杯中有结晶析出为止。放置冷却至室温，得到 (NH$_4$)$_2$SO$_4$·FeSO$_4$·6H$_2$O 晶体。减压过滤，晶体不能用水洗涤(因为硫酸亚铁铵的溶解度较大)，可用少量乙醇洗去晶体表面水分，抽干。取出晶体用滤纸轻压吸干剩余水分。观察并记录晶体的颜色和形状，称重，计算产率。

9.1.5 产品检验

1. (NH$_4$)$_2$SO$_4$·FeSO$_4$·6H$_2$O 含量的测定 取已干燥的 (NH$_4$)$_2$SO$_4$·FeSO$_4$·6H$_2$O 晶体按本书 7.10 实验四十三进行 (NH$_4$)$_2$SO$_4$·FeSO$_4$·6H$_2$O 含量的测定。

2. 铁(Ⅲ)的限量分析

(1) 不含氧的去离子水 取一定量的去离子水放入锥形瓶中，小火加热，煮沸 10～20 min，冷却后即可使用。

(2) 铁(Ⅲ)标准溶液的配制(实验室准备) 分析天平称取 0.4317 g NH$_4$Fe(SO$_4$)$_2$·12 H$_2$O 溶于已加入 2.5 mL 浓 H$_2$SO$_4$ 的少量去离子水中，溶解后完全转移至 1 000 mL 容量瓶中，加水稀释至刻度，摇匀。此溶液为 ρ(Fe^{3+})＝0.050 0 g·L^{-1} 的铁(Ⅲ)标准溶液。

(3) 标准色阶的配制 依次取 1.00 mL、2.00 mL、4.00 mL 铁(Ⅲ)标准溶液分别置于 25 mL 比色管中，各加 2 mL 3 mol·L^{-1} HCl 和 1 mL 25％KSCN 溶液，用去离子水稀释至刻度，摇匀，制成 Fe^{3+} 含量不同的标准溶液。三支比色管中所对应的各级硫酸亚铁铵药品规格分别为

第一支：含 Fe^{3+} 0.05 mg，符合一级品标准。
第二支：含 Fe^{3+} 0.10 mg，符合二级品标准。
第三支：含 Fe^{3+} 0.20 mg，符合三级品标准。

(4) 产品分析 称取 1.0 g 产品于 25 mL 比色管中，加入 2 mL 3 mol·L^{-1} HCl 和 20 mL 不含氧的去离子水，振荡，产品溶解后加入 1 mL 25％KSCN 溶液，加不含氧的去离子水稀释到刻度，摇匀。与 Fe^{3+} 的标准溶液进行目测比色，确定产品的等级。

9.1.6 思考题

1. 为什么制备硫酸亚铁铵晶体时，溶液必须呈酸性？在本实验中是怎样来保证溶液的

酸性的？

2. 在制备硫酸亚铁和蒸发浓缩溶液时，为什么采用水浴加热？

9.2 实验六十二 缓冲溶液的配制和 pH 的测定

9.2.1 实验目的

1. 掌握缓冲溶液的配制方法和缓冲溶液 pH 的测定。
2. 培养和锻炼自行设计实验的能力。

9.2.2 实验用品

仪器：酸度计、托盘天平、量筒、烧杯等。

试剂：6 mol·L^{-1} HAc、6 mol·L^{-1} NH$_3$·H$_2$O、NaAc 固体(AR)、NH$_4$Cl 固体(AR)、pH＝4.00 和 pH＝9.18 的标准缓冲溶液。

9.2.3 实验要求

配制 pH＝4.5、pH＝9.0 的缓冲溶液 250 mL 各一份(共轭酸碱总浓度为 0.20 mol·L^{-1})。[已知：$K_a^{\ominus}(CH_3COOH)=1.8\times10^{-5}$，$K_b^{\ominus}(NH_3·H_2O)=1.8\times10^{-5}$]

根据实验室提供的试剂，按实验要求设计实验方案，计算配制缓冲溶液时所需相应药品的质量或体积，写出计算过程和详细的实验步骤。实验方案提交老师审阅，经老师认可后方可进行实验。缓冲溶液配制好后要用酸度计进行测定，测定出缓冲溶液的 pH，经老师检验后登记实验数据。

9.3 实验六十三 烟草中烟碱的提取及烟碱的性质

9.3.1 预习

认真阅读学习 2.4.4.3 水蒸气蒸馏的有关内容。

9.3.2 实验目的

1. 学习水蒸气蒸馏法分离提纯有机化合物的基本原理和操作技术。
2. 了解生物碱的提取原理、方法和一般性质。

9.3.3 实验原理

烟碱又名尼古丁，是烟叶中存在的主要生物碱，其结构式为

因为它是含氮碱性物质，能与 HCl 结合生成烟碱盐酸盐(弱碱强酸盐)而溶于水中，在此提取液中加入强碱 NaOH 后，可使烟碱游离出来。游离烟碱在 100 ℃左右可产生一定蒸气压

(约133 3 Pa)。因此,可利用水蒸气蒸馏法分离提取(原理见2.4.4.3水蒸气蒸馏)。

由烟碱的结构可知,烟碱具有碱性,它不仅可以使红色石蕊试纸变蓝,还可以使酚酞试剂变红,并且可被$KMnO_4$溶液氧化生成烟酸,与生物碱试剂作用产生沉淀。

9.3.4 实验用品

仪器:水蒸气发生器、长颈圆底烧瓶(250 mL)、直形冷凝管、试管、蒸汽导管(导入,导出)、烧杯(100 mL)、圆底烧瓶(100 mL)、球形冷凝管、玻璃棒、接液管、T形管、锥形瓶(100 mL)、螺旋夹、酒精灯。

试剂:烟叶(或烟丝)、10%HCl、40%NaOH、0.5%HAc、碘化汞钾、0.5%$KMnO_4$、0.1%酚酞、苦味酸、5%Na_2CO_3。

材料:红色石蕊试纸、沸石等。

9.3.5 实验内容

1. 常量实验

(1)称取5 g烟叶(或5支香烟)置于100 mL圆底烧瓶内,加入50 mL 10%HCl溶液,安装好回流装置,沸腾回流20 min。

(2)将反应混合物冷却至室温,倒入烧杯中,在不断搅拌下慢慢滴加40%NaOH溶液,使之呈明显碱性(用红色石蕊试纸检验)。

(3)将以上混合物转入250 mL圆底烧瓶中,按图2-31安装好水蒸气蒸馏装置。

(4)通过冷却水后,隔石棉网加热水蒸气发生器,当有大量水蒸气产生时,关闭T形管上的螺丝夹,使水蒸气导入圆底烧瓶进行水蒸气蒸馏。

(5)收集约20 mL提取液后,先打开螺丝夹,再停止加热[1]。

(6)烟碱的碱性试验 取一支试管,加入10滴烟碱提取液,再加入1滴0.1%酚酞试剂,振摇并观察现象。另取1滴烟碱提取液滴在红色石蕊试纸上,观察试纸的颜色变化。解释以上现象。

(7)烟碱的氧化反应 取一支试管,加入20滴烟碱提取液再加入1滴0.5%$KMnO_4$溶液和3滴5%Na_2CO_3溶液,摇动试管,于酒精灯上微热,观察溶液颜色是否变化,有无沉淀产生。写出反应式。

(8)与生物碱试剂的反应

① 取一支试管加入10滴烟碱提取液然后逐滴加入饱和苦味酸,边加边摇动,观察有无黄色沉淀生成。

② 取一支试管,加入10滴烟碱提取液和5滴0.5%HAc溶液,再加入5滴碘化汞钾试剂,观察有无沉淀生成。

2. 微量实验[2] 微型水蒸气蒸馏装置如图9-1所示。

(1)取1/2~2/3支(0.5~0.7 g)香烟放入10 mL圆底烧瓶内,加入6 mL 10%H_2SO_4溶液,装上球形冷凝管(长12 cm),回流20 min。

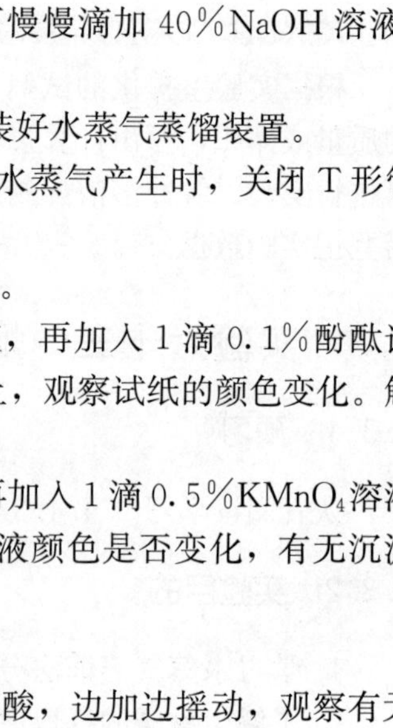

(2)待瓶中混合物冷却后,将其倒入小烧杯中,滴加40% NaOH至明显呈碱性(充分搅拌后,用红色石蕊试纸检验)。

图9-1 微型水蒸气蒸馏装置

(3) 将 100 mL 两颈圆底烧瓶(水蒸气发生器)用铁夹固定在垫有石棉网的铁圈上，加入约 30 mL 自来水和 2~3 粒沸石。

(4) 将混合液转入蒸馏试管中，并将其从两颈烧瓶的主口插入，蒸馏试管的底部应在烧瓶中水面之上。

(5) 将蒸汽导管(T 形管)的一端与两颈烧瓶的侧口相连，一端插入蒸馏试管底部。

(6) 用另一个铁架台上的铁夹将直形冷凝管(长 12 cm)的高度及角度调整好以后，使之与蒸馏试管的支管相连，然后装好接受器。

(7) 缓慢通入冷却水后，开始加热。待水沸腾并产生大量水蒸气后，用螺旋夹将 T 形管夹紧，这时蒸汽就被导入蒸馏试管中，开始蒸馏。

(8) 取微型试管 3 支，各收集 3 滴烟碱蒸馏液，第一支试管中逐滴加入饱和苦味酸，观察有无沉淀生成。第二支试管中加入 2 滴 HAc 和 2 滴碘化汞钾溶液，观察有无沉淀生成。第三支试管中加入 1 滴酚酞试剂，观察颜色变化。

(9) 蒸馏完毕，应先松开螺旋夹，再移去热源。

9.3.6 思考题

1. 与普通蒸馏相比，水蒸气蒸馏有何特点？在什么情况下采用水蒸气蒸馏的方法进行分离提取？
2. 停止水蒸气蒸馏时，为什么要先打开螺丝夹，再停止加热？

9.3.7 注释

[1] 水蒸气蒸馏过程中，热源要稳定，否则会产生倒吸现象。停止加热前一定要先将螺丝夹打开，再移去热源，以防倒吸。

[2] 注意微型水蒸气装置与常规装置的区别，水蒸气蒸馏提取烟碱微量化使其操作有所不同，但提取原理相同。

9.4 实验六十四　邻菲罗啉铁(Ⅱ)配合物组成及稳定常数的测定

9.4.1 实验目的

1. 学习和掌握分光光度计的使用。
2. 了解分光光度法在测定配合物组成及稳定常数方面的应用。

9.4.2 实验原理

设金属离子 M 和配位剂 R 形成一种有色配合物 MR_n(电荷省略)，反应如下：

$$M + nR = MR_n$$

确定配合物的组成，就是要确定 MR_n 中的 n 值。本实验采用物质的量比法。在固定浓度 $c(M)$ 的金属离子中，依次加入不同浓度 $c(R)$ 的配位剂，以不加配位剂 R 的溶液为空白液，在一定波长下测定，得到一系列按不同 $c(M)/c(R)$ 比值混合后的溶液的吸光度值。以 $c(M)/c(R)$ 为横坐标，吸光度值为纵坐标作图，得到一条曲线，如图 9-2 所示。在未达到最大配位比时，$c(R)$ 增大，配合物的生成量不断增多，溶液的吸光度也在不断地增大。当中心离子全部形成配合物时，再增加 $c(R)$ 时，配合物的浓度不再增加，溶液的吸光度也不增加，曲线成为与横坐标平行的直线。曲线转折点的横坐标应该是金属离子恰好与配位剂定量生成配合物时的浓度比 $c(M)/c(R)$，即为该配合物的配位比 (n)。

在实际测量时，由于配合物的离解，曲线的转折不够明显，可以用外推法使上升曲线与水平线相交于一点，此交点对应的吸光度为 A_1，从交点向横轴作垂线，与实际曲线相交点（拐点）所对应的吸光度为 A_2，与横轴相交点的 $c(M)/c(R)$

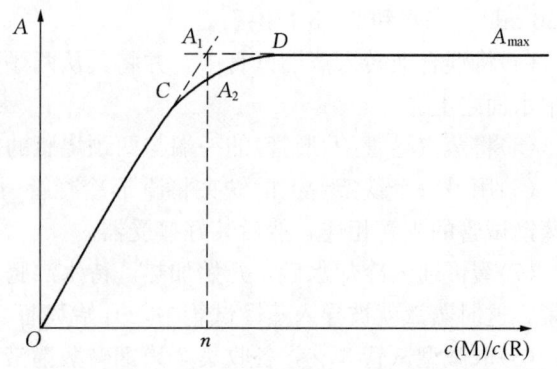

图 9-2 吸光度随配位剂与金属离子的浓度比的变化曲线

即为配合物的配位比 (n)。A_1 应是金属离子与配位剂定量形成配合物时的吸光度，A_2 为实际配合物的吸光度，较 A_1 小，这是由于配合物的离解引起的。

设配合物的离解度为 α，则 $\alpha = \dfrac{A_1 - A_2}{A_1}$

对于配位反应　　　　　　M　+　nR　=　MR_n
平衡时　　　　　　　　　$c_0\alpha$　　$nc_0\alpha$　　$c_0(1-\alpha)$

式中：c_0 为配合物总浓度。配合物的稳定常数 $K_f^\ominus$ 应为

$$K_f^\ominus = \frac{c_0(1-\alpha)}{c_0\alpha(nc_0\alpha)^n} = \frac{1-\alpha}{(nc_0)^n \alpha^{n+1}}$$

9.4.3 实验用品

仪器：分光光度计、容量瓶（50 mL）、吸量管（2 mL、2 mL、5 mL、10 mL）、烧杯（250 mL）、洗耳球。

试剂：$(NH_4)_2Fe(SO_4)_2 \cdot 6H_2O$ 固体（AR）、邻菲罗啉（AR）、1 mol·L^{-1} HCl、2% 盐酸羟胺、NaAc-HAc 缓冲液（体积比为 1∶1，总浓度为 0.2 mol·L^{-1}）。

9.4.4 实验内容

1. 标准溶液配制（由实验教师准备）

1.8×10^{-3} mol·L^{-1} 铁标准溶液：准确称取 0.705 9 g $(NH_4)_2Fe(SO_4)_2 \cdot 6H_2O$ 于 250 mL 烧杯中，加 100 mL 1 mol·L^{-1} HCl 溶液，完全溶解后，移入 1 L 容量瓶中，并用蒸馏水稀释至刻度，混匀。

1.8×10^{-3} mol·L^{-1} 邻菲罗啉标准溶液：准确称取 0.326 0 g 邻菲罗啉于 250 mL 烧杯中，加蒸馏水溶解，移入 1 L 容量瓶中，稀释至刻度，混匀。

2. 取 11 只 50 mL 容量瓶，编号，按表 9-2 在各容量瓶加入各溶液并加水定容至刻度线，得一系列邻菲罗啉铁供试液，摇匀，备用。

3. 选定波长 $\lambda = 508$ nm，厚度为 1 cm 比色皿，用空白溶液作参比，依次测出 10 份溶液的吸光度（参见 10.4 可见分光光度计）。然后以吸光度为纵坐标，以邻菲罗啉标准溶液与铁

标准溶液的体积比为横坐标作图,从图中得出 A_1、A_2 和 n 值,求出配合物组成和配合物的稳定常数。

表 9-2 铁与邻菲罗啉试剂用量表

试剂	1(空白)	2	3	4	5	6	7	8	9	10	11
铁标准溶液	2.00	2.00	2.00	2.00	2.00	2.00	2.00	2.00	2.00	2.00	2.00
2%盐酸羟胺	2.0	2.0	2.0	2.0	2.0	2.0	2.0	2.0	2.0	2.0	2.0
NaAc-HAc 缓冲液	5.0	5.0	5.0	5.0	5.0	5.0	5.0	5.0	5.0	5.0	5.0
邻菲罗啉标准溶液	0	2.00	4.00	5.00	5.50	5.80	6.00	6.20	6.50	7.00	8.00
吸光度											

9.4.5 思考题

1. 在测吸光度时,如果温度有变化,对测得的配合物的稳定常数有何影响?
2. 在配制邻菲罗啉铁试液时,最好以怎样顺序加四种溶液?为什么?
3. 四种溶液中哪些溶液的用量对实验的结果影响较大?

9.5 实验六十五 $CuSO_4 \cdot 5H_2O$ 的提纯及含量测定

9.5.1 实验目的

1. 掌握精制 $CuSO_4 \cdot 5H_2O$ 的原理和方法。
2. 掌握加热蒸发、重结晶等基本操作。
3. 掌握配制 $Na_2S_2O_3$ 标准溶液的方法和注意事项。
4. 学习使用碘量瓶和正确判断以淀粉为指示剂的终点。
5. 了解间接碘量法标定 $Na_2S_2O_3$ 溶液和测定 Cu 的原理和方法。

9.5.2 实验原理

1. $CuSO_4 \cdot 5H_2O$ 的提纯 可溶性晶体物质可用重结晶法提纯,根据物质溶解度的不同,一般可先用溶解、过滤的方法除去溶液中所含难溶于水的杂质,然后再用重结晶法使少量易溶于水的杂质分离。重结晶的原理是由于晶体物质的溶解度一般随温度的降低而减小,当加热的饱和溶液冷却时,待提纯的物质首先以结晶析出,而少量杂质由于尚未达到饱和,仍留在溶液中。

粗硫酸铜晶体中的杂质通常以硫酸亚铁、硫酸铁为最多,当蒸发浓缩硫酸铜溶液时,亚铁盐易被氧化为铁盐,而铁盐易水解有可能生成 $Fe(OH)_3$ 沉淀,混杂于析出的硫酸铜结晶中,所以在蒸发过程中溶液应保持酸性。

若亚铁盐或铁盐含量较多,可先用过氧化氢(H_2O_2)将 Fe^{2+} 氧化为 Fe^{3+},再调节溶液的 pH 至 4 左右,使 Fe^{3+} 水解为 $Fe(OH)_3$ 沉淀而除去。

$$2Fe^{2+} + H_2O_2 + 2H^+ = 2Fe^{3+} + 2H_2O$$
$$Fe^{3+} + 3H_2O = Fe(OH)_3 \downarrow + 3H^+$$

2. $Na_2S_2O_3$ 溶液的配制和标定 硫代硫酸钠一般都含有少量杂质，如 S、Na_2SO_4、Na_2CO_3、NaCl 等，同时还容易风化和潮解，因此不能直接配制。通常用间接法配制 $Na_2S_2O_3$ 标准溶液，由基准物标定其准确浓度。由于 $Na_2S_2O_3$ 遇酸即迅速分解产生 S，配制时若水中含 CO_2 较多，则 pH 偏低，容易使配制的 $Na_2S_2O_3$ 变混浊。另外水中若有微生物也能慢慢分解 $Na_2S_2O_3$。因此，配制 $Na_2S_2O_3$ 溶液时通常用新煮沸再冷却的蒸馏水，并先在水中加入少量 Na_2CO_3，然后再把 $Na_2S_2O_3$ 溶于其中。

标定 $Na_2S_2O_3$ 溶液可用 $KBrO_3$、KIO_3、$K_2Cr_2O_7$ 等氧化剂，$K_2Cr_2O_7$ 用得最多。标定时采用间接碘量法，使 $K_2Cr_2O_7$ 先与过量的 KI 作用，再用待标定的 $Na_2S_2O_3$ 溶液滴定生成的 I_2。第一步反应为

$$Cr_2O_7^{2-} + 14H^+ + 6I^- \longrightarrow 3I_2 + 2Cr^{3+} + 7H_2O$$

在酸度较低时此反应完成较慢，若酸度高 KI 易被空气氧化成 I_2。因此必须注意酸度的控制，并避光放置 5 min，此反应才能定量完成，生成的 I_2 再以淀粉溶液为指示剂，用 $Na_2S_2O_3$ 溶液滴定。第二步反应为

$$I_2 + 2S_2O_3^{2-} \longrightarrow 2I^- + S_4O_6^{2-}$$

$K_2Cr_2O_7$ 与 $Na_2S_2O_3$ 的计量关系为：1 mol $K_2Cr_2O_7$ 生成 3 mol I_2，需 6 mol $Na_2S_2O_3$ 定量反应，即为 1∶6。

3. Cu 含量的测定 碘量法是在无机物和有机物分析中都广泛应用的一种氧化还原滴定法。很多含 Cu 物质(铜矿、铜盐、铜合金等)中 Cu 含量的测定常用碘量法。

胆矾($CuSO_4·5H_2O$)在弱酸性溶液中，其 Cu^{2+} 与过量的 KI 作用生成 CuI 沉淀，同时生成 I_2(在过量 I^- 存在下，以 I_3^- 形式存在)。I_2 用 $Na_2S_2O_3$ 标准溶液滴定，反应式如下：

$$2Cu^{2+} + 4I^- = 2CuI\downarrow + I_2$$
$$I_2 + 2S_2O_3^{2-} = 2I^- + S_4O_6^{2-}$$

滴定过程以淀粉为指示剂，蓝色刚消失时为终点。Cu^{2+} 与 I^- 之间的反应是可逆的，加入过量 KI 会使 Cu^{2+} 的还原趋于完全，并且能增加 I_2 的溶解度，减少 I_2 的挥发。由于 CuI 沉淀强烈吸附 I_2 或 I_3^-，使测定结果偏低，故在近终点加入 SCN^- 使 CuI($K_{sp}^\ominus = 1.27\times10^{-12}$)沉淀转化为溶解度更小的 CuSCN($K_{sp}^\ominus = 4.8\times10^{-15}$)沉淀，同时释放出被吸附的 I_2 或 I_3^-，并使反应更趋于完全：

$$CuI + SCN^- = CuSCN\downarrow + I^-$$

溶液的 pH 一般控制在 3~4，酸度过低，由于 Cu^{2+} 的水解，使反应不完全，结果偏低，而且反应速率慢，终点拖长。酸度过高，则 I^- 易被空气中的氧氧化为 I_2(Cu^{2+} 催化此反应)，使结果偏高。

若 $CuSO_4·5H_2O$ 中含有 Fe^{3+}，由于 Fe^{3+} 能氧化 I^-：

$$2Fe^{3+} + 2I^- = 2Fe^{2+} + I_2$$

故对测定有干扰，可用 NaF 掩蔽 Fe^{3+}，排除干扰。

9.5.3 实验用品

仪器：分析天平、烧杯(100、250 mL)、量筒(10、50 mL)、棕色试剂瓶(500 mL)、容量瓶(100、250 mL)、移液管(20 mL)、碱式滴定管、碘量瓶(250 mL)、三角架、石棉网、漏斗、布氏漏斗、抽滤瓶、循环水真空泵、玻璃棒、酒精灯、铁架、蒸发皿、点滴板、牛角

匙、洗耳球、滤纸、pH 试纸。

试剂：粗 $CuSO_4 \cdot 5H_2O$、3% H_2O_2、0.5 mol·L^{-1} NaOH、2 mol·L^{-1} H_2SO_4、$Na_2S_2O_3 \cdot 5H_2O$(AR)、Na_2CO_3(AR)、$K_2Cr_2O_7$(AR)、KI(AR)、1 mol·L^{-1} HAc、10% KSCN、1%淀粉、饱和 NaF。

9.5.4 实验内容

1. $CuSO_4 \cdot 5H_2O$ 的提纯

(1)称量和溶解　用台秤称量粗硫酸铜晶体 8 g，放入 100 mL 烧杯中，再用量筒量取约 30 mL 水加入烧杯中，然后将烧杯放在石棉网上加热，并用玻璃棒搅拌，当硫酸铜完全溶解时，立即停止加热。

(2)沉淀　往溶液中加入 1.5 mL 3% H_2O_2溶液，加热，逐滴加入 0.5 mol·L^{-1} NaOH 溶液直至 pH≈4(用 pH 试纸检验)，再加热煮沸约 2 min，使红棕色 $Fe(OH)_3$沉降。

(3)过滤　将折好的滤纸放入漏斗中，从洗瓶中挤出少量水湿润滤纸，使之紧贴在漏斗内壁上。将漏斗放在漏斗架上。趁热过滤硫酸铜溶液，滤液接收在清洁的蒸发皿中。从洗瓶中挤出少量水淋洗烧杯及玻璃棒，洗涤水也必须全部滤入蒸发皿中。按同样操作再洗涤一次。将过滤后的滤纸及不溶性杂质投入废液缸中。

(4)蒸发和结晶　在滤液中加入 1～3 滴 2 mol·L^{-1} H_2SO_4使溶液酸化。然后加热、蒸发、浓缩(注意：勿加热过猛以防液体溅失)至溶液表面刚出现固状物薄层时，立即停止加热(注意：不可蒸干，不可搅动液面)。让蒸发皿冷却至室温，再将蒸发皿放在盛有冷水的烧杯上继续冷却，使 $CuSO_4 \cdot 5H_2O$ 晶体析出。

(5)抽滤分离　将蒸发皿内 $CuSO_4 \cdot 5H_2O$ 晶体全部移到预先铺上滤纸的布氏漏斗中，抽气过滤，尽量抽干，并用干净的玻璃棒轻轻挤压布氏漏斗上的晶体，尽可能除去晶体间夹带的母液。停止抽气过滤，取出晶体，把它摊在两张滤纸之间，用手指在纸上轻压以吸干其中的母液。用托盘天平称量硫酸铜晶体，计算产率。最后将硫酸铜晶体用滤纸包好，备用。

2. 0.1 mol·L^{-1} $Na_2S_2O_3$溶液的配制和标定

(1)称取 13 g $Na_2S_2O_3 \cdot 5H_2O$ 溶于新煮沸放冷的 500 mL 蒸馏水中，加入约 0.1 g Na_2CO_3，使之完全溶解摇匀后，将溶液保存在棕色试剂瓶中，于暗处放置 1 周后再标定。

(2)准确称取 1.2 g(准确到 0.1 mg)的 $K_2Cr_2O_7$于烧杯中，加水使其溶解，定量转移到 250 mL 容量瓶中，加水至刻度，摇匀，备用。

(3)用移液管移取 25.00 mL $K_2Cr_2O_7$溶液于碘量瓶中，加 KI 约 2.0 g，用约 15 mL 蒸馏水淋洗碘量瓶，再加 2 mol·L^{-1} H_2SO_4 溶液 5 mL，密塞，摇匀，水封瓶口，在暗处放置 5 min。

(4)加约 20 mL 蒸馏水淋洗内壁和瓶塞，用 $Na_2S_2O_3$ 溶液滴定至近终点(黄绿色)，加 1%淀粉溶液 2 mL，继续滴定至蓝色消失而显亮绿色，即达到终点。平行测定 3 次，计算 $Na_2S_2O_3$ 溶液浓度。

$$c(Na_2S_2O_3) = \frac{6c(K_2Cr_2O_7) \times V(K_2Cr_2O_7)}{V(Na_2S_2O_3)}$$

3. Cu 含量的测定　准确称取 0.5～0.7 g(准确至 0.1 mg)提纯后的胆矾($CuSO_4 \cdot 5H_2O$)样品 3 份，分别放入 3 个 250 mL 锥形瓶中，加 3 mL 1 mol·L^{-1} HAc 溶液，加水 50 mL 溶

解,加入 5 mL 饱和 NaF 溶液和 2.0 g KI,然后用 $Na_2S_2O_3$ 标准溶液滴定至淡黄色。再加入 2 mL 1% 淀粉溶液,继续滴定至浅蓝色,然后加入 10 mL 10% KSCN 溶液,剧烈摇动约 2 min 后,再继续滴定至蓝色刚好消失成米色(CuSCN 的颜色)即为终点。记下消耗 $Na_2S_2O_3$ 的体积,计算 Cu 的含量。

$$w(Cu) = \frac{c(Na_2S_2O_3) \times V(Na_2S_2O_3) \times M(Cu)}{m}$$

9.5.5 思考题

1. 过滤操作中应注意哪些事项?
2. 用重结晶法提纯硫酸铜,在蒸发滤液时应注意些什么?
3. 除杂质铁时,为何要将 Fe^{2+} 氧化为 Fe^{3+}?最后为何将 pH 调至 4?偏高或偏低将产生什么影响?
4. 在间接碘量法中加入过量 KI 的目的何在?
5. 测定 Cu^{2+} 时加入 KSCN 的作用是什么?
6. 淀粉指示剂为什么一定要接近滴定终点时才能加入?加得太早或太迟对分析结果有何影响?
7. 根据 $\varphi^{\ominus}(Cu^{2+}/Cu^+) = 0.16$ V, $\varphi^{\ominus}(I_2/I^-) = 0.54$ V, Cu^{2+} 不可能氧化 I^-,为什么本实验能够进行?
8. 为什么碘量法测定铜必须在中性或弱酸性溶液中进行?

9.6 实验六十六 碘酸铜的制备及其溶度积的测定

9.6.1 实验目的

1. 通过制备碘酸铜,进一步掌握无机化合物制备的某些操作。
2. 测定碘酸铜的溶度积,加深对溶度积概念的理解。
3. 学习使用分光光度计并学习吸收曲线和工作曲线的绘制。

9.6.2 实验原理

将硫酸铜溶液和碘酸钾溶液在一定温度下混合,反应后得碘酸铜沉淀,其反应方程式如下:

$$Cu^{2+} + 2IO_3^- = Cu(IO_3)_2(s)$$

在碘酸铜饱和溶液中,存在以下溶解平衡:

$$Cu(IO_3)_2(s) \rightleftharpoons Cu^{2+}(aq) + 2IO_3^-(aq)$$

在一定温度下,难溶强电解质碘酸铜的饱和溶液中,有关离子的浓度(确切地说应是活度)的乘积是一个常数。

$$K_{sp}^{\ominus} = c_{eq}(Cu^{2+}) c_{eq}^2(IO_3^-)$$

$K_{sp}^{\ominus}$ 被称为溶度积常数,$c_{eq}(Cu^{2+})$ 和 $c_{eq}(IO_3^-)$ 分别为沉淀溶解平衡时 Cu^{2+} 和 IO_3^- 的浓度($mol \cdot L^{-1}$)。温度恒定时,$K_{sp}^{\ominus}$ 的数值与 Cu^{2+} 和 IO_3^- 的浓度无关。

取少量新制备的 $Cu(IO_3)_2$ 固体,将它溶于一定体积的水中,达到平衡后,分离去沉淀，测定溶液中 Cu^{2+} 和 IO_3^- 的浓度，就可以算出实验温度时的 $K_{sp}^{\ominus}$ 值。本实验采取分光光度法测定 Cu^{2+} 的浓度。测定出 Cu^{2+} 的浓度后，即可求出碘酸铜的 $K_{sp}^{\ominus}$。

用分光光度法时，可先绘制工作曲线然后得出 Cu^{2+} 浓度，或者利用具有数据处理功能的分光光度计，直接得出 Cu^{2+} 的浓度值。

9.6.3 实验用品

仪器：可见分光光度计、托盘天平、烘箱、吸量管（1 mL、2 mL、5 mL、10 mL）、容量瓶、烧杯、玻璃棒等。

试剂：五水硫酸铜（$CuSO_4 \cdot 5H_2O$）、碘酸钾（KIO_3）、硫酸钾（K_2SO_4）、$6\ mol \cdot L^{-1}$ 氨水。

9.6.4 实验内容

1. 碘酸铜的制备 用烧杯分别称取 1.3 g 五水硫酸铜（$CuSO_4 \cdot 5H_2O$），2.1 g 碘酸钾（KIO_3），加蒸馏水并稍加热，使它们完全溶解。将两溶液混合，加热并不断搅拌以免暴沸，约 20 min 后停止加热。静置至室温后弃去上层清液，用倾注法将所得碘酸铜洗净，以洗涤液中检查不到 SO_4^{2-} 为标志（需洗 5～6 次，每次可用蒸馏水 10 mL）。记录产品的外形、颜色及观察到的现象，最后进行减压过滤，将碘酸铜沉淀抽干后烘干，计算产率。

2. 绘制 $[Cu(NH_3)_4]^{2+}$ 的吸收曲线，确定最大吸收波长（λ_{max}） 取 $0.1\ mol \cdot L^{-1}\ CuSO_4$ 溶液 2 mL，滴加 $6\ mol \cdot L^{-1}$ 氨水至所产生的沉淀完全溶解后，再加 2 mL 的氨水，然后用蒸馏水稀释至 50 mL，摇匀。以蒸馏水作参比溶液，用 2cm 比色皿从波长 420 nm 起，每隔 10 nm 测一次吸光度，在峰值附近，5 nm 测一次。以吸光度为纵坐标，波长为横坐标作吸收曲线，从曲线上标出 $[Cu(NH_3)_4]^{2+}$ 的最大吸收波长。

3. $K_{sp}^{\ominus}$ 的测定

(1) 配制含不同浓度 Cu^{2+} 的碘酸铜饱和溶液 取 3 个干燥的小烧杯并编好号，均加入少量（黄豆般大）自制的碘酸铜和 19.00 mL 蒸馏水（应该用什么仪器量水？），然后用吸量管按表 9-3 加入一定量的硫酸铜和硫酸钾溶液，硫酸钾的作用是调整离子强度，使溶液的总体积为 20.00 mL。不断地搅拌上述混合液约 15 min，以保证配得碘酸铜饱和溶液。静置，待溶液澄清后，用致密定量滤纸、干燥漏斗常压过滤（滤纸不要用水润湿），滤液用编号的干燥小烧杯收集，沉淀不要转移到滤纸上。

表 9-3 不同浓度 Cu^{2+} 的碘酸铜饱和溶液的 $K_{sp}^{\ominus}$

烧杯（或容量瓶编号）	1	2	3
$0.160\ 0\ mol \cdot L^{-1}\ CuSO_4$ 溶液的体积/mL	0.00	0.50	1.00
$0.160\ 0\ mol \cdot L^{-1}\ K_2SO_4$ 溶液的体积/mL	1.00	0.50	0.00
所加 Cu^{2+} 的浓度 $a/(\times 10^{-3}\ mol \cdot L^{-1})$（烧杯中）	0.00	4.00	8.00
吸光度 A			
容量瓶中 Cu^{2+} 的浓度 $c/(\times 10^{-3}\ mol \cdot L^{-1})$			

(续)

烧杯(或容量瓶编号)	1	2	3
Cu^{2+} 的平衡浓度 $b=5c/(\times 10^{-3}\ mol \cdot L^{-1})$			
IO_3^- 的平衡浓度 $2(b-a)/(\times 10^{-3}\ mol \cdot L^{-1})$			
$K_{sp}^{\ominus}=c_{eq}(Cu^{2+})c_{eq}^2(IO_3^-)=b[2(b-a)]^2$			
$\overline{K_{sp}^{\ominus}}$			

(2) 用分光光度法测定 Cu^{2+} 的浓度

① 绘制工作曲线:用吸量管分别吸取 2.00、4.00、6.00、8.00、10.00、12.00 mL 0.016 00 mol·L^{-1} 硫酸铜溶液于有标记的 6 个 50 mL 容量瓶中,分别加入 6 mol·L^{-1} 氨水 4.0 mL,用蒸馏水稀释至刻度后摇匀。以蒸馏水作参比液,选用 2 cm 比色皿,在上述实验所确定的最大吸收波长下测定它们的吸光度,将有关数据记入表 9-4,以吸光度为纵坐标,相应的 Cu^{2+} 浓度为横坐标,绘制工作曲线。

表 9-4 工作曲线的制作

容量瓶编号	0	1	2	3	4	5	6
0.016 00 mol·L^{-1} CuSO$_4$ 溶液的体积/mL	0	2.00	4.00	6.00	8.00	10.00	12.00
6 mol·L^{-1} 氨水的体积/mL				4.0			
吸光度 A							
容量瓶中 Cu^{2+} 的浓度/($\times 10^{-3}$ mol·L^{-1})							

② 碘酸铜饱和溶液中 Cu^{2+} 的浓度测定:取按表 9-3 准备好的饱和碘酸铜滤液各 10.00 mL 于 3 个编号的 50 mL 容量瓶中,加入 6 mol·L^{-1} 氨水 4.0 mL,用蒸馏水稀释至刻度后摇匀。用 2 cm 比色皿在上述实验的最大吸收波长下,用蒸馏水作参比液测量其吸光度,从工作曲线上查出各容量瓶中 Cu^{2+} 的浓度 c,将有关数据记入表 9-3,并计算 $K_{sp}^{\ominus}$。

9.6.5 思考题

1. 为什么要将所制得的碘酸铜洗净?
2. 如果配制的碘酸铜溶液不饱和或过滤时碘酸铜透过滤纸,对实验结果有何影响?
3. 过滤碘酸铜饱和溶液时,所使用的漏斗、滤纸、烧杯等是否均要干燥的?
4. 为什么用不同浓度的 Cu^{2+} 溶液测定碘酸铜的 $K_{sp}^{\ominus}$?
5. 如何判断硫酸铜与碘酸钾的反应基本完全?
6. 为什么配制 $[Cu(NH_3)_4]^{2+}$ 溶液时,所加氨水的浓度要相同?

9.7 实验六十七 磺基水杨酸铜配合物组成和稳定常数的测定

9.7.1 实验目的

1. 了解分光光度法测定溶液中配合物的组成和稳定常数的原理。
2. 学会用分光光度法测定配合物组成和稳定常数的方法。
3. 掌握分光光度计的操作技术。

9.7.2 实验原理

设中心离子M与配位体L能发生配位反应：

$$M + nL \rightleftharpoons ML_n$$

如果M和L在溶液中都是无色的，或者对我们所选定的波长的光不吸收，而所形成的配合物是有色的，而且在一定条件下只生成这一种配合物，那么根据朗伯-比尔定律，溶液的吸光度就与该配合物的浓度成正比。在此前提条件下，便可从测得的吸光度来求出该配合物的组成和稳定常数。本实验采用等摩尔系列法进行测定。

为了测定配合物ML_n的组成，可用物质的量浓度相等的M溶液和L溶液配成一系列混合溶液，其中M和L的总物质的量不变，但两者的物质的量分数连续变化。测定它们的吸光度，作吸光度-组成图。与吸光度极大值(即溶液对光的吸收最大)相对应的溶液的组成，便是配合物的组成。例如，如果在系列混合溶液中，其配位体的物质的量分数x_L为0.5的溶液的吸光度最大，那么在此溶液中L与M的物质的量之比为1:1，因而配合物的组成也就是1:1，即形成ML配合物。如图9-3所示。

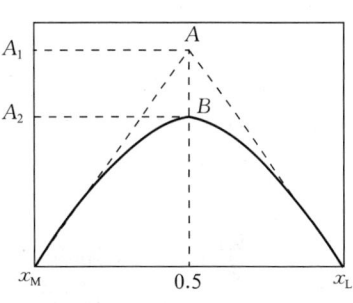

图9-3 吸光度-组成图

从吸光度-组成图可以看得清楚，在极大值B左边的所有溶液中，对于形成ML配合物来说，M离子是过量的，配合物的浓度由L决定。这些溶液中x_L都小于0.5，所以它们形成的配合物ML的浓度也都小于与极大值B相对应的溶液，因而其吸光度也小于B。处于极大值B右边的所有溶液中，L是过量的，配合物的浓度由M决定，而这些溶液的x_M也都小于0.5，因而形成的ML的浓度也都小于与极大值B相对应的溶液。所以只有在$x_L = x_M = 0.5$的溶液中，也就是其组成($x_M : x_L$)与配合物组成相一致的溶液中，配合物浓度最大，因而吸光度也最大。

用等摩尔系列法还可求算配合物的稳定常数。在吸光度-组成图中，在极大值两侧其中M或L过量较多的溶液，配合物的离解度都很小(为什么?)，所以吸光度与溶液组成(或配合物浓度)几乎成直线关系。但是当x_M和x_L之比较接近于配合物组成的时候，也就是当两者过量都不多的时候，形成的配合物的离解度相对来说就比较大了，在此区域内曲线出现了近乎平坦的部分。吸光度-组成图中的A为曲线两侧直线部分的延长线交点，它相当于假定配合物完全不离解时的吸光度的极大值A_1，而B则为实验测得的吸光度的极大值A_2。显然配合物的离解度越大，则$A_1 - A_2$差值越大，所以对于配位平衡

$$M + L \rightleftharpoons ML$$

来说，其离解度α为

$$\alpha = \frac{A_1 - A_2}{A_1}$$

平衡常数K_f为

$$K_f^{\ominus} = \frac{c_{eq}(ML)}{c_{eq}(M) \cdot c_{eq}(L)} = \frac{c_0 - c_0\alpha}{c_0\alpha \cdot c_0\alpha} = \frac{1-\alpha}{\alpha^2 c_0}$$

c_0为与A(或B)点相对应的溶液中M离子的总物质的量浓度。将α值代入上式便可求得$K_f^{\ominus}$值。

9.7.3 实验用品

仪器：分光光度计1台(公用)、数字酸度计、容量瓶(50 mL)、烧杯(50 mL)、酸式滴定管(50 mL)、电磁搅拌器、温度计。

试剂：$Cu(NO_3)_2$(0.05 mol·L^{-1})[1]、磺基水杨酸(0.05 mol·L^{-1})[1]、NaOH(0.05 mol·L^{-1}、1 mol·L^{-1})、KNO_3(0.1 mol·L^{-1})、HNO_3(0.01 mol·L^{-1})。

9.7.4 实验内容

(1) 按等摩尔系列法，用0.05 mol·L^{-1} $Cu(NO_3)_2$溶液和0.05 mol·L^{-1}磺基水杨酸溶液，在9个50 mL烧杯中依表9-5所列体积比配制混合溶液(可以用滴定管量取溶液)。

(2) 依次在每号混合液中插入电极与酸度计连接。在电磁搅拌器搅拌下，慢慢滴加1 mol·L^{-1} NaOH溶液以调节pH为4左右，然后改用0.05 mol·L^{-1} NaOH溶液以调节pH在4.5~5(此时溶液的颜色为黄绿色，不应有沉淀产生，若有沉淀产生，说明pH过高，Cu^{2+}已水解)。若pH超过5，则可用0.01 mol·L^{-1} HNO_3溶液调回，各号溶液均应在pH=4.5~5有统一的确定值[2]。溶液的总体积不得超过50 mL。

将调好pH的溶液分别转移到预先编有号码的干净的50 mL容量瓶中，用pH为5的0.1 mol·L^{-1} KNO_3溶液稀释至标线，摇匀。

(3) 在波长为440 nm条件下，用分光光度计分别测定每号混合溶液的吸光度，记入表9-5中。

表9-5 混合溶液的吸光度

室温： K

溶液编号	1	2	3	4	5	6	7	8	9
磺基水杨酸溶液体积 V_L/mL	0.00	3.00	6.00	9.00	12.00	15.00	18.00	21.00	24.00
硝酸铜溶液体积 V_M/mL	24.00	21.00	18.00	15.00	12.00	9.00	6.00	3.00	0.00
$x_L = \dfrac{V_L}{V_L+V_M}$	0.00	0.125	0.250	0.375	0.500	0.625	0.750	0.875	1.00
溶液的吸光度 A									

9.7.5 数据处理

以吸光度A为纵坐标，配位体物质的量分数x_L为横坐标，作A-x_L图，求CuL_n的配位体数目n和配合物的稳定常数$K_稳^\ominus$。

9.7.6 思考题

1. 如果溶液中同时有几种不同组成的有色配合物存在，能否用本实验方法测定它们的组成和稳定常数？

2. 使用分光光度计应注意的事项有哪些？

9.7.7 注释

[1] 硝酸铜和磺基水杨酸均用0.1 mol·L^{-1} KNO_3配制，事先由实验员进行标定。

[2] 本实验是测 Cu^{2+} 与磺基水杨酸[$HO_3SC_6H_3(OH)CO_2H$，以 H_3R 代表]形成的配合物的组成和稳定常数。Cu^{2+} 与磺基水杨酸在 pH=5 左右形成 1∶1 配合物，溶液显亮绿色；pH=8.5 以上形成 1∶2 配合物，溶液显深绿色。我们是在 pH=4.5～5 溶液中选用波长为 440 nm 的单色光进行测定，在此实验条件下，磺基水杨酸不吸收，Cu^{2+} 也几乎不吸收，形成的配合物则有一定的吸收。

9.8 实验六十八　从黄连中提取黄连素

9.8.1 实验目的

1. 学习从中草药中提取生物碱的原理和方法。
2. 学习减压蒸馏的操作技术。
3. 进一步掌握索氏提取器的使用方法，巩固减压过滤操作。

9.8.2 实验原理

黄连素(也称小檗碱)，属于生物碱，是中草药黄连的主要有效成分，其中含量可达 4%～10%。除了黄连中含有黄连素以外，黄柏、白屈菜、伏牛花、三颗针等中草药中也含有黄连素，其中以黄连和黄柏中含量最高。

黄连素有抗菌、消炎、止泻的功效，对急性菌痢、急性肠炎、百日咳、猩红热等各种急性化脓性感染和各种急性外眼炎症都有效。

黄连素是黄色针状体，微溶于水和乙醇，较易溶于热水和热乙醇中，几乎不溶于乙醚。黄连素的盐酸盐、氢碘酸盐、硫酸盐、硝酸盐均难溶于冷水，易溶于热水，故可用水对其进行重结晶，从而达到纯化目的。

黄连素在自然界多以季铵碱的形式存在，结构如下：

　　　　（醇式）　　　　　　　　　（醛式）　　　　　　　　　（季铵碱式）

从黄连中提取黄连素，往往采用适当的溶剂(如乙醇、水、硫酸等)，在索氏提取器中连续抽提，然后浓缩，再加以酸进行酸化，得到相应的盐。粗产品可以采取重结晶等方法进一步提纯。

黄连素被硝酸等氧化剂氧化，转变为樱红色的氧化黄连素。

黄连素在强碱中部分转化为醛式黄连素，在此条件下，再加几滴丙酮，即可发生缩合反应，生成丙酮与醛式黄连素缩合产物的黄色沉淀。

9.8.3 实验用品

仪器：索氏提取器、圆底烧瓶、克氏蒸馏头、冷凝管、锥形瓶、烧杯、抽滤装置。
药品：黄连(中药店购)、95%乙醇、1%醋酸、浓盐酸、浓硝酸、浓硫酸。

9.8.4 实验内容

(1)称取 10 g 中药黄连,切碎研磨烂,装入索氏提取器[1]的滤纸套筒内,烧瓶内加入 100 mL 95％乙醇,加热萃取 2～3 h,至回流液体颜色很淡为止。

(2)进行减压蒸馏,回收大部分乙醇,至瓶内残留液体呈棕红色糖浆状,停止蒸馏。

(3)浓缩液里加入 1％醋酸 30 mL,加热溶解后趁热抽滤去掉固体杂质。在滤液中滴加浓盐酸,至溶液混浊为止(约需 10 mL)。

(4)用冰水冷却上述溶液,降至室温下后即有黄色针状的黄连素盐酸盐析出,抽滤,所得结晶用冰水洗涤两次,可得黄连素盐酸盐的粗产品。

(5)精制:将粗产品(未干燥)放入 100 mL 烧杯中,加入 30 mL 水,加热至沸,搅拌沸腾几分钟,趁热抽滤,滤液用盐酸调节 pH 为 2～3,室温下放置几小时,有较多橙黄色结晶析出后抽滤,滤渣用少量冷水洗涤两次,烘干即得成品[2]。

9.8.5 产品检验

方法一:取盐酸黄连素少许,加浓硫酸 2 mL,溶解后加几滴浓硝酸,即呈樱红色溶液。

方法二:取盐酸黄连素约 50 mg,加蒸馏水 5 mL,缓缓加热,溶解后加 20％氢氧化钠溶液 2 滴,显橙色,冷却后过滤,滤液加丙酮 4 滴,即发生混浊。放置后生成黄色的丙酮黄连素沉淀。

9.8.6 思考题

1. 黄连素为何种生物碱类化合物?
2. 黄连素的紫外光谱有何特征?

9.8.7 注释

[1]索氏提取器,也可利用简单回流装置进行 2～3 次加热回流,每次约半小时,回流液体合并使用即可。

[2]得到纯净的黄连素晶体比较困难。将黄连素盐酸盐加热水至刚好溶解煮沸,用石灰乳调节 pH＝8.5～9.8,冷却后滤去杂质,滤液继续冷却至室温以下,即有黄连素的针状体析出,抽滤,将结晶在 50～60 ℃下干燥,熔点 145 ℃

9.9 实验六十九　氢氧化铁溶胶的制备和电泳

9.9.1 实验目的

1. 掌握凝聚法制备氢氧化铁溶胶的方法。
2. 观察溶胶的电泳现象并了解其电学性质。
3. 用电泳法测定胶粒速度和溶胶 ζ 电位。

9.9.2 实验原理

1. 溶胶　溶胶是一个多相体系,其分散相胶粒的大小为 1～100 nm,由于其本身的电离或选择性地吸附一定量的离子以及其他原因所致，胶粒表面具有一定量的电荷，胶粒周围分布着反离子。反离子所带电荷与胶粒表面电荷符号相反、数量相等，整个溶胶体系保持电中性。胶粒周围的反离子由于静电引力和热扩散运动的结果形成了两部分——紧密层和扩散层。溶胶是热力学不稳定体系。

2. 电泳 由于离子的溶剂化作用，紧密层结合有一定数量的溶剂分子，在电场的作用下，它和胶粒作为一个整体移动，而扩散层中的反离子则向相反的电极方向移动，这种在电场作用下分散相粒子相对于分散介质的运动称为电泳。发生相对移动的界面称为切动面，切动面和液体内部的电位差称为电动电位或 ζ 电位。不同的带电颗粒在同一电场中的运动状态和速度是不同的，泳动速度与本身所带净电荷的数量、颗粒的大小和形状有关。一般来说，所带的电荷数量越多，颗粒越小越接近球形，则在电场中泳动速度越快，反之越慢。

3. ζ 电位 胶粒电泳速度除与外加电场的强度有关外，还与 ζ 电位的大小有关。而 ζ 电位不仅与测定条件有关，还取决于胶体粒子的性质。

本实验是在一定的外加电场强度下通过测定 $Fe(OH)_3$ 胶粒的电泳速度然后计算出 ζ 电位。在电泳仪两极间加上电位差 $E(V)$ 后，在 $t(s)$ 时间内溶胶界面移动的距离为 $D(m)$，即胶粒的电泳速度 $U(m \cdot s^{-1})$ 为

$$U = \frac{D}{t} \tag{1}$$

相距为 $L(m)$ 的两极间的电位梯度平均值 $H(V \cdot m^{-1})$ 为

$$H = \frac{E}{L} \tag{2}$$

从实验求得胶粒电泳速度后，可按照下式求出 ζ(V) 电位：

$$\zeta = \frac{K \pi \eta}{\varepsilon H} \cdot U \tag{3}$$

式中：K 为与胶粒形状有关的常数，对于本实验中的氢氧化铁溶胶，胶粒为棒形，$K = 3.6 \times 10^{10} V^2 \cdot s^2 \cdot kg^{-1} \cdot m^{-1}$；$\varepsilon$ 是介质的介电常数（SI 单位：$C \cdot V^{-1} \cdot m^{-1}$）；$\eta$ 是介质的黏度 (SI 单位：$kg \cdot m^{-1} \cdot s^{-1}$)。对于水而言，黏度及介电常数可查实验手册或教材。

9.9.3 实验用品

仪器：500 mL 和 250 mL 烧杯若干、250 mL 锥形瓶一个、直流稳压电源 1 台、电泳仪 1 个、电导率仪 1 台、铂电极 2 个。

试剂及材料：$FeCl_3$ 固体（或者 10% $FeCl_3$ 溶液）、火棉胶溶液、0.1 mol·L^{-1} KCl 溶液。

9.9.4 实验内容

1. $Fe(OH)_3$ 溶胶的制备 将 0.5 g 无水 $FeCl_3$ 溶于 20 mL 蒸馏水中，在搅拌的情况下将上述溶液滴入 200 mL 沸水中（控制在 4~5 min 内滴完），然后再煮沸 1~2 min，即制得 $Fe(OH)_3$ 溶胶。

2. 半透膜袋（也叫珂罗酊袋）**的制备** 将约 20 mL 棉胶液倒入干净的 250 mL 锥形瓶内，小心转动锥形瓶使瓶内壁均匀展开一层液膜，倾出多余的棉胶液，将锥形瓶倒置，待溶剂挥发完（此时胶膜已不粘手），将蒸馏水注入胶膜与瓶壁之间，使胶膜与瓶壁分

离,将其从瓶中取出,然后注入蒸馏水检查胶袋是否有漏洞,如无,则浸入蒸馏水待用。

3. 溶胶的纯化 将冷至约 50 ℃ 的 $Fe(OH)_3$ 溶胶转移到半透膜袋,用约 50 ℃ 的蒸馏水渗析,约 10 min 换水 1 次,渗析 10 次。

4. 配制辅助液 将渗析好的 $Fe(OH)_3$ 溶胶冷却至室温,测其电导率,用 $0.1\ mol \cdot L^{-1}$ KCl 溶液和蒸馏水配制与溶胶电导率相同的辅助液。

5. 安装电泳仪 用蒸馏水把电泳仪洗干净,然后取出活塞,烘干。在活塞上涂上一层薄薄的凡士林,凡士林最好离孔远一些,以免弄脏溶液。

关紧 U 形电泳仪下端的活塞,用滴管顺着侧管管壁加入 $Fe(OH)_3$ 溶胶。再从 U 形管的上口加入适量的辅助液。

缓慢打开活塞,使溶胶慢慢上升至适当高度,关闭活塞并记录液面的高度。轻轻将两铂电极插入 U 形管的辅助液中。

将高压数显稳压电源的粗、细调节旋钮逆时针旋到底。按"+"、"-"极性将输出线与负载相接,输出线枪式迭插座插入铂电极枪式迭插座尾。将电源线连接到后面板电源插座。

6. 电泳测定 经检查电路无误后接通电源,调节工作电压至 150V,观察溶胶液面移动现象及电极表面现象,记录 30 min 内界面移动的距离。此数值重复测量 5~6 次,计算其平均值 L。

实验结束后,先切断电源,然后用细铁丝和直尺测量出两个铂电极之间的距离。

9.9.5 数据处理

1. 将实验数据 D、t、E 和 L 分别代入(1)式和(2)式计算电泳速度 U 和平均电位梯度 H。
2. 将 U、H 和介质黏度及介电常数代入(3)式求 ζ 电位。
3. 根据胶粒电泳时的移动方向确定其所带电荷符号。

9.9.6 注意事项

1. 制半透膜袋时,加水不宜太早,因为若乙醚未挥发完,则加水后膜呈乳白色,强度差不能用;但亦不可太迟,加水过迟则胶膜变干、脆,不易取出且易破。
2. 溶胶的制备条件和净化效果均影响电泳速度。制胶过程应很好地控制浓度、温度、搅拌和滴加速度。渗析时应控制水温,常搅动渗析液,勤换渗析液。
3. 渗析后的溶胶必须冷至与辅助液大致相同的温度,以保证两者所测的电导率一致。
4. 制备的 $Fe(OH)_3$ 溶胶经过纯化及老化后方能用于实验。
5. 活塞涂好凡士林,防漏!缓慢开启大活塞,勿使溶胶界面搅动!

9.9.7 思考题

1. 在电泳速度测定中不用辅助液体,把电极直插入溶胶中会发生什么现象?
2. 连续通电会使溶液发热,对电泳会产生什么样的影响?
3. 实验所用 KCl 的辅助液体的电导,为什么必须与所测的溶胶电导值十分相近?
4. 为什么制备的溶胶必须经过纯化及老化后方能用于实验?

9.10 实验七十 溶胶-凝胶法制备钛酸钡纳米粉

9.10.1 实验目的

1. 掌握 Sol-Gel 技术及其制备 $BaTiO_3$ 纳米粉的合成工艺。
2. 了解 X 射线衍射对无机物的表征方法和应用。
3. 了解纳米材料与纳米技术的发展状况。

9.10.2 实验原理

$BaTiO_3$ 是重要的电子材料,具有压电效应和铁电效应。用于制作陶瓷电容器、多层膜电容器、铁电存储器和压电换能器等。$BaTiO_3$ 室温下为四方结构,120 ℃ 以上转变为立方相。

$BaTiO_3$ 多以固相烧结法制备,原料以 $BaCO_3$ 和 TiO_2 等物质的量混合,1 300 ℃ 煅烧,发生固相反应:

$$BaCO_3 + TiO_2 \longrightarrow BaTiO_3 + CO_2$$

此方法简单易行,成本低,但必须依赖机械粉碎和球磨,反应温度高,不均匀。

溶胶-凝胶法(Sol-Gel 法)制备 $BaTiO_3$ 纳米粉可避免上述缺点。

Sol-Gel 法有以下优点:

(1) 操作简单,不需要极端条件和复杂设备。
(2) 各组分在溶液中实现分子级混合,可制备组分复杂但分布均匀的各种纳米粉。
(3) 适应性强,不但可制备微粉,还可制备纤维、薄膜和复合材料。

Sol-Gel 法是用金属有机物(如醇盐)或无机物为原料,通过溶液中的水解、聚合等化学反应,经过溶胶-凝胶-干燥-热处理过程制备纳米粉或薄膜。

其反应过程通常用下列方程式表示:

1. 水解反应

$$M(OR)_4 + xH_2O = M(OR)_{4-x}OH_x + xROH$$

2. 缩合-聚合反应

失水缩合 $—M—OH + HO—M— = —M—O—M— + H_2O$

失醇缩合 $—M—OR + HO—M— = —M—O—M— + ROH$

缩合产物不断发生水解、缩聚反应,溶液的黏度不断增加,最终形成凝胶——含金属-氧-金属键网络结构的无机聚合物。正是由于金属-氧-金属键的形成,使 Sol-Gel 法能在低温下合成材料。Sol-Gel 技术关键就在控制条件发生水解、缩聚反应形成溶胶、凝胶。

溶胶-凝胶方法合成 $BaTiO_3$ 纳米粉体的工艺流程如图 9-4 所示。

钛酸丁酯(也称丁醇钛)是一种非常活泼的醇盐,遇水会发生剧烈的水解反应,如果有足够的水参与反应,一般将生成性能稳定的氢氧钛。在 Sol-Gel 工艺中,必须严格控制水的掺量,甚至不掺水,而让溶液系统暴露在空气中从空气中吸收水分,使水解反应不充分(或不完全),其反应式可表示为

$$Ti(OR)_4 + xH_2O = Ti(OR)_{4-x}OH_x + xROH \tag{1}$$

式中,$R=C_4H_9$ 为丁烷基,RO 或 OR 为丁烷氧基。未完全水解反应的生成物 $Ti(R)_{4-x}(OH)_x$ 中

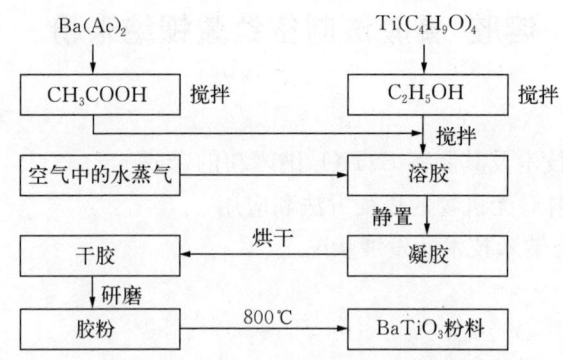

图 9-4　溶胶-凝胶方法合成 BaTiO$_3$ 纳米粉体的工艺流程

的(OH)—极易与丁烷基(R)或乙羰基(R′=CH$_3$CO)结合,生成丁醇或乙酸,而使金属有机基团通过桥氧聚合成有机大分子。如本实验可能发生的典型聚合反应的反应式为

$$-\text{Ti}-\text{OH} + \text{R}'-\text{O}-\text{Ba}-\text{O}-\text{R}' \rightarrow -\text{Ti}-\text{O}-\text{Ba}-\text{O}-\text{R}' + \text{R}'-\text{OH} \quad (2)$$

或

$$-\text{Ti}-\text{OR} + -\text{Ti}-\text{OH} \rightarrow -\text{Ti}-\text{O}-\text{Ti}- + \text{R}-\text{OH} \quad (3)$$

实验中的水解及聚合反应在缓慢吸收空气中水分的过程中不断地进行着,实际上是金属有机化合物经过脱酸脱醇反应,金属 Ti^{4+} 和 Ba^{2+} 通过桥氧键聚合成了有机大分子团链,随着这种分子团链聚合度的增大,溶液黏度增加,溶胶特征明显,经过一定时间就会变成半固体透明的凝胶。凝胶经过烘干,煅烧得到钛酸钡粉末。

9.10.3　实验用品

仪器:烧杯、机械搅拌、烘箱等。

试剂:醋酸钡、乙酸、钛酸丁酯、无水乙醇。

9.10.4　实验内容

(1)称取醋酸钡 0.02 mol(5 g),量取 36%的乙酸 20 mL,倒入烧杯中,搅拌使醋酸钡完全溶解。

(2)称取钛酸丁酯 0.02 mol(6.8 g),量取无水乙醇 10 mL,倒入锥形瓶中,摇匀。

(3)将上述两种溶液迅速混合,快速搅拌,溶液澄清后减慢搅拌速度,继续搅拌 2 h,停止搅拌,此时已经形成透明溶胶,使透明溶胶在空气中静置 3~4 h,得到透明凝胶。

(4)将凝胶取出,置于干燥皿中,在 120 ℃下烘干,得到干凝胶,研磨得到淡黄色粉末。

(5)将粉末置于坩埚中,在 800 ℃下煅烧 4 h,得到纳米钛酸钡陶瓷粉末。

(6)有条件的话用 X 射线衍射分析钛酸钡粉末晶相及粒度。

9.10.5　思考题

1. 控制水解-缩聚条件有哪些途径?
2. 溶胶-凝胶法有哪些优缺点?

9.10.6 参考文献

[1] 刘吉平,廖莉玲.2003.无机纳米材料.科学出版社.
[2] 王世敏,许祖勋,傅晶.2002.纳米材料制备技术.化学工业出版社.
[3] 周方桥,梁鸿东,陈志雄.2003.钛酸丁酯-乙酸钡溶胶系统中的化学机制,华中科技大学学报(自然科学版),31(2):33-36.
[4] 曾庆冰,李效东,陆逸.1998.溶胶-凝胶法基本原理及其在陶瓷材料中的应用.高分子材料科学与工程,14(2):138-143.

9.11 实验七十一 红辣椒中红色素的提取

9.11.1 实验目的

1. 了解色谱分离技术在有机物分离中的应用。
2. 熟悉薄层色谱、柱色谱的分离原理,掌握柱层析分离技术。

9.11.2 实验原理

天然红辣椒中含有辣椒红色素(简称辣椒红)、辣椒素、辣椒油酯等。辣椒红是辣椒红素、辣椒玉红素、β-胡萝卜素等色素的混合物,为深红色油状液体。辣椒红是食品和化妆品中的天然色素添加剂。其化学组成中呈深红色的色素主要是由辣椒红脂肪酸酯和辣椒玉红素脂肪酸酯所组成,呈黄色的色素则是β-胡萝卜素,化学结构如下:

辣椒红

辣椒红脂肪酸酯(R 为 3 个或更多碳的链)

β-胡萝卜素

另一个具有稍大 R_f 值的较小红色斑点,可能是由辣椒玉红素的脂肪酸酯组成。

辣椒红色素不仅色泽鲜艳、热稳定性好，而且耐光、耐热、耐酸碱、耐氧化、无毒副作用，是高品质的天然色素，广泛用于食品、化妆品、保健药品等行业。国内外辣椒红色素的生产方法主要有油溶法、超临界萃取法和有机溶剂法三种。本实验是以二氯甲烷为萃取溶剂，从红辣椒中只萃取出色素，经浓缩后用薄层层析法做初步分析，或用柱层析法分离出红色素。

9.11.3 实验用品

仪器：圆底烧瓶、球形冷凝管、布氏漏斗、漏斗、吸滤瓶、广口瓶、锥形瓶、烧杯、层析缸、薄层色谱板、层析柱、试管等。

试剂：红辣椒（干燥后磨细粉），二氯甲烷，乙醇，氯仿，硅胶 G（60～200 目），辣椒红的脂肪酸酯、辣椒玉红素和 β-胡萝卜素的标准品。

9.11.4 实验内容

1. 红辣椒色素的提取　在 50 mL 圆底烧瓶中放入 2 g 红辣椒和 2～3 粒沸石，加入 15 mL 二氯甲烷，回流 30 min，冷却至室温，然后过滤除去固体。蒸发滤液得到色素的一种粗混合物。

2. 色素的薄层分析　把少量粗色素样品用 5 滴氯仿溶解在一个小烧杯中，用毛细管点在准备好的硅胶 G 薄板上，用含有 1%～5% 绝对乙醇的二氯甲烷作为展开剂，在层析缸中进行层析，记录每一点的颜色，并计算它们的 R_f 值[1～2]。

3. 红色素的柱层析分离　用湿法装柱。将约 8 g 硅胶（60～200 目）在适量二氯甲烷中搅匀，装填到配有玻璃活塞的层析柱中[3]。柱填好后，将二氯甲烷洗脱剂液面降至被盖硅胶的砂的上表面。将色素的粗混合物溶解在少量二氯甲烷（约 1 mL）中，然后将溶液用滴管加入层析柱。放置色素于柱上后，用约 50 mL 二氯甲烷洗脱色素。收集不同颜色的洗脱组分于小锥形瓶或试管中，当第二组黄色素洗脱后，停止层析。

通过薄层层析来检验柱层析，若没有得到一个好的分离效果，用同样的步骤将合并的红色素组分再进行一次柱层析分离。鉴定含有红色素的组分，然后将主要含有同种组分的各组分合并。

安全提示：实验须在通风橱下进行，严禁烟火，严禁皮肤接触，牢记有机化学实验常规安全防范和急救措施。

9.11.5 思考题

1. 为什么极性较大的组分要用极性较大的溶剂洗脱？
2. 层析柱中若有气泡或装填不均匀，会给分离造成什么影响？如何避免？
3. 如何利用 R_f 值来鉴定化合物？

9.11.6 注释

[1]点样时，毛细点样管刚接触薄板即可，否则会拖尾，影响分离效果。
[2]详细操作可参考薄层色谱技术介绍。
[3]柱层析时，棉花不能塞得太紧，以免影响洗脱速度！（太紧会导致流速太慢）

9.12 实验七十二 碳酸钠的制备和氯化铵的回收

9.12.1 实验目的

1. 了解工业制碱法的反应原理。
2. 学习利用各种盐类溶解度的差异制备某些无机化合物的方法。
3. 掌握无机制备中常用的某些基本操作。

9.12.2 实验原理

由氯化钠和碳酸氢铵制备碳酸钠和氯化铵,其反应方程式为

$$NH_4HCO_3 + NaCl = NaHCO_3 + NH_4Cl \tag{1}$$

$$2NaHCO_3 = Na_2CO_3 + H_2O + CO_2(g) \tag{2}$$

反应(1)实际上是水溶液中离子的相互反应,在溶液中存在着 $NaCl$、NH_4HCO_3、$NaHCO_3$ 和 NH_4Cl 四种盐,是一个复杂的四元体系。它们的溶解度是相互影响的。

本实验可根据它们的溶解度和碳酸氢钠在不同温度下的溶解度(表9-6)来确定制备碳酸钠的条件,即反应温度控制在32~35 ℃,碳酸氢钠加热分解的温度控制在300 ℃。

回收氯化铵时,加氨水可提高碳酸氢钠的溶解度,使之不致与氯化铵共同析出,温度控制在小于16 ℃比较合适。

表9-6 几种盐的溶解度(100 g水中,g)

	0 ℃	10 ℃	20 ℃	30 ℃	40 ℃	50 ℃	60 ℃	70 ℃	80 ℃	90 ℃	100 ℃
NaCl	35.7	35.8	36.0	36.3	36.6	37.0	37.3	37.8	38.4	39.0	39.8
NH_4HCO_3	11.9	15.3	21.0	27.0	—	—	—	—	—	—	—
$NaHCO_3$	6.9	8.15	9.6	11.1	12.7	14.5	16.4	—	—	—	—
NH_4Cl	29.4	33.3	37.2	41.4	45.8	50.4	55.2	60.2	65.6	71.3	77.3

碳酸钠是弱酸强碱盐。用盐酸滴定碳酸钠时有两个化学计量点,其反应方程式为:

第一化学计量点　　$Na_2CO_3 + HCl = NaHCO_3 + NaCl$　　pH=8.3

第二化学计量点　　$NaHCO_3 + HCl = H_2CO_3 + NaCl$　　pH=3.9

在第一个化学计量点时,可用酚酞做指示剂。酚酞的变色范围为pH=8~10;在第二化学计量点时,可用甲基橙为指示剂或用溴甲酚绿-甲基红混合指示剂,甲基橙的变色范围为pH=3.1~4.4。由于 $NaHCO_3$ 的缓冲作用,第一化学计量点突跃不明显,滴定至酚酞近无色为准。V_1 为第一化学计量点消耗的盐酸体积。第二化学计量点时,由于在终点前,溶液中 H_2CO_3 和 HCO_3^- 组成缓冲体系,终点也不容易掌握。因此,在用盐酸先滴定至刚好出现橙色时,将溶液加热煮沸,去掉 CO_2,溶液变为黄色,再用极少量盐酸滴定至橙色,作为正式终点。V_2 为第二化学计量点消耗的盐酸体积。

提示:第一步滴定以酚酞为指示剂,其滴定终点反应为

$$CO_3^{2-} + H^+ = HCO_3^-$$

所以中和样品中全部 Na_2CO_3 所消耗的盐酸体积为 V_1。而中和样品中 $NaHCO_3$ 所消耗的盐酸体积则为 $V_2 - V_1$。

氯化铵含量的测定：在氯化铵溶液中加甲醛使之生成游离酸，用酚酞作指示剂，以标准氢氧化钠溶液滴定，根据消耗的氢氧化钠来计算氯化铵的含量。其原理和计算公式见本书实验三十五铵盐中含氮量的测定实验。

9.12.3 实验用品

仪器：托盘天平、分析天平、酸式碱式滴定管、试剂瓶、量筒、容量瓶、抽滤装置、马弗炉、电炉等。

试剂：NaCl(s)、NH_4HCO_3(s)、$0.2000\ mol·L^{-1}$盐酸标准溶液、$6\ mol·L^{-1}\ NH_3·H_2O$、40%甲醛、$0.1000\ mol·L^{-1}\ NaOH$标准溶液、指示剂等。

9.12.4 实验内容

1. 制备碳酸钠

(1)称取经提纯的氯化钠 6.25 g，置入 100 mL 烧杯中，加蒸馏水配制成 25%的溶液。在水浴上加热，控制温度在 30～35 ℃，在搅拌的情况下分次加入 10.5 g 研细的碳酸氢铵，加完后继续保温并不时搅拌反应物，使反应充分进行 0.5 h 后，静置，抽滤得碳酸氢钠沉淀，并用少量水洗涤 2 次，再抽干，称重。母液留待回收氯化铵。

(2)将抽干的碳酸氢钠置入蒸发皿中，在马弗炉内控制温度为 300 ℃灼烧 1 h，取出后，冷却至室温，称重，计算产率。

或将抽干的碳酸氢钠置入蒸发皿中，放在 850W 微波炉内，将火力选择旋钮调至最高挡，加热 20 min 取出，冷却至室温，称重，计算产率。

(3)产品含量的测定：准确称取 0.21～0.25 g(准确到 0.0001 g)纯碱(产品)3 份于 250 mL 锥形瓶中，分别加 50 mL 蒸馏水使其溶解。加 2 滴酚酞指示剂，用已知准确浓度(约 $0.2\ mol·L^{-1}$)的盐酸溶液滴定至溶液由红到近无色，记下所用盐酸的体积 V_1，再加 2 滴甲基橙指示剂(或加 9 滴溴甲酚绿-甲基红混合指示剂)，这时溶液为黄色(绿色)，继续用上述盐酸滴定，使溶液由黄色(绿色)变至橙色(暗红色)，加热煮沸 1～2 min，冷却后，溶液又为黄色(绿色)，再用盐酸溶液滴定至橙色(暗红色)，半分钟不褪色为止。记下所用去的盐酸的总体积 V_2(V_2 包括 V_1)。

2. 回收氯化铵

(1)将母液加热至沸，滴加 $6\ mol·L^{-1}\ NH_3·H_2O$ 至溶液呈碱性，继续加热蒸发，当液面出现晶膜时，冷却溶液并不断搅拌，最后使溶液冷却至 10 ℃，使氯化铵充分结晶，抽干后转移到洁净干燥的小烧杯中，置于干燥器中干燥，称重。

(2)氯化铵含量测定：在分析天平上，用减量法准确称取约 0.2 g 已干燥的氯化铵 2 份，分别置于锥形瓶中，加水 30 mL、40%的甲醛 2 mL、酚酞 3～4 滴，以 $0.1000\ mol·L^{-1}$ NaOH 标准溶液滴定至溶液变红，半分钟内不褪色为止，计算氯化铵的含量。

9.12.5 数据处理

1. 计算碳酸钠的含量

$$Na_2CO_3\ 含量 = \frac{c(HCl) \times V_1 \times M(Na_2CO_3)}{m} \times 100\%$$

式中：$c(\mathrm{HCl})$ 为盐酸的标准浓度；$M(\mathrm{Na_2CO_3})$ 为 $\mathrm{Na_2CO_3}$ 的摩尔质量；m 为样品质量；V_1 为第一化学计量点消耗的盐酸体积。

2. 计算碳酸氢钠的含量

$$\mathrm{NaHCO_3} \text{ 含量} = \frac{c(\mathrm{HCl}) \times (V_2 - V_1) \times M(\mathrm{NaHCO_3})}{m} \times 100\%$$

式中：$c(\mathrm{HCl})$ 为盐酸的标准浓度；$M(\mathrm{NaHCO_3})$ 为 $\mathrm{NaHCO_3}$ 的摩尔质量；m 为样品质量；V_2 为第二化学计量点消耗的盐酸体积。

3. 计算氯化铵的含量

$$\mathrm{NH_4Cl} \text{ 含量} = \frac{c(\mathrm{NaOH}) \times V(\mathrm{NaOH}) \times M(\mathrm{NH_4Cl})}{m(\mathrm{NH_4Cl})} \times 100\%$$

9.12.6 思考题

1. 氯化钠不预先提纯对产品有无影响？
2. 为什么计算碳酸钠产率时，要根据氯化钠的用量？影响碳酸钠产率的因素有哪些？
3. 从母液中回收氯化铵时，为什么要加氨水？

9.13 实验七十三 离子鉴定和未知物的鉴别

9.13.1 实验目的

1. 掌握常见物质的鉴定或鉴别的化学知识。
2. 熟悉常见离子重要反应的基本知识。

9.13.2 实验原理

鉴定一个试样或鉴别一组未知物时，一般可从以下几个方面进行判断：

1. 物质的状态

(1) 观察常温下试样的状态，如果是固体要观察它的晶形。

(2) 观察试样的颜色。液体试样可根据离子的颜色，固体试样可根据化合物的颜色以及配成溶液后离子的颜色，预测可能存在哪些离子，哪些离子肯定不存在。这是一个重要的判断因素。

(3) 试样的气味。利用某些物质特殊的气味来初步辨别。

2. 热稳定性 不同物质的热稳定性差别较大，有些物质常温下就不太稳定，有些物质加热时才分解，还有些物质受热时易挥发或升华，而不分解。

3. 溶解性 固体试样的溶解性也是一个重要的判断因素。首先试验是否溶于水，分别在冷水和热水中各如何，若试样不溶于水，再依次用不同浓度的盐酸、硝酸等手段试验其溶解性。

4. 酸碱性 酸或碱试样可直接通过酸碱指示剂进行判断；两性物质可借助于其既能溶于酸，又能溶于碱的性质加以判别；可溶性盐的酸碱性可用水溶液加以辨别；也可以根据试液的酸碱性来排除某些离子存在的可能性。

5. 鉴定或鉴别反应 经过前面对试样的观察和初步试验，再进行相应的鉴定或鉴别反

应,就能给出更准确的判断。在无机化学实验中鉴定反应大致可采用以下两种方式:

(1)通过与某些试剂反应生成沉淀,或沉淀溶解,或放出气体。必要时再对生成的沉淀和气体做定性检测。

(2)其他特征反应,如焰色反应、显色反应等。

9.13.3 实验用品

仪器:试管、滴管、铂丝(镍铬丝)、试剂瓶等。

试剂:铝片、锌片、$AgNO_3$、$Hg(NO_3)_2$、$Pb(NO_3)_2$、$NaNO_3$、$Zn(NO_3)_2$、$Al(NO_3)_3$、Na_3PO_4、$NaCl$、Na_2CO_3、$NaHCO_3$、Na_2SO_4,其他试剂学生自选。

9.13.4 实验内容

首先根据以下实验内容设计出实验方案,列出实验所需器材与药品。

(1)区分两片银白色金属片,一是铝片,一是锌片。

(2)鉴别以下七种硝酸盐溶液:

$AgNO_3$、$Hg(NO_3)_2$、$Pb(NO_3)_2$、$NaNO_3$、$Zn(NO_3)_2$、$Al(NO_3)_3$、KNO_3。

(3)鉴别下列八种固体钠盐:

$NaNO_3$、Na_3PO_4、$NaCl$、Na_2CO_3、$NaHCO_3$、Na_2SO_4、$Na_2S_2O_3$、Na_2S。

(4)鉴别如下四种黑色氧化物:CuO、PbO_2、MnO_2、Fe_3O_4。

(5)现有两份未知混合溶液,可能含有 Fe^{3+}、Co^{2+}、Ni^{2+}、Cr^{3+}、Mn^{2+} 离子中的全部或部分,试设计一合理的实验方案来确定未知液中存在的离子。

9.14 实验七十四 醇、酚、醛、酮、羧酸未知液的分析

9.14.1 实验目的

1. 复习并掌握有机醇、酚、醛、酮和羧酸类化合物的主要化学性质。
2. 培养灵活运用知识的能力,并学会独立设计和进行未知液分析的基本技能。

9.14.2 实验原理

1. 醇的化学性质 醇的化学性质主要由羟基官能团决定,同时也受到烃基官能团的一定影响。醇分子中C—O键和O—H键都是极性键,这是醇易发生反应的两个部位。醇羟基上的氢具有一定的酸性,能和活泼金属,如钠、钾等反应放出氢气,能在酸性催化下与氢卤酸作用生成卤代烷和水,能与含氧的无机酸或有机酸、酰卤、酸酐作用生成酯,醇还可以发生分子间或分子内脱水生成醚或烯烃,另外,在醇分子中,由于羟基的诱导效应,使 α-H 活化,容易被氧化。

2. 酚的化学性质 酚类由于含有酚羟基、芳香环及彼此间形成的 p-π 共轭作用,使 C—O键极性减弱,不能进行亲核取代反应,较难生成醚和酯,不能发生消除反应,但 O—H之间的键极性增大,反应活性增强,如苯酚呈现一定程度的酸性,酚羟基易于被氧化,酚类也易于以苯氧负离子的形式存在,可与三氯化铁溶液作用生成带紫色的配位离子。芳香环上酚羟基具有活化芳香环的作用,使芳环上的亲电取代反应更易于进行。

3. 醛酮的化学性质 醛酮类都含有羰基官能团,由于氧的强电负性,使羰基碳氧双键的电子云分布不均匀,易流动的π电子偏向于氧原子,致使羰基碳原子带部分正电荷,氧带部分负电荷,因此,羰基碳氧双键是一个极性较强的不饱和键,易发生加成、还原和多种化学反应。醛酮分子中α-碳原子受羰基的影响电子云密度降低,从而使α-氢原子活化酸性增加,在碱催化下,具有α-H的醛酮可发生卤代和缩合反应。醛酮都可以被强氧化剂氧化,由于醛的羰基上连有易被氧化的氢原子而酮没有,所以醛可以被弱氧化剂氧化而酮则不能。常用的弱氧化剂有托伦(Tollens)试剂、斐林(Fehling)试剂及本尼迪(Benedict)试剂等。没有α-氢的醛与浓碱共热,还能发生自身氧化还原反应。

4. 羧酸的化学性质 羧基由羰基和羟基组成,是羧酸的官能团,杂化轨道理论认为,羧基中的碳原子为sp^2杂化,羟基氧原子上的未共用电子对与C=O双键中的π键形成p-π共轭体系,增加了O—H键的极性,从而C—O键的极性减弱,降低了碳原子的正电性和羟基氧上的电子云密度,使得羧酸的酸性比醇强,而羟基的取代比醇难。因此,发生在羧酸中的反应主要有以下几种类型:羧基上氢的反应、羧基中羟基的取代反应、脱羧反应、羧基的还原以及羧酸中α-氢的取代反应等。

9.14.3 实验用品

仪器:分析天平、容量瓶、量筒、试剂瓶、尖嘴滴管、烧杯、试管、玻璃棒、酒精灯、铁架台、试管夹等。

试剂:浓盐酸、无水氯化锌、斐林试剂 A、斐林试剂 B、5% $CuSO_4$、金属钠、1% $KMnO_4$、酚酞、蓝色石蕊试纸、5% $NaHCO_3$、1% $FeCl_3$、饱和溴水、2% $AgNO_3$、2,4-二硝基苯肼、10% $NaOH$、10% H_2SO_4、浓氨水、碘液、蒸馏水等。

待分析的未知液:1-丁醇、2-丁醇、叔丁醇、苯酚、乙醛、丙酮、乙酸。

9.14.4 实验的几个基本环节

1. 实验方案的设计 根据实验基本条件,设计出未知液鉴定的合理方案。实验方案应包含目的、原理、仪器与试剂,及部分试剂的配制方法、鉴定步骤、主要化学反应式等。

2. 未知液鉴定的基本过程 经指导教师审阅同意,根据实验拟订方案开展分析工作,认真观察并记录实验现象,结合相关知识做出科学分析,获得鉴定结果。

3. 写出鉴定实验报告 实验过程结束后,根据实验分析过程写出较完整的鉴定实验报告。

第十章 实验仪器简介

10.1 酸度计

10.1.1 原理

酸度计是利用测量电动势来测量水溶液 pH 的仪器，故也称为 pH 计。它还具有测定电极电势等其他用途。

用酸度计测量 pH 时，先准备一对工作电极：一支是电极电势已知且恒定的参比电极，另一支是电极电势随待测溶液离子浓度的变化而变化的指示电极。将此对工作电极插入待测溶液组成原电池，在精密电位计（即酸度计）上测定其电池电动势。由于电池电动势随待测溶液 pH 变化而变化，通过转换器可直接读出待测溶液的 pH。

10.1.2 结构

酸度计种类和型号很多，实验中常用的酸度计有 pH-25 型、pHS-2 型（图 10-1）和 pHSW-3D 型等。它们主要由参比电极（通常为甘汞电极，图 10-2）、指示电极（通常为玻璃电极，图 10-3）和精密电位计三部分组成。

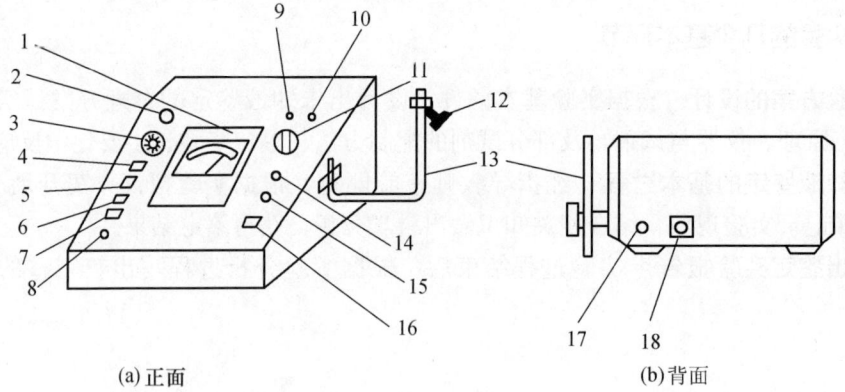

(a) 正面　　　　　　　　　　　　　　(b) 背面

图 10-1　pHS-2 型酸度计

1. 指示表　2. 电源指示灯　3. 温度补偿调节器　4. 电源开关　5. pH 按钮　6. −mV 按钮
7. +mV 按钮　8. 零点调节旋钮　9、10. 电极插口　11. 分挡开关　12. 电极夹
13. 电极杆　14. 校正旋钮　15. 定位旋钮　16. 读数开关　17. 保险丝　18. 电源插口

10.1.3 使用方法

1. pHS-2 型酸度计的使用方法

（1）仪器的准备和校正

① 仪器零点的调节：接通电源前，检查指示表 1 上的指针是否在 1.00 处，否则需调节。

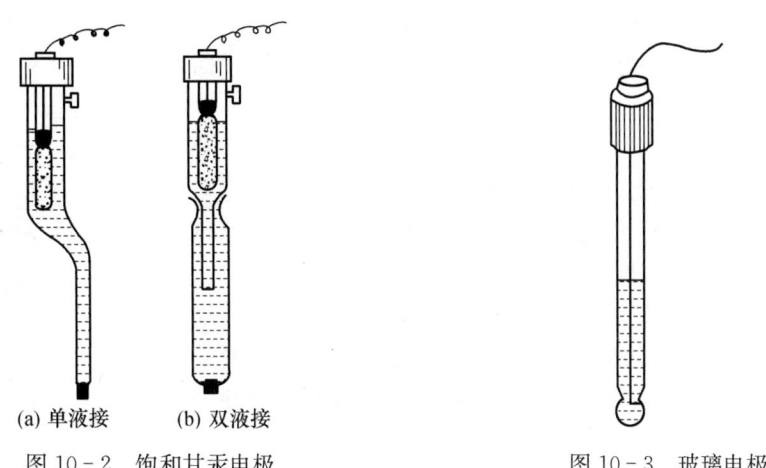

图 10-2　饱和甘汞电极　　　　图 10-3　玻璃电极

② 温度补偿：将温度补偿调节器 3 调到待测溶液的当前温度。

③ 调零：接通电源，打开电源开关 4，指示灯 2 亮，按下 pH 按钮 5，预热 30 min，将分挡开关 11 调至"6"位置，调节零点调节旋钮 8 使指针指在"1.00"位置上（即 pH＝7.00）。

④ 校正：将分挡开关 11 调至"校正"位置，调节校正旋钮 14 使指针指在满刻度"2.00"处。重复③④两步，直到指针指在准确位置，此后校正旋钮的位置不可再变。

(2)定位　将电极连接至仪器的 9、10 位置后，插入 pH 标准缓冲溶液，按下读数开关 16，调节定位旋钮 15，使指针指在该标准缓冲溶液的 pH 上，再按下读数开关 16，指针回至零点。重复一次。定位完毕，此后定位旋钮不可再动。

(3)测定　取出电极，用纯水洗净、滤纸吸干，再插入待测溶液中，按下读数开关 16，调节分挡开关 11，使指针停在刻度线范围内，指针稳定后读数，测得待测溶液的 pH。

2. pH-25 型酸度计的使用方法

(1)仪器的准备和校正

① 接通电源前，检查指示表上的指针是否在"0"处，否则需调节。

② 接通电源，打开开关，按下 pH 按钮，预热 20 min。

③ 将温度补偿调节器调到待测溶液的当前温度。

④ 将 pH-mV 开关调至"pH"挡。

⑤ 调节量程开关至待测溶液的 pH 范围内。注意，平时量程开关应在"0"处，以保持断路，保护仪器。

⑥ 调节零点调节器，使指针指在 pH＝7.00 处。

(2)定位　将连接好的电极插入 pH 标准缓冲溶液，按下读数开关，调节定位调节器，使指针指在标准缓冲溶液的 pH 上。重复一次。仪器校正、定位完毕，定位调节器不可再动。

(3)测定　将电极洗净、滤纸吸干，插入待测溶液中，按下读数开关，指针稳定后读数，测得待测溶液的 pH。

3. pHSW‑3D 型酸度计的使用方法

(1)准备

① 接通电源：打开电源开关，预热 30 min。

② 电极安装：将准备好的 pH 复合电极(图 10‑4)接口插入插座。

(2)标定

① 调温度：将温度补偿调节器调到待测溶液的当前温度。

② 调定位：将 pH 复合电极浸入 pH 标准缓冲溶液(pH=7.00)，待仪器稳定后，调节定位调节器使仪器显示为 "7.00"。

③ 调斜率：取出 pH 复合电极，用纯水洗净、吸干，浸入 pH=4.00(或 pH=9.00)的标准缓冲溶液，充分搅动后静置数十秒，待仪器稳定后，调节斜率调节器使仪器显示为该标准缓冲溶液的 pH。

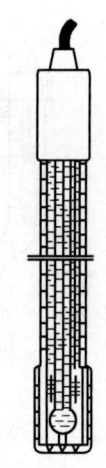

图 10‑4 pH 复合电极

④ 重复②、③两步，使电极在两种标准缓冲溶液中稳定显示相应数值，标定完成。此后，不可再动定位调节器和斜率补偿调节器。

(3)测定

① 在进行高精度测定时，要求标定和测定时的温度一致，即缓冲溶液和待测溶液温度应一致。将电极用纯水洗净、吸干，浸入待测溶液，充分搅动后静置数十秒，读取显示器上的数值，即为该待测溶液的 pH。

② 在进行一般精度测定时，缓冲溶液和待测溶液温度差异应≤±10 K。在测定了待测溶液温度后，将温度补偿调节器调到待测溶液的当前温度，然后按上面的步骤进行测定。

10.2 旋光仪

10.2.1 原理

有机化合物中的一些手性分子(不对称分子)能使偏振光的振动平面发生旋转，这类物质称为旋光性物质，而振动平面发生旋转的角度称为旋光度，旋光度用 α 表示。

测定旋光度大小的仪器称为旋光仪，其基本原理如图 10‑5 所示。

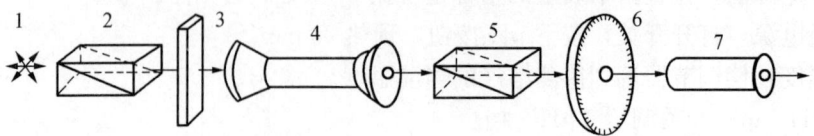

图 10‑5 WXG‑4 小型旋光仪基本原理示意图
1. 光源(钠光灯) 2. 尼可尔棱镜(起偏镜) 3. 石英条 4. 旋光管
5. 尼可尔棱镜(检偏镜) 6. 刻度盘 7. 目镜

钠光源(λ=589.3 nm)通过起偏镜变成平面偏振光，当偏振光通过有旋光性物质的样品管时，振动平面发生旋转，调节检偏镜，使最大量的光线通过，检偏镜旋转的度数和方向显示在度盘上，此度数即为该物质在此浓度时的旋光度。度盘上的读数有(＋)、(－)之分，度盘向右转，样品为右旋，记为(＋)；度盘向左转，样品为左旋，记为(－)。

旋光度的大小与物质本质和测定条件(溶剂的性质、溶液的浓度、旋光管的长度、测定时的温度及光波的波长等诸因素)有关,当测定条件固定以后,旋光度的大小只与物质本身有关,这时的旋光度称为比旋光度,它是定性鉴定物质的依据。对已知比旋光度的物质,通过测定旋光度大小可以计算物质的浓度,这是定量鉴定物质的依据。

为了便于比较物质的旋光性能,通常是将含 $1\,g \cdot mL^{-1}$ 旋光性物质的溶液在 $1\,dm$ 长的旋光管中测得的旋光度称为比旋光度,用 $[\alpha]$ 表示,其与旋光度的关系为

$$[\alpha]_\lambda^t = \frac{\alpha}{\rho_B \times l}$$

式中:α 为旋光度;ρ_B 为物质 B 的质量浓度,单位为 $g \cdot mL^{-1}$;l 为旋光管的长度,单位为 dm;t 为测定时的温度;λ 为所用光源波长,通常用的是钠光源($\lambda = 589.3\,nm$),以 D 表示。

10.2.2 结构

旋光仪的种类和型号很多,但其基本原理是相同的。实验室常用的WXG-4小型旋光仪结构如图10-6所示。

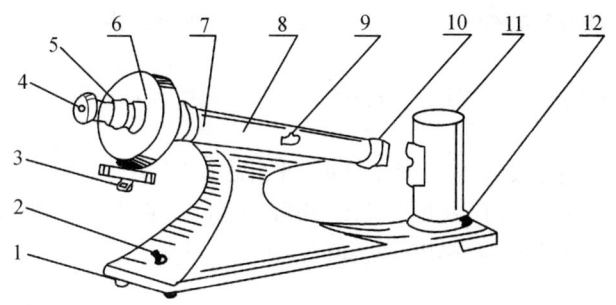

图 10-6 WXG-4型旋光仪示意图
1. 底座 2. 电源开关 3. 度盘转动手轮 4. 放大镜座 5. 视度调节螺旋
6. 度盘游表 7. 镜筒 8. 镜筒盖 9. 镜盖手柄 10. 镜盖连接筒 11. 灯罩 12. 灯座

10.2.3 使用方法

1. 预热 接通电源,预热 3~5 min 使钠灯光稳定[1]。

2. 零点的校正 用纯水洗涤旋光管数次,然后装满纯水,使液面凸出管口,取护玻片轻轻平推盖好,保证管中无气泡[2],然后旋上螺丝帽盖不使其漏液(但也不能过紧,否则因盖子产生扭力使管内有空隙,影响旋光度)。擦干旋光管外的液体将其放入旋光仪。通过手轮将度盘转动至零刻度附近,观察目镜中的三分视场(图10-7),在视场中可看到两种明暗不均匀的影像(a)和(c),边观察边仔细左右微调手轮,使视场达到明暗程度适中的均匀影像[3],即零点视场(b),记下读数盘读数[4],重复3

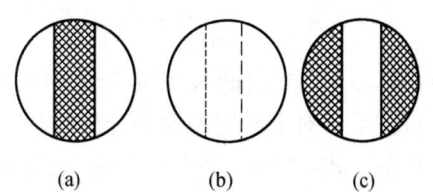

图 10-7 旋光仪中的三种明暗不同的视场

次,取平均值,即为零点校正值,测定样品时加上或减去该数值。图 10-7(b)所示的均匀视场对手轮位置是很敏感的,此时若稍微旋动手轮,视场立即变成图 10-7(a)或图10-7(c)

所示的不均匀影像。当手轮位置偏离太远时，三分视场的亮度也趋向均匀，但整个视场很明亮，并且对手轮的旋动不敏感，要注意这不是所要寻找的视场。

3. 样品的测定 用待测液冲洗旋光管 2～3 次，然后加满待测液，找出零点视场，记下读数，重复 3 次，取平均值，此值与零点校正值的差值即为该样品的旋光度[5]。记下该旋光管的长度 l、测定时的温度 t，然后按公式计算其比旋光度 $[\alpha]_D^t$。

实验结束后，切断电源，用纯水冲洗旋光管，用软布揩干[6]。

10.2.4 注释

[1] 钠光灯连续使用时间不宜过久(不超过 4 h)，在连续使用时，中间最好关灯 15～20 min，待钠光灯冷却后再用，以免影响其寿命。

[2] 纯水或待测液中有气泡或悬浮物时会影响测定。如有气泡，可将旋光管带凸颈的一端向上倾斜至气泡全部进入凸颈中；如有悬浮物时，应过滤。

[3] 在旋光仪视场中，有一明亮且亮度一致的视场(它的特点是不灵敏)，这不是零点视场，不要与零点视场混淆。

[4] 读数方法：刻度盘分为 360 等份，并有固定的游标分为 20 等份。读数时先看游标的 0 落在刻度盘上的位置，记下整数值，再看它的刻度线与刻度盘上等刻度线相平行的点，记下游标上的读数作为小数点以后的数值。

[5] 对未知旋光度的化合物必须测定其旋光方向，这种方法称为两次测定法。对已知化合物则不必两次测定，只测一次即可。

[6] 旋光管使用后及时将溶液倒出，清洗干净并擦干后放入样品盒中。旋光管洗涤后不可置于烘箱内干燥，因玻璃与金属的膨胀系数不同，将造成破裂，用后可晾干或用乙醚冲洗数次晾干。此外，旋光管两端的圆玻片为光学玻璃，必须小心用软纸擦，以免磨损。

10.3 阿贝折射仪

10.3.1 原理

折射率是物质重要的物理常数之一，它可用于液体化合物(特别是有机化合物)的鉴定及其纯度检验。

单色光由一种介质 1 进入另一种介质 2 时，由于光传播速度的改变，而发生折射现象(图 10-8)。在一定温度下，入射角 α 与折射角 β 服从折射定律：

$$\frac{\sin \alpha}{\sin \beta} = \frac{v_1}{v_2} = n_{1,2}$$

式中：v_1、v_2 为光在两种不同介质中的传播速度；$n_{1,2}$ 为相对折射率，对于给定温度和介质时为一常数。

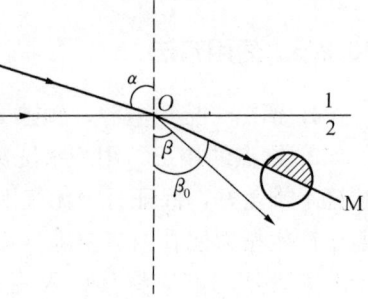

图 10-8 光的折射

根据上式，若 $n_{1,2} > 1$，$\alpha > \beta$，这时光线由光疏介质进入光密介质，随着入射角的增大，折射角也相应增大，当入射角 α 达到 90°时，折射角达到最大值，称为临界角，用 β_0 表示。显然，当入射角 $\alpha < 90°$时，所有的光线都可进入光密介质，如果在 M 处有一目镜，则镜中将出现半明半暗的图像。当入射角 $\alpha = 90°$时，上式则改写为

$$n_{1,2} = \frac{1}{\sin \beta_0}$$

显然，固定一种介质以后，折射角与临界角 β_0 的大小就有了简单的函数关系。阿贝折射仪就是根据这一原理而设计的。

10.3.2 结构

阿贝折射仪的外形结构如图 10-9 所示。仪器主要部分为两个直角棱镜 5 和 11，两个棱镜间留有空隙，其中可以铺展待测液体。光线从反射镜射入棱镜 5 后，便在其磨砂面上发生漫反射，使被测液层内有各种不同角度的入射光，经过折射棱镜 11 产生一束折射光线。调节反射镜角度将此束光线射入一组消色散棱镜消除色散，再经聚光镜聚焦，射于目镜 8 上，此时目镜中应出现半明半暗的图像。

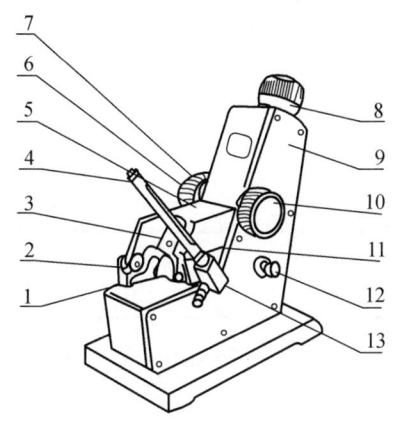 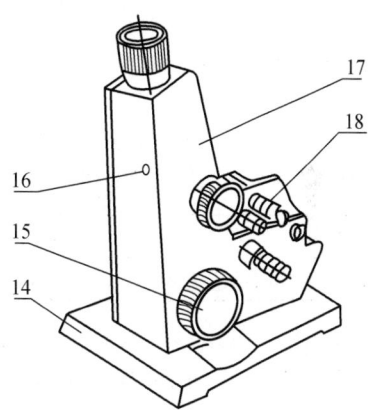

图 10-9　阿贝折射仪的结构

1.反射镜　2.转轴　3.遮光板　4.温度计　5.进光棱镜　6.色散调节手轮
7.色散值刻度圈　8.目镜　9.盖板　10.手轮　11.折射棱镜　12.照明刻度盘聚光镜
13.温度计座　14.底座　15.折射率刻度调节手轮　16.小孔　17.壳体　18.恒温器接口

10.3.3 使用方法

1. 仪器准备

(1)将折射仪安装在光线明亮的桌子上(注意避免阳光直射)，并将其和恒温水浴相连，选择量程合适的温度计并将其安装在温度计座上，调节至所需温度(通常为 20.0 ℃ 或 25.0 ℃)，恒温[1]。

(2)旋松棱镜锁紧扳手，打开直角棱镜组，用擦镜纸沾少量乙醚或丙酮顺同一方向轻轻擦洗上下棱镜表面[2]，风干后待用。

2. 仪器校正　新仪器和长时间放置不用的仪器，使用前要进行校正。校正方法如下：

(1)用纯水校正　打开直角棱镜组，取 2~3 滴纯水均匀地滴在棱镜磨砂面上，立即闭合锁紧。调节反光镜使目镜中视场明亮，调节棱镜转动手轮使刻度盘读数与纯水一致。再转动右侧消色散手轮(阿米西棱镜)，消除色散，观察明暗分界线与"十"字线交点是否重合，若有偏差，用调节扳手调节[3]。

(2)用标准折射晶片校正　打开直角棱镜组，将标准折射晶片用 1 滴溴化萘粘贴在棱镜的光面上，调节棱镜转动手轮使刻度盘读数与标准折射晶片上所刻数值一致。观察明暗分界线与"十"字线交点是否重合，若有偏差，用调节扳手调节。

3. 样品测定

(1) 打开直角棱镜组，将镜面擦净晾干。取待测液 2～3 滴均匀地滴加在棱镜磨砂面上，立即闭合锁紧[4]。

(2) 调节反光镜使目镜中视场明亮。

(3) 调节棱镜转动手轮，在镜筒内找到明暗分界线。若出现色散，转动消色散手轮，消除色散，使明暗分界线清晰。再调节棱镜转动手轮使镜筒内的明暗分界线与"十"字线交点重合。重复 2～3 次，取平均值。记录数据及测定温度。

(4) 实验完毕，用乙醚或丙酮将棱镜擦净，卸下温度计，脱离水浴，将仪器表面擦净，晾干后保存。

10.3.4 注释

[1] 如折射仪不与恒温水浴进行恒温，要进行温度校正：温度增加 10 ℃，液体有机化合物的折射率减少约 4×10^{-4}。

[2] 擦洗棱镜时，要单向擦，不要来回擦，以免在镜面上造成痕迹。

[3] 不同温度下，纯水的折射率如下：

温度/℃	14	18	20	24	28	32
折射率(n)	1.333 48	1.333 17	1.332 99	1.332 62	1.332 19	1.331 64

[4] 滴加液体时，滴管的末端切不可触及棱镜。若样品易挥发，则可在两棱镜接近闭合时从加液小槽中加入，然后闭合两棱镜。对于易挥发的液体，测定速度要快。

10.4 可见分光光度计

10.4.1 原理

分光光度计的工作原理是以物质对光的选择性吸收为基础，光吸收原理如图 10-10 所示，当光照射在溶液上时，溶液将选择性地吸收一定波长的光，使透过光的强度减弱，物质吸收光的程度可用吸光度 A 或透光度 T 表示：

$$A = \lg \frac{I_0}{I} \quad \text{或} \quad T = \frac{I}{I_0}$$

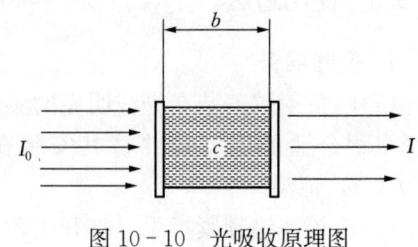

图 10-10 光吸收原理图

式中：I_0 为入射光强度；I 为透射光强度。

物质对光的吸收程度与溶液的浓度和液层的厚度有关，当波长一定时，它们的关系符合朗伯-比尔定律：

$$A = \varepsilon b c$$

式中：c 为溶液的浓度，单位是 $mol \cdot L^{-1}$；b 为液层的厚度，单位是 cm；ε 为摩尔吸收系数，单位是 $L \cdot mol^{-1} \cdot cm^{-1}$。当入射光、摩尔吸收系数、液层的厚度不变时，吸光度 A 只与溶液浓度有关，在测得吸光度 A 后，可采用标准曲线法、比较法、标准加入法等方法进行定量分析。

721 型可见分光光度计测定的波长范围在 300～800 nm，因其结构简单，测定的灵敏度和精密度较高而得到广泛应用。

10.4.2 结构

721型分光光度计的基本结构见图10-11和图10-12,722型光栅分光光度计的基本结构见图10-13。从光源灯发出的连续辐射光线射到聚光透镜上,聚焦后再经过平面镜转角90°,反射至入射狭缝,射到单色器内的棱镜上进行色散,色散后的光线聚焦在出光狭缝上,进入比色皿,光线一部分被溶液吸收,另一部分透出,进入光电管,产生相应的光电流,经放大器放大后在微安表上读出。

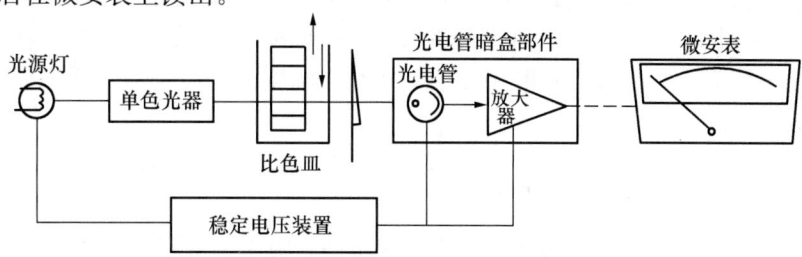

图 10-11 721 型分光光度计的基本结构示意图

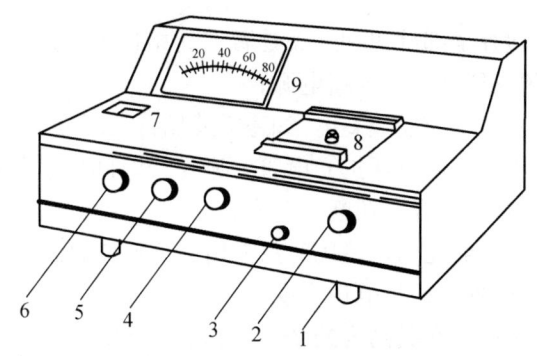

图 10-12 721 型分光光度计示意图
1. 垫脚 2. 灵敏度旋钮 3. 拉杆 4. "100"旋钮 5. "0"旋钮
6. 波长选择旋钮 7. 波长读数窗口 8. 比色皿暗箱 9. 表头

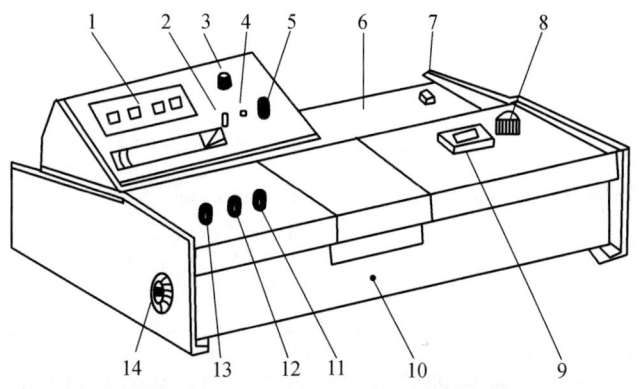

图 10-13 722 型分光光度计示意图
1. 数字显示 2. 吸光度调零旋钮 3. 选择开关 4. 吸光度调斜率的电位器
5. 浓度旋钮 6. 光源室 7. 电源开关 8. 波长手轮 9. 波长刻度窗 10. 试样架拉手
11. "100%T"旋钮 12. "0%T"旋钮 13. 灵敏度调节旋钮 14. 干燥器

10.4.3 使用方法

1. 预热 接通电源，打开电源开关，指示灯亮，打开比色皿暗箱盖，预热 20 min。

2. 波长和灵敏度选择 调节图 10-12 中波长选择旋钮 6，选择所需的单色光波长，用灵敏度旋钮 2 选择所需的灵敏挡。

3. 调 "0" 和 "100%" 打开比色皿暗箱盖 8，调节 "0" 旋钮 5，使指针读数为零（即透光度 $T=0$）；盖上比色皿暗箱，用拉杆 3 将参比溶液置于光路，使光电管受光，调节 "100" 旋钮 4，使指针读数为 100%（即透光度 $T=100\%$）。连续 2~3 次调整，至 "0" 和 "100" 位稳定不变为止。灵敏挡一般在 1 挡，如在大幅度改变波长时，适当调高灵敏挡位，可使指针读数为 100%。

4. 测定 用拉杆 3 将已装入比色皿暗箱中的待测溶液置于光路，指针所指的吸光度 A 即为测定值。

测定完毕，取出比色皿，倒去溶液，用纯水洗净、吸干，放回比色皿盒中。全部旋钮和开关均恢复到使用前的状态，切断电源，放好干燥剂，罩上仪器。

5. 注意事项

(1) 在接通电源前应检查全部旋钮和开关是否在起始位置，然后再打开电源开关。仪器停止工作时，必须先关闭仪器开关，再断电源。

(2) 连续使用仪器的时间不应超过 2 h，如还需使用，需间隔半小时。

(3) 在仪器使用过程中，应注意保护光电管，避免长时间照射而疲劳。在取换溶液和记录数据时，应将比色皿暗箱盖打开，切断入射光。

(4) 注意保护比色皿光面的光洁，使用时只能用手拿毛玻璃面，擦拭时应用镜头纸轻擦、吸干，使其不受损坏或产生划痕而影响透光度。

(5) 比色皿盛放溶液量最好在其高度的 2/3~4/5。

722 型光栅分光光度计是在 721 型分光光度计的基础上改进而来，它采用光栅取得单色光，用数字显示器直接显示数据，使用更方便，其使用方法与 721 型分光光度计基本相同，在此不作赘述。

10.5 电导仪

10.5.1 原理

1. 基本概念 物体导电的能力可用电导 G 来表示，即

$$G=\frac{1}{R}=\frac{1}{\rho}\frac{A}{l}=\kappa\frac{A}{l}$$

$$\kappa=G\frac{l}{A}$$

式中：G 为电导，单位为 Ω^{-1} 或 S（西门子，$1\text{S}=1\ \Omega^{-1}$）；R 为电阻，单位为 Ω；l 为导体长度（m）；A 为导体的截面积（m²）；l/A 称为电导池常数；ρ 为电阻率（$\Omega\cdot$m），它的物理意义是单位长度单位面积的导体具有的电阻；κ 为电导率，是电阻率的倒数，单位为 $\text{S}\cdot\text{m}^{-1}$，其物理意义是单位长度单位面积的导体具有的电导。

在相距 1 m 的两极间放置某电解质溶液的量为 1 mol，此溶液的电导称为摩尔电导率，用 Λ_m 表示。摩尔电导率 Λ_m 与电导率 κ 的关系为

$$\Lambda_m = \kappa/c$$

摩尔电导率的单位为 $S·m^2·mol^{-1}$。

2. 测定原理 电导是电阻的倒数，测定电导实际就是测定电阻。根据电导仪的工作原理，电导仪主要分为平衡电桥式和分压直读式两类。

(1) 平衡电桥式电导仪 这类电导仪是测定电导的最简单的仪器，如雷磁 27 型。其工作原理如图 10-14 所示。

图 10-14 中有一 Westone(惠斯顿)电桥，它由标准电阻 R_1、R_2、R_3 和待测电阻 R_x(电导池)组成。由振荡器产生的电流从 A、B 两端通过电桥，经放大器放大后，再整流将交流信号变为直流信号接入电表。当电桥平衡时，示零器(电表)示零，此时 C、D 两端的电位相等，则有

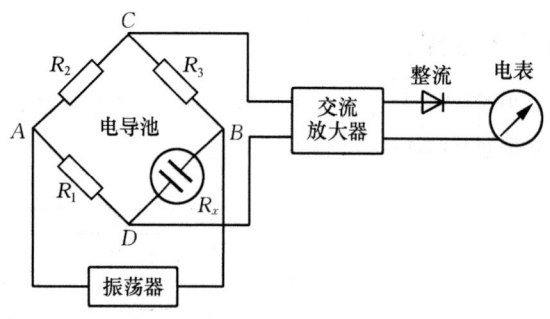

图 10-14 平衡电桥式电导仪原理图

$$R_x = \frac{R_1}{R_2} \times R_3$$

$$G = \frac{1}{R_x} = \frac{R_2}{R_1 \times R_3}$$

式中：$\frac{R_1}{R_2}$ 也称为比例臂，其值可取 0.1、1.0 及 10.0 等；R_3 为可调电阻或精密多位数字电阻箱。

(2) 分压直读式电导仪 这是一类可快速、连续自动测定的电导仪，如 DDS-11A 型。其工作原理如图 10-15 所示。由振荡器产生输出交流电压 U，使通过 R_x(电导池)及负载 R_m(分压电阻)的电流 I 为

$$I = \frac{U}{R_x + R_m}$$

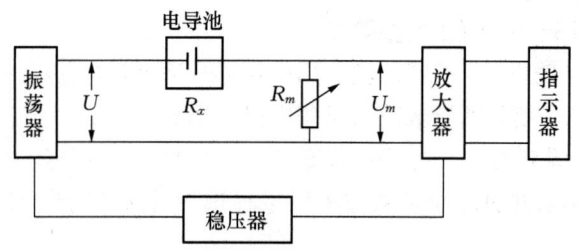

图 10-15 分压直读式电导仪工作原理示意图

设 U_m 为分压电阻 R_m 两端的电位差，则

$$U_m = IR_m = \frac{UR_m}{R_x + R_m}$$

当 $R_m \ll R_x$ 时，上式简化为

$$U_m = \frac{UR_m}{R_x} = UR_m G$$

当 U 和 R_m 一定时，U_m 与 G 呈线性关系。利用这一关系，可以测定 U_m 并从仪表上直接读出与 U_m 值相对应的电导值（或电导率值）。

10.5.2 结构

电导仪主要由电导池、测定电路与指示器等部分组成。DDS-11A 型电导仪的基本结构及外形如图 10-16 所示。

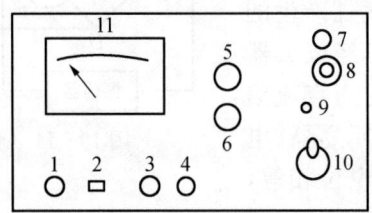

图 10-16 DDS-11A 型电导仪示意图
1. 电源开关 2. 指示灯 3. 高/低周开关 4. 校正/测量开关 5. 电极常数调节器 6. 校正调节器
7. 10 mV 输出插口 8. 电极插口 9. 电容补偿调节器 10. 量程选择开关 11. 表头

10.5.3 使用方法

DDS-11A 型电导仪的使用方法：

(1) 检查表头 11 指针是否指零，否则调零。

(2) 将校正/测量开关 4 拨至"校正"位置，接通电源，打开开关 1，指示灯亮。预热 10 min 后，调节校正调节器 6，使指针满刻度。

(3) 高/低周开关 3 调至测定所需位置：当待测液的电导率小于 300 $\mu S \cdot cm^{-1}$ 时，选择低周挡，即 1~8 量程；当待测液的电导率大于 300 $\mu S \cdot cm^{-1}$ 时，选择高周挡，即 9~12 量程。

(4) 将量程选择开关 10 调至测定所需范围，如预先不知道其电导率，则应先由最大量程挡 1~2 开始测定（以免量程超出范围打弯指针），再逐渐下降至合适范围。

(5) 选择合适的电导电极，1~5 量程用 DJS-1 型光亮电极，6~11 量程用 DJS-1 型铂黑电极，12 量程用 DJS-10 型铂黑电极。

将电极[1]插入电极插口 8，拧紧螺丝，用少量待测液冲洗电极 2~3 次后浸入待测液中，调节电极常数调节器 5，使其所指数值与所用电极的电导池常数一致。

(6) 再次调节校正调节器 6，使指针满刻度，然后将校正/测量开关 4 拨至"测量"位置，进行测定，此时电表指针指示的数值乘以量程选择开关 10 所选择的倍率[2]，即为测定样品的电导率[3]。

10.5.4 注释

[1] 电极使用前应在纯水中浸泡数分钟，但注意不要把电极引线弄湿，否则测定不准。电极长时间不

用可能失灵,可浸入10%HCl或HNO₃溶液中2 min,再用纯水冲洗数次洗净后使用,若还不行,则需更换或重新镀铂黑。

［2］量程选择开关10在置于黑点时,读表数为上面(黑色)刻度值,置于红点时,读表数为下面(红色)刻度值。

［3］若要测定电导在整个过程中的变化和连续测定,将10 mV输出插口7接入自动电位差计或其他自动记录仪器上即可。

10.6 双踪通用示波器

10.6.1 双踪通用示波器的使用方法

示波器作为一种直观、通用、精密的测量工具,已广泛应用于科学研究、实验、教学、现代工业生产、现代通信、计算机等领域。双踪通用示波器或双踪CRT通用示波器具有体积小、性能优、可靠性高、操作简便、携带方便、灵敏度高(最高可达1 mV/DIV)等特点。其面板示意图如图10-17所示。

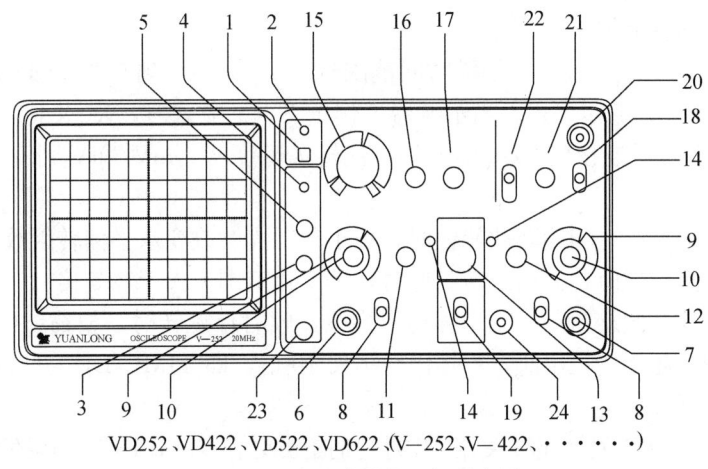

图10-17 示波器的面板示意图

各控制键的功能如下:
(1)电源开关。
(2)电源指示灯。
(3)聚焦控制。
(4)基线旋转控制。
(5)灰度控制。
(6)CH1输入,当示波器工作于X-Y方式时,输入到此端的信号变为X轴信号。
(7)CH2输入,当示波器工作于X-Y方式时,输入到此端的信号变为Y轴信号。
(8)输入耦合开关(AC-GND-DC),此开关用于选择输入信号送至垂直轴放大器的耦合方式。AC:在此方式时,信号经过一个电容器输入,输入信号的直流分量被隔离,只有交流分量被显示。GND:在此方式时,垂直轴放大器输入端接地。DC:在此方式时,输入信号直接送至垂直轴放大器输入端显示,包含信号的直流成分。
(9)伏/度选择开关,该开关用于选择垂直偏转因素,使显示的波形置于一个易于观察的幅度范围。

(10)微调旋钮,当旋转此旋钮时,可小范围连续改变垂直偏转灵敏度,逆时针方向旋转到底时,其变化范围应大于 2.5 倍。此旋钮拉出时,垂直系统的增益扩展 5 倍,最高灵敏度可达 1 mV/DIV。

(11)CH1 位移旋钮,此旋钮用于 CH1 信号在垂直方向的位移,顺时针方向旋转波形上移,逆时针方向旋转波形下移。

(12)CH2 位移旋钮,位移功能同 CH1,但当旋钮拉出时,输入到 CH2 的信号极性被倒相。

(13)工作方式旋转开关(CH1、CH2、ALT、CHOP、ADD)用于选择垂直偏转系统的工作方式。CH1:只有加到 CH1 通道的信号能显示。CH2:只有加到 CH2 通道的信号能显示。ALT:加到 CH1、CH2 通道的信号能交替显示在荧光屏上。此工作方式用于扫描时间短的两通道观察。CHOP:在此工作方式时,加到 CH1 和 CH2 通道的信号受约 250 kHz 自激振荡电子开关的控制,同时显示在荧光屏上。此方式适用于扫描时间长的两通道观察。ADD:在此工作方式时,加到 CH1、CH2 通道的信号的代数和在荧光屏上显示。

(14)直流平衡调节控制。

(15)TIME/DIV 选择开关,扫描时间范围从 0.2 μs/DIV 到 0.2 s/DIV,按 1-2-5 进制共分 19 挡和 X-Y 工作方式。当示波器工作于 X-Y 方式时,X(水平)信号连接到 CH1 输入端,Y(垂直)信号连接到 CH2 输入端,偏转灵敏度从 1 mV/DIV 到 5 V/DIV,此时带宽缩小到 500 kHz。

(16)扫描微调控制,当旋转此旋钮时,可小范围连续改变水平偏转因数,顺时针方向旋转到底为校准位置,逆时针方向旋转到底时,其变化范围应大于 2.5 倍。

(17)水平位移,此旋钮用于水平移动扫描线,顺时针旋转时,扫描线向右移动,反之,扫描线向左移动。此旋钮拉出时,扫描因数扩展 10 倍,即 TIME/DIV 开关指示的是实际扫描时间因数的 10 倍。

(18)触发源选择开关,此开关用于选择扫描触发信号源;INT(内触发):加到 CH1 或 CH2 的信号作为触发源;LINE(电源触发):取电源频率作为触发源;EXT(外触发):外触发用于垂直方向上的特殊信号的触发。

(19)内触发选择开关用于选择扫描的内触发信号源。CH1:加到 CH1 的信号作为触发信号;CH2:加到 CH2 的信号作为触发信号;VERTMODE(组合方式):用于同时观察两个波形,触发信号交替取自 CH1 和 CH2。

(20)外触发输入插座,此插座用于扫描外触发信号的输入。

(21)触发电平控制旋钮,此旋钮通过调节触发电平来确定扫描波形的起始点,也能控制触发开关的极性,按进去为"+"极性,拉出为"-"极性。

(22)触发方式选择开关。自动:本状态仪器始终自动触发,显示扫描线。有触发信号时,获得正常触发扫描,波形稳定显示;无触发信号时,扫描线将自动出现。常态:当触发信号产生,获得触发扫描信号,实现扫描;无触发信号时,应当不出现扫描线。TV-V:此状态用于观察电视信号的全场波形。TV-H:此状态用于观察电视信号的全行波形。

(23)校正 0.5 V 端子。

(24)接地端子。

在测量中先接通电源，打开电源开关，再调节灰度和聚焦旋钮于适当位置以便观察，可用于直流电压测量、交流电压测量、频率和周期的测量、时间差的测量、上升(下降)时间的测量、两个波形的同步观察、电视信号的同步观察、设定值显示、游标测量和鼠标测量。这里主要介绍示波器应用于测定弱电解质离解常数的操作步骤。

① 接通电源和线路，打开电源开关。
② 调节"灰度控制"和"聚焦控制"旋钮于适当位置。
③ 将"TIME/DIV 选择开关"旋至"X-Y"挡，"输入耦合开关"调至"AC"挡。
④ 调节"水平位移"和"垂直位移"旋钮，使显示的图形处在荧光屏的中央。
⑤ 调节电阻，并同时调节"伏/度选择开关"，直到荧光屏上显示的图形由椭圆变成直线为止。

10.6.2 维护注意事项

1. 本仪器使用了许多半导体和精密部件，必须要小心操作和储存。
2. 定期用柔软的干布清洁刻度面板。
3. 可去掉上下盖板清洁仪器内部，但注意不要损坏零件和连线。
4. 储藏示波器的环境温度是 $-10\sim 60\ ℃$。

10.7 电离平衡综合测定仪

10.7.1 测定原理

图 10-18 为电离平衡综合测定仪的原理框图。220 V 交流电经整流稳压电路，形成直流稳压信号，再输入 1 000 Hz 正弦信号源，其中信号源发出的 1 000 Hz 正弦信号，一路被直接送至示波器的垂直通道 X 端，另一路输出至放大电路，经放大输出至并联电容比较电桥。该并联电容比较电桥包括电导池、变阻器、滑线电阻以及与变阻器并联的电容。

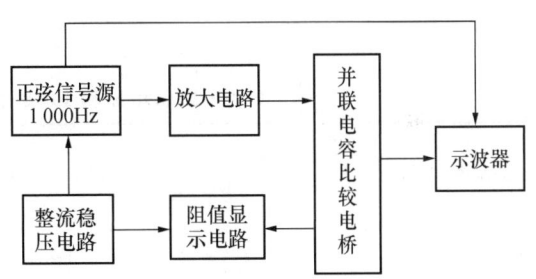

图 10-18 弱酸离解常数测定仪原理框图

电导池由外接电导电极、大试管及待测溶液组成；变阻器采用集成分挡可调精密电阻装置；滑线电阻为总阻值 1 000 Ω 高精度双线滑线电阻；电容采用的是分段可调电容。并联电容比较电桥输出信号至示波器的水平通道 Y 端。因为放大电路同时具有移相器功能，所以 X 端信号与 Y 信号存在一定的相位差。阻值显示电路(3 位半阻值表)与滑线电阻 0 端及滑动端连接，整流稳压电路给阻值显示电路提供 9 V 电能，阻值表面板显示滑线电阻一段阻值。

采用李沙育图形检测法对阻抗参数进行精密测量。实验时，一般情况下示波器的屏幕上出现一个任意倾角的椭圆，如图 10-19(a)所示。根据实验要求锁定补偿电容后适当调节变阻器中的可调电阻和滑线电阻的阻值，当并联电容比较电桥各参数达到平衡时，示波器屏幕上显示一条直线，如图 10-19(b)所示。滑线电阻的一段阻值显示在阻值显示电路阻值表的屏幕上。

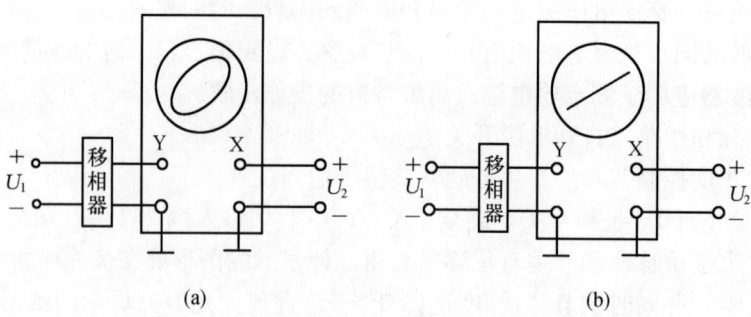

图 10-19 示波器测得李沙育图形示意图

电导池相当于一个介质损耗较大的电容器，可以等效于一个理想电容器和一个无感电阻的并联，所以实验时有必要对电导池的容抗参数进行定量匹配补偿。选取一个 1 300 pF 的定值电容器 C_1 并配以开关 K 和一个 0~600 pF 的可调电容器 C_2，将它们并联在可变阻器的两端，如图 10-20 所示。

当测电导池常数即 KCl 溶液时，接通开关 K，此时系统补偿电容值在 1 300~1 900 pF 区域之间连续可调。当测 HAc 离解常数时，断开开关 K，此时系统电容值在 0~600 pF 区域之间连续可调。表 10-1 为 298 K、交流电源频率为 1 000 Hz 的条件下电容补偿值。

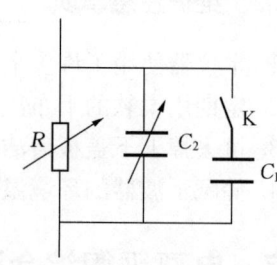

图 10-20 补偿电容电路示意图

表 10-1　298 K 和 1 000 Hz 下溶液的电容值（pF）

溶液浓度/(mol·L^{-1})		电导池常数/cm^{-1}				
		0.93	0.96	1.00	1.02	1.07
KCl	0.010 00	1 500	1 550	1 600	1 630	1 700
HAc	0.025 0	75	77	80	82	85
	0.050	170	183	193	200	215
	0.100	295	310	323	330	350

10.7.2　操作步骤

电离平衡综合测定仪的面板控制示意图如图 10-21 所示。测量时操作步骤如下：

(1) 接通电源和线路，打开电源开关。

(2) 将"电容补偿"和"补偿微调电容"旋钮置于适当位置。

(3) 将"测量/读数"打至"读数"挡，调节"可调电阻"至 500 Ω。

(4) 将"测量/读数"打至"测量"挡，调节"×10 000 Ω"、"×1 000 Ω"、"×100 Ω"、"×10 Ω"、"×1 Ω" 5 个控制挡，直至电桥达平衡。

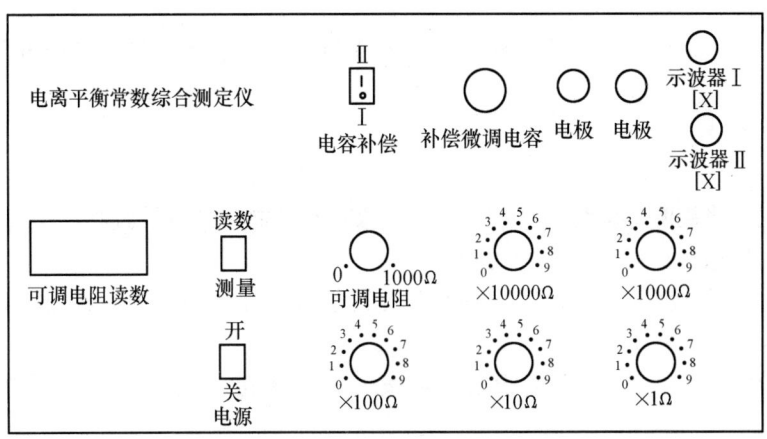

图 10-21 电离平衡综合测定仪的面板控制示意图

10.8 SDC 数字电位差综合测试仪

10.8.1 工作原理

电位差综合测试仪是根据对消法的基本原理所设计的,图 10-22 为对消法测定电动势的示意图。

图 10-22 中 E_w 为工作电池,其输出电压必须大于待测电池电动势,R 为可变电阻,AB 为粗细均匀的滑线电阻,与工作电池 E_w 串联成回路,在 AB 上产生均匀的电势降。D 是双向开关,E_s 为标准电池电动势,E_x 为待测电池电动势,C 为在 AB 上移动的触点,G 为高灵敏度检流计。

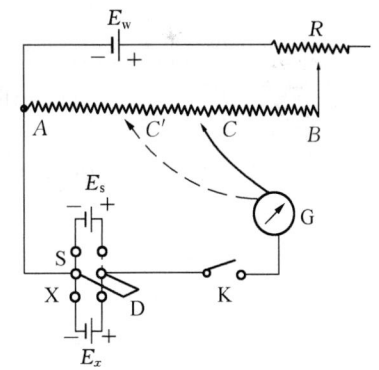

测定时,将开关 D 向上与 S 接通,将触点调到 C' 处,调节可变电阻 R 至 G 中无电流通过。说明电流 I 在 $C'A$ 上的电压降与标准电池的电动势 E_s 相等,则此时

$$E_s = IR_{AC'} \tag{1}$$

固定可变电阻 R,再将 D 向下与 E_x 接通,调节触点至 C 点使 G 中无电流通过,则这时 CA 上产生的电压降与未知电池的电动势 E_x 相等。则

图 10-22 对消法原理示意图

$$E_x = IR_{AC} \tag{2}$$

由式(1)和式(2)可得

$$E_x = E_s \frac{R_{AC}}{R_{AC'}} \tag{3}$$

在实际测量中所使用的电位差综合测试仪,为了方便起见,已采用数字化显示,可以直接读得未知电池的电动势。

10.8.2 使用方法

1. 开机 用电源线将仪表后面板的电源插座与 220 V 电源连接,打开电源开关(ON),预热 15 min。

2. 以内标为基准进行测量

(1)校验

① 用测试线将被测电动势按"+"、"−"极性与"测量插孔"连接。

② 将"测量选择"旋钮置于"内标"。

③ 将"10^0"位旋钮置于"1","补偿"旋钮逆时针旋到底,其他旋钮均置于"0",此时,"电位指示"显示"1.000 00" V。

④ 待"检零指示"显示数值稳定后,按一下采零键,此时,"检零指示"应显示"0000"。

(2)测量

① 将"测量选择"置于"测量"。

② 调节"$10^0 \sim 10^4$"五个旋钮,使"检零指示"显示数值为负且绝对值最小。

③ 调节"补偿旋钮",使"检零指示"显示为"0000",此时,"电位显示"数值即为被测电动势的值。

注意:测量过程中,若"检零指示"显示溢出符号"OUT",说明"电位指示"显示的数值与被测电动势值相差过大!

3. 以外标为基准进行测量

(1)校验

① 将已知电动势的标准电池按"+"、"−"极性与"外标插孔"连接。

② 将"测量选择"旋钮置于"外标"。

③ 调节"$10^0 \sim 10^4$"五个旋钮和"补偿"旋钮,使"电位指示"显示的数值与外标电池数值相同。

④ 待"检零指示"数值稳定后,按一下采零键,此时,"检零指示"显示为"0000"。

(2)测量

① 拔出"外标插孔"的测试,再用测试线将被测电动势按"+"、"−"极性接入"测量插孔"。

② 将"测量选择"置于"测量"。

③ 调节"$10^0 \sim 10^4$"五个旋钮,使"检零指示"显示数值为负且绝对值最小。

④ 调节"补偿旋钮",使"检零指示"显示为"0000",此时,"电位显示"数值即为被测电动势的值。

4. 关机 首先关闭电源开关(OFF),然后拔下电源线。

10.8.3 维护注意事项

1. 置于通风、干燥、无腐蚀性气体的场合。

2. 不宜放置在高温环境,避免靠近发热源如电暖气或炉子等。

3. 为了保证仪表工作正常,没有专门检测设备的单位和个人请勿打开机盖进行检修,更不允许调整和更换元件,否则将无法保证仪表测量的准确度。

4. 若波段开关旋钮松动或旋钮指示错位,可撬开旋钮盖,用扳手对准槽口拧紧即可。

10.8.4 仪器特点

1. 一体设计 将 UJ 系列电位差计、光电检流计、标准电池等集成一体,体积小,重量轻,便于携带。

2. 数字显示 电位差值六位显示,数值直观清晰、准确可靠。

3. 内外基准 既可使用内部基准进行测量,又可外接标准电池作基准进行测量,使用方便灵活。

4. 误差较小 保留电位差计测量功能,真实体现电位差计对比检测误差微小的优势。

5. 性能可靠 电路采用对称漂移抵消原理克服了元器件的温漂和时漂,提高测量的准确度。

10.9 SWC-Ⅱ精密数字贝克曼温度计

10.9.1 简介

高精度温度及其相对值的测定在物理、化学、生物、医学等科研和生产中应用十分普遍,一般实验室由于条件所限,大都采用 1/10 ℃水银温度计进行温度测量,在精密温度相对值测量中则采用水银贝克曼温度计。由于这些仪器属水银玻璃仪器,因而存在着读数误差大、易破损污染环境、不能实现自动化控制等缺点,特别是水银贝克曼温度计的操作校准和读数更是复杂困难,SWC-Ⅱ数字贝克曼温度计(图 10-23)具备测量精度高、测量范围宽、操作简单等优点,因而 SWC-Ⅱ数字贝克曼温度计完全能取代上述两种仪器。SWC-Ⅱ数字贝克曼温度计设有读数保持,超量程显示并可根据用户要求选加 BCD 码输出、定时读数,使用安全可靠,可和微机直接连接完成温度、温差的检测,实现自动化控制。

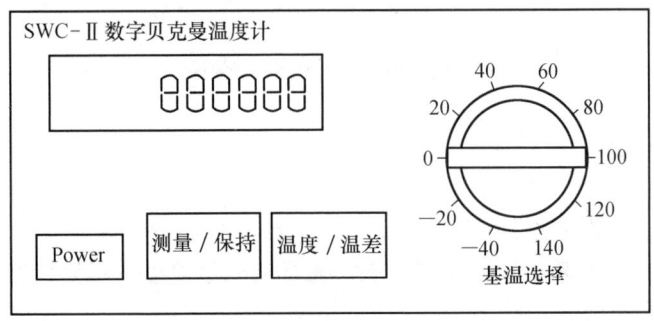

图 10-23 贝克曼温度计面板示意图

10.9.2 使用方法

1. 操作前准备

(1)将仪器后面板的电源线接入 220 V 电源。

(2)检查探头编号(应与仪器后盖编号相符)并将其和后盖的"Rt"端子对应连接(槽口对准)。

(3)将探头插入被测物中,深度应大于50 mm,打开电源开关。

2. 温度测量

(1)将面板"温度/温差"按钮置于"温度"位置(抬起位),显示器显示数字并在末尾显示"C",表明仪器处于温度测量状态。

(2)将面板"测量/保持"按钮置于测量位置(抬起位)。

3. 温差测量

(1)将面板"温度/温差"按钮置于"温差"位置(按下位),此时显示器最末位显示"·",表明仪器处于温差测量状态。

(2)将面板"测量/保持"按钮置于测量位置(抬起位)。

(3)按被测物的实际温度调节"基温选择",使读数的绝对值尽可能小(实际温度可以用本仪器测量),记录数字 T_1。

例:物体实际温度为 25 ℃,则将"基温选择"置在 20 ℃位置。此时显示器显示 5.000 ℃左右。

(4)显示器动态显示的数字即为相对于 T_1 的温度变化量 ΔT。

例题:当 $T_1 = 5.835$ ℃时(基温位置不变),若显示器显示 6.325 ℃,则 $\Delta T = 6.325$ ℃ $- 5.835$ ℃ $= 0.490$ ℃。

注:温差记录与计算和玻璃贝克曼温度计相同。

4. 保持功能的操作 当温度和温差的变化太快无法读数时,可将面板"测量/保持"按钮置于"保持"位置(按下位),读数完毕应转换到"测量"位置,跟踪测量。

10.9.3 使用与维护注意事项

1. 本仪器仅适用于 220 V 电源,若需和其他电源配套,则应特殊订货。
2. 进行温差测量时,"基温选择"在一次实验中不允许换挡。
3. 当跳跃显示"0000"时,表明仪器测量已超量程,检查被测物的温度或传感器是否接好。
4. 仪器数字不变,可检查仪器是否处于"保持"状态。

10.10 高压钢瓶

在化学实验中,经常要用到 H_2、O_2、N_2、Ar 等气体,这些气体一般都储存在专用高压气体钢瓶中出售。为了避免各种气体混淆,通常将钢瓶漆以不同颜色以示区别。我国规定不同气体的钢瓶颜色见表 10-2。

表 10-2 不同气体的钢瓶颜色

气体类别	瓶身颜色	标字颜色	腰带颜色
N_2	黑	黄	棕
O_2	天蓝	黑	—
H_2	深绿	红	—
空气	黑	白	—

(续)

气体类别	瓶身颜色	标字颜色	腰带颜色
NH_3	黄	黑	—
CO_2	黑	黄	—
Cl_2	黄绿	黄	绿
其他一切可燃气体	红	白	—
其他一切非可燃气体	黑	黄	—

10.10.1 操作步骤

高压气体钢瓶在使用时要用气表指示瓶内总压,并控制使用气体的压力。气表结构如图 10-24 所示。使用时将气表和钢瓶连接好,将调压阀门 4 左旋到最松的位置上,打开钢瓶总阀门 1,总压力表 3 就指出钢瓶内气体总压力,用肥皂水检查表和钢瓶连接处是否漏气,如无漏气,即可将调压阀门 4 向右旋,调压阀即开启进气。使用完毕,先关闭钢瓶总阀门,让气体排空,直到总压力和分压力表指示都下降至零,再把调压阀门旋到最松位置上。必须特别指出一点,如果调压阀门没有左旋到最松位置上(即关闭阀门)就打开钢瓶总阀门,因高压气流的冲击,会使调压阀门失灵,气表将失去调节压力的能力而损坏。

10.10.2 注意事项

1. 钢瓶应存放在阴凉、干燥、远离热源(阳光、暖气、炉火等)的地方,以免因内压增大造成漏气或发生爆炸。

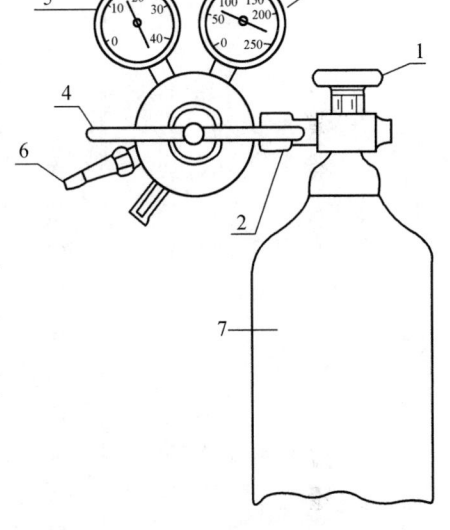

图 10-24 高压钢瓶及压力表
1. 总阀门 2. 气表和钢瓶连接螺丝
3. 总压力表 4. 调压阀门
5. 分压力表 6. 接系统 7. 高压瓶

2. 搬运钢瓶要轻、稳,放置使用时必须靠牢(用架子或铁丝固定),不可摔倒或剧烈振动以免爆炸,钢瓶总气门较脆弱,搬运时应旋上瓶帽。

3. 使用时用气表(CO_2、NH_3 可例外),一般可燃烧气体钢瓶气门螺纹是反扣的(即左旋螺纹,如 H_2、C_2H_2 等),不燃性或助燃性气体钢瓶则是正扣的(即右旋螺纹,如 N_2、O_2 等),因此各种气表一般不能混用(N_2 和 O_2 可以混用),以防爆炸。开启气门时应站在气压表的一侧,以防气压表万一冲出而击伤。

4. 钢瓶上不得沾染油类及其他有机物,特别是气门出口和气表处更应保持清洁,不可用麻、棉等物堵漏,因气体急速放出时会使温度升高而引起爆炸,氧气瓶更要注意。

5. 用可燃性气体要有防止回火装置,有的气瓶有此装置。在导管中塞细钢丝网可防回火,管路中液封也可起保护作用。

6. 不可把气瓶中气体用尽,一定要留 0.5 表压以上(乙炔应留 2~3 表压)以防重新灌气时发生危险。

第十一章

实验化学常用数据

11.1 相对原子质量

元素	符号	相对原子质量	元素	符号	相对原子质量	元素	符号	相对原子质量
银	Ag	107.87	铪	Hf	178.49	铷	Rb	85.468
铝	Al	26.982	汞	Hg	200.59	铼	Re	186.21
氩	Ar	39.948	钬	Ho	164.93	铑	Rh	102.91
砷	As	74.922	碘	I	126.90	钌	Ru	101.07
金	Au	196.97	铟	In	114.82	硫	S	32.066
硼	B	10.811	铱	Ir	192.22	锑	Sb	121.76
钡	Ba	137.33	钾	K	39.098	钪	Sc	44.956
铍	Be	9.0122	氪	Kr	83.80	硒	Se	78.96
铋	Bi	208.98	镧	La	138.91	硅	Si	28.086
溴	Br	79.904	锂	Li	6.941	钐	Sm	150.36
碳	C	12.011	镥	Lu	174.97	锡	Sn	118.71
钙	Ca	40.078	镁	Mg	24.305	锶	Sr	87.62
镉	Cd	112.41	锰	Mn	54.938	钽	Ta	180.95
铈	Ce	140.12	钼	Mo	95.94	铽	Tb	158.9
氯	Cl	35.453	氮	N	14.007	碲	Te	127.60
钴	Co	58.933	钠	Na	22.990	钍	Th	232.04
铬	Cr	51.996	铌	Nb	92.906	钛	Ti	47.867
铯	Cs	132.91	钕	Nd	144.24	铊	Tl	204.38
铜	Cu	63.546	氖	Ne	20.180	铥	Tm	168.93
镝	Dy	162.50	镍	Ni	58.693	铀	U	238.03
铒	Er	167.29	镎	Np	237.05	钒	V	50.942
铕	Eu	151.96	氧	O	15.999	钨	W	183.84
氟	F	18.998	锇	Os	190.23	氙	Xe	131.29
铁	Fe	55.845	磷	P	30.974	钇	Y	88.906
镓	Ga	69.723	铅	Pb	207.2	镱	Yb	173.04
钆	Gd	157.25	钯	Pd	106.42	锌	Zn	65.39
锗	Ge	72.61	镨	Pr	140.91	锆	Zr	91.224
氢	H	1.0079	铂	Pt	195.08			
氦	He	4.0026	镭	Ra	226.03			

11.2 化合物的相对分子质量

化合物	相对分子质量	化合物	相对分子质量	化合物	相对分子质量
Ag_3AsO_4	462.53	CaC_2O_4	128.10	Fe_2O_3	159.69
$AgBr$	187.78	CaO	56.08	$Fe(OH)_3$	106.88
$AgCl$	143.32	$Ca(OH)_2$	74.10	$NH_4Fe(SO_4)_2 \cdot 12H_2O$	482.20
$AgCN$	133.89	$Ca_3(PO_4)_2$	310.18	$(NH_4)_2SO_4 \cdot FeSO_4 \cdot 6H_2O$	392.14
Ag_2CrO_4	331.73	$CaSO_4$	136.14	H_3AsO_3	125.94
AgI	234.77	$CdCO_3$	172.41	H_3AsO_4	141.94
$AgNO_3$	169.87	$CdCl_2$	183.33	H_3BO_3	61.83
$AgSCN$	165.95	CdS	144.47	CH_3COOH	60.05
$AlCl_3$	133.33	$Ce(SO_4)_2$	332.24	HCl	36.46
$AlCl_3 \cdot 6H_2O$	241.43	$CoCl_2$	129.84	H_2CO_3	62.03
Al_2O_3	101.96	CoS	90.99	$H_2C_2O_4$	90.04
$Al(OH)_3$	78.00	$CoSO_4$	154.99	HF	20.01
$Al_2(SO_4)_3$	342.17	$CrCl_3$	158.36	HI	127.91
As_2O_3	197.84	Cr_2O_3	151.99	HIO_3	175.61
As_2O_5	229.84	$CuCl$	99.00	HNO_3	63.02
As_2S_3	246.05	$CuCl_2$	134.45	H_2O	18.02
$BaCO_3$	197.31	CuI	190.45	H_2O_2	34.02
BaC_2O_4	225.32	CuO	79.55	H_3PO_4	97.99
$BaCl_2$	208.25	Cu_2O	143.09	H_2S	34.08
$BaCl_2 \cdot 2H_2O$	244.27	CuS	95.62	H_2SO_4	98.09
$BaCrO_4$	253.32	$CuSO_4$	159.62	$HgCl_2$	271.50
$Ba(OH)_2$	171.35	$CO(NH_2)_2$	60.05	Hg_2Cl_2	472.09
$BaSO_4$	233.37	CO_2	44.01	HgI_2	454.40
$CaCl_2$	110.99	$FeCl_3$	162.21	HgO	216.59
$CaCO_3$	100.09	FeO	71.85	HgS	232.65

(续)

化合物	相对分子质量	化合物	相对分子质量	化合物	相对分子质量
$HgSO_4$	296.67	$Mg_2P_2O_7$	222.55	NH_4HCO_3	79.06
KBr	119.00	$MgSO_4 \cdot 7H_2O$	246.49	$(NH_4)_2MoO_4$	196.01
$KBrO_3$	167.00	$MnCO_3$	114.95	NH_4NO_3	80.04
KCl	74.55	$MnCl_2 \cdot 4H_2O$	197.91	$(NH_4)_2HPO_4$	132.06
K_2CO_3	138.21	MnO_2	86.94	$(NH_4)_2SO_4$	132.15
KCN	65.12	MnS	87.01	$NiCl_2 \cdot 6H_2O$	237.69
K_2CrO_4	194.19	$MnSO_4 \cdot 4H_2O$	223.06	$NiSO_4 \cdot 7H_2O$	280.87
$K_2Cr_2O_7$	294.18	Na_2CO_3	105.99	P_2O_5	141.91
$KHC_2O_4 \cdot H_2C_2O_4 \cdot 2H_2O$	254.19	$Na_2C_2O_4$	134.00	$PbCl_2$	278.10
KI	166.00	CH_3COONa	82.03	$PbCO_3$	267.21
$KHC_8H_4O_4$	204.22	$NaCl$	58.44	$PbSO_4$	303.27
KIO_3	214.00	$NaHCO_3$	84.01	SO_2	64.07
$KMnO_4$	158.03	$Na_2HPO_4 \cdot 12H_2O$	358.14	SiF_4	104.08
KNO_3	101.10	$Na_2H_2Y \cdot 2H_2O$	372.24	SiO_2	60.08
K_2O	94.20	$NaNO_3$	85.00	$SnCl_2$	189.60
KOH	56.11	Na_2SO_4	142.05	$SnCl_4$	260.50
K_2SO_4	174.27	$NaOH$	40.00	$SrCO_3$	147.63
$MgCO_3$	84.32	$Na_2S_2O_3$	158.12	$SrCrO_4$	203.62
$MgCl_2$	95.22	$Na_2B_4O_7 \cdot 10H_2O$	381.42	$SrSO_4$	183.68
MgC_2O_4	112.33	NH_3	17.03	$ZnCO_3$	125.39
$MgNH_4PO_4$	137.32	NH_4Cl	53.49	$ZnCl_2$	136.29
MgO	40.31	$(NH_4)_2CO_3$	96.09	$ZnSO_4 \cdot 7H_2O$	287.57
$Mg(OH)_2$	58.33	$(NH_4)_2C_2O_4$	124.10	$ZnSO_4$	161.46

11.3 常用酸、碱的浓度(293.2 K)

试剂名称	密度 $\rho/(g \cdot cm^{-3})$	质量分数/%	物质的量浓度 $c/(mol \cdot L^{-1})$
浓 H_2SO_4	1.84	98	18
稀 H_2SO_4	1.18	25	3
浓 HCl	1.19	38	12
稀 HCl	1.10	20	6
浓 HNO_3	1.41	68	15.2
稀 HNO_3	1.2	32	6
稀 HNO_3	1.07	12	2

(续)

试剂名称	密度 $\rho/(g \cdot cm^{-3})$	质量分数/%	物质的量浓度 $c/(mol \cdot L^{-1})$
浓 H_3PO_4	1.7	85	14.7
稀 H_3PO_4	1.05	9	1
浓 $HClO_4$	1.67	70	11.6
稀 $HClO_4$	1.12	19	2
浓 HF	1.13	40	23
HBr	1.49	47	8.6
HI	1.70	57	7.5
冰乙酸	1.05	99	16.5
稀 HAc	1.04	36	6
稀 HAc	1.02	12	2
浓 NaOH	1.44	~40	~14.4
稀 NaOH	1.22	20	6
浓 $NH_3 \cdot H_2O$	0.91	~28	14.8
稀 $NH_3 \cdot H_2O$	0.96	10	6
$Ca(OH)_2$ 饱和溶液	—	0.15	—
$Ba(OH)_2$ 饱和溶液	—	2	~0.1

11.4 常见弱酸的离解常数(298.2 K)

化学式	$K_a^{\ominus}$	化学式	$K_a^{\ominus}$
H_3AsO_4	5.50×10^{-3}	HCO_3^-	4.68×10^{-11}
$H_2AsO_4^-$	1.73×10^{-7}	$HClO_2$	1.15×10^{-2}
$HAsO_4^{2-}$	5.13×10^{-12}	HF	6.31×10^{-4}
H_2BO_3	5.75×10^{-10}	H_2S	8.90×10^{-8}
H_2CO_3	4.46×10^{-7}	HS^-	1.20×10^{-13}
HClO	3.98×10^{-8}	$HSiO_3^-$	1.52×10^{-12}
HBrO	2.82×10^{-9}	HSO_4^-	1.02×10^{-2}
HIO	2.29×10^{-11}	H_2SO_3	1.41×10^{-2}
$H_2C_2O_4$	5.9×10^{-2}	HSO_3^-	6.31×10^{-8}
$HC_2O_4^-$	6.46×10^{-5}	$H_2S_2O_3$	2.50×10^{-1}
H_3PO_4	7.5×10^{-3}	CH_3COOH	1.75×10^{-5}
$H_2PO_4^-$	6.23×10^{-8}	C_6H_5COOH	6.2×10^{-5}
HPO_4^{2-}	2.20×10^{-13}	HCOOH	1.77×10^{-4}
H_2SiO_3	1.70×10^{-10}	HCN	6.16×10^{-10}

11.5 常见弱碱的离解常数(298.2 K)

化学式	$K_b^{\ominus}$	化学式	$K_b^{\ominus}$
NH_3	1.8×10^{-5}	$C_2H_5NH_2$	4.3×10^{-4}
$C_6H_5NH_2$	4.17×10^{-10}	CH_3NH_2	4.2×10^{-4}
$(C_2H_5)_2NH$	8.51×10^{-4}	$(C_2H_5)_3N$	5.2×10^{-4}
$(CH_3)_2NH$	5.9×10^{-4}	$(CH_3)_3N$	6.3×10^{-5}

11.6 常见难溶电解质的溶度积 $K_{sp}^{\ominus}$ (298.2 K)

物质	$K_{sp}^{\ominus}$	物质	$K_{sp}^{\ominus}$
AgBr	5.35×10^{-13}	$Fe(OH)_2$	4.87×10^{-17}
Ag_2CO_3	8.45×10^{-12}	$Fe(OH)_3$	2.64×10^{-39}
AgCl	1.77×10^{-10}	FeS	1.59×10^{-19}
Ag_2CrO_4	1.12×10^{-12}	Hg_2Cl_2	1.45×10^{-18}
AgI	8.51×10^{-17}	HgS(黑)	6.44×10^{-53}
$Ag_2S(\alpha)$	6.69×10^{-50}	$MgCO_3$	6.82×10^{-6}
$Ag_2S(\beta)$	1.09×10^{-49}	$Mg(OH)_2$	5.61×10^{-12}
Ag_2SO_4	1.20×10^{-5}	$Mn(OH)_2$	2.06×10^{-13}
$Al(OH)_3$	2×10^{-33}	MnS	4.65×10^{-14}
$BaCrO_4$	1.17×10^{-10}	$Ni(OH)_2$	5.47×10^{-16}
$BaSO_4$	1.07×10^{-10}	NiS	1.07×10^{-21}
$BaCO_3$	2.58×10^{-9}	$PbCl_2$	1.17×10^{-5}
$CaCO_3$	4.96×10^{-9}	$PbCO_3$	1.46×10^{-13}
$CaC_2O_4 \cdot H_2O$	2.34×10^{-9}	$PbCrO_4$	1.77×10^{-14}
CaF_2	1.46×10^{-10}	PbF_2	7.12×10^{-7}
$Ca_3(PO_4)_2$	2.07×10^{-33}	$PbSO_4$	1.82×10^{-8}
$CaSO_4$	7.10×10^{-5}	PbS	9.04×10^{-29}
$Cd(OH)_2$	5.27×10^{-15}	PbI_2	8.49×10^{-9}
CdS	1.40×10^{-29}	$Pb(OH)_2$	1.6×10^{-17}
$Co(OH)_2$(桃红)	1.09×10^{-15}	$SrCO_3$	5.60×10^{-10}
$Co(OH)_2$(蓝)	5.92×10^{-15}	$SrSO_4$	3.44×10^{-7}
α-CoS	4.0×10^{-21}	$ZnCO_3$	1.19×10^{-10}
β-CoS	2.0×10^{-25}	$Zn(OH)_2$	6.68×10^{-17}
$Cr(OH)_3$	7.0×10^{-31}	$Zn_3(PO_4)_2$	9.0×10^{-33}
CuI	1.27×10^{-12}	ZnC_2O_4	2×10^{-9}
CuS	1.27×10^{-36}	ZnS	2.93×10^{-25}

11.7 常见离子和化合物的颜色

11.7.1 离子

1. 无色离子

阳离子：Na^+ K^+ NH_4^+ Mg^{2+} Ca^{2+} Ba^{3+} Al^{3+} Sn^{4+} Pb^{2+} Bi^{3+} Ag^+ Zn^{2+} Cd^{2+} Hg_2^{2+} Hg^{2+}

阴离子：BO_2^- $C_2O_4^{2-}$ Ac^- CO_3^{2-} SiO_3^{2-} NO_3^- NO_2^- PO_4^{3-} MoO_4^{2-} SO_3^{2-} SO_4^{2-} S^{2-} $S_2O_3^{2-}$ F^- Cl^- ClO_3^- Br^- BrO_3^- I^- SCN^- $[CuCl_2]^-$

2. 有色离子

$[Cu(H_2O)_4]^{2+}$	$[CuCl_4]^{2-}$	$[Cu(NH_3)_4]^{2+}$	
浅蓝色	黄色	深蓝色	
$[Cr(H_2O)_6]^{2+}$	$[Cr(H_2O)_6]^{3+}$	$[Cr(H_2O)_5Cl]^{2+}$	$[Cr(H_2O)_4Cl_2]^+$
蓝色	紫色	浅绿色	暗绿色
$[Cr(NH_3)_2(H_2O)_4]^{3+}$	$[Cr(NH_3)_3(H_2O)_3]^{3+}$	$[Cr(NH_3)_4(H_2O)_2]^{3+}$	
紫红色	浅红色	橙红色	
$[Cr(NH_3)_5H_2O]^{2+}$	$[Cr(NH_3)_6]^{3+}$	CrO_2^-	CrO_4^{2-}
橙黄色	黄色	绿色	黄色
$Cr_2O_7^{2-}$	$[Mn(H_2O)_6]^{2+}$	MnO_4^{2-}	MnO_4^-
橙色	肉色	绿色	紫红色
$[Fe(C_2O_4)_3]^{3-}$	$[Fe(NCS)_n]^{3-n}$	$[FeCl_6]^{3-}$	$[FeF_6]^{3-}$
黄色	血红色	黄色	无色
$[Fe(H_2O)_6]^{2+}$	$[Fe(H_2O)_6]^{3+}$ *	$[Fe(CN)_6]^{4-}$	$[Fe(CN)_6]^{3-}$
浅绿色	淡紫色	黄色	浅橘黄色
$[Co(H_2O)_6]^{2+}$	$[Co(NH_3)_6]^{2+}$	$[Co(NH_3)_6]^{3+}$	$[CoCl(NH_3)_5]^{2+}$
粉红色	黄色	橙黄色	红紫色
$[Co(NH_3)_5(H_2O)]^{3+}$	$[Co(NH_3)_5CO_3]^+$	$[Co(CN)_6]^{3-}$	$[Co(SCN)_4]^{2-}$
粉红色	紫红色	紫色	蓝色
$[Ni(H_2O)_6]^{2+}$	$[Ni(NH_3)_6]^{2+}$	I_3^-	
亮绿色	蓝色	浅棕黄色	

* 由于水解生成 $[Fe(H_2O)_5OH]^{2+}$、$[Fe(H_2O)_4(OH)_2]^+$ 等离子，而使溶液呈黄棕色。未水解的 $FeCl_3$ 呈黄棕色，这是由于生成 $[FeCl_4]^-$ 的缘故。

11.7.2 化合物

1. 氧化物

CuO	Cu_2O	Ag_2O	ZnO	Hg_2O	HgO	TiO_2	V_2O_3
黑色	暗红色	暗棕色	白色	黑褐色	红色或黄色	白色或橙红色	黑色
VO_2	V_2O_5	Cr_2O_3	CrO_3	MnO_2	FeO		Fe_2O_3
深蓝色	红棕色	绿色	红色	棕褐色	黑色		砖红色
Fe_3O_4	CoO	Co_2O_3	NiO	Ni_2O_3	PbO		Pb_3O_4
黑色	灰绿色	黑色	暗绿色	黑色	黄色		红色

2. 氢氧化物

$Zn(OH)_2$	$Pb(OH)_2$	$Mg(OH)_2$	$Sn(OH)_2$	$Sn(OH)_4$	$Mn(OH)_2$	$Fe(OH)_2$
白色	白色	白色	白色	白色	白色	白色或苍绿色
$Fe(OH)_3$	$Cd(OH)_2$	$Al(OH)_3$	$Bi(OH)_3$	$Sb(OH)_3$	$Cu(OH)_2$	$CuOH$
红棕色	白色	白色	白色	白色	浅蓝色	黄色
$Ni(OH)_2$	$Ni(OH)_3$	$Co(OH)_2$	$Co(OH)_3$	$Cr(OH)_3$		
浅绿色	黑色	粉红色	褐棕色	灰绿色		

3. 氯化物

$AgCl$	Hg_2Cl_2	$PbCl_2$	$CuCl$	$CuCl_2$	$CuCl_2 \cdot 2H_2O$	$Hg(NH_3)Cl$
白色	白色	白色	白色	棕色	蓝色	白色
$CoCl_2$	$CoCl_2 \cdot H_2O$	$CoCl_2 \cdot 2H_2O$	$CoCl_2 \cdot 6H_2O$	$FeCl_3 \cdot 6H_2O$		
蓝色	蓝紫色	紫红色	粉红色	黄棕色		

4. 溴化物

$AgBr$	$CuBr_2$	$PbBr_2$
淡黄色	黑紫色	白色

5. 碘化物

AgI	Hg_2I_2	HgI_2	PbI_2	CuI
黄色	黄褐色	红色	黄色	白色

6. 卤酸盐

$Ba(IO_3)_2$	$AgIO_3$	$KClO_4$	$AgBrO_3$
白色	白色	白色	白色

7. 硫化物

Ag_2S	PbS	CuS	Cu_2S	FeS	Fe_2S_3	SnS	SnS_2
灰黑色	黑色	黑色	黑色	棕黑色	黑色	灰黑色	金黄色
HgS	CdS	Sb_2S_3	Sb_2S_5	MnS	ZnS	As_2S_3	
红色或黑色	黄色	橙色	橙红色	肉色	白色	黄色	

8. 硫酸盐

Ag_2SO_4	Hg_2SO_4	$PbSO_4$	$CaSO_4$	$BaSO_4$	$[Fe(NO)]SO_4$
白色	白色	白色	白色	白色	深棕色
$Cu(HO)_2SO_4$		$CuSO_4 \cdot 5H_2O$	$CoSO_4 \cdot 7H_2O$		$Cr_2(SO_4)_3 \cdot 6H_2O$
浅蓝色		蓝色	红色		绿色
$Cr_2(SO_4)_3$	$Cr_2(SO_4)_3 \cdot 18H_2O$				
紫色或红色	蓝紫色				

9. 碳酸盐

Ag_2CO_3	$CaCO_3$	$BaCO_3$	$MnCO_3$	$CdCO_3$	$Zn_2(OH)_2CO_3$	$FeCO_3$
白色	白色	白色	白色	白色	白色	白色
$Cu_2(OH)_2CO_3$		$Ni_2(OH)_2CO_3$				
暗绿色		浅绿色				

10. 磷酸盐

$Ca_3(PO_4)_2$	$CaHPO_4$	$Ba_3(PO_4)_2$	$FePO_4$	Ag_3PO_4	$MgNH_4PO_4$
白色	白色	白色	浅黄色	黄色	白色

11. 铬酸盐

Ag_2CrO_4	$PbCrO_4$	$BaCrO_4$	$FeCrO_4 \cdot 2H_2O$	$CaCrO_4$
砖红色	黄色	黄色	黄色	黄色

12. 硅酸盐

$BaSiO_3$	$CuSiO_3$	$CoSiO_3$	$Fe_2(SiO_3)_3$	$MnSiO_3$	$NiSiO_3$	$ZnSiO_3$
白色	蓝色	紫色	棕红色	肉色	翠绿色	白色

13. 草酸盐

CaC_2O_4	$Ag_2C_2O_4$	$FeC_2O_4 \cdot 2H_2O$
白色	白色	黄色

14. 类卤化合物

$AgCN$	$Ni(CN)_2$	$Cu(CN)_2$	$CuCN$	$AgSCN$	$Cu(SCN)_2$
白色	浅绿色	浅棕黄色	白色	白色	黑绿色

15. 其他含氧酸盐

$Ag_2S_2O_3$	$BaSO_3$
白色	白色

16. 其他化合物

$Cu_2[Fe(CN)_6]$	$Ag_3[Fe(CN)_6]$	$Zn_3[Fe(CN)_6]_2$	$Co_3[Fe(CN)_6]$
红棕色	橙色	黄褐色	绿色
$Ag_4[Fe(CN)_6]$	$Zn_2[Fe(CN)_6]$	$K_3[Co(NO_2)_6]$	$K_2Na[Co(NO_2)_6]$
白色	白色	黄色	黄色
$(NH_4)_2Na[Co(NO_2)_6]$	$K_2[PtCl_6]$	$Na_2[Fe(CN)_5NO] \cdot 2H_2O$	
黄色	黄色	红色	
$NaAc \cdot Zn(Ac)_2 \cdot 3[UO_2(Ac)_2] \cdot 9H_2O$			
黄色			

11.8 不同温度下水的饱和蒸汽压($\times 10^2$ Pa，0～50 ℃)

温度/℃	0.0	0.2	0.4	0.6	0.8
0	6.105	6.195	6.286	6.379	6.473
1	6.567	6.663	6.759	6.858	6.958
2	7.058	7.159	7.262	7.366	7.473
3	7.579	7.687	7.797	7.907	8.019
4	8.134	8.249	8.365	8.483	8.603
5	8.723	8.846	8.970	9.095	9.222
6	9.350	9.481	9.611	9.745	9.881
7	10.016	10.155	10.295	10.436	10.580
8	10.726	10.872	11.022	11.172	11.324
9	11.478	11.635	11.792	11.952	12.114
10	12.278	12.443	12.610	12.779	12.951
11	13.124	13.300	13.478	13.658	13.839
12	14.023	14.210	14.397	14.587	14.779

(续)

温度/℃	0.0	0.2	0.4	0.6	0.8
13	14.973	15.171	15.369	15.572	15.776
14	15.981	16.191	16.401	16.615	16.831
15	17.049	17.269	17.493	17.719	17.947
16	18.177	18.410	18.648	18.886	19.128
17	19.372	19.618	19.869	20.121	20.377
18	20.634	20.896	21.160	21.426	21.694
19	21.968	22.245	22.523	22.805	23.090
20	23.378	23.669	23.963	24.261	24.561
21	24.865	25.171	25.482	25.797	26.114
22	26.434	26.758	27.086	27.418	27.751
23	28.088	28.430	28.775	29.124	29.478
24	29.834	30.195	30.560	30.928	31.299
25	31.672	32.049	32.432	32.820	33.213
26	33.609	34.009	34.413	34.820	35.232
27	35.649	36.070	36.496	36.925	37.358
28	37.796	38.237	38.683	39.135	39.593
29	40.054	40.519	40.990	41.466	41.945
30	42.429	42.918	43.411	43.908	44.412
31	44.923	45.439	45.958	46.482	47.011
32	47.547	48.087	48.632	49.184	49.740
33	50.301	50.869	51.441	52.020	52.605
34	53.193	53.788	54.390	54.997	55.609
35	54.895	56.854	57.485	58.122	58.766
36	59.412	60.067	60.727	61.395	62.070
37	62.751	63.437	64.131	64.831	65.537
38	66.251	66.969	67.693	68.425	69.166
39	69.917	70.673	71.434	72.202	72.977
40	73.759	74.541	75.340	76.140	76.954
41	77.780	78.607	79.433	80.287	81.140
42	81.993	82.842	83.726	84.606	85.486
43	86.393	87.299	88.206	89.139	90.073
44	91.006	91.952	92.912	93.872	94.846
45	95.832	96.819	97.805	98.819	99.832
46	100.86	101.90	102.94	103.99	105.06
47	106.12	107.20	108.30	109.39	110.48
48	111.60	112.74	113.88	115.03	161.18
49	117.35	118.52	119.71	120.91	122.11
50	123.34	124.66	125.86	127.06	128.39

11.9 常用试剂的配制

试剂	浓度	配制方法
$BiCl_3$	$0.1\ mol \cdot L^{-1}$	溶解 31.6 g $BiCl_3$ 于 330 mL 6 $mol \cdot L^{-1}$ HCl 中,加水稀释至 1L
$SbCl_3$	$0.1\ mol \cdot L^{-1}$	溶解 22.8 g $SbCl_3$ 于 330 mL 6 $mol \cdot L^{-1}$ HCl 中,加水稀释至 1L
$SnCl_2$	$0.1\ mol \cdot L^{-1}$	溶解 22.6 g $SnCl_2 \cdot 2H_2O$ 于 330 mL 6 $mol \cdot L^{-1}$ HCl 中,加水稀释至 1L。加入数粒纯 Sn,以防氧化
$Hg(NO_3)_2$	$0.1\ mol \cdot L^{-1}$	溶解 33.4 g $Hg(NO_3)_2 \cdot \frac{1}{2}H_2O$ 于 1L 0.6 $mol \cdot L^{-1}$ HNO_3 中
$Hg_2(NO_3)_2$	$0.1\ mol \cdot L^{-1}$	溶解 56.1 g $Hg_2(NO_3)_2 \cdot 2H_2O$ 于 1L 0.6 $mol \cdot L^{-1}$ HNO_3 中,并加入少许金属 Hg
$(NH_4)_2CO_3$	$1\ mol \cdot L^{-1}$	溶解 96 g 研细的 $(NH_4)_2CO_3$ 于 1L 2 $mol \cdot L^{-1}NH_3 \cdot H_2O$ 中
$(NH_4)_2SO_4$	饱和	溶解 50 g $(NH_4)_2SO_4$ 于 100 mL 热水中,冷却后过滤
$FeSO_4$	$0.25\ mol \cdot L^{-1}$	溶解 69.5 g $FeSO_4 \cdot 7H_2O$ 于适量水中,加入 5 mL 18 $mol \cdot L^{-1}H_2SO_4$,再用水稀释至 1L,放入小铁钉数枚
$FeCl_3$	$0.5\ mol \cdot L^{-1}$	称取 135.2 g $FeCl_3 \cdot 6H_2O$ 溶于 100 mL 6 $mol \cdot L^{-1}$ HCl 中,加水稀释至 1 L
$CrCl_3$	$0.1\ mol \cdot L^{-1}$	称取 26.7 g $CrCl_3 \cdot 6H_2O$ 溶于 30 mL 6 $mol \cdot L^{-1}$HCl 中,加水稀释至 1 L
KI	10%	溶解 100 g KI 于 1 L 水中,储于棕色瓶中
KNO_3	1%	溶解 10 g KNO_3 于 1 L 水中
醋酸铀酰锌		(1) 10 g $UO_2(Ac)_2 \cdot 2H_2O$ 和 6 mL 6 $mol \cdot L^{-1}$HAc 溶于 50 mL 水中 (2) 30 g $Zn(Ac)_2 \cdot 2H_2O$ 和 3 mL 6 $mol \cdot L^{-1}$ HCl 溶于 50 mL 水中 将(1)、(2)两种溶液混合,24 h 后取清液使用
$Na_3[Co(NO_2)_6]$		溶解 230 g $NaNO_2$ 于 500 mL 水中,加入 165 mL 6 $mol \cdot L^{-1}$HAc 和 30 g $Co(NO_2)_2 \cdot 6H_2O$,放置 24 h,取其清液,稀释至 1L,并保存在棕色瓶中。此溶液应呈橙色,若变成红色,表示已分解,应重新配制
Na_2S	$1\ mol \cdot L^{-1}$	溶解 240 g $Na_2S \cdot 9H_2O$ 和 40 g NaOH 于水中,稀释至 1 L
$(NH_4)_6Mo_7O_{24} \cdot 4H_2O$	$0.1\ mol \cdot L^{-1}$	溶解 124 g $(NH_4)_6Mo_7O_{24} \cdot 4H_2O$ 于 1 L 水中,将所得溶液倒入 1 L 6 $mol \cdot L^{-1}$ HNO_3 中,放置 24 h,取其澄清液
$(NH_4)_2S$	$3\ mol \cdot L^{-1}$	取一定量 $NH_3 \cdot H_2O$ 将其均分为两份,往其中一份通 H_2S 至饱和,而后与另外一份 $NH_3 \cdot H_2O$ 混合
$K_3[Fe(CN)_6]$		取 $K_3[Fe(CN)_6]$ 0.7~1 g 溶解于水,稀释至 100 mL(使用前临时配制)
二苯胺		将 1 g 二苯胺在搅拌下溶于 100 mL 密度 1.84 $g \cdot cm^{-3}$ H_2SO_4 或 100 mL 密度 1.70 $g \cdot cm^{-3}$ H_3PO_4 中(该溶液可保存较长时间)
Mg 试剂		溶解 0.01 g Mg 试剂于 1 L 1 $mol \cdot L^{-1}$ NaOH 溶液中
Ca 指示剂		0.2 g Ca 指示剂溶于 100 mL 水中
Al 试剂		1 g Al 试剂溶于 1 L 水中

(续)

试剂	浓度	配制方法
$Mg-NH_4^+$ 试剂		将 100 g $MgCl_2 \cdot 6H_2O$ 和 100 g NH_4Cl 溶于水中,加 50 mL 浓 $NH_3 \cdot H_2O$,用水稀释至 1 L
奈氏试剂		溶解 115 g HgI_2 和 80 g KI 于水中,稀释至 500 mL,加入 500 mL 6 mol $\cdot L^{-1}$ NaOH 溶液,静置后,取其清液,保存在棕色瓶中
格里斯试剂		(1) 在加热下溶解 0.5 g 对氨基苯磺酸于 50 mL 30% HAc 中,储于暗处保存 (2) 将 0.4 g α-萘胺与 100 mL 水混合煮沸,再从蓝色渣滓中倾出的无色溶液中加入 6 mL 80% HAc 使用前将(1)、(2)两液等体积混合
打萨腙(二苯缩氨硫脲)		溶解 0.1 g 打萨腙于 1 L CCl_4 或 $CHCl_3$ 中
对氨基苯磺酸	0.34 mol $\cdot L^{-1}$	0.5 g 对氨基苯磺酸溶于 150 mL 2 mol $\cdot L^{-1}$ HAc 溶液中
α-萘胺	0.12 mol $\cdot L^{-1}$	0.3 g α-萘胺加 20 mL 水,加热煮沸,在所得溶液中加入 150 mL 2 mol $\cdot L^{-1}$ HAc
丁二酮肟		1 g 丁二酮肟溶于 100 mL 95% 乙醇中
盐桥	3%	用饱和 KCl 水配制 3% 琼脂胶加热至溶
氯水		在水中通入 Cl_2 直至饱和,该溶液使用时临时配制
溴水		在水中滴入液 Br_2 至饱和
碘液	0.01 mol $\cdot L^{-1}$	溶解 1.3 g I_2 和 5 g KI 于尽可能少量的水中,加水稀释至 1 L
品红溶液		0.1% H_2O 溶液
淀粉溶液	1%	将 1 g 淀粉和少量冷水调成糊状,倒入 100 mL 沸水中,煮沸后冷却即可
斐林溶液		A 液:将 34.64 g $CuSO_4 \cdot H_2O$ 溶于水中,稀释至 500 mL B 液:将 173 g $KNaC_4H_4O_6 \cdot 4H_2O$ 和 50 g NaOH 溶于水中,稀释至 500 mL 用时将 A 液和 B 液等体积相混合
2,4-二硝基苯肼		将 0.25 g 2,4-二硝基苯肼溶于 HCl 溶液中(42 mL 浓 HCl 加 50 mL 水),加热溶解,冷却后稀释至 250 mL
米隆试剂		将 2 g (0.15 mL) Hg 溶于 3 mL 浓 HNO_3(密度 1.4 g $\cdot cm^{-3}$),稀释至 10 mL
苯肼试剂		(1) 溶 4 mL 苯肼于 4 mL 冰醋酸,加水 36 mL,再加入 0.5 g 活性炭过滤(如无色可不脱色),装入有色瓶中,防止皮肤触及,因很毒,如触应先用 5% HAc 冲洗后再用肥皂洗 (2) 溶 5 g 盐酸苯肼于 100 mL 水中,必要时可微热助溶,如果溶液呈深蓝色,加活性炭共热过滤,然后加入 9 g NaAc 晶体(或相应量的无水 NaAc),搅拌使溶,储存于有色瓶中。此试剂中,苯肼盐酸与 NaAc 经复分解反应生成苯肼醋酸盐,后者是弱酸和弱碱形成的盐,在水溶液中易经水解作用,与苯肼建立平衡。如果苯肼试剂久置变质,可改将两份盐酸苯肼与三份 NaAc 晶体混合研磨后,临用时取适量混合物,溶于 H_2O 便可供用

(续)

试剂	浓度	配制方法
CuCl-NH₃溶液		(1) 5 g CuCl 溶于 100 mL 浓 NH$_3$·H$_2$O，用水稀释至 250 mL。过滤，除去不溶性杂质。温热滤液，慢慢加入羟胺盐盐酸盐，直至蓝色消失为止 (2) 1 g CuCl 置于一大试管，加 1～2 mL 浓 NH$_3$·H$_2$O 和 10 mL 水，用力摇动后静置，倾出溶液并加入一根铜丝，储存备用
苯酚溶液		50 g 苯酚溶于 500 mL 5% NaOH 溶液中
β-萘酚溶液		50 g β-萘酚溶于 500 mL 5% NaOH 溶液中
蛋白质溶液		25 mL 蛋清，加 100～150 mL 蒸馏水，搅拌、混匀后，用 3～4 层纱布过滤
α-萘酚乙醇溶液		10 g α-萘酚溶于 100 mL 95% 乙醇中，再用 95% C$_2$H$_5$OH 稀释至 500 mL，储存于棕色瓶中。一般是用前新配
茚三酮乙醇溶液	0.1%	0.4 g 茚三酮溶于 500 mL 95% 乙醇中，用时新配

11.10 常用指示剂的制备

11.10.1 酸碱指示剂(18～25 ℃)

指示剂名称	pH 变色范围	颜色变化	溶液配制方法
甲基紫 (第一变色范围)	0.1～0.5	黄-绿	0.1% 或 0.05% 水溶液
苦味酸	0.0～1.3	无色-黄	0.1% 水溶液
甲基绿	0.1～2.0	黄-绿-浅蓝	0.05% 水溶液
孔雀绿 (第一变色范围)	0.1～2.0	黄-浅蓝-绿	0.1% 水溶液
甲酚红 (第一变色范围)	0.2～1.8	红-黄	0.04 g 指示剂溶于 100 mL 质量分数 $w=0.50$ 的乙醇中
甲基紫 (第二变色范围)	1.0～1.5	绿-蓝	0.1% 水溶液
百里酚蓝 (麝香草酚蓝) (第一变色范围)	1.2～2.8	红-黄	0.1 g 指示剂溶于 100 mL 质量分数 $w=0.20$ 的乙醇中
甲基紫 (第三变色范围)	2.0～3.0	蓝-紫	0.1% 水溶液
茜素黄 R (第一变色范围)	1.9～3.3	红-黄	0.1% 水溶液
二甲基黄	2.9～4.0	红-黄	0.01～0.1 g 指示剂溶于 100 mL 质量分数 $w=0.90$ 的乙醇中
甲基橙	3.1～4.4	红-橙黄	0.1% 水溶液
溴酚蓝	3.0～4.6	黄-蓝	0.1 g 指示剂溶于 100 mL 质量分数 $w=0.20$ 的乙醇中

(续)

指示剂名称	pH 变色范围	颜色变化	溶液配制方法
刚果红	3.0~5.2	蓝紫-红	0.1％水溶液
茜素红 S（第一变色范围）	3.7~5.2	黄-紫	0.1％水溶液
溴甲酚绿	3.8~5.4	黄-蓝	0.1 g 指示剂溶于 100 mL 质量分数 $w=0.20$ 的乙醇中
甲基红	4.4~6.2	红-黄	0.1~0.2 g 指示剂溶于 100 mL 质量分数 $w=0.60$ 的乙醇中
溴酚红	5.0~6.8	黄-红	0.04~0.1 g 指示剂溶于 100 mL 质量分数 $w=0.20$ 的乙醇中
溴甲酚紫	5.2~6.8	黄-紫红	0.1 g 指示剂溶于 100 mL 质量分数 $w=0.20$ 的乙醇中
溴百里酚蓝	6.0~7.6	黄-蓝	0.05 g 指示剂溶于 100 mL 质量分数 $w=0.20$ 的乙醇中
中性红	6.8~8.0	红-亮黄	0.1 g 指示剂溶于 100 mL 质量分数 $w=0.60$ 的乙醇中
酚红	6.8~8.0	黄-红	0.1 g 指示剂溶于 100 mL 质量分数 $w=0.20$ 的乙醇中
甲酚红	7.2~8.8	亮黄-紫红	0.1 g 指示剂溶于 100 mL 质量分数 $w=0.50$ 的乙醇中
百里酚蓝（麝香草酚蓝）（第二变色范围）	8.0~9.0	黄-蓝	参看第一变色范围
酚酞	8.2~10.0	无色-浅红	0.1 g 指示剂溶于 100 mL 质量分数 $w=0.60$ 的乙醇中
百里酚酞	9.4~10.6	无色-蓝	0.1 g 指示剂溶于 100 mL 质量分数 $w=0.90$ 的乙醇中
茜素红 S（第二变色范围）	10.0~12.0	紫-淡黄	参看第一变色范围
茜素黄 R（第二变色范围）	10.1~12.1	黄-淡紫	0.1％水溶液
孔雀绿（第二变色范围）	11.5~13.2	蓝绿-无色	参看第一变色范围
达旦黄	12.0~13.0	黄-红	0.1％水溶液

11.10.2 混合酸碱指示剂

指示剂溶液的组成	变色点 pH	颜色 酸色	颜色 碱色	备 注
一份质量分数为 0.001 甲基黄酒精溶液 一份质量分数为 0.001 次甲基蓝酒精溶液	3.3	蓝紫	绿	pH3.2 蓝紫 pH3.4 绿
一份质量分数为 0.001 甲基橙水溶液 一份质量分数为 0.0025 靛蓝（二磺酸）水溶液	4.1	紫	黄绿	
一份质量分数为 0.001 溴百里酚绿钠盐水溶液 一份质量分数为 0.002 甲基橙水溶液	4.3	黄	蓝绿	pH3.5 黄 pH4.0 黄绿 pH4.3 绿
三份质量分数为 0.001 溴甲酚绿酒精溶液 一份质量分数为 0.002 甲基红酒精溶液	5.1	酒红	绿	

(续)

指示剂溶液的组成	变色点 pH	颜色 酸色	颜色 碱色	备注
一份质量分数为 0.002 甲基红酒精溶液 一份质量分数为 0.001 次甲基蓝酒精溶液	5.4	红紫	绿	pH5.2 红紫 pH5.4 暗蓝 pH5.6 绿
一份质量分数为 0.001 溴甲酚绿钠盐水溶液 一份质量分数为 0.001 氯酚红钠盐水溶液	6.1	黄绿	蓝紫	pH5.4 蓝绿 pH5.8 蓝 pH6.2 蓝紫
一份质量分数为 0.001 溴甲酚紫钠盐水溶液 一份质量分数为 0.001 溴百里酚蓝钠盐水溶液	6.7	黄	蓝紫	pH6.2 黄紫 pH6.6 紫 pH6.8 蓝紫
一份质量分数为 0.001 中性红酒精溶液 一份质量分数为 0.001 次甲基蓝酒精溶液	7.0	蓝紫	绿	pH7.0 蓝紫
一份质量分数为 0.001 溴百里酚蓝钠盐水溶液 一份质量分数为 0.001 酚红钠盐水溶液	7.5	黄	绿	pH7.2 暗绿 pH7.4 淡紫 pH7.6 深紫
一份质量分数为 0.001 甲酚红钠盐水溶液 三份质量分数为 0.001 百里酚蓝钠盐水溶液	8.3	黄	紫	pH8.2 玫瑰 pH8.4 紫

11.10.3 金属指示剂

指示剂名称	离解平衡和颜色变化	溶液配制方法
铬黑 T(EBT)*	$H_2In^- \xleftrightarrow{pK_{a2}^{\ominus}=6.3} HIn^{2-} \xleftrightarrow{pK_{a3}^{\ominus}=11.6} HIn^{3-}$ 紫红　　　　　　　蓝　　　　　　　橙	0.5% 水溶液
二甲酚橙(XO)	$H_2In^{4-} \xleftrightarrow{pK_{a5}^{\ominus}=6.3} HIn^{5-}$ 黄　　　　　　　红	0.2% 水溶液
K-B 指示剂*	$H_2In \xleftrightarrow{pK_{a1}^{\ominus}=8} HIn^- \xleftrightarrow{pK_{a2}^{\ominus}=13} In^{2-}$ 红　　　　　蓝　　　　　紫红 （酸性铬蓝 K）	0.2 g 酸性铬蓝 K 与 0.4 g 萘酚绿 B 溶于 100 mL 水中
钙指示剂*	$H_2In^- \xleftrightarrow{pK_{a2}^{\ominus}=7.4} HIn^{2-} \xleftrightarrow{pK_{a3}^{\ominus}=13.5} In^{3-}$ 酒红　　　　　　蓝　　　　　　酒红	0.5% 乙醇溶液
吡啶偶氮萘酚(PAN)	$H_2In^+ \xleftrightarrow{pK_{a1}^{\ominus}=1.9} HIn \xleftrightarrow{pK_{a2}^{\ominus}=12.2} In^-$ 黄绿　　　　　　黄　　　　　　淡红	0.1% 乙醇溶液

(续)

指示剂名称	解离平衡和颜色变化	溶液配制方法
Cu-PAN (CuY-PAN溶液)	CuY+PAN+M ⇌ MY+Cu-PAN 浅绿 无色 红	将 0.05 mol·L^{-1} Cu^{2+} 溶液 10 mL、pH5~6 的乙酸缓冲溶液 5 mL、PAN 指示剂 1 滴混合，加热至 60 ℃左右，用 EDTA 滴至绿色，得到约 0.025 mol·L^{-1} 的 CuY 溶液。使用时取 2~3 mL 于试管中，再加数滴 PAN 溶液
磺基水杨酸	H$_2$In $\xrightarrow{pK_{a2}=2.7}$ HIn$^-$ $\xrightarrow{pK_{a3}=13.1}$ In^{2-} （无色）	1%水溶液
钙镁试剂	H$_2$In$^-$ $\xrightarrow{pK_{a2}=8.1}$ HIn^{2-} $\xrightarrow{pK_{a3}=12.4}$ In^{3-} 红 蓝 红橙	0.5%水溶液

* EBT、K-B 指示剂、钙指示剂等在水溶液中稳定性较差，可以配成指示剂与 NaCl 之比为 1∶100 或 1∶200 的固体粉末。

11.10.4 氧化还原指示剂

指示剂名称	$\varphi^{\ominus\prime}/V$ $c(H^+)=1$ mol·L^{-1}	颜色变化 氧化态	颜色变化 还原态	溶液配制方法
中性红	0.24	红	无色	0.05%乙醇（质量分数为 0.60）溶液
次甲基蓝	0.36	蓝	无色	0.05%水溶液
变胺蓝	0.59(pH=2)	无色	蓝色	0.05%水溶液
二苯胺	0.76	紫	无色	1% H$_2$SO$_4$ 溶液
二苯胺磺酸钠	0.85	紫红	无色	0.5%水溶液
N-邻苯氨基苯甲酸	1.08	紫红	无色	0.1 g 指示剂加 20 mL 质量分数为 0.05 的 Na$_2$CO$_3$ 溶液，用水稀释至 100 mL
邻二氮菲-Fe(Ⅱ)	1.06	浅蓝	红	1.485 g 邻二氮菲加 0.695 g FeSO$_4$·7H$_2$O，溶于 100 mL 水中(0.025 mol·L^{-1})
5-硝基邻二氮菲-Fe(Ⅱ)	1.25	浅蓝	紫红	1.608 g 5-硝基邻二氮菲加 0.695 g FeSO$_4$·7H$_2$O，溶于 100 mL 水中(0.025 mol·L^{-1})

11.10.5 沉淀滴定吸附指示剂

指示剂	被测离子	滴定剂	滴定条件	溶液配制方法
荧光黄	Cl$^-$	Ag$^+$	pH7~10（一般 7~8）	0.2%乙醇溶液
二氯荧光黄	Cl$^-$	Ag$^+$	pH4~10（一般 5~8）	0.1%水溶液
曙红	Br$^-$、I$^-$、SCN$^-$	Ag$^+$	pH2~10（一般 3~8）	0.5%水溶液
溴甲酚绿	SCN$^-$	Ag$^+$	pH4~5	0.1%水溶液
甲基紫	Ag$^+$	Cl$^-$	酸性溶液	0.1%水溶液
罗丹明 6G	Ag$^+$	Br$^-$	酸性溶液	0.1%水溶液
钍试剂	SO$_4^{2-}$	Ba^{2+}	pH1.5~3.5	0.5%水溶液
溴酚蓝	Hg$_2^{2+}$	Cl$^-$、Br$^-$	酸性溶液	0.1%水溶液

11.11 常用缓冲溶液及洗涤剂

11.11.1 常用缓冲溶液*

缓冲溶液组成	$pK_a^\ominus$	缓冲溶液 pH	缓冲溶液配制方法
氨基乙酸-HCl	2.35 ($pK_{a1}^\ominus$)	2.3	取 150 g 氨基乙酸溶于 500 mL 水中,加 80 mL 浓 HCl 稀释至 1L
H_3PO_4-柠檬酸盐	—	2.5	取 113 g $Na_2HPO_4 \cdot 12H_2O$ 溶于 200 mL 水中,加 387 g 柠檬酸溶解,过滤后稀释至 1L
氯乙酸-NaOH	2.86	2.8	取 200 g 氯乙酸溶于 200 mL 水中,加 40 g NaOH 溶解后稀释至 1L
邻苯二甲酸氢钾-HCl	2.95 ($pK_{a1}^\ominus$)	2.9	取 150 g 邻苯二甲酸氢钾溶于 500 mL 水中,加 80 mL 浓 HCl 稀释至 1 L
甲酸-NaOH	3.76	3.7	取 95 g 甲酸和 40 g NaOH 于 500 mL 水中,溶解,稀释至 1L
NH_4Ac-HAc	—	4.5	取 77 g NH_4Ac 溶于 200 mL 水中,加 59 mL 冰乙酸,稀释至 1L
NaAc-HAc	4.74	4.7	取 83 g 无水 NaAc 溶于水中,加 60 mL 冰乙酸,稀释至 1L
NaAc-HAc	4.74	5.0	取 160 g 无水 NaAc 溶于水中,加 60 mL 冰乙酸,稀释至 1L
NH_4Ac-HAc	—	5.0	取 250 g NH_4Ac 溶于水中,加 25 mL 冰乙酸,稀释至 1 L
六次甲基四胺-HCl	5.15	5.4	取 40 g 六次甲基四胺溶于 200 mL 水中,加 10 mL 浓 HCl 稀释至 1L
NH_4Ac-HAc	—	6.0	取 600 g NH_4Ac 溶于水中,加 20 mL 冰乙酸,稀释至 1L
NaAc-Na_2HPO_4	—	8.0	取 50 g 无水 NaAc 和 50 g $Na_2HPO_4 \cdot 12H_2O$ 溶于水中,稀释至 1L
三羟甲基氨基甲烷-HCl	8.21	8.2	取 25 g 三羟甲基氨基甲烷溶于水中,加 8 mL 浓 HCl 稀释至 1L
NH_3-NH_4Cl	9.26	9.2	取 54 g NH_4Cl 溶于水中,加 63 mL 浓 $NH_3 \cdot H_2O$,稀释至 1L
NH_3-NH_4Cl	9.26	9.5	取 54 g NH_4Cl 溶于水中,加 126 mL 浓 $NH_3 \cdot H_2O$,稀释至 1L
NH_3-NH_4Cl	9.26	10.0	取 54 g NH_4Cl 溶于水中,加 350 mL 浓 $NH_3 \cdot H_2O$,稀释至 1L

*(1) 缓冲溶液配制后用 pH 试纸检查,如 pH 不对,可用共轭酸或碱调节。pH 欲调节精确时,可用 pH 计调节。
(2) 若需增大或减小缓冲溶液的缓冲容量时,可相应增加或减少共轭酸碱对物质的量,再调节之。

11.11.2 常用洗涤剂

名 称	配 制 方 法	备 注
合成洗涤剂*	将合成洗涤剂粉用热水搅拌配成浓溶液	用于一般的洗涤
铬酸洗液	取 20 g $K_2Cr_2O_7$(LR)于 500 mL 烧杯中,加 40 mL 水,加热溶解,冷后,缓缓加入 320 mL 浓 H_2SO_4 即成(注意边加边搅拌),储于磨口细口瓶中	用于洗涤油污及有机物,使用时防止被水稀释。用后倒回原瓶,可反复使用,直至溶液变为绿色**

(续)

名　称	配制方法	备　注
$KMnO_4$ 碱性溶液	取 4 g $KMnO_4$(LR)，溶于少量水中，缓缓加入 100 mL 10 % NaOH 溶液	用于洗涤油污及有机物，洗后玻璃壁上附着的 MnO_2 沉淀，可用亚铁溶液或 Na_2SO_3 溶液洗去
碱性酒精溶液	30 %～40 % NaOH 酒精溶液	用于洗涤油污
酒精-浓 HNO_3 洗液		用于沾有有机物或油污的结构较复杂的仪器，洗涤时先加少量酒精于脏仪器中，再加入少量浓 HNO_3，即产生大量棕色 NO_2，将有机物氧化而破坏

　　* 可用肥皂水。
　　** 已还原为绿色的铬酸洗液，可加入固体 $KMnO_4$ 使其再生，这样，实际消耗的是 $KMnO_4$，可减少对环境的污染。

11.12　滴定分析常用的基准物质

基准物质	使用前的干燥条件	主要用途
Na_2CO_3	(270±10)℃除去水，CO_2	标定酸
$Na_2B_4O_7·10H_2O$	室温保存在装有饱和蔗糖和 NaCl 溶液的密闭容器中	标定酸
$KHC_8H_4O_4$	100～125 ℃除去水	标定碱
$H_2C_2O_4·2H_2O$	室温空气干燥	标定碱或 $KMnO_4$
$Na_2C_2O_4$	150～200 ℃除去水	标定 $KMnO_4$
$K_2Cr_2O_7$	100～110 ℃除去水	标定 $Na_2S_2O_3$
As_2O_3	室温保存在干燥容器中	标定 I_2
Cu	室温保存在干燥容器中	标定 EDTA
Zn	室温保存在干燥容器中	标定 EDTA
NaCl	500～600 ℃除去水等	标定 $AgNO_3$
KIO_3	约 180 ℃干燥至恒重	标定 $Na_2S_2O_3$
ZnO	800 ℃灼烧至恒重	标定 EDTA

主要参考文献

陈长水，等.1998.微型有机化学实验.北京：化学工业出版社.
方国女，等.2005.大学基础化学实验.2版.北京：化学工业出版社.
兰州大学、复旦大学化学系有机化学教研室.1994.有机化学实验.2版.北京：高等教育出版社.
刘汉兰，等.2005.基础化学实验.北京：科学出版社.
刘约权，李贵深.2005.实验化学.2版.北京：高等教育出版社.
南京大学大学化学实验教学组.1999.大学化学实验.北京：高等教育出版社.
全国自然科学名词审定委员会.1991.化学名词.北京：科学出版社.
王秋长，等.2003.基础化学实验.北京：科学出版社.
吴泳.1999.大学化学新体系实验.北京：科学出版社.
武汉大学.2002.分析化学实验.4版.北京：高等教育出版社.
徐功骅，蔡作乾.1997.大学化学实验.2版.北京：清华大学出版社.
叶非，等.1997.有机化学实验.哈尔滨：黑龙江教育出版社.
赵明宪，马文英.1997.普通化学实验.长春：吉林科学技术出版社.
赵士铎.1996.定量分析.北京：中国农业科技出版社.
浙江大学化学系.2005.中级化学实验.北京：科学出版社.
周宁怀.1999.微型无机化学实验.北京：科学出版社.
周宁怀，王德琳.1999.微型有机化学实验.北京：科学出版社.
朱凤岗，等.1997.农科化学实验.北京：中国农业出版社.
朱灵峰.2003.分析化学.北京：中国农业出版社.